U0879915

住房和城乡建设部"十四五"规划教材
高职高专土建专业"互联网+"创新规划教材

建筑工程项目管理

第3版

主　编◎范红岩　宋岩丽
副主编◎陈立东　左亚静
参　编◎姚新红　冀彩云　陈海英
　　　　连　勇　程炳勇
主　审◎贾幕晟　田恒久

北京大学出版社
PEKING UNIVERSITY PRESS

内容简介

本书以现行国家标准《建设工程项目管理规范》（GB/T 50326—2017）为基础，全面系统地介绍了建筑工程项目管理的内容体系，注重理论联系实际。

全书共分 9 个模块，主要内容包括：建筑工程项目管理概论，建筑工程项目管理组织，建筑工程项目进度计划的编制方法，建筑工程项目进度管理，建筑工程项目质量管理，建筑工程项目成本管理，建筑工程项目安全生产、绿色施工与环境管理，建筑工程项目管理规划，BIM 技术在建筑工程项目管理中的应用。

本书可作为高等职业教育建设工程管理类专业的教材，也可供建筑工程技术等相关专业的工作人员使用和参考。

图书在版编目(CIP)数据

建筑工程项目管理/范红岩，宋岩丽主编．—3 版．—北京：北京大学出版社，2024.1
高职高专土建专业“互联网+”创新规划教材
ISBN 978-7-301-34533-7

Ⅰ．①建…　Ⅱ．①范…②宋…　Ⅲ．①建筑工程—项目管理—高等职业教育—教材
Ⅳ．①TU71

中国国家版本馆 CIP 数据核字（2023）第 189109 号

书　　名　建筑工程项目管理（第 3 版）
　　　　　JIANZHU GONGCHENG XIANGMU GUANLI（DI-SAN BAN）
著作责任者　范红岩　宋岩丽　主编
策划编辑　吴　迪
责任编辑　伍大维
标准书号　ISBN 978-7-301-34533-7
出版发行　北京大学出版社
地　　址　北京市海淀区成府路 205 号　100871
网　　址　http://www.pup.cn　新浪微博：@北京大学出版社
电子邮箱　编辑部 pup6@pup.cn　总编室 zpup@pup.cn
电　　话　邮购部 010-62752015　发行部 010-62750672　编辑部 010-62750667
印 刷 者　河北文福旺印刷有限公司
经 销 者　新华书店
　　　　　787 毫米×1092 毫米　16 开本　18.75 印张　450 千字
　　　　　2008 年 2 月第 1 版　2016 年 3 月第 2 版
　　　　　2024 年 1 月第 3 版　2024 年 8 月第 2 次印刷（总第 25 次印刷）
定　　价　56.00 元

第三版前言

Preface

本教材是应高等职业教育“土木建筑大类”中“建设工程管理类”专业教学需求，为该类专业“建筑工程项目管理”这一主干课程教学提供的适用教材，其目的是使学生掌握建筑工程项目管理的基本知识、方法和技能，从而具备从事建筑工程项目管理的初步能力。

本教材的编写以国家标准《建设工程项目管理规范》（GB/T 50326—2017）为基础，以建筑工程项目施工阶段的管理为核心，将“建筑工程施工组织”与“项目管理”的理论、方法和技能融为一体，形成一本较为完整的、适用于高等职业教育建设工程管理类专业课程体系要求的教材。

《建筑工程项目管理》第1版编写于2008年，第2版修订于2016年，第3版教材主要有以下四点变化。

第一，以立德树人为根本，挖掘课程思政元素，同时将二十大精神有机融入教材，引导教师在知识和技能传授中以立德树人为根本，引领主流价值观。

第二，以行业发展为引领，体现了现行国家、行业标准以及行业发展的新要求。本次修订充分体现了建筑业新经济、新技术，反映了数字化、BIM技术、绿色建造等对建筑工程项目管理的要求，将现行国家、行业标准贯穿于教材的相应内容中。

第三，以专业教学标准为依据，以工作过程为导向，调整了教材内容。本次修订以教育部最新发布的高等职业学校建设工程管理类专业教学标准中“建筑工程项目管理”课程的主要教学内容为依据，结合岗位职业标准，融入二级建造师考试内容，调整了教材内容：取消了“建筑工程项目资源管理”和“建筑工程项目收尾管理”两个模块的内容，增加了“BIM技术在建筑工程项目管理中的应用”的内容。

第四，以“互联网+”为依托，提供了丰富的学习资源。本教材通过二维码提供知识链接、工程案例、在线答题、习题辅导等配套资源，并将及时调整更新。

本教材由山西工程科技职业大学负责，与中天建设集团有限公司山西分公司合作编写。本教材由山西工程科技职业大学范红岩、宋岩丽担任主编，山西工程科技职业大学陈立东、左亚静担任副主编，山西工程科技职业大学姚新红、冀彩云、陈海英、连勇和中天建设集团有限公司山西分公司程炳勇参编。本教材具体编写分工为：范红岩编写模块8，宋岩丽编写模块4，陈立东编写模块1，左亚静编写模块5，姚新红编写模块7，冀彩云编写模块3，陈海英编写模块6，连勇编写模块9，程炳勇编写模块2。本教材由原山西建筑工程（集团）总公司贾幕晟和原山西工程科技职业大学田恒久主审。在编写过程中，笔者还查阅和检索了建筑工程项目管理方面的大量信息、资料，吸收了国内外许多同行专家的最新研究成果，选用了哔哩哔哩、维基百科、OFweek 维科网等网站的资料，在此表示衷心的感谢！

由于编者水平有限，教材中难免存在疏漏和不妥之处，恳请广大读者批评指正。

编　者

2023 年 9 月

资源索引

目录 Catalog

模块1 建筑工程项目管理概论

能力目标

通过本模块的学习，学生要对建筑工程项目管理有一个轮廓性的认识，能够根据建筑工程项目管理主体的不同，划清管理的目标和任务，尤其是施工方的项目管理。在教学过程中，应培养学生全方位、全面认识事物的能力。

知识目标

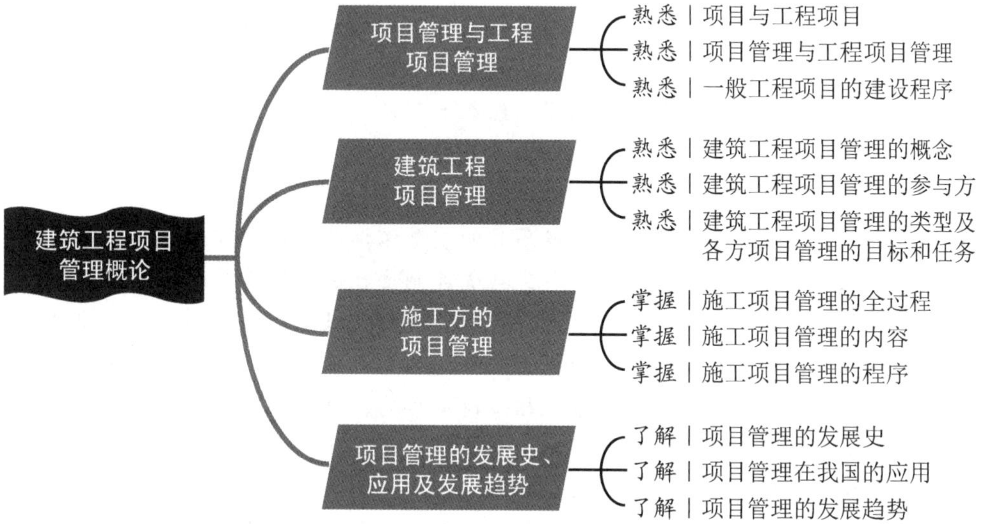

引例

广州利通广场工程项目管理

1. 项目概况

广州利通广场位于广州市珠江新城CBD北入口，是一栋按国际标准设计的多功能的超甲级写字楼。本项目占地面积9916m^2，建筑面积159500m^2，建筑总高度303m，共64层，其中地下5层、地上59层，采用“钢斜撑框架+混凝土核心筒”结构体系。合同工期为881日历天，由中国建筑第八工程局有限公司承建。

2. 特点及难点

(1) 本项目结构设计理念大胆而先进。这对内爬塔式起重机、爬模等大型施工设备的布置和安装，以及对整个主体结构的施工组织都提出了严峻考验。

(2) 合同要求高。建设方要求本项目确保获得“中国建设工程鲁班奖”，而合同工期仅为881日历天。合同要求高，经济压力大，对项目管理也提出了更高层次的要求。

(3) 工程体量大、专业分包多、场地狭小。

3. 管理过程与方法

(1) 建立健全“双优化”及技术创新体系。本项目成立了“双优化”领导小组，对项目重点、难点问题进行筛选及分工，明确责任及协作，建立工程进度奖惩管理制度。提倡科技创新，对于技术难点建立攻关小组，邀请专业技术人员与设计人员共同攻关及优化。对于重大的施工方案，由邀请的专家顾问团组织专家评审；对于重要的施工方案，报分公司及局总部审核；对于一般的施工方案，由项目部内部组织审核、论证。本项目共编制了56项重大、重要的施工方案。

(2) 建立健全质量管理体系。建立本项目的质量保证及创优管理体系，分解项目管理目标，实施样板引路，进行工序化监控与交接管理制度，使工程质量始终受控。

(3) 工期管理。按照合同要求及总进度计划，编制月报、周报，制订月、周进度计划及相应的人材机需用计划，同时总结分析上一阶段的计划完成情况，并采取相应的纠偏措施。根据本项目特点，将结构施工划分为核心筒剪力墙、筒外钢结构、筒内十字板、筒外组合楼板这4个区域，合理进行工序穿插。为调动分包单位的积极性，项目部引入经济奖励机制，结合质量管理情况，奖优罚劣。

(4) 安全管理。建立完善的安全生产管理体系，成立安全生产管理委员会，建立安全生产管理责任制度，并设置安全生产管理办公室主持日常工作，每月开展联合大检查，定时开展周检日巡。分阶段进行重大危险源辨识，指定专人进行专项管理。利用掌纹机门禁系统进行有效的人员管理，控制安全生产教育、持证上岗不遗漏一人。

(5) 成本管理。建立项目风险抵押管理制度，责任目标分解到人，层层分解清晰，通过设计及施工组织设计（施工方案）“双优化”，有效降低项目成本。

(6) 绿色施工。采用制定的《绿色施工评价标准》，每月进行评价，从施工管理、环境管理、节材、节水、节能、施工用地保护6个方面来实施，确保工程达到规定的“满意绿色”标准。

4. 管理成效

(1) 工期效益。项目部通过“双优化”及技术攻关等管理措施，使各个节点工期目标顺利实现，业主给予了高度赞扬，并颁发了嘉奖信。

(2) 经济效益。通过“双优化”及技术攻关等管理措施，项目在技术方面降本增效的比例达 2.2%，并累计获得业主节点工期奖励超过 100 万元。

(3) 社会效益。本项目的顺利实施，得到了业主、监理和社会各界的认可。中央电视台等 56 家媒体对本项目的顺利封顶进行了报道。本项目已成为广州市珠江新城核心区的标志性建筑之一。

(4) 其他成果。本项目采用了多项高、精、尖技术，为类似超高层建筑提供了丰富的经验。液压升降楼梯等 7 项专利已获国家知识产权局受理且初审合格。本项目已通过广州市及广东省安全文明施工优良样板工地、广州市结构优良样板工程的验收，并通过美国 LEED 绿色建筑金奖预认。

北京大兴国际机场建设纪录片

引言

党的二十大报告提出，坚持发扬斗争精神，知难而进、迎难而上，统筹发展和安全，全力战胜前进道路上各种困难和挑战。上述案例中，施工方克服了各种困难，从组织、质量、进度、安全、成本、环境等方面进行了科学全面的工程项目管理，收效显著。实践证明，不畏艰难、科学管理就是保证工程项目目标实现的“金钥匙”。

任务单元 1.1 项目管理与工程项目管理

1.1.1 项目

1. 项目的概念

项目是指在一定的约束条件下，具有特定目标的一次性任务。

项目包括许多内容，可以是建设一项工程，如建筑工程、公路工程等，也可以是完成某项科研课题或研制一套设备，还可以是开发一套计算机应用软件等。典型的项目有以下几种。

(1) 新产品服务开发，如新型家电的开发。

(2) 技术改造或技术革新，如现有设备或流水线的更新改造。

(3) 科学技术研究或开发，如新材料、新工艺的开发。

(4) 工程建设，如高速公路、住宅的建设。

(5) 政府或社团组织推行的活动，如扶贫工程、人口普查、申办奥运会工程。

(6) 大型体育比赛或文艺演出，如奥运会比赛、春节文艺晚会。

2. 项目的特征

项目通常具有以下基本特征。

1) 项目的一次性或单件性

项目的一次性或单件性是项目最主要的特征。所谓一次性或单件性，是指就任务本身和最终成果而言，没有完全相同的另一项任务。例如：建设一项工程或开发一项新产品，不同于其他工业产品的批量性，也不同于其他生产过程的重复性。项目的一次性意味着一旦项目管理工作出现较大失误，其损失将不可挽回。因此，必须有针对性地根据项目的具体情况进行科学的管理，以保证项目一次成功。

2）项目的目标性和约束性

任何项目都具有预定的目标，目标是项目存在的前提。但是实现项目目标时总是具有一定的约束条件。一般情况下，项目的约束条件包括限定的质量、限定的时间和限定的投资，通常称这三个约束条件为项目的三大目标。在限定的约束条件下实现具体的项目目标，是项目管理工作的主要任务。

3）项目具有生命周期

项目的一次性或单件性决定了每个项目都具有生命周期。任何项目都有产生、发展和结束的过程，在生命周期的不同阶段有不同的任务和工作内容，因而管理的方法和内容也会有所不同。成功的项目管理是对项目全过程的管理和控制，是对整个项目生命周期的管理。

3. 项目的分类

项目按专业特征，可以分为科研项目、工程项目、航天项目、维修项目和咨询项目等。工程项目是项目中数量最多的一类。

1.1.2 工程项目

1. 工程项目的概念

工程项目是数量最多也是最为典型的一类项目，一般是指为某种特定的目的而进行投资建设并含有一定建筑或建筑安装工程的建设项目。例如：建设具有一定生产能力的流水线；建设具有一定生产能力的工厂或车间；建设一定长度和等级的公路；建设一定规模的医院；建设一定规模的住宅小区；等等。

2. 工程项目的特点

1）工程项目具有明确的建设目标

任何工程项目都有明确的建设目标，包括宏观目标和微观目标。政府主管部门主要审核项目的宏观经济效果、社会效果和环境效果等宏观目标，企业则多重视项目的盈利能力等微观目标。每个工程项目的最终产品都有特定的用途和功能。

2）工程项目具有一次性

工程项目的一次性，主要体现为工程项目设计的单一性和施工的单件性。工程项目不同于一般商品的生产，它不是批量生产。尽管从事一种产品生产或服务的单位很多，但由于工程项目建设的时间、地点、条件等会有若干差别，都会涉及某些以前没有做过的事情，因此决定了工程项目具有一次性。

3）工程项目具有不可逆转性

工程项目实施完成后，很难推倒重来，否则将会造成极大的损失。因此，工程项目具有不可逆转性。

4）工程项目具有一定的限制性

工程项目目标的实现要受多方因素的限制：质量约束，即每个工程项目要达到预期的使用要求；时间约束，即每个工程项目要有合理的工期限制；资金约束，即每个工程项目要在一定的投资限额内完成；空间约束，即每个工程项目要在一定的空间范围内通过科学合理的方法来组织完成。

5）工程项目投资风险大及管理复杂

工程项目投资巨大、项目的一次性及建设时间长等特点，导致其不确定因素多，投资风险大；工程项目在实施过程中参与单位众多，各单位之间的沟通、协调困难，导致管理过程复杂，管理难度大。

3. 工程项目的分类

1）按专业分类

工程项目按专业不同，可分为建筑工程项目、公路工程项目、水电工程项目、港口工程项目和铁路工程项目等。

2）按参与方分类

同一工程项目，参与建设的各方常因职责不同而赋予其不同的名称。如投资方或政府部门常称工程项目为建设项目；设计者称所设计的工程项目为设计项目；施工者称所施工的工程项目为施工项目；工程监理称所监理的工程项目为监理项目；工程咨询称所咨询的工程项目为咨询项目。

1.1.3 项目管理

项目管理是指在一定的约束条件下，运用系统的理论和方法，对项目进行计划、组织、指挥、协调和控制等专业化活动。

项目管理的目的是保证项目目标的实现。项目管理的对象是项目，由于项目具有单件性和一次性的特点，因此项目管理应具有针对性、系统性、程序性和科学性。只有应用系统的观点、方法和理论进行项目管理，才能保证项目目标的顺利实现。

1.1.4 工程项目管理

1. 工程项目管理的概念

工程项目管理是项目管理中的一大类，其管理对象是工程项目，是以最优实现工程项目目标为目的，在一定的约束条件下，对工程项目进行有效的计划、组织、指挥、协调和控制等专业化管理活动的过程。

2. 工程项目管理的特点

1）工程项目管理的一次性

工程项目的单件性和一次性特征，决定了工程项目管理的一次性特征。没有完全相同的工程项目管理经验可以借鉴、重复，管理过程中一旦出现失误，将会导致严重损失。因此，工程项目管理应严密组织、严格管理。

2）工程项目管理的全过程性和综合性

工程项目的各阶段既有明显界限，又相互有机衔接、不可间断，这就决定了工程项目管理是对项目生命周期全过程的综合管理，如对项目的可行性研究、勘察设计、招标投标、施工等各阶段全过程的管理，在每个阶段中又包含进度、质量、投资(成本)、安全的管理。因此，工程项目管理具有全过程性和综合性。

3）工程项目管理的强约束性

任何工程项目都有明确的目标，即限定的进度、质量、投资(成本)、安全等要求，各种要求之间相互影响和制约，一旦某些方面的约束被突破，就可能对其他方面造成不利的影响，进而影响项目整体目标的实现，所以工程项目管理是一种强约束性管理。工程项目管理的重点在于管理者如何在不超越限制条件的前提下，充分调动和利用各种资源，完成既定任务，达到预期目标。

1.1.5 一般工程项目的建设程序

工程项目的建设程序是指一项工程项目从设想、提出到决策，经过设计、施工直到投产使用的全过程的各个阶段及各项主要工作之间必须遵循的先后顺序。

按照工程项目发展的内在联系和发展过程，建设程序分成若干阶段，这些阶段有严格的先后顺序，不能任意颠倒和违反其发展规律，应坚持按工程项目建设的客观规律办事，正确处理工程项目建设过程中各个阶段、各个环节、各项工作之间的关系，提高工程建设的经济效益。

工程项目的全寿命周期包括项目的决策、实施和使用三大阶段，又可详细地划分为以下七个阶段，如图 1.1 所示。

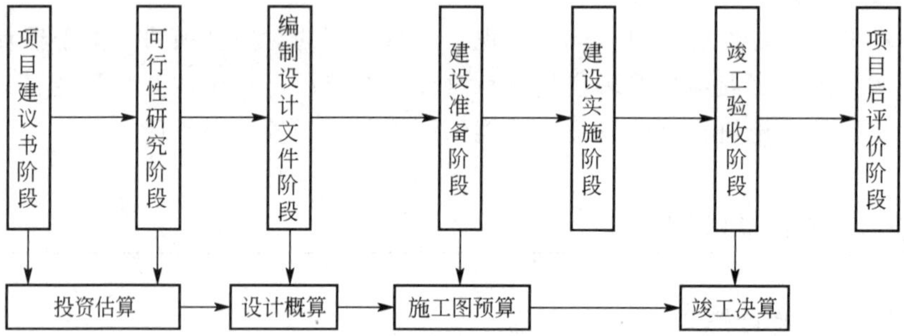

图 1.1 工程项目建设程序图

1. 项目建议书阶段

项目建议书阶段，也称初步可行性研究阶段。项目建议书是由项目法人提出的，要求建设某一工程项目的建议性文件，是对拟建项目轮廓的设想。项目建议书的主要作用是对拟建项目进行初步说明，论述其建设的必要性、条件的可行性和获得的可能性，供基本建设管理部门选择并确定是否进行下一步工作。

2. 可行性研究阶段

项目建议书批准后，即可进行可行性研究。可行性研究是项目前期工作最重要的内容，是指在项目决策前，通过对有关的工程、技术、经济等各方面条件和情况进行调查、研究、分析，对各种可能的建设方案和技术方案进行比较论证，并对项目建成后的经济效益进行预测和评价，由此考察项目技术上的先进性和适用性、经济上的盈利性和合理性、建设的可能性和可行性，为项目最终决策提供直接的依据。

在可行性研究的基础上编写的可行性研究报告，必须具有相当的深度和准确性。可行性研究报告经评估后，按项目审批权限由各级审批部门进行审批。批准后的可行性研究报告是初步设计的依据，不得随意修改或变更。

3. 编制设计文件阶段

可行性研究报告批准后，建设单位可委托设计单位，根据可行性研究报告的要求，编制设计文件。

一般工程项目(包括工业与民用建筑、城市基础设施、水利工程、道路工程等)，设计过程划分为初步设计和施工图设计两个阶段。对技术复杂而又缺乏经验的项目，可根据不同行业的特点和需要，增加技术设计阶段。

1）初步设计

初步设计的内容依项目的类型不同而有所变化，一般来说，它是项目的宏观设计，包括项目的总体设计、布局设计，主要的工艺流程、设备的选型和安装设计，土建工程量及费用的估算等。初步设计文件应当满足编制施工招标文件、主要设备材料订货和编制施工图设计文件的需要，是下一阶段设计的基础。

初步设计批准后，设计概算即为工程投资的最高限额，未经批准，不得随意突破。确因不可抗拒因素造成投资突破设计概算时，须上报原批准部门审批。

2）技术设计

技术设计是进一步解决初步设计中的重大技术问题，如工艺流程、建筑结构、设备选型及数量确定等，同时对初步设计进行补充和修正，然后编制和修正总概算。

3）施工图设计

施工图设计的主要内容是根据批准的初步设计，绘制出正确、完整和尽可能详细的建筑、结构、安装图纸。施工图设计完成后，必须委托施工图设计审查单位审查并在加盖审查专用章后使用。经审查的施工图设计，还必须经有审批权的部门审批。

4. 建设准备阶段

建设准备阶段的主要工作内容包括：征地、拆迁和场地平整；完成施工用水、电、路等工程；准备设备、材料订货；准备必要的施工图纸；组织施工招标，择优选定施工单位。

5. 建设实施阶段

工程项目经批准开工后，便进入了建设实施阶段。本阶段的主要任务是实现投资决策意图。在这一阶段，通过施工，在规定的工期、质量、成本范围内，按设计要求高效率地实现项目目标。建设实施是工程项目管理的重点阶段，在整个项目周期中工作量最大，投入的人力、物力和财力最多，管理的难度也最大。

在建设实施阶段还要进行生产准备或使用准备。生产准备是生产性建设项目投产前所要进行的一项重要工作，它是连接基本建设和生产的桥梁，是建设转入生产经营的必要条件。使用准备是非生产性建设项目正式投入运营使用所要进行的工作。

6. 竣工验收阶段

工程项目全部完成，符合设计要求，并具备竣工图表、竣工决算、工程总结等必要文件资料时，由项目主管部门或建设单位向负责验收的单位提出竣工验收申请报告。

竣工验收是投资成果转入生产或服务的标志，对促进工程项目及时投产、发挥投资效益及总结建设经验等都具有重要意义。

7. 项目后评价阶段

项目后评价是在工程项目竣工投产、生产运营一段时间后，对项目进行系统评价的一种技术经济活动。评价内容主要包括：影响评价——对项目投产后对各方面的影响进行评价；经济效益评价——对项目投资、国民经济效益、财务效益、技术进步和规模效益、可行性研究深度等进行评价；过程评价——对项目的立项决策、设计施工、竣工投产、生产运营等全过程进行评价。通过项目后评价可以达到肯定成绩、总结经验、研究问题、吸取教训、提出建议、改进工作、不断提高项目决策水平和增强投资效果的目的。

目前我国开展的项目后评价一般按三个层次组织实施，即项目法人的自我评价、项目所在行业的评价和各级发展计划部门(或主要投资方)的评价。

任务单元 1.2　建筑工程项目管理

1.2.1　建筑工程项目管理的概念

建筑工程项目是最常见、最典型的工程项目类型。在我国，项目管理率先在建筑业推广和广泛应用，建筑工程项目管理是项目管理在建筑工程项目中的具体应用。建筑工程项目管理可以定义为：在一定约束条件下，以建筑工程项目为对象，以最优实现建筑工程项目目标为目的，以建筑工程项目经理负责制为基础，以建筑工程承包合同为纽带，对建筑工程项目进行高效率的计划、组织、指挥、协调和控制的系统管理活动。

1.2.2　建筑工程项目管理的参与方

1. 建筑工程项目的主要利害关系者

建筑工程项目的利害关系者，是指那些积极参与该项目或其利益受到该项目影响的个人和组织。建筑工程项目管理班子必须弄清楚谁是本建筑工程项目的利害关系者，明确他们的要求和期望是什么，然后对这些要求和期望进行管理和施加影响，以确保建筑工程项目获得成功。图 1.2列出了建筑工程项目的主要利害关系者。

2. 建筑工程项目管理的主体

在图 1.2 所示的建筑工程项目的主要利害关系者中，把建筑工程项目管理的参与者称为建筑工程项目管理的主体，主要包括：

(1) 业主(建设单位)。

(2) 设计单位。

(3) 承包商(施工方、建设项目总承包方)。

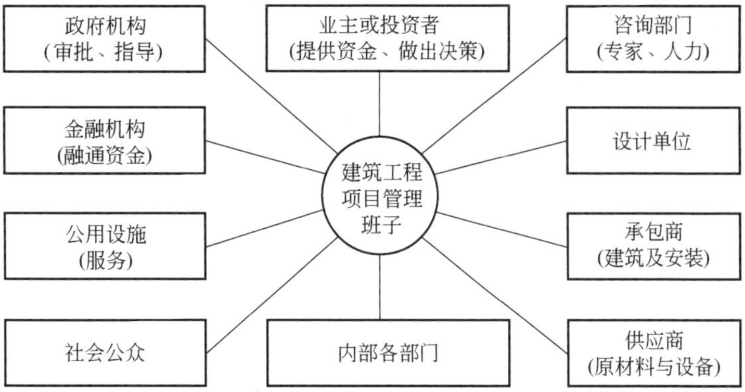

图 1.2 建筑工程项目的主要利害关系者

(4) 监理咨询机构。

(5) 供货单位。

与建筑工程项目相关的其他主体还包括政府的计划管理部门、建设管理部门、环境管理部门、审计部门等，它们分别对工程项目立项、工程建设质量、工程建设对环境的影响和工程建设资金的使用等方面进行管理。此外，还有工程招标代理公司、工程设备租赁公司、保险公司、银行等，它们均与建筑工程项目业主方签订合同，提供服务或产品等。

1.2.3 建筑工程项目管理的类型及各方项目管理的目标和任务

1. 建筑工程项目管理的类型

建筑工程项目在实施过程中，各阶段的任务和实施的主体不同，项目管理在其中处于不同的地位，扮演着不同的角色，发挥着不同的作用。从项目管理的角度来看，不同管理主体的具体管理职责、范围、采用的管理技术都会有所区别，由此就形成了建筑工程项目管理的不同类型。同时，随建筑工程项目承包形式不同，建筑工程项目管理的类型也不同。常见的建筑工程项目管理的类型可归纳为以下几种。

(1) 业主方的项目管理。

(2) 设计方的项目管理。

(3) 施工方的项目管理。

(4) 供货方的项目管理。

(5) 总承包方的项目管理。

2. 各方项目管理的目标和任务

1) 业主方项目管理的目标和任务

业主方的项目管理，包括投资方和开发方的项目管理，以及由工程管理咨询公司提供的代表业主方利益的项目管理服务。由于业主方是建筑工程项目实施过程的总集成者(人力资源、物质资源和知识的集成)和总组织者，因此对于一个建筑工程项目而言，虽然有代表不同利益方的项目管理，但业主方的项目管理是项目管理的核心。

业主方的项目管理服务于业主的利益，其项目管理的目标是项目的投资目标、进度目标和质量目标。这三大目标之间存在着内在联系并相互制约，它们之间是对立统一的关系。在实际工作中，通常以质量目标为中心。在项目的不同阶段，对各目标的控制也会有所侧重，如在项目前期应以投资目标的控制为重点，在项目后期应以进度目标的控制为重点。总之，三大目标之间应相互协调，达到综合平衡。

业主方的项目管理工作涉及项目实施阶段的全过程，其任务主要包括：安全管理、投资管理、进度管理、质量管理、合同管理、信息管理、组织和协调。其中，安全管理是项目管理中最重要的任务，因为安全管理关系到人身健康与安全，而投资管理、进度管理、质量管理和合同管理等则主要涉及物质利益。

2）设计方项目管理的目标和任务

设计方的项目管理主要服务于项目的整体利益和设计方本身的利益。设计方项目管理的目标包括设计的成本目标、设计的进度目标、设计的质量目标及项目的投资目标。项目的投资目标能否实现与设计工作密切相关。

设计方的项目管理工作主要在项目设计阶段进行，但也涉及设计前的准备阶段、施工阶段、动用前的准备阶段和保修期。

设计方项目管理的任务主要包括：与设计工作有关的安全管理，设计成本管理，与设计工作有关的工程造价管理，设计进度管理，设计质量管理，设计合同管理，设计信息管理，与设计工作有关的组织和协调。

3）施工方项目管理的目标和任务

施工方的项目管理主要服务于项目的整体利益和施工方本身的利益。施工方项目管理的目标包括施工的安全目标、施工的成本目标、施工的进度目标和施工的质量目标。

施工方的项目管理工作主要在施工阶段进行，但也涉及设计准备阶段、设计阶段、动用前的准备阶段和保修期。

施工方项目管理的任务主要包括：施工安全管理，施工成本管理，施工进度管理，施工质量管理，施工合同管理，施工信息管理，与施工有关的组织和协调。

施工方是承担施工任务的单位的总称，具体可能是施工总承包方、施工总承包管理方、施工分包方、建设项目总承包的施工任务执行方或仅仅提供施工劳务的参与方。施工方担任的角色不同，其项目管理的任务和工作重点也会有所差异。

4）供货方项目管理的目标和任务

供货方的项目管理主要服务于项目的整体利益和供货方本身的利益。供货方项目管理的目标包括供货的成本目标、供货的进度目标和供货的质量目标。

供货方的项目管理工作主要在施工阶段进行，但也涉及设计准备阶段、设计阶段、动用前的准备阶段和保修期。

供货方项目管理的任务主要包括：供货安全管理，供货成本管理，供货进度管理，供货质量管理，供货合同管理，供货信息管理，与供货有关的组织和协调。

5）总承包方项目管理的目标和任务

建设项目总承包有多种形式，如设计和施工任务综合的承包，设计、采购和施工任务综合的承包等，这些项目管理都属于总承包方的项目管理。

总承包方的项目管理主要服务于项目的整体利益和总承包方本身的利益。总承包方项目管理的目标包括项目的总投资目标、总承包方的成本目标、项目的进度目标和项目的质量目标。

总承包方的项目管理工作涉及项目实施阶段的全过程，即设计前的准备阶段、设计阶段、施工阶段、动用前的准备阶段和保修期。

建设项目总承包方项目管理的任务主要包括：安全管理，投资控制和总承包方的成本管理，进度管理，质量管理，合同管理，信息管理，与建设项目总承包方有关的组织和协调。

本书主要讲述施工方的项目管理。

任务单元1.3　施工方的项目管理

施工方的项目管理也称施工项目管理，是指施工方从其自身的利益出发，通过投标取得工程承包任务，根据承包合同界定的工程范围，运用系统的观点、理论和科学技术对建筑工程项目所进行的计划、组织、指挥、协调和控制等专业化活动。

1.3.1　施工项目管理的全过程

施工项目管理的起始时间是投标开始，终止时间是保修期满。施工项目管理可以划分为以下五个阶段，这五个阶段构成了施工项目管理的全过程。

1. 投标签约阶段

该阶段是施工项目管理的第一阶段，施工方根据招标公告或投标邀请书，做出投标决策，参与投标直至中标签约。该阶段的管理目标是签订工程承包合同。其主要工作如下。

(1) 施工方从经营战略的高度做出是否投标的决策。

(2) 收集与项目相关的建筑市场、竞争对手、企业自身的信息。

(3) 编制项目管理规划大纲，编制既能使企业盈利又有竞争力的投标书进行投标。

(4) 如果中标，则与招标方谈判，按照平等互利、等价有偿的原则依法签订工程承包合同。

2. 施工准备阶段

施工企业与业主签订施工合同后，应立即选定项目经理，组建项目经理部，并以项目经理为主，与企业管理层、业主单位相互配合，进行施工准备。该阶段主要工作如下。

(1) 成立项目经理部，根据施工管理需要组建机构，配备相关人员。

(2) 编制项目管理实施规划，用以指导施工项目实施阶段管理。

(3) 进行施工现场准备，使现场具备开工条件。

(4) 编报开工报告，待批开工。

3. 施工阶段

该阶段的目标是完成合同规定的全部施工任务，达到验收、交工条件。其主要工作如下。

(1) 根据项目管理实施规划安排施工，进行管理。

(2) 努力做好各项控制工作，保证质量目标、进度目标、成本目标、安全目标的实现。

(3) 做好施工现场管理，文明施工。

(4) 严格履行工程承包合同，做好组织协调工作，做好合同变更与索赔工作。

4. 竣工验收与结算阶段

该阶段的目标是对项目成果进行总结、评价，清理各种债权和债务，移交工程和相关资料，项目经理部解体。其主要工作如下。

(1) 工程收尾。

(2) 试运转。

(3) 在预验收基础上正式验收。

(4) 整理、移交竣工文件，进行财务结算，总结工作，编制竣工报告。

(5) 办理工程交付手续。

(6) 项目经理部解体。

5. 用后服务阶段

在保修期内根据《工程质量保修书》的约定进行项目回访保修，保证使用单位正常使用，发挥效益。该阶段主要工作如下。

(1) 向用户进行必要的技术咨询服务。

(2) 工程回访，听取使用单位意见，总结经验教训，根据使用中出现的问题，进行必要的维护、维修和保修。

(3) 进行沉陷、抗震等观察。

1.3.2 施工项目管理的内容

在施工项目管理的过程中，为了实现各阶段目标和最终目标，在进行各项活动时，都要加强管理。施工项目管理的具体内容包括：建立施工项目管理组织；编制施工项目管理规划；从事进度管理、质量管理、成本管理、安全生产管理、资源管理、合同管理、采购管理、绿色施工与环境管理、信息与知识管理、风险管理、沟通管理、收尾管理等。

1. 建立施工项目管理组织

(1) 由企业采用适当的方式选聘称职的施工项目经理。

(2) 根据施工项目组织原则，选用适当的组织形式，组建施工项目管理机构，明确责任、权利和义务。

(3) 在遵守企业规章制度的前提下，根据施工项目管理的需要，制订施工项目管理制度。

2. 编制施工项目管理规划

施工项目管理必须利用规划的手段，编制科学、严密、有效的施工项目管理规划，通过实施该规划提高项目管理绩效。

施工项目管理规划，包括施工项目管理规划大纲和施工项目管理实施规划两大类。施工项目管理规划大纲是由企业管理层在投标之前编制的，是旨在作为投标依据、满足招标文件要求及签订合同要求的文件；施工项目管理实施规划是在开工之前由项目经理主持编制的，是旨在指导施工项目实施阶段管理的文件。

3. 进行施工项目的目标管理

施工项目的目标有阶段性目标和最终目标。实现各项目标是施工项目管理的目的所在。因此应当坚持以控制论原理和理论为指导，进行全过程的科学管理。施工项目的控制目标包括进度、质量、成本、安全生产等目标。

由于在施工项目目标的控制过程中，会不断受到各种客观因素的干扰，各种风险因素有随时发生的可能性，故应通过组织协调和风险管理，对施工项目目标进行动态管理。

4. 进行施工项目的资源管理

施工项目的资源是施工项目目标得以实现的保证。施工项目的资源包括人力资源、劳务、工程材料与设备、施工机具与设施、资金等。项目管理机构应根据项目目标管理的要求进行项目资源的计划、配置、控制，并根据授权进行考核和处置。施工项目的资源管理内容主要包括以下几个方面。

（1）按合同要求，编制资源配置计划，确定投入资源的数量与时间。

（2）根据资源配置计划，实施各种资源的供应工作。

（3）根据各种资源的特性，采取集成措施，进行有效组合，合理投入，动态调控。

（4）对资源投入和使用情况定期分析，找出问题，总结经验并持续改进。

5. 进行施工项目的合同管理

施工项目管理是在市场条件下进行的特殊交易活动的管理，因此必须依法签订合同，进行履约经营。施工项目的合同管理应是全过程管理，包括合同评审、订立、履行、变更、索赔、终止、争议解决以及控制和综合评价等内容，还应包括有关合同知识产权的合法使用。合同管理需遵守《中华人民共和国民法典》《中华人民共和国建筑法》及相关的行政法规、部门规章、行业规范等强制性规定，维护建筑市场秩序和合同当事人的合法权益，保证合同履行。

契约精神

合同管理的水平直接影响项目管理及工程施工的技术经济效果和目标实现，因此要从招投标开始，加强工程承包合同的评审、签订、履行和管理。为了取得经济效益，还必须注意处理好索赔，在具体的索赔过程中要讲究方法和技巧，提供充分的证据。

6. 进行施工项目的采购管理

施工项目在实施过程中，需要采购大量的材料和设备等，施工方应设置采购部门，制定采购管理制度、工作程序和采购计划。施工项目采购工作应符合有关合同、设计文件所规定的数量、技术要求和质量标准，符合进度、安全、环境和成本管理等方面的要求。

产品供应和服务单位应通过合格评定。采购过程中应按规定对产品或服务进行检验或验收，对不合格品或不符合项应依据合同和法规要求进行处置。

采购资料应真实、有效、完整，具有可追溯性。

7. 进行施工项目的绿色施工与环境管理

绿色冬奥

绿色施工是指在建设工程项目寿命期内，对勘察、设计、采购、施工、试运行过程的环境因素、环境影响进行统筹管理和集成控制的过程。在施工阶段，施工单位可以根据情况把环境管理计划与绿色施工计划合二为一。

施工项目管理机构应对施工图进行深化设计或优化，采用绿色施工技术，制定绿色施工措施，提高绿色施工效果。施工过程中应采取环境保护措施，控制施工现场的环境影响，预防环境污染。

8. 进行施工项目的信息与知识管理

施工项目的信息与知识管理的对象包括项目管理机构内部和外部产生的信息、知识。施工项目的信息与知识管理的内容包括：信息计划管理、信息过程管理、信息安全管理、文件与档案管理、信息技术应用管理、知识管理。

施工项目管理是一项复杂的现代化的管理活动，要依靠大量信息及对大量信息的管理。目前项目信息系统已比较成熟，提倡在项目信息管理中采用信息系统进行管理，同时结合知识管理，必将大大提高信息管理的可靠性。做好信息资源的收集与储存，使本项目的经验和教训得到记录和保留，为以后的施工项目管理服务，故建立档案及保管制度是非常必要的。

9. 进行施工项目的风险管理

施工项目在实施过程中，会不可避免地受到各种各样不确定性因素的干扰，并引发施工项目的控制目标不能实现的风险。因此，项目管理人员必须重视施工项目的风险管理，并将其纳入施工项目管理之中。

施工项目风险管理的过程，应包括施工项目实施全过程的风险识别、风险评估、风险响应和风险控制。

10. 进行施工项目的沟通管理

沟通管理是指正确处理各种关系。沟通管理为目标控制服务，内容包括人际关系、组织关系、配合关系、供求关系及约束关系的沟通协调。这些关系发生在施工项目管理组织内部、施工项目管理组织与其外部相关单位之间。

11. 进行施工项目的收尾管理

施工项目收尾阶段是施工项目管理全过程的最后阶段，收尾管理包括竣工验收准备、竣工验收、竣工结算、档案移交、竣工决算、责任期管理、管理考核评价等方面的管理。在施工项目收尾阶段，施工项目管理机构应进行施工项目管理总结，编写施工项目总结报告，纳入施工项目管理档案。

1.3.3 施工项目管理的程序

施工项目管理的程序如下：编制施工项目管理规划大纲，编制投标书并进行投标，签订施工合同，选定项目经理，项目经理接受企业法定代表人的委托组建项目经理部，企业法定代表人与项目经理签订“施工项目管理目标责任书”，项目经理部编制“施工项目管理实施规划”，进行项目开工前的准备，施工期间按“施工项目管理实施规划”进行各项管理，在项目收尾阶段进行竣工结算、清理各种债权和债务、移交资料和工程，进行经济分析，编制施工项目管理总结报告并送企业管理层有关职能部门，企业管理层组织考核委员会对施工项目管理工作进行考核评价并兑现“施工项目管理目标责任书”中的奖惩承诺，项目经理部解体，在保修期满前企业管理层根据《工程质量保修书》的约定进行项目回访保修。

任务单元1.4 项目管理的发展史、应用及发展趋势

1.4.1 项目管理的发展史

工程项目的历史久远，相应的工程项目管理也源远流长。现存的许多古代建筑，如中国的长城、京杭大运河、故宫，以及埃及的金字塔等，规模宏大、工艺精湛，至今还发挥着经济效益和社会效益。这些宏大的工程项目的成功建造，必然有高水平的项目管理活动与之相配套，否则就很难获得成功。但是，由于当时科学技术水平和人们认知能力的局限，古代的项目管理是经验型的、非系统化的，不可能具有现代项目管理的意义。

现代项目管理是在20世纪50年代以后发展起来的。20世纪50年代后期美国出现了关键路线法(CPM)和计划评审技术(PERT)，这类方法在1957年的北极星导弹研制和后来的“阿波罗”载人登月计划(该项目耗资400亿美元，42万人参加)中得以应用，并取得了巨大成功。从那时起，项目管理有了科学的系统方法，现代项目管理逐渐走向成熟。

20世纪60年代，国际上利用计算机进行网络计划的分析计算已经成熟，开始使用计算机来进行工期的计划和控制。

20世纪70年代初，人们将信息系统方法引入项目管理之中，提出了项目管理信息系统模型。

20世纪70年代末80年代初，微型计算机普及，项目管理的理论和方法的应用走向更加广阔的领域。

随着项目管理从美国最初的军事项目和宇航项目很快扩展到各种类型的民用项目，项目管理迅速传遍世界各国。此时项目管理的特点是面向市场和竞争，除计划和协调外，对采购、合同、进度、费用、质量、风险等也给予了相当多的重视，初步形成了现代项目管理的框架。

进入20世纪90年代以后，项目管理有了新的发展。为了能在全球化以及竞争激烈的国际市场中保持优势，人们在实施项目管理的过程中更加注重人的因素，注重柔性管理，力求在变革中得以生存和发展。项目管理的理论和方法得到了快速发展，应用领域进一步扩大，极大地提高了企业的工作效率。

随着项目管理学科的不断发展，全球逐渐形成了两大项目管理的研究体系，即以欧洲为首的体系——国际项目管理协会(IPMA)和以美国为首的体系——美国项目管理协会(PMI)。全球最大的项目管理专业机构——美国项目管理协会(PMI)经过几十年的实践探索、总结提高和理论完善，发布了《项目管理知识体系指南》，从而形成了一套独特而完整的科学体系。该体系也被公认为全球项目管理标准体系。

目前，在欧美发达国家，项目管理不仅普遍应用于国防、航天、建筑等行业，还广泛应用于通信、软件开发、制造业、金融保险业等行业，也被作为政府、企业及组织机构核心部门的运作模式。

1.4.2 项目管理在我国的应用

系统工程

20 世纪 60 年代初，著名数学家华罗庚教授和科学家钱学森教授分别倡导统筹法和系统工程。1964 年，华罗庚教授倡导并开始推广应用统筹法，在许多工程项目管理中取得了成功；钱学森教授推广系统工程的理论和方法，十分重视重大科技工程的项目管理。但当时大多数工程项目仍采用传统的自营管理方式，有了项目再临时抽调各种人员从事项目管理工作，许多做法违背了经济和科学规律，如违背建设程序，盲目抢工期而忽视质量，不按合同办事；项目结束以后，相关人员又回去做各自原来的事情，导致大量管理经验没有系统地上升到项目管理理论和科学的高度；等等。

随着改革开放和社会主义市场经济体制的逐步建立，我国开始吸收和利用外资，而项目管理作为世界银行项目运作的基本管理模式，随着世界银行贷款、赠款项目的启动而被引入我国，项目管理开始在我国部分重点建设项目中得到应用。1984 年，大型水利工程鲁布革水电站是我国第一个聘用外国专家、采用国际标准、应用项目管理模式建设的水电工程项目，该项目取得了巨大的成功。此后，在二滩水电站、三峡水利枢纽建设和其他大型工程建设中，都采用了项目管理模式，并取得了良好的效果。

鲁布革工程

我国对项目管理的理论研究和管理实践起步较晚，尤其是在现代项目管理方面，无论是在现代项目管理的职业化发展，还是在现代项目管理的学术发展，以及在现代项目管理的实践方面，我国都与发达国家之间存在着一定的差距。

我们必须加强对项目管理优势的认识，因为在项目超大型化和复杂程度日益增加的今天，现代项目管理已成为现实需要。现阶段，我们应该全面推进项目管理的应用，加强国际学术交流，做好引进、消化、培养人才的工作，创建并完善具有中国特色的项目管理知识体系。

1.4.3 项目管理的发展趋势

目前，项目管理的发展主要呈现以下四大趋势。

1. 国际化趋势

由于项目管理的普遍规律和许多项目的跨国性质，各国专家都在探讨项目管理的国际通用体系，包括通用术语。国际项目管理协会的各成员国之间每年都要举办很多行业性和学术性研讨会，交流和研究项目管理的发展问题。对于项目管理活动，目前国际上形成了一套较完整的国际法规、标准，制订了严格的管理制度，形成了通用性较强的国际惯例，各国专家也正在探讨完整的通用体系。随着贸易活动的全球化发展趋势和跨国公司、跨国项目的增多，项目管理的国际化趋势也日益明显。

2. "关注客户化"趋势

与传统的项目管理相比，现代的项目管理越来越关注以客户为中心的管理。2000 年版 ISO 9000 质量标准中阐述的八项管理原则的第一条就是"以客户为关注焦点"。

在当今时代，市场竞争激烈，任何经济组织的生存和繁荣的关键不仅仅是生产产品，还要赢得客户并保持这些客户。在项目的实施和管理过程中，应该充分贯彻“以客户满意为关注焦点”的质量标准，充分满足客户明确的需求，挖掘客户隐含的需求，实现并超越客户的期望。只有让客户满意，项目组织才有可能更快地结束项目，尽可能地减少项目实施过程中的修改和调整，真正节约成本、缩短工期，才能够增加与客户再次合作的可能性。

3. 新方法应用普及化趋势

纵观项目管理近年来的发展过程，显著变化之一就是其包括的知识内容大大增加了，如增加了项目管理知识体系中的范围管理、质量管理、风险管理和沟通管理等内容；项目管理概念拓宽了，如提出了基于项目的管理、客户驱动型项目的管理等不同类别的项目管理；项目管理的应用层面已不再只是传统的建筑和工程建设部门，而是拓宽普及到各行业的各个领域。目前，有两个方面的进展最为突出：第一，风险评估小组的出现，通过成立风险评估小组来减少项目估算方面的问题并使风险管理得到日益普及；第二，设立项目办公室，越来越多的不同规模的企业或组织开始建立项目办公室，其作用包括行政支持，咨询，建立项目管理标准，开发和更新工作方法及工作程序，指导、培训项目管理人员，等等。

4. 网络化、信息化趋势

随着计算机技术、信息技术和网络技术的飞速发展，为了提高项目管理的效率、降低管理成本、加快项目进度，项目管理越来越依赖于计算机手段。目前，许多项目管理公司已经运用项目管理软件进行项目管理的运作，利用网络技术进行信息传递，实现了项目管理的自动化、网络化、虚拟化。21世纪的项目管理将更多地运用计算机技术、信息技术和网络技术，通过资源共享，运用集体的智慧来提高项目管理的应变能力和创新能力。伴随着网络技术的发展，项目管理的网络化、信息化将成为必然趋势。

模块小结

本模块内容为本书的基础知识，可为后续内容的学习奠定基础。本模块从项目管理、工程项目管理、建筑工程项目管理到施工方的建筑工程项目管理，内容层层深入展开。其中，施工方的建筑工程项目管理是本模块的重点。

在学习完本模块之后，除了要掌握项目管理的一些基本概念，更重要的是要认识到项目管理的重要性。作为一名建筑工程项目管理人员，不仅要掌握项目管理的理论知识体系，而且要把知识转化为能力，用以解决工程实际问题，同时还需要不断更新项目管理的技术与理念。

思考与练习

一、单选题

1. 以下（　　）不是项目的特征。

A. 单件性或一次性　B. 具有明确的目标　C. 不具有生命周期　D. 不可逆性

2. 以下（　　）任务不属于项目。

A. 新建筑材料的开发　B. 高速公路的建设

C. 春节文艺晚会　D. 服装的成批生产

3. 以下（　　）是数量最多，也是最为典型的一类项目。

A. 科研项目　B. 工程项目　C. 航天项目　D. 咨询项目

4. 以下（　　）是工程项目特有的。

A. 一次性或单件性　B. 目标性和约束性

C. 含有一定建筑或建筑安装工程　D. 具有生命周期

5.（　　）是项目决策的标志。

A. 可行性研究　B. 项目立项　C. 项目报审　D. 项目调研

6. 建设工程项目的进度目标管理是（　　）的任务。

A. 施工方　B. 业主方　C. 设计方　D. 供货方

7. 对于一个建筑工程项目而言，虽然有代表不同利益方的项目管理，但（　　）的项目管理是项目管理的核心。

A. 施工方　B. 业主方　C. 设计方　D. 供货方

8. 在业主方的项目管理的内容中，（　　）是最重要的任务。

A. 投资管理　B. 安全管理　C. 进度管理　D. 质量管理

9. 设计方作为项目建设的一个参与方，其项目管理主要服务于（　　）和设计方本身的利益。

A. 业主方　B. 施工方　C. 项目的整体利益　D. 供货方

二、多选题

1. 按照专业特征分类，项目可以分为（　　）。

A. 科研项目　B. 工程项目　C. 建筑工程项目

D. 公路工程项目　E. 航天项目

2. 工程项目的全寿命周期包括项目的（　　）。

A. 决策阶段　B. 设计阶段　C. 实施阶段　D. 使用阶段　E. 施工阶段

3. 工程项目的实施阶段包括（　　）。

A. 设计阶段　B. 招投标阶段　C. 施工阶段

D. 动用前准备阶段　E. 保修期

4. 可行性研究的内容包括（　　）。

A. 对各种可能的建设方案和技术方案进行比较论证

B. 对项目建成后的经济效益进行预测和评价

C. 编制设计文件

D. 考察项目技术上的先进性和适用性，经济上的盈利性和合理性，建设的可能性和可行性

E. 征地、拆迁和场地平整

5. 以下（　　）属于建设准备阶段的工作内容。

A. 场地平整　B. 完成施工用水、电、路等工程

C. 准备必要的施工图纸　　D. 编写可行性研究报告

E. 组织施工招标

6. 建筑工程项目管理的主体，主要包括（　　）。

A. 业主（建设单位）　　B. 社会公众　　C. 承包商

D. 设计单位　　E. 监理咨询机构

7. 施工方的项目管理主要服务于（　　）。

A. 业主的利益　　B. 施工方本身的利益　　C. 项目的整体利益

D. 设计方本身的利益　　E. 供货方本身的利益

8. 施工方项目管理的目标包括（　　）。

A. 施工的安全目标　　B. 施工的成本目标　　C. 施工的进度目标

D. 项目的投资目标　　E. 施工的质量目标

9. 以下（　　）属于施工方在投标签约阶段需要做的工作。

A. 成立项目经理部

B. 编制施工项目管理规划大纲

C. 收集与项目相关的建筑市场、竞争对手等信息

D. 编制施工项目管理实施规划

E. 依法签订工程承包合同

10. 以下（　　）属于施工方在施工阶段需要做的工作。

A. 做好施工现场管理，实行文明施工

B. 根据施工项目管理实施规划安排施工

C. 收集与项目相关的建筑市场、竞争对手等信息

D. 做好各项控制工作，保证目标的实现

E. 严格履行工程承包合同，做好组织协调工作

11. 施工项目的资源包括（　　）。

A. 人力资源　　B. 劳务

C. 工程材料与设备　　D. 施工机具与设施

E. 技术

模块1
在线答题

三、简答题

1. 什么叫项目？什么叫工程项目？

2. 什么叫工程项目管理？简述工程项目管理的特点。

3. 简述工程项目的建设程序。

4. 什么叫建筑工程项目管理？

5. 施工项目管理的全过程包括哪几个阶段？施工项目管理的内容包括哪些？简述施工项目管理的程序。

模块 2 建筑工程项目管理组织

能力目标

通过本模块的学习，学生要能够理解项目经理部的地位和作用，识别各种项目经理部组织形式的特征及适用范围；能够理解项目经理的地位及其责、权、利。

知识目标

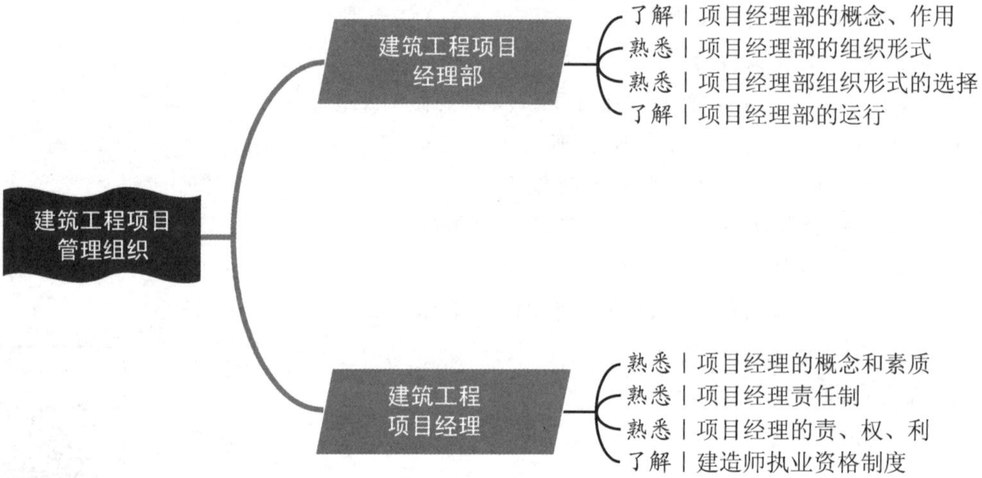

引例

碧水清风酒店工程项目管理团队建设

绿城千岛湖碧水清风项目位于国家5A级景区——美丽的千岛湖畔，为五星级酒店，总建筑面积98746m^2，地下2层，地上18层，工程结构形式为框架-剪力墙结构。该工程由中建三局建设工程股份有限公司承建。

在项目管理中，除将工期、成本、质量和安全作为管理重点外，项目还特别把团队管理作为项目管理的另外一个重点。优秀团队建设是优秀项目管理和建设精品工程的基础，而以人为本则是优秀团队建设的基础。项目通过增强团队成员的认同感和归属感、提高项目团队的凝聚力、建立和谐的人际关系、提高协作精神等以人为本的系列措施激发团队的活力。

(1) 通过广开言路，提高团队管理效率和效果。为了提高项目管理效率和效果，项目广开言路，并设立合理化建议奖（“金点子奖”）与优秀管理奖（“先进个人奖”），以奖励每年为管理做出突出贡献的员工。通过采用和引进先进合理、适应本项目特点的创新管理方式，项目不断改进和提高管理团队的能力和积极性。

(2) 进行宣传引导，培养团队社会责任感。项目成立党支部，开设宣传橱窗，将项目目标、项目文化、项目精神、工作作风、工作纪律等主体理念融入项目管理中，形成共同的价值观，以鼓舞士气、凝聚人心，激励项目团队成员。通过宣传，让团队成员关注社会热点，心系祖国。通过组织观看教育专题片，培养团队成员的爱国精神和社会责任感。

(3) 开展“三号联创”活动，激发团队能动性与创造性。以“党员先锋号”“工人先锋号”和“青年文明号”三号联创活动为载体，以“八比八赛八看”为契机，不断加强党群组织建设，大力发挥党员、青年团员、骨干员工的先锋模范和主力军作用。“八比八赛八看”劳动竞赛活动为：比安全生产，赛无工伤事故，看安全措施落实；比质量管理，赛过程控制，看质量合格率；比施工进度，赛节点控制，看合同履约；比文明施工，赛综合管理，看工完场清；比精细管理，赛降本增效，看增收节支；比团结协作，赛精神风貌，看和谐氛围；比廉洁从业，赛工作作风，看政治素质；比服务指导，赛管理水平，看责任意识。

(4) 丰富团队业余生活，增加团队成员的认同感和归属感。项目团队在党的带领下，各项行动有了方向，有了依据。党支部和团支部组织与开展各项活动（户外爬山拓展、看电影、书法比赛、摄影比赛、文艺晚会、篮球联赛等），丰富团队成员的业余生活，并通过邀请医院免费为团队成员体检、送清凉和送温暖等活动关爱团队成员的身心健康，真正做到为人民做好事、办实事、解难事，得到团队成员的一致认可，增加了他们的归属感，提高了他们工作和生活的积极性。

通过项目管理团队的共同努力，工程以优秀的质量和成绩得到了一致好评，同时获得业主方的高度评价，为公司后续工程的承接打下了坚实的基础。通过“以人为本，构建优秀团队进行管理”的模式，项目实现了精品工程的质量目标，形成了“团队树优、管理争优、品牌创优”的“三优”文化，也为公司及同行提供了一种值得借鉴的管理方法。

引言

上述案例中，施工方项目经理部特别把团队管理作为项目管理的一个重点，在制度管理的基础上，采取了一系列以人为本的措施，激发了团队的活力，提高了团队管理效率和效果，实现了精品工程的质量目标，形成了优秀的企业文化。

任务单元2.1 建筑工程项目经理部

不论是业主方的项目管理、设计方的项目管理，还是施工方的项目管理，均需建立一个科学的管理组织机构，这是实施项目管理的基础。项目组织规划设计的目的是在一定的要求和条件下，组建一个能实现项目目标的理想的管理组织机构，并根据项目管理的要求，确定各部门职责及各职位间的关系。这里着重介绍施工方的管理组织机构——项目经理部。

2.1.1 项目经理部概述

施工现场设置项目经理部，有利于各项管理工作的顺利进行。因此，对于大中型施工项目，施工方必须在施工现场设立项目经理部，并根据目标控制和管理的需要设立专业职能部门；对于小型施工项目，施工方一般也应设立项目经理部，但可简化。

1. 项目经理部的概念

项目经理部是企业在某一工程项目上的一次性管理组织机构，代表企业履行工程承包合同。项目经理部由项目经理在企业的支持下组建并领导，接受企业职能部门的指导、监督、检查、服务和考核，并负责对项目资源进行合理使用和动态管理。

项目经理部是从事施工现场管理的一次性具有弹性的施工生产经营管理组织机构，随项目的开始而产生，随项目的完成而解体。

项目经理部由项目经理及各种专业技术人员和相关管理人员组成。项目经理部成员的选聘，应根据各企业的规定，在企业的领导、监督下，由项目经理在企业内部或面向社会，根据一定的劳动人事管理程序进行择优聘用，并报企业领导批准。

2. 项目经理部的作用

项目经理部是施工项目管理的工作班子，在项目经理的领导下开展工作，在施工项目管理中，项目经理部主要发挥如下作用。

(1) 负责施工项目从开工到竣工的全过程施工生产经营的管理，是企业在某一工程项目上的管理层，同时对作业层负有管理与服务的双重职能。

(2) 为项目经理决策提供信息依据，当好参谋，同时又要执行项目经理的决策意图，对项目经理全面负责。

(3) 项目经理部作为组织主体，应完成企业所赋予的基本任务——项目管理任务；凝聚管理人员的力量，调动管理人员的积极性，促进管理人员的合作；协调部门之间、管理人员之间的关系，发挥每个人的岗位作用；影响和改变管理人员的观念和行为，使管理人员的思想、行为变为组织文化的积极因素；实行目标责任制，搞好管理；协调项目经理部与企业部门、建设单位、分包单位等之间的关系。

(4) 项目经理部是代表企业履行工程承包合同的主体，对项目产品和建设单位全面、全过程负责。

2.1.2 项目经理部的组织形式

项目经理部的组织形式是指施工项目管理组织中处理管理层次、管理跨度、部门设置和上下级关系的组织结构的类型。项目经理部的组织形式多种多样，随着社会生产力水平的提高和科学技术的发展，还将产生新的组织形式。本任务单元不具体讨论组织结构的四种基本形式，即直线式、职能式、直线职能式和矩阵式，而是从承包企业组织与项目管理组织之间的关系来阐明项目经理部的组织形式。

1. 工作队式

图 2.1 为工作队式组织形式示意图。

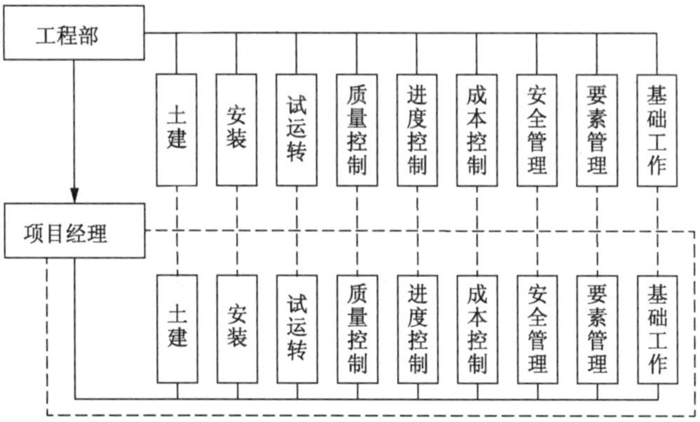

图 2.1 工作队式组织形式示意图

注：虚线框内为项目经理部。

1) 特征

(1) 项目经理一般由企业任命或选拔，由项目经理在企业内招聘或抽调职能部门的人员组成项目经理部。

(2) 项目经理部成员在项目工作过程中，由项目经理领导，原单位领导只负责业务指导，不能干预其工作或调回人员。

(3) 项目结束后项目经理部撤销，所有人员仍回原所在部门。

2) 优点

(1) 项目经理部成员来自企业各职能部门，熟悉业务，各有专长，协同工作，能充分发挥其作用。

(2) 各种人才都在现场，解决问题迅速，减少了扯皮和等待时间，办事效率高。

(3) 项目经理权力集中，受干扰少，决策及时，指挥灵便。

(4) 不打乱企业的原建制。

3）缺点

（1）各类人员来自不同部门，彼此不够熟悉，工作需要一段磨合期。

（2）各类人员在同一时期内所担负的管理工作任务可能有很大差别，容易产生忙闲不均，可能导致人力资源浪费。

（3）由于项目施工一次性的特点，有些人员容易产生临时(对付)观点。

（4）由于同一专业人员分配在不同项目上，相互交流困难，专业职能部门的优势难以发挥。

4）适用范围

适用于大型施工项目，工期要求紧的施工项目，以及要求多工种、多部门密切配合的施工项目。

2. 部门控制式

图 2.2 为部门控制式组织形式示意图。

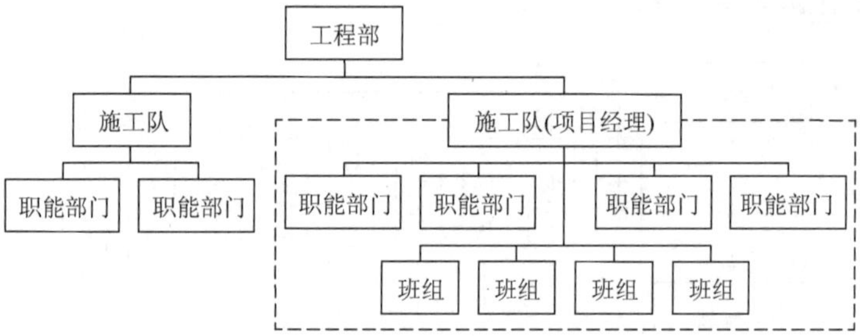

图 2.2　部门控制式组织形式示意图

注：虚线框内为项目经理部。

1）特征

按职能原则建立施工项目经理部，在不打乱企业现行建制的条件下，企业将施工项目委托给某一专业部门或施工队，由专业部门或施工队领导在本单位组织人员组成项目经理部，并负责实施施工项目管理。

2）优点

（1）项目经理部从接受任务到组织运转，机构启动快。

（2）人员熟悉，业务熟悉，职责明确，关系容易协调，工作效率高。

3）缺点

（1）人员固定，不利于精简机构。

（2）不能适应大型复杂项目或者涉及各个部门的项目，局限性较大。

4）适用范围

适用于小型、专业性较强、不需涉及众多部门的项目，如煤气管道施工、电缆铺设等项目。

3. 矩阵式

矩阵式组织形式是现代大型项目管理中应用最广泛的新型组织形式。图 2.3 为矩阵式组织形式示意图。

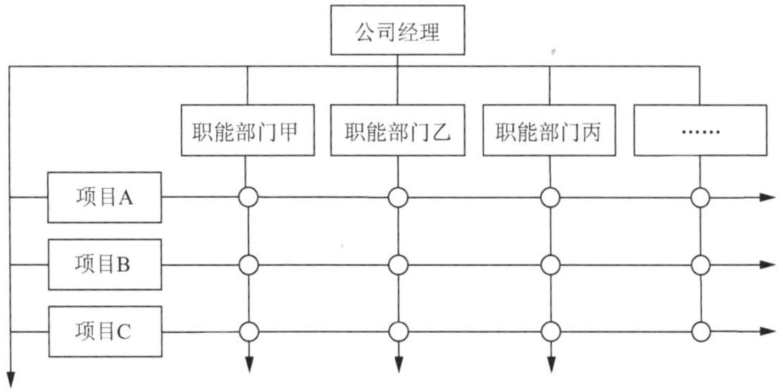

图 2.3 矩阵式组织形式示意图

1）特征

（1）按照职能原则和项目原则结合起来建立的项目管理组织，既能发挥职能部门的纵向优势，又能发挥项目组织的横向优势，多个项目组织的横向系统与职能部门的纵向系统形成了矩阵结构。

（2）企业专业职能部门是相对长期稳定的，项目管理组织是临时性的。职能部门负责人对项目组织中本单位人员负有组织调配、业务指导、业绩考察等责任。项目经理在各职能部门的支持下，将参与本项目组织的人员在横向上有效地组织在一起，为实现项目目标协同工作，对参与本项目组织的人员有控制和使用权，在必要时可将其辞退或要求调换。

（3）矩阵中的成员接受原单位负责人和项目经理的双重领导。

2）优点

（1）兼有部门控制式和工作队式两种组织形式的优点，将职能原则和项目原则融为一体，实现了企业长期例行性管理和项目一次性管理的统一。

（2）以尽可能少的人力实现多个项目的高效管理。通过职能部门的协调，可根据项目的需求配置人才，防止人才短缺或人力资源浪费，项目组织因此具有较好的弹性和应变能力。

（3）打破了一个职工只接受一个部门领导的原则，大大加强了部门间的协调，便于集中各种专业知识、技能和人才，迅速完成某个工程项目，提高了管理组织的灵活性。

3）缺点

（1）项目组织的结合部多，组织内部的人际关系、业务关系、沟通渠道等都较复杂，容易造成信息量膨胀，引起信息流不畅或失真，需要依靠有力的组织措施和规章制度来规范管理。

（2）由于人员来自职能部门，且仍受职能部门控制，难免影响他们在项目上积极性的发挥，项目的组织作用大为削弱。

（3）双重领导造成的矛盾使当事人无所适从，影响工作。

（4）在项目施工高峰期，一些人员身兼多职，容易造成管理上顾此失彼。

4）适用范围

（1）适用于需要多部门、多技术、多工种配合施工，在不同施工阶段对不同人员有不同的数量和搭配需求的大型、复杂的施工项目。

(2) 适用于同时承担多个施工项目管理的企业。

4. 事业部式

图 2.4 为事业部式组织形式示意图。

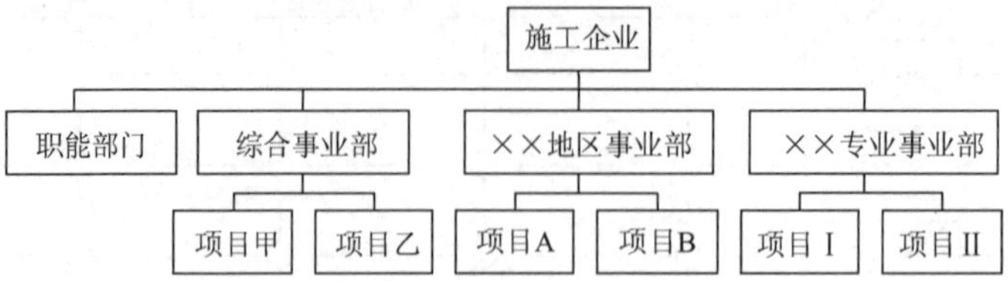

图 2.4 事业部式组织形式示意图

1) 特征

(1) 在企业内部按地区、工程类型或经营内容设立事业部，事业部对内是一个职能部门，对外则享有相对独立的经营权，可以是一个独立单位。如图 2.4 中的××地区事业部，可以是公司的驻外办事处，也可以是公司在外地设立的具有独立法人资格的分公司；××专业事业部，一般是公司根据其经营范围成立的事业部，如桩基础公司、装饰公司、钢结构公司等。

(2) 事业部中的工程部或开发部下设项目经理部。项目经理由事业部委派，一般对事业部负责，经特殊授权时，也可直接对业主负责。

2) 优点

(1) 事业部式项目经理部能充分调动发挥事业部的积极性和独立经营作用，便于延伸企业的经营职能，有利于开拓企业的经营业务领域。

(2) 事业部式项目经理部能迅速适应环境变化，提高公司的应变能力，既可以加强公司的经营战略管理，又可以加强项目管理。

3) 缺点

(1) 企业对项目经理部的约束力减弱，协调指导机会减少，以致有时造成企业结构松散。

(2) 事业部的独立性强，企业的综合协调难度大，必须加强制度约束和规范化管理。

4) 适用范围

适用于大型经营型企业承包施工项目时采用，特别适用于远离企业本部的施工项目、海外工程项目。

需要注意的是，一个地区只有一个项目而没有后续工程时，不宜设立地区事业部，也即它适用于在一个地区有长期市场或有多种专业化施工力量的企业采用。在这种情况下，事业部与地区市场同寿命，地区没有项目时，该事业部应予撤销。

2.1.3 项目经理部组织形式的选择

施工企业在选择项目经理部的组织形式时，应考虑项目的规模、业务范围、复杂性等因素，分析业主对项目的要求、标准规范、合同条件等情况，结合企业的类型、员工素质、管理水平、环境条件、工作基础等，选择适宜的组织形式。一般来讲，项目经理部的组织形式可按照下列思路选择。

（1）人员素质高、管理基础强、可以承担复杂项目的大型综合企业，宜采用矩阵式、工作队式、事业部式组织形式。

（2）简单项目、小型项目、承包内容单一的项目，宜采用部门控制式组织形式。

（3）在同一企业内部，可以根据具体情况将几种组织形式结合使用，如矩阵式与事业部式、工作队式与事业部式结合使用，但不能同时采用矩阵式与工作队式，以免造成混乱。

2.1.4 项目经理部的运行

1. 项目经理部的设置

1）项目经理部的设置原则

项目经理部的设置应遵循以下几个基本原则。

（1）要根据所设计的项目组织形式设置项目经理部。不同的组织形式决定了企业对施工项目的不同管理方式、所提供的不同管理环境，以及对项目经理部授予权限的大小；同时，不同的组织形式对项目经理部的管理力量和管理职责也有不同的要求。

（2）要根据施工项目的规模、复杂程度和专业特点设置项目经理部。例如，大型项目经理部可以设职能部、处，中型项目经理部可以设职能处、科，小型项目经理部一般只需设职能人员即可。

（3）项目经理部是为特定工程项目组建的，必须是一个具有弹性的一次性全过程的管理组织，随着工程项目的开工而组建，随着工程项目的竣工而解体，在其存在期间还应按工程管理需要的变化而调整。

（4）项目经理部的人员配置应面向施工项目现场，满足现场的计划与调度、技术与质量、成本与核算、劳务与物资、安全与文明施工的需要，而不应设置经营与咨询、研究与发展、政工与人事等与项目施工关系较少的非生产性管理部门。

2）项目经理部的设置程序

设置项目经理部时，一般应按以下程序进行。

（1）根据项目管理规划大纲确定项目经理部的管理任务和组织形式。

（2）根据项目管理目标责任书进行目标分解与责任划分。

（3）确定项目经理部的层次，设立职能部门与工作岗位。

（4）确定人员的职责、分工和权限。

（5）制定工作制度、考核制度与奖惩制度。

3）项目经理部的职能部门

项目经理部的职能部门及其人员配置，应当满足施工项目管理工作中采购管理、合同管理、设计与技术管理、进度管理、质量管理、成本管理、安全生产管理、绿色施工与环境管理、资源管理、信息与知识管理、沟通管理、风险管理、收尾管理等各项管理内容的需要。因此，项目经理部通常应设置以下几个部门。

（1）经营核算部门，主要负责预算、合同、索赔、资金收支、成本核算、劳动力的配置与分配等工作。

（2）工程技术部门，主要负责生产调度、文明施工、技术管理、施工组织设计、计划统计等工作。

(3) 物资设备部门，主要负责材料的询价、采购、计划供应、管理、运输、工具管理、机械设备的租赁配套使用等工作。

(4) 监控管理部门，主要负责工程质量、安全生产管理、环境保护等工作。

(5) 测试计量部门，主要负责计量、测量、试验等工作。

项目经理部职能部门及管理岗位的设置，必须贯彻因事设岗、有岗有责和目标管理的原则，明确各岗位的责、权、利和考核指标，并对管理人员的责任目标进行检查、考核与奖惩。

2. 项目经理部规章制度

项目经理部组建以后，应根据企业和项目的实际情况，制定项目经理部规章制度。项目经理部规章制度是建筑企业或项目经理部制定的针对施工项目实施所必需的工作规定和条例的总称，是项目经理部进行项目管理工作的标准和依据，是在企业管理制度的前提下，针对施工项目的具体要求而制定的，是规范项目管理行为、约束项目实施活动、保证项目目标实现的前提和基础。

项目经理部规章制度的内容包括：项目管理人员岗位责任制度，项目技术管理制度，项目质量管理制度，项目安全生产管理制度，项目计划、统计与进度管理制度，项目成本核算制度，项目材料、机械设备管理制度，项目环境管理制度，项目分配与奖励制度，项目例会及施工日志制度，项目分包及劳务管理制度，项目沟通管理制度，项目信息管理制度，等等。

3. 项目经理部的工作内容

项目经理部的工作内容包括以下几个方面。

(1) 在项目经理领导下制定项目管理实施规划及项目管理的各项规章制度。

(2) 对进入项目的资源进行优化配置和动态管理。

(3) 有效控制项目进度、质量、成本和安全等目标。

(4) 协调企业内部、项目内部以及项目与外部各系统之间的关系，增进项目有关各部门之间的沟通，提高工作效率。

(5) 对施工项目目标和管理行为进行分析、考核和评价，并对各类责任制度执行结果实施奖罚。

4. 项目经理部的解体

项目经理部作为一次性的组织，在工程项目目标实现后应及时解体。项目经理部解体应具备下列条件。

(1) 工程已经竣工验收。

(2) 与各分包单位已经结算完毕。

(3) 已协助企业管理层与发包人签订《工程质量保修书》。

(4) 项目管理目标责任书已经履行完成，经企业管理层审计合格。

(5) 已与企业管理层办理有关手续，主要是向相关职能部门交接清楚项目管理文件资料、核算账册、现场办公设备、公章保管、领借的工器具及劳防用品、项目管理人员的业绩考核评价材料等。

(6) 现场清理完毕。

任务单元2.2 建筑工程项目经理

党的二十大报告提出，深入实施人才强国战略，培养造就大批德才兼备的高素质人才，是国家和民族长远发展大计。项目经理是项目经理部的灵魂和最高决策者，项目经理的理念和经营管理水平直接影响着项目经理部的工作效率和业绩。只有由优秀睿智的项目经理领导的项目经理部，才是高效精干并具有创新开拓精神的施工项目管理责任主体。优秀的项目经理既是企业经济效益和社会信誉的直接责任人，又是业主对项目投资的最基本保证。

2.2.1 项目经理的概念和素质

1. 项目经理的概念

项目经理是指受企业法定代表人委托和授权，在工程项目施工中担任项目经理岗位职务，直接负责工程项目施工的组织实施者，是对工程项目实施全过程、全面负责的项目管理者，是工程项目的责任主体，是企业法人代表在工程项目上的委托代理人。

1992年，建设部颁发的《建筑施工企业项目经理资质管理办法》指出“建筑施工企业项目经理（以下简称项目经理），是指受企业法定代表人委托对工程项目施工过程全面负责的项目管理者，是建筑施工企业法定代表人在工程项目上的代表人”。这就决定了项目经理在项目中是最高的责任者、组织者，是项目决策的关键人物。项目经理在项目管理中处于中心地位。

为了确保工程项目的目标实现，项目经理不应同时承担两个或两个以上未完工程项目的领导岗位的工作。为了确保工程项目实施的可持续性和项目经理责任、权利与利益的连贯性及可追溯性，在项目运行正常的情况下，企业不应随意撤换项目经理。但在工程项目发生重大安全、质量事故或项目经理违法、违纪时，企业可撤换项目经理，而且必须进行绩效审计，并按合同规定报告有关合作单位。

2. 项目经理的素质

项目经理应具备下列素质。

(1) 符合项目管理要求的能力，善于进行领导、组织协调与沟通。

(2) 具备相应的项目管理经验和业绩。

(3) 具备项目管理需要的专业技术、管理、经济、法律和法规知识。

(4) 具备良好的职业道德和团结协作精神，遵纪守法、爱岗敬业、诚信尽责。

(5) 身体健康。

2.2.2 项目经理责任制

1. 项目经理责任制概述

项目经理责任制是我国施工管理体制上的一个重大改革，对加强工程项目管理、提高工程质量起到了很好的作用。

所谓项目经理责任制，是指以项目经理为责任主体的施工项目管理目标责任制度，它是以施工项目为对象，以项目经理全面负责为前提，以项目管理目标责任书为依据，以创优质工程为目标，以求得项目产品的最佳经济效益为目的，实行从施工项目开工到竣工验收的一次性全过程的管理。

项目经理责任制是项目管理目标实现的具体保障和基本条件。它有利于明确项目经理与企业、职工三者之间的责、权、利、效关系，有利于运用经济手段强化对施工项目的法制管理，有利于项目的规范化、科学化管理和工程质量的提高，有利于促进和提高企业项目管理的经济效益和社会效益。

项目经理责任制的主体是项目经理个人全面负责，项目经理部集体全面管理。其中个人全面负责是指在施工项目管理活动中，由项目经理代表项目经理部统一指挥，并承担主要的责任；集体全面管理是指项目经理部成员根据工作分工，承担相应的责任并享受相应的利益。

项目经理责任制的重点在于管理，即要遵循科学规律，注重现代化管理的内涵和运用，通过强化项目管理，全面实现项目管理目标责任书的内容与要求。

2. 项目管理目标责任书

项目经理责任制作为项目管理的基本制度，是评价项目经理绩效的依据，其核心是项目管理目标责任书确定的责任。

工程项目在实施之前，法定代表人或其授权人要与项目经理就工程项目全过程管理签订项目管理目标责任书，明确规定项目经理部应达到的成本、质量、进度和安全等管理目标。它是具有企业法规性的文件，也是项目经理的任职目标，具有很强的约束性。

项目管理目标责任书一般包括下列内容。

(1) 项目管理实施目标。

(2) 企业各部门与项目经理部之间的责任、权限和利益分配。

(3) 项目施工、试运行等管理的内容和要求。

(4) 项目需要资源的提供方式和核算办法。

(5) 法定代表人向项目经理委托的特殊事项。

(6) 项目经理部应承担的风险。

(7) 项目管理目标评价的原则、内容和方法。

(8) 对项目经理部进行奖惩的依据、标准和办法。

(9) 项目经理解职和项目经理部解体的条件与办法。

项目管理目标责任书的重点是明确项目经理的工作内容，其核心是完成项目管理目标，是组织考核项目经理和项目经理部成员业绩的标准和依据。

项目管理目标责任书参考模板

2.2.3 项目经理的责、权、利

1. 项目经理应履行的职责

项目经理应履行以下职责。

（1）代表企业实施施工项目管理。贯彻执行国家法律、法规、方针、政策和强制性标准，执行企业的管理制度，维护企业的合法权益。

（2）项目管理目标责任书规定的职责。

（3）主持编制项目管理实施规划，并对项目目标进行系统管理。

（4）对进入现场的资源进行优化配置和动态管理。

（5）建立质量管理体系和安全生产管理体系并组织实施。

（6）在授权范围内，负责与企业管理层、劳务作业层、各协作单位、发包人、分包人和监理工程师等的协调，解决项目中出现的问题。

（7）在授权范围内，处理项目经理部与国家、企业、分包单位以及职工之间的利益分配。

（8）收集工程资料，准备结算资料，参与工程竣工验收。

（9）接受审计，处理项目经理部解体的善后工作。

（10）协助企业进行项目的检查、鉴定和评奖申报。

2. 项目经理应具有的权限

项目经理应具有以下权限。

（1）参与企业进行的施工项目投标和签订施工合同。

（2）参与组建项目经理部，确定项目经理部的组织形式，选择、聘任管理人员，确定管理人员的职责，并定期进行考核、评价和奖惩。

（3）主持项目经理部工作，组织制定施工项目的各项管理制度。

（4）在企业财务制度规定的范围内，根据企业法定代表人授权和施工项目管理的需要，决定资金的投入和使用。

（5）制定项目经理部的计酬办法。

（6）参与选择并使用具有相应资质的分包人。

（7）在授权范围内，按物资采购程序性文件的规定行使采购权。

（8）在授权范围内，协调和处理与施工项目管理有关的内部及外部事项。

（9）法定代表人授予的其他权力。

3. 项目经理应享有的利益

项目经理应享有以下利益。

（1）获得工资和奖励。

（2）项目完成后，按照项目管理目标责任书的规定，经审计后给予奖励或处罚。

（3）除按项目管理目标责任书可获得物质奖励外，还可获得表彰、记功等奖励。

2.2.4 建造师执业资格制度

建造师执业资格制度于1834年起源于英国，迄今已有近190年的历史。目前，世界上许多国家都建立了这项制度。1997年在华盛顿正式召开了国际建造师协会成立大会。我国施工企业有10万多家，从业人员有3500多万人，在从事建设工程项目总承包和施工管理的广大专业技术人员中，特别是在施工项目经理队伍中，建立建造师执业资格制度非常必要。

《建造师执业资格制度暂行规定》

1. 我国建造师执业资格制度的建立

2002 年 12 月 5 日，人事部（2008 年改为人力资源和社会保障部，简称人社部）、建设部（2008 年改为住房和城乡建设部，简称住建部）联合印发了《建造师执业资格制度暂行规定》（人发〔2002〕111 号），这标志着我国建造师执业资格制度的正式建立。该规定明确指出，我国的建造师是指从事建设工程项目总承包和施工管理关键岗位的专业技术人员，分为一级建造师和二级建造师。这项制度的建立，必将促进我国工程项目管理人员素质和管理水平的提高，促进我们进一步开拓国际建筑市场。

2. 建造师执业资格证书

一级建造师执业资格实行全国统一大纲、统一命题、统一组织的考试制度，由人社部、住建部共同组织实施，原则上每年举行一次考试；二级建造师执业资格实行全国统一大纲，由各省、自治区、直辖市命题并组织的考试制度。考试内容分为综合知识与能力、专业知识与能力两部分。报考人员要符合有关文件规定的相应条件。一、二级建造师执业资格考试合格的人员，可分别获得《中华人民共和国一级建造师执业资格证书》和《中华人民共和国二级建造师执业资格证书》。取得建造师执业资格证书的人员，必须经过注册登记，方可以建造师名义执业。

《注册建造师执业管理办法（试行）》

《注册建造师执业管理办法(试行)》（建市〔2008〕48 号)第五条规定：大中型工程施工项目负责人必须由本专业注册建造师担任。一级注册建造师可担任大、中、小型工程施工项目负责人，二级注册建造师可以承担中、小型工程施工项目负责人。

各专业大、中、小型工程分类标准，按《关于印发〈注册建造师执业工程规模标准〉(试行)的通知》（建市〔2007〕171 号)执行。

3. 建造师与项目经理的关系

(1) 建造师是一种专业人员的名称，而项目经理是一个工作岗位的名称。

(2) 建造师与项目经理所从事的都是建设工程的管理，但执业范围不同。建造师执业的覆盖面较广，可涉及建设工程项目管理的许多方面；而担任项目经理只是建造师执业中的一项。除此之外，建造师还可以从事法律、行政法规或国务院建设行政主管部门规定的其他业务以及其他施工活动的管理工作；而项目经理则限于从事企业内某一特定工程的项目管理。建造师选择工作的权利相对自由，可在社会市场上有序流动，有较大的活动空间；而项目经理岗位则是企业设定的，项目经理是由企业法人代表授权或聘用的、一次性的工程项目施工管理者。

(3) 我国在全面实施建造师执业资格制度后，仍然要坚持落实项目经理岗位责任制。项目经理岗位是保证建设工程项目质量、安全、工期的重要岗位，要充分发挥有关行业协会的作用，加强项目经理培训，不断提高项目经理队伍素质。要加强对建筑业企业项目经理市场行为的监督管理，对发生重大工程质量安全事故或市场违法违规行为的项目经理，必须依法予以严肃处理。《国务院关于取消第二批行政审批项目和改变一批行政审批项目管理方式的决定》（国发〔2003〕5 号）的规定是取消项目经理资质的行政审批，而不是取消项目经理。有变化的是，大中型工程项目的项目经理必须由取得建造师执业资格的建造师担任。注册建造师资格是担任大中型工程项目经理的一个必要条件，是国家的强制性要求。小型工程项目的项目经理可以由不是建造师的人员担任。

模块小结

本模块的重点和难点是项目经理部的组织形式。学生在学习过程中应注意采用对比的方法学习四种项目经理部的组织形式，还应注意借助组织形式示意图理解有关内容。

学生在学习过程中应该主动联系实际，如分析自己参与过的项目经理部的组织形式，以加深对理论知识的理解，提高实践能力。

思考与练习

一、单选题

1. 对于煤气管道施工等项目，适合采用(　　)组织形式。

A. 事业部式　　B. 工作队式　　C. 部门控制式　　D. 矩阵式

2. 某一大型建设项目中，项目的每一名成员都接受项目经理和职能部门经理的双重领导，该项目的组织机构采用的是(　　)组织形式。

A. 直线式　　B. 工作队式　　C. 矩阵式　　D. 部门控制式

3.(　　)在项目中是最高的责任者、组织者，是项目决策的关键人物，在项目管理中处于中心地位。

A. 项目经理　　B. 公司管理层　　C. 技术员　　D. 预算员

4. 项目管理目标责任书应在(　　)，由法定代表人或其授权人与项目经理协商制定。

A. 项目投标前　　B. 项目实施前　　C. 项目实施后　　D. 项目结束后

5. 建造师是一种(　　)的名称，而项目经理是一种工作岗位的名称。

A. 工作岗位　　B. 专业人员　　C. 技术职称　　D. 工作职务

6. 取得建造师注册证书的人员是否担任工程项目施工的项目经理，由(　　)决定。

A. 政府主管部门　　B. 业主　　C. 企业　　D. 监理

7. 建筑施工企业项目经理是指受(　　)委托，对工程项目施工过程全面负责的项目管理者。

A. 董事会　　B. 股东大会

C. 总经理　　D. 企业法定代表人

8. 注册建造师与项目经理的执业范围是(　　)的。

A. 相同　　B. 不同

二、多选题

1. 以下(　　)是工作队式组织形式的特征。

A. 项目经理部成员来自企业各职能部门，熟悉业务，各有专长，协同工作，能充分发挥其作用

B. 项目经理权力集中，受干扰少，决策及时，指挥灵便

C. 不打乱企业的原建制

D. 人员固定，不利于精简机构

E. 各类人员来自不同部门，彼此不够熟悉，工作需要一段磨合期

2. 以下(　　)是部门控制式组织形式的特征。

A. 在不打乱企业现行建制的条件下，企业将施工项目委托给某一专业部门或施工队

B. 从接受任务到组织运转，机构启动快

C. 不能适应大型复杂项目或者涉及各个部门的项目，局限性较大

D. 人员固定，不利于精简机构

E. 各类人员来自不同部门，彼此不够熟悉，工作需要一段磨合期

3. 以下(　　)是矩阵式组织形式的特征。

A. 在不打乱企业现行建制的条件下，企业将施工项目委托给某一专业部门或施工队

B. 成员接受原单位负责人和项目经理的双重领导

C. 兼有部门控制式和工作队式两种项目组织形式的优点，将职能原则和项目原则融为一体，实现了企业长期例行性管理和项目一次性管理的统一

D. 由于人员来自职能部门，且仍受职能部门控制，难免影响他们在项目上积极性的发挥，项目的组织作用大为削弱

E. 在项目施工高峰期，一些人员身兼多职，造成管理上顾此失彼

4. 以下(　　)是事业部式组织形式的特征。

A. 能充分调动发挥事业部的积极性和独立经营作用，便于延伸企业的经营职能，有利于开拓企业的经营业务领域

B. 成员接受原单位负责人和项目经理的双重领导

C. 能迅速适应环境变化，提高公司的应变能力，既可以加强公司的经营战略管理，又可以加强项目管理

D. 企业对项目经理部的约束力减弱，协调指导机会减少，以致有时造成企业结构松散

E. 企业的综合协调难度大，必须加强制度约束和规范化管理

5. 下列说法中，属于项目经理在承担工程项目施工管理过程中应履行的职责是(　　)。

模块2
在线答题

A. 贯彻执行国家法律、法规、方针、政策和强制性标准

B. 主持编制项目管理实施规划，并对项目目标进行系统管理

C. 执行业主规定的各项管理制度

D. 建立质量管理体系和安全生产管理体系并组织实施

E. 在授权范围内处理项目经理部与国家、企业、分包单位以及职工之间的利益分配

6. 下列关于建造师的说法，正确的是(　　)。

A. 可以在业主方从事工程项目管理工作

B. 可以在政府部门从事与工程项目管理相关的工作

C. 只限于项目实施阶段的工程项目管理工作

D. 可以在设计方从事设计工作

E. 可以在监理方从事工程监理工作

三、简答题

1. 简述项目经理部的地位。

2. 常见的项目经理部的组织形式有哪些？适用范围是什么？

3. 施工企业在选择项目经理部的组织形式时，应考虑哪些因素？

4. 简述对项目经理责任制和项目管理目标责任书的认识。

5. 项目经理的责、权、利各是什么？

6. 简述注册建造师与项目经理的关系。

四、实训题

1. 根据在施工现场收集的资料，判断项目经理部在不同的建筑工程项目中分别采用了哪种项目组织形式。绘制出你参与过的建筑工程项目的项目经理部的组织形式。

2. 在你参与过的项目经理部中，项目经理在各项工作中发挥了什么作用？一个优秀的项目经理应具备哪些素质？

模块 3 建筑工程项目进度计划的编制方法

能力目标

通过本模块的学习，学生要能够根据工程情况选择合理的施工组织方式并组织施工；能够正确绘制横道计划并统计资源需要量；能够根据工程已知条件正确绘制网络计划，并对网络计划进行时间参数计算，找出关键线路和关键工作；能够正确绘制和应用双代号时标网络计划；要求具有网络计划优化的思想，能够对小型网络计划进行优化。在教学过程中，应培养学生做计划的能力、运用专业知识分析和处理实际问题的能力，以及创新与设计的能力。

知识目标

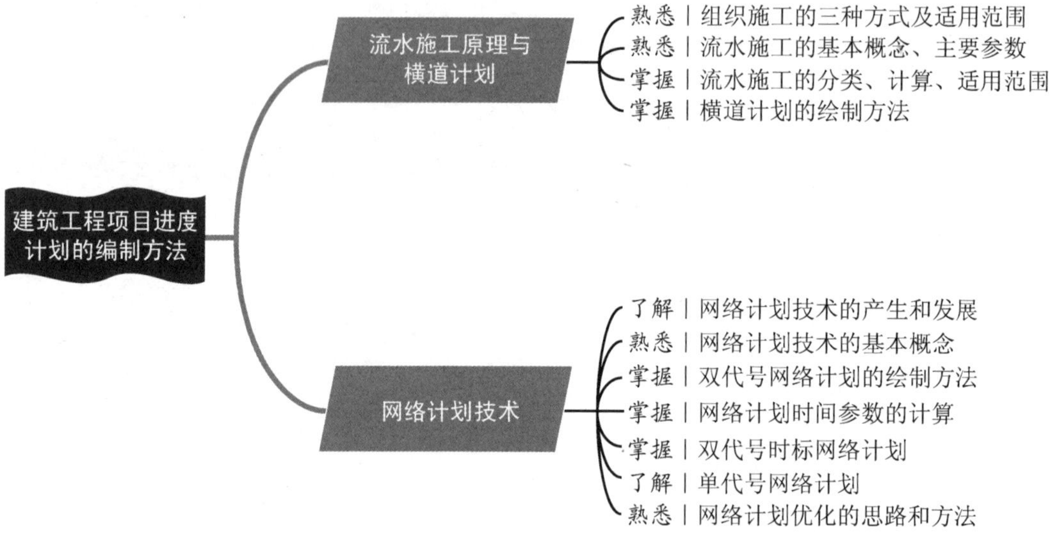

引例

天津市文化中心交通枢纽工程项目进度管理

天津市文化中心交通枢纽工程土建工程第四标段，位于枢纽工程的西南部，总建筑面积约 30000m²，包括地铁 10 号线和地铁 Z1 线文化中心站。车站围护结构采用连续墙的支护形式，其中 Z1 线车站地下连续墙深度为 66.5m，为天津地铁施工领域之最。该工程合同工期 730 天，由中铁十六局集团有限公司承建。

由于工程合同工期和节点工期时间安排紧张，建设单位明确规定了以主要施工部位的完成日期作为节点的阶段工期。为了确保工期进度，总工期及各部位节点阶段工期必须同时进行控制。控制重点第一是围护结构施工工期，第二是主体结构施工工期。下面以控制围护结构施工工期为例进行介绍。

本工程共计 138 幅地下连续墙，为保证节点工期目标的顺利完成，项目部提前组织大型机械设备进场调试安装，施工组织方式根据以下两个待选方案对比的结果确定，具体见图 3.1。

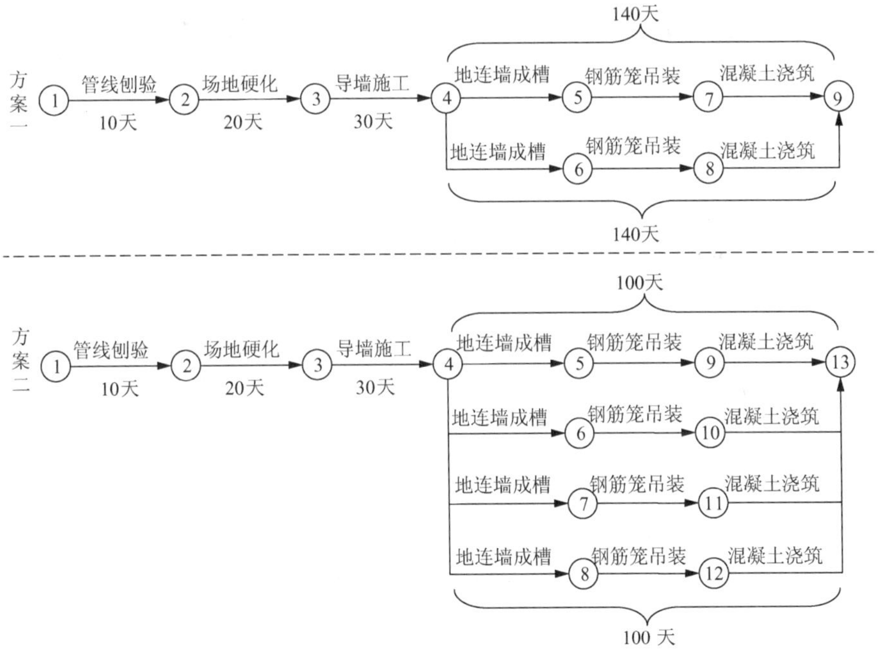

图 3.1　两个待选方案

方案一：2 个作业面同时施工，从 Z1 线两端开始。由于作业面少，所以机械设备使用成本较低，但是总体进度较慢，需要 140 天，势必会造成节点工期延误。

方案二：4 个作业面同时施工，从 10 号线和 Z1 线同时开始，人员机械全部得以充分利用，满足节点工期要求，但是由于场地限制容易造成大型机械相互影响而耽误施工，需要项目部调度员和值班员随时在场地进行协调。

围护结构不同施工方案比较见表 3-1。

表 3-1 围护结构不同施工方案比较

编号	安全性	工期	质量
方案一	施工安全	延误工期一个月	有保证
方案二	施工安全	可以提前完成节点工期目标	有保证

通过方案对比分析，决定采用方案二，即 4 个作业面同时施工，大量投入机械以缩短施工时间，从而实现建设单位的指定性目标工期。按照方案二进行组织施工，该项目提前 13 天完成了地下连续墙施工，达到了工期目标要求。

引言

上述案例中的工程项目，利用网络计划提出比选方案，进行施工组织方式和进度管理方案的比选，取得了很好的进度控制的效果。由此可以看出，不同的施工组织方式其工期效果也不同，实践中要结合实际进行具体分析，借助于先进的进度管理工具，如横道图、网络图、计算机软件等，选择合理、适用的施工组织方式。

任务单元 3.1 流水施工原理与横道计划

工作任务单

任务单元 3.1 工作任务单	
工作任务描述	某住宅小区工程共有 12 幢高层剪力墙结构住宅楼，每幢有两个单元，各单元结构基本相同。每幢高层住宅楼的基础工程包括挖土方、铺垫层、钢筋混凝土基础、回填土 4 个施工过程，其工作持续时间分别是挖土方 8 天、铺垫层 4 天、钢筋混凝土基础 12 天、回填土 4 天。请选择合理的施工组织方式来组织施工。
工作任务要求	根据工程情况和以下要点，选择合理的施工组织方式。 (1) 根据该工程的流水节拍的特点，在资源供应允许的条件下，为加快施工进度，可采用何种方式组织流水施工？如果每 4 幢住宅楼划分为一个施工段组织流水施工，请进行时间参数计算，并以横道图表示进度计划。 (2) 若资源供应不充足，则可采用何种方式组织流水施工？如果每 4 幢住宅楼划分为一个施工段组织流水施工，请进行时间参数计算，并以横道图表示进度计划。 (3) 试对以上流水施工方式进行比较。

注：本书在适合的任务单元设置了工作任务单，在教学过程中采用工学结合、任务驱动的教学模式，使“学习”和“工作”高度融合，形成一个有机整体。

工业生产的实践证明，流水作业是组织生产的有效方法。流水作业的原理是在分工大量出现之后的顺序作业和平行作业的基础上产生的，它是一种以分工为基础的协作，是成批地生产产品的一种较好的作业方法。

流水作业的原理同样也适用于建筑工程的施工。不同的是，在工业生产的流水作业中，专业生产者是固定的，各产品或中间产品在流水线上流动，由前一个工序流向后一个工序；而在建筑工程施工中，各施工段(相当于产品或中间产品)是固定不动的，而专业施工队则是流动的，他们由前一个施工段流向后一个施工段。

3.1.1 流水施工的基本概念

1. 建筑工程施工的组织方式

建筑工程施工的组织方式是受其内部施工顺序、施工场地、空间、时间等因素影响和制约的，根据具体情况不同，有三种组织方式：依次施工、平行施工和流水施工。现举例说明。

应用案例 3-1

有三幢同类型宿舍楼的基础工程，划分为四个施工过程：基槽开挖、垫层浇筑、基础砌筑、基槽回填，它们在每幢房屋上的持续时间分别为2天、1天、3天、1天，每个班组工人数分别为20人、15人、25人、10人。试分别用三种方式组织施工并绘制劳动力动态曲线（以时间为横坐标、劳动力数量为纵坐标绘制的劳动力需求曲线）。

【案例解析】

1）依次施工

依次施工也称顺序施工，是各施工段或施工过程依次开工、依次完成的一种施工组织方式。依次施工不考虑后续施工过程在时间和空间上的相互搭接，而是依照顺序进行施工。

(1) 按施工段依次施工。这种施工组织方式是在完成一个施工段的各施工过程后，接着依次完成其他施工段的各施工过程，直至全部任务完成。其施工进度和劳动力动态曲线如图3.2所示。按施工段依次施工的工期计算如下。

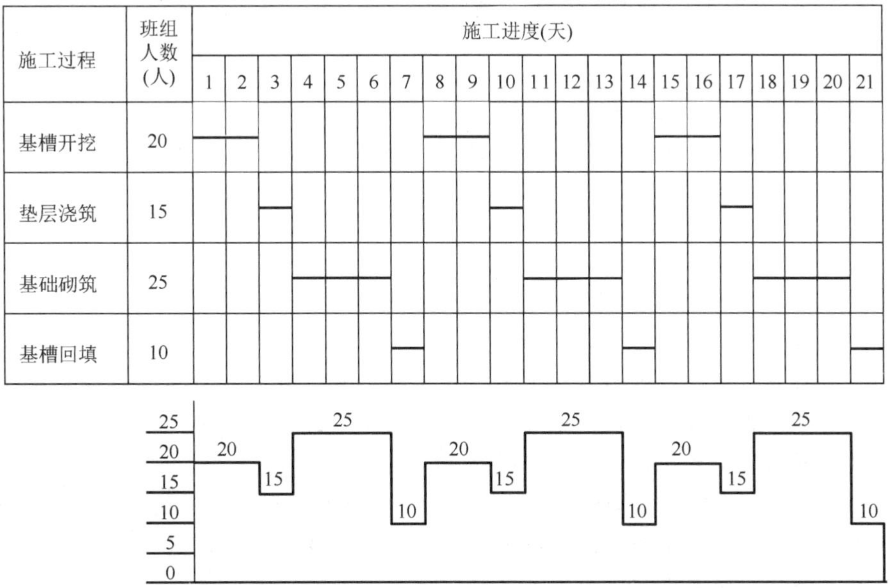

图3.2 按施工段依次施工的施工进度和劳动力动态曲线

$$T = M \sum t_i \tag{3-1}$$

式中　T——工期；

M——施工段数；

t_i——某施工过程在一个施工段上所需的时间。

(2) 按施工过程依次施工。这种施工组织方式是在依次完成每个施工段的第一个施工过程后，再开始第二个施工过程的施工，直至完成最后一个施工过程的施工。其施工进度和劳动力动态曲线如图3.3所示。按施工过程依次施工的工期计算与按施工段依次施工相同，但每天所需的劳动力消耗不同。

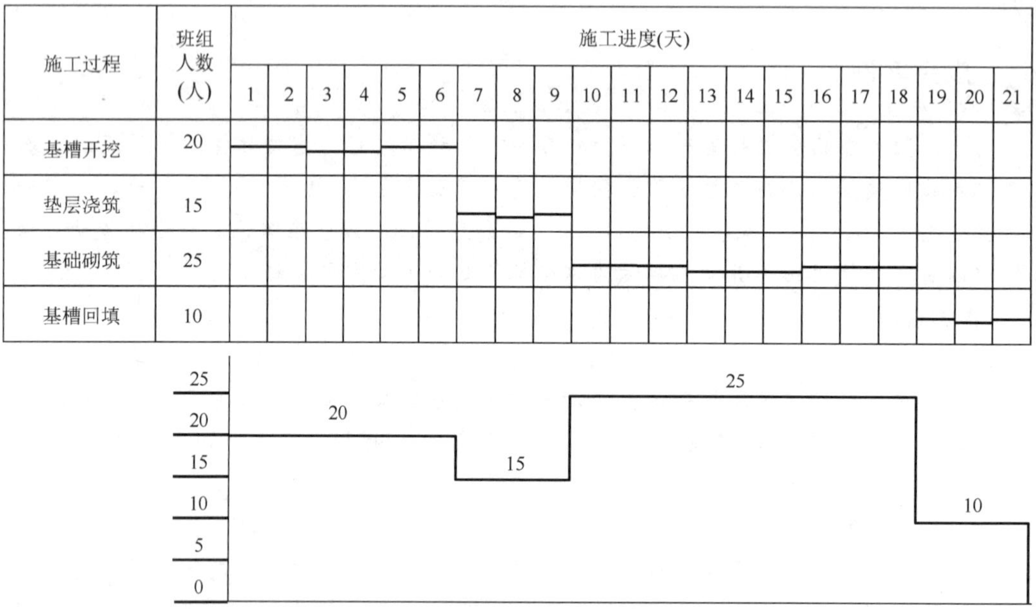

图3.3　按施工过程依次施工的施工进度和劳动力动态曲线

2) 平行施工

平行施工是指同一施工过程在各施工段上同时开工、同时完成的一种施工组织方式。其施工进度和劳动力动态曲线如图3.4所示。工期计算如下。

$$T = \sum t_i \tag{3-2}$$

式中　T——工期；

t_i——某施工过程在一个施工段上所需的时间。

3) 流水施工

流水施工是指将建筑工程项目划分为若干个施工段，所有的施工班组按一定的时间间隔依次投入施工，各个施工班组陆续开工、陆续竣工，使同一施工班组保持连续、均衡地施工，而让不同的施工班组尽可能平行搭接施工。

在应用案例3-1中，流水施工的施工进度和劳动力动态曲线如图3.5和图3.6所示，二者的区别在于垫层浇筑班组的施工是否连续。图3.6没有充分利用工作面，第一、二个施工段基槽开挖后，垫层浇筑班组没有及时进入；而图3.5更加充分地利用了工作面，工

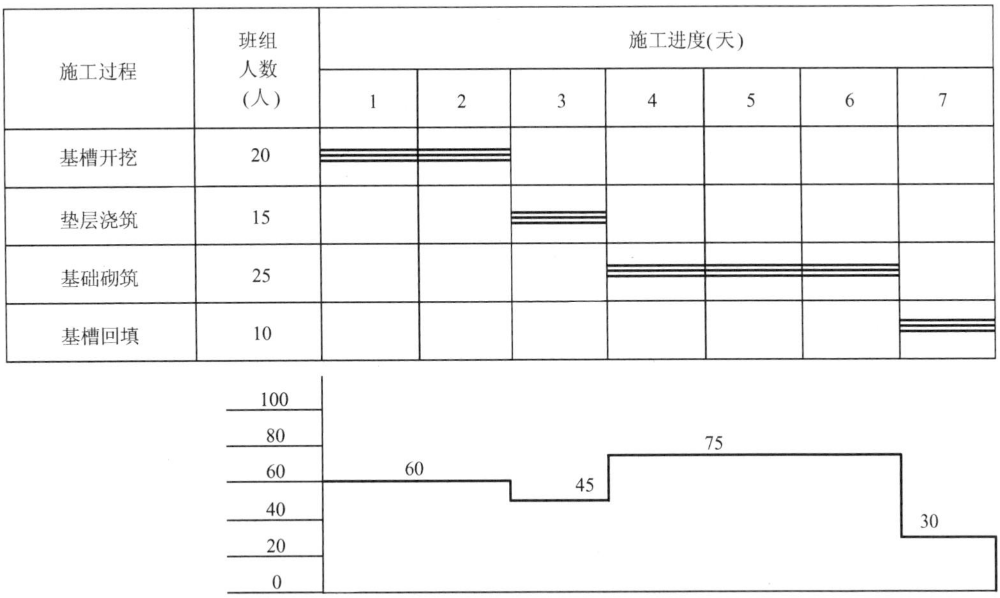

图 3.4 平行施工的施工进度和劳动力动态曲线

期与图 3.6 相比缩短了 2 天。虽然垫层施工班组做了间断安排，但只要安排好主导施工过程连续、均衡地流水施工，次要施工过程在有利于缩短工期的情况下安排其间断施工，则这种组织方式仍被认为是流水施工的组织方式。

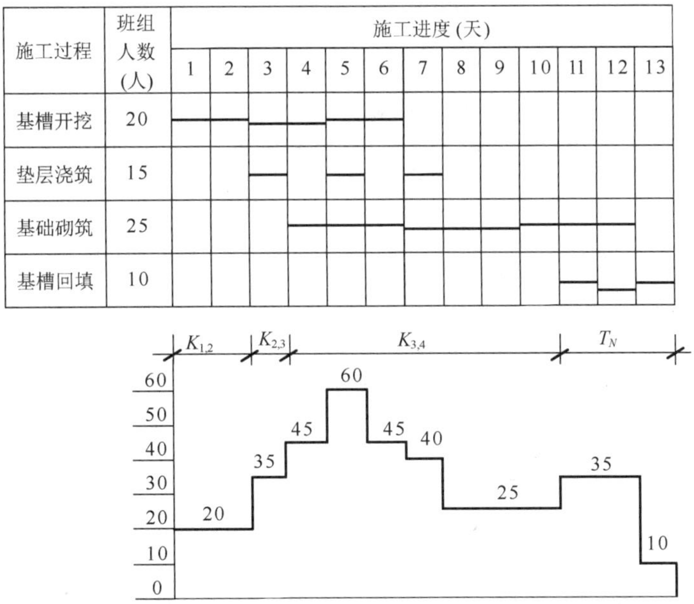

图 3.5 流水施工(部分间断)的施工进度和劳动力动态曲线

4）组织施工的三种方式的特点比较与适用情况

组织施工的三种方式的特点比较见表 3-2。

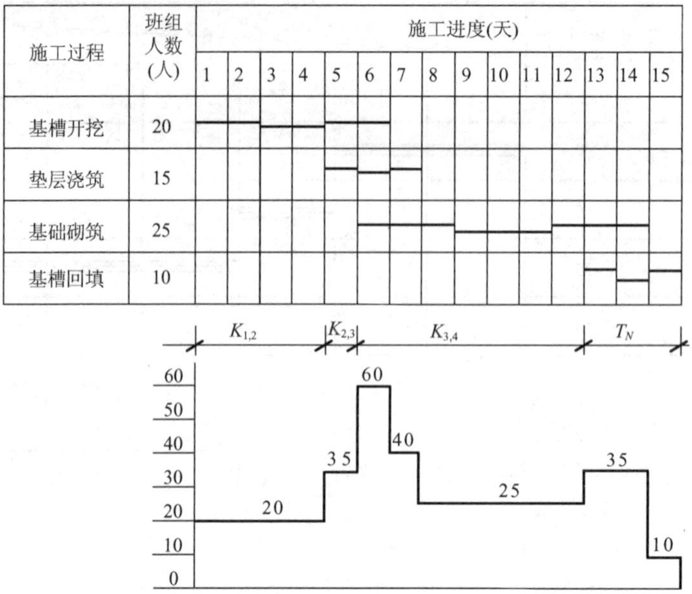

图 3.6　流水施工(全部连续)的施工进度和劳动力动态曲线

表 3-2　组织施工的三种方式的特点比较

比较内容	依次施工	平行施工	流水施工
工作面利用情况，工期	不能充分利用工作面，工期最长	最充分地利用了工作面，工期最短	合理、充分地利用了工作面，工期适中
窝工情况	按施工段依次施工，有窝工现象	若不进行工程协调，则有窝工现象	减少或消除了窝工现象
资源供应与施工管理	日资源用量少，品种单一，施工管理简单	日资源用量大而集中，品种单一且不均匀，施工管理困难	日资源用量适中，且比较均匀，有利于提高施工管理水平
对劳动生产率和工程质量的影响	消除窝工则不能实行专业班组施工，对提高劳动生产率和工程质量不利	对合理利用资源，提高劳动生产率和工程质量不利	实行专业班组，有利于提高劳动生产率和工程质量

流水施工兼顾了依次施工和平行施工的优点，克服了两者的缺点，是三种组织方式中比较合理、先进、可行的组织方式，但是依次施工、平行施工也各有特点。在实际应用中，要结合实际情况进行具体分析，然后选择合理、适用的组织方式。

流水施工适用于大多数工程；平行施工一般适用于工期要求紧，大规模建筑群(如住宅小区)及分期、分批组织施工的工程；当工程规模较小，施工工作面有限时，依次施工是适用的，也是常见的。

2. 流水施工的组织要点(条件)

1）划分施工过程

首先，将拟建工程根据工程特点、施工工艺要求、工程量大小、施工班组的组成情况，划分为若干施工过程。

2）划分施工段

根据组织流水施工的需要，将拟建工程在平面或空间上划分为工程量大致相等的若干施工段。

3）每个施工过程组织独立的施工班组

在一个流水组中，每个施工过程尽可能组织独立的施工班组，其形式可以是专业班组，也可以是混合班组，这样可以使每个施工班组按照施工顺序依次、连续、均衡地从一个施工段转到另一个施工段进行相同的操作。

4）主导施工过程必须连续、均衡地施工

对工程量较大、施工时间较长的施工过程，必须组织连续、均衡的施工；对次要施工过程，可考虑与相邻的施工过程合并，或在有利于缩短工期的前提下安排其间断施工。

5）不同的施工过程尽可能组织平行搭接施工

按照施工先后顺序要求，在有工作面的条件下，除必要的技术间歇时间和组织间歇时间外，应尽可能组织平行搭接施工。

3. 流水施工的表达方式

流水施工可以用横道图或网络图来表达。横道图的表达形式如前各图所绘，在左边列出各施工过程名称，右边用水平线段在时间坐标下画出施工进度；网络图的表达形式详见任务单元3.2。

3.1.2 流水施工的主要参数

由流水施工的基本概念及组织流水施工的条件可知：施工过程的分解、施工段的划分、施工班组的组织、施工过程间的搭接、各施工段的持续时间是流水施工中需要解决的主要问题。只有解决好这几方面的问题，使空间和时间得到合理、充分的利用，方能提高工程施工技术的经济效果。为此，流水施工基本原理将上述问题归纳为工艺参数、空间参数和时间参数这三种参数的运用。

1. 工艺参数

通常，工艺参数指施工过程数。

施工过程数是指参与一组流水作业的施工过程的数目，用符号“N”表示。施工过程是施工进度计划的基本组成单元，应按照施工图纸和施工顺序将拟建工程的各个施工过程列出，并结合施工方法、施工条件、劳动组织等因素，加以适当调整。

2. 空间参数

空间参数是指拟建工程在组织流水施工中所划分的施工区段数，简称施工段数，用符号“M”表示。施工段数包括平面上划分的施工段数和垂直方向上划分的施工层数。

拟建工程在平面上划分的若干个劳动量大致相等的施工段数，用符号“m”表示；在垂直方向上划分的施工层数，用符号“r”表示。施工段数M与m、r的关系为：$M=mr$。

划分施工段的目的在于保证不同的施工班组在不同的施工段上同时进行施工，并使各施工班组按一定的时间间隔转移到另一个施工段进行连续施工。这样既消除了等待、停歇现象，又不会相互干扰。

施工层的划分视工程对象的具体情况而定，一般以建筑物的结构层作为施工层，也可按施工高度进行划分。在平面上划分施工段时，应考虑以下几点。

(1) 施工段的数目要合理。施工段过多，工作面减小，施工班组人数需要减少，加之工作面不能充分利用，会使工期延长；施工段过少，则会引起劳动力、机械和材料供应的过分集中，有时还会造成“断流”现象的产生。

(2) 各施工段上的劳动量(或工程量)应尽可能相等(相差宜在15%以内)，以保证各个施工班组连续、均衡、有节奏地施工。

(3) 要有利于结构的整体性。施工段的划分与施工对象的结构界限(温度缝、沉降缝、施工缝、单元等)应尽可能一致；如果施工段必须放在墙体中间，则应尽量放在对结构整体性影响较小的部位。

(4) 要有足够的工作面。应使每一个施工段所能容纳的劳动力人数或机械台数能满足合理劳动组织的要求。

(5) 当建筑物有层间关系，分段又分层时，为使各施工班组能够连续施工(即各施工班组施工完第一段，能立即转入第二段；施工完第一层的最后一段，能立即转入第二层的第一段)，每层的施工段数必须大于或等于施工过程数，即

$$m \geqslant N \tag{3-3}$$

当 $m=N$ 时，施工班组连续施工，工作面也能充分利用，无停歇现象，最理想。

当 $m>N$ 时，施工班组仍是连续施工，但工作面不能被充分利用，有轮流停歇的现象。

当 $m<N$ 时，施工班组因不能连续施工而窝工。

3. 时间参数

时间参数包括流水节拍、流水步距和工期。

1) 流水节拍

流水节拍是指专业施工班组在某一个施工段上施工所需的时间，用 t_i 表示。

2) 流水步距

流水步距是指两个相邻的施工班组先后投入施工的时间间隔，用符号 $K_{i,i+1}$ 表示(i 表示前一个施工班组，$i+1$ 表示后一个施工班组)。

流水步距的大小对工期影响较大。一般来说，在施工段不变的条件下，流水步距越大，工期越长；流水步距越小，工期越短。流水步距的大小与前后两个施工过程的流水节拍大小、施工工艺、组织条件、质量要求以及是否有技术和组织间歇时间有关。

3) 工期

工期是指完成一项工程任务或一个流水组施工所需的时间，一般用下式表示。

$$T=\sum K_{i,i+1}+T_N \tag{3-4}$$

式中 T——流水施工工期；

$\sum K_{i,i+1}$——流水施工中各流水步距之和；

T_N——最后一个施工班组的持续时间。

3.1.3 流水施工的分类及计算

流水施工根据节奏特征的不同，可分为有节奏流水和无节奏流水两大类，如图 3.7 所示。

- 流水施工
  - 有节奏流水施工
    - 等节奏流水施工
      - 等节拍等步距流水施工
      - 等节拍不等步距流水施工
    - 异节奏流水施工
      - 不等节拍流水施工
      - 成倍节拍流水施工
  - 无节奏流水施工

图 3.7 流水施工分类图

1. 有节奏流水施工

有节奏流水施工是指同一施工过程在各施工段上的流水节拍都相等的一种流水施工方式。当各施工段劳动量大致相等时，即可组织有节奏流水施工。

根据不同施工过程之间的流水节拍是否相等，有节奏流水施工又可分为等节奏流水施工和异节奏流水施工。

1）等节奏流水施工

等节奏流水施工是指同一施工过程在各施工段上的流水节拍都相等，并且不同施工过程之间的流水节拍也相等的一种流水施工方式。即各施工过程的流水节拍均为常数，故也称为全等节拍流水。它根据流水步距的不同分为两种情况：等节拍等步距流水施工和等节拍不等步距流水施工。

(1) 等节拍等步距流水施工。等节拍等步距流水施工是指各施工过程的流水节拍均相等，各流水步距也均相等且等于流水节拍的一种流水施工方式。

等节拍等步距流水施工的特征表现为：各施工过程在各施工段上的流水节拍彼此相等，即 $t_i=t$(常数)；各流水步距彼此相等，而且等于流水节拍，即 $K_{i,i+1}=K=t$(常数)。

根据流水施工一般工期计算公式(3-4)，可以推导出等节拍等步距流水施工的工期计算公式为

$$T=(N+M-1)t \tag{3-5}$$

公式推导过程如下：

因为 $K=t$，则 $\sum K_{i,i+1}=(N-1)K=(N-1)t$，所以

$$\begin{aligned} T &= \sum K_{i,i+1}+T_N \\ &=(N-1)t+Mt \\ &=(N+M-1)t \end{aligned}$$

应用案例 3-2

某分部工程划分为 A、B、C、D 四个施工过程，每个施工过程分为三个施工段，各施工过程的流水节拍均为 4 天，试组织等节拍等步距流水施工。

【案例解析】

确定流水步距：由等节拍等步距流水施工的特征可知 $K=t=4$ 天，则工期为

$$T=(N+M-1)t=[(4+3-1)\times4]天=24天$$

用横道图绘制施工进度计划，如图 3.8 所示。

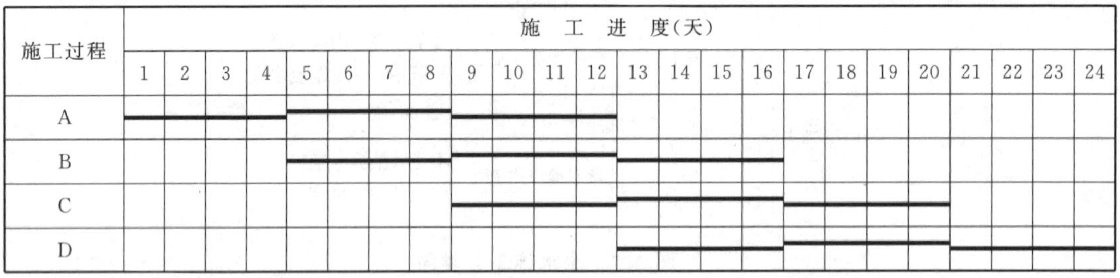

图 3.8　某分部工程等节拍等步距流水施工进度计划

(2) 等节拍不等步距流水施工。等节拍不等步距流水施工是指各施工过程的流水节拍均相等，但各流水步距不相等的一种流水施工方式。

等节拍不等步距流水施工的特征表现为：各施工过程在各施工段上的流水节拍彼此相等，即 $t_i=t$(常数)；但各流水步距不相等。这是由于各施工过程之间，有的需要间歇时间，有的需要搭接时间。

间歇时间是指在组织流水施工时，某些施工过程完成后，后续施工过程不能立即投入施工，而必须等待的时间，分为技术间歇时间和组织间歇时间。由建筑材料或现浇构件工艺性质决定的间歇时间称为技术间歇时间，如现浇混凝土构件的养护时间、抹灰层的干燥时间和油漆层的干燥时间等；由施工组织原因造成的间歇时间称为组织间歇时间，如回填土前地下管道的检查验收，施工机械转移和砌筑墙体前的墙身位置弹线，以及其他作业前的准备工作。间歇时间用 t_j 表示。搭接是指在组织流水施工时，为了缩短工期，在工作面允许的条件下，前一个施工班组完成部分施工任务后，提前为后一个施工班组提供工作面，使后者提前进入前一个施工段施工，两者在同一施工段上平行搭接施工的时间，称为搭接时间，用 t_d 表示。

根据流水施工一般工期计算公式(3-4)，可以推导出等节拍不等步距流水施工的工期计算公式为

$$T=(N+M-1)t+\sum t_j-\sum t_d \tag{3-6}$$

公式推导过程如下：

因为 $t_i=t$，$K_{i,i+1}=t+t_j-t_d$，则 $\sum K_{i,i+1}=(N-1)t+\sum t_j-\sum t_d$，所以

$$\begin{aligned}T&=\sum K_{i,i+1}+T_N\\&=(N-1)t+\sum t_j-\sum t_d+Mt\\&=(N+M-1)t+\sum t_j-\sum t_d\end{aligned}$$

应用案例 3-3

某分部工程划分为 A、B、C、D 四个施工过程，每个施工过程分为四个施工段，各施

工过程的流水节拍均为 4 天，其中 A 与 B 之间有 2 天的间歇时间，C 与 D 之间有 1 天的搭接时间。试组织等节拍不等步距流水施工。

【案例解析】

确定流水步距：$K_{A,B}=(4+2)$ 天 $=6$ 天，$K_{B,C}=4$ 天，$K_{C,D}=(4-1)$ 天 $=3$ 天，则工期为

$$T=(N+M-1)t+\sum t_j-\sum t_d=[(4+4-1)\times 4+2-1]\text{天}=29\text{ 天}$$

用横道图绘制施工进度计划，如图 3.9 所示。

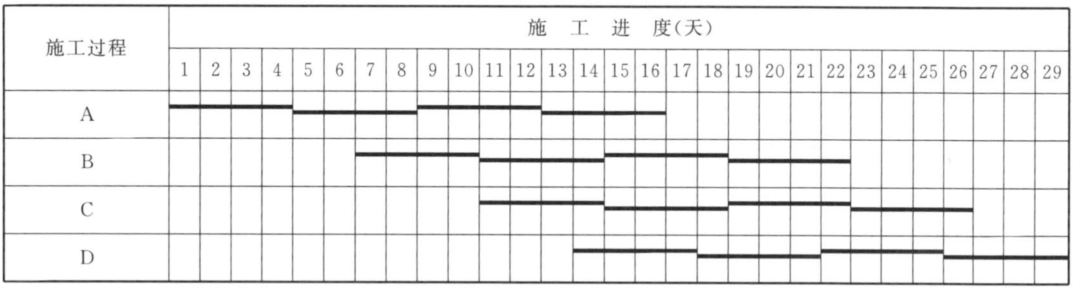

图 3.9 某分部工程等节拍不等步距流水施工进度计划

(3) 等节奏流水施工的组织方法与适用范围。等节奏流水施工的组织方法是：首先划分施工过程，将劳动量小的施工过程合并到相邻施工过程中去，以使各流水节拍相等；其次确定主要施工过程的施工班组人数，计算其流水节拍；最后根据已定的流水节拍，确定其他施工过程的施工班组人数及其组成。

等节奏流水施工一般适用于工程规模较小、建筑结构比较简单、施工过程不多的建筑物，常用于组织分部工程的流水施工。

2) 异节奏流水施工

异节奏流水施工是指同一施工过程在各施工段上的流水节拍都相等，不同施工过程之间的流水节拍不完全相等的流水施工方式。异节奏流水施工又可分为不等节拍流水施工和成倍节拍流水施工两种。

(1) 不等节拍流水施工。不等节拍流水施工是指同一施工过程在各施工段上的流水节拍相等，不同施工过程之间的流水节拍既不相等也不成倍的流水施工方式。此时，只能组织不等节拍流水施工。

不等节拍流水施工的流水步距可按下式计算。

$$K_{i,i+1}=\begin{cases} t_i+(t_j-t_d) & (t_i\leqslant t_{i+1}) \\ Mt_i-(M-1)t_{i+1}+(t_j-t_d) & (t_i>t_{i+1}) \end{cases} \tag{3-7}$$

不等节拍流水施工的工期采用公式(3-4)计算，即 $T=\sum K_{i,i+1}+T_N$。

应用案例 3-4

某工程划分为 A、B、C、D 共四个施工过程，每个施工过程分为三个施工段组织施工，各施工过程的流水节拍分别为 3 天、4 天、2 天、3 天，施工过程 C 与 D 之间搭接 1 天。试组织不等节拍流水施工，求出各施工过程之间的流水步距及该工程的工期，并绘制施工进度计划。

【案例解析】

(1) 确定流水步距。

$t_A < t_B$，故得

$$K_{A,B} = t_A = 3\text{ 天}$$

$t_B > t_C$，故得

$$K_{B,C} = Mt_B - (M-1)t_C = [3\times4-(3-1)\times2]\text{天} = 8\text{ 天}$$

$t_C < t_D$，且施工过程 C 与 D 之间搭接 1 天，故得

$$K_{C,D} = t_C - t_D = (2-1)\text{天} = 1\text{ 天}$$

(2) 计算工期。

$$T = \sum K_{i,i+1} + T_N = [(3+8+1)+(3\times3)]\text{天} = 21\text{ 天}$$

(3) 绘制施工进度计划，如图 3.10 所示。

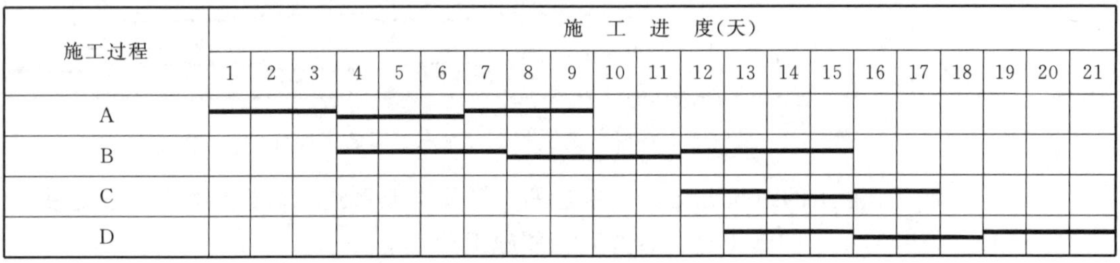

图 3.10　某工程不等节拍流水施工进度计划

不等节拍流水施工适用于施工段大小相等的分部工程和单位工程的流水施工，其在进度安排上比等节奏流水施工灵活，实际应用范围广泛。

(2) 成倍节拍流水施工。成倍节拍流水施工是指同一施工过程在各施工段上的流水节拍相等，不同施工过程之间的流水节拍不完全相等，但各施工过程的流水节拍之间存在整数倍(或最大公约数)关系的流水施工方式。为加快流水施工进度，按最大公约数的倍数组建每个施工过程的施工班组数，以形成类似于等节奏流水的等步距不等节拍的流水施工方式。

成倍节拍流水施工的特征表现为：同一施工过程在各施工段上的流水节拍相等，不同施工过程的流水节拍之间存在整数倍(或公约数)关系；当不存在间歇时间和搭接时间时，流水步距彼此相等，且等于流水节拍的最大公约数；各专业施工班组能够保证连续作业，施工段没有空闲；施工班组数 N' 大于施工过程数 N，即 $N' > N$。

成倍节拍流水施工的流水步距用下式确定：

$$K_{i,i+1} = K_b + t_j - t_d \tag{3-8}$$

式中　K_b——流水节拍的最大公约数。

其他符号含义同前。

每个施工过程所需的施工班组数和施工班组总数分别用式(3-9)和式(3-10)确定。

$$b_i = \frac{t_i}{K_b} \tag{3-9}$$

$$N' = \sum b_i \tag{3-10}$$

式中 b_i——每个施工过程所需施工班组数；

N'——施工班组总数。

其他符号含义同前。

根据流水施工一般工期计算公式(3-4)，可以推导出成倍节拍流水施工的工期计算公式为

$$T=(N'+M-1)K_b+\sum t_j-\sum t_d \tag{3-11}$$

公式推导过程如下：

因为 $K_{i,i+1}=K_b+t_j-t_d$，则 $\sum K_{i,i+1}=(N'-1)K_b+\sum t_j-\sum t_d$，所以

$$\begin{aligned} T &= \sum K_{i,i+1}+T_N \\ &=(N'-1)K_b+\sum t_j-\sum t_d+MK_b \\ &=(N'+M-1)K_b+\sum t_j-\sum t_d \end{aligned}$$

应用案例 3-5

某工程划分为A、B、C三个施工过程，分六个施工段施工，流水节拍分别为 $t_A=2$ 天、$t_B=6$ 天、$t_C=4$ 天，试组织成倍节拍流水施工，并绘制施工进度计划。

【案例解析】

(1) 确定流水步距。

$$K=K_b=2\text{ 天}$$

(2) 确定每个施工过程所需施工班组数。

$$b_A=\frac{t_A}{K_b}=\frac{2}{2}\text{个}=1\text{ 个},\ b_B=\frac{t_B}{K_b}=\frac{6}{2}\text{个}=3\text{ 个},\ b_C=\frac{t_C}{K_b}=\frac{4}{2}\text{个}=2\text{ 个}$$

施工班组总数为

$$N'=\sum b_i=(1+3+2)\text{ 个}=6\text{ 个}$$

(3) 计算工期。

$$\begin{aligned} T &=(N'+M-1)K_b+\sum t_j-\sum t_d \\ &=[(6+6-1)\times 2]\text{天} \\ &=22\text{ 天} \end{aligned}$$

(4) 绘制施工进度计划，如图3.11所示。

应用案例 3-6

某构件预制工程，划分为绑扎钢筋、支模板和浇筑混凝土三个施工过程，分两层叠浇，流水节拍分别为 $t_{钢筋}=2$ 天、$t_{模板}=4$ 天、$t_{混凝土}=2$ 天。试组织成倍节拍流水施工，并绘制施工进度计划。

【案例解析】

(1) 确定流水步距。

$$K=K_b=2\text{ 天}$$

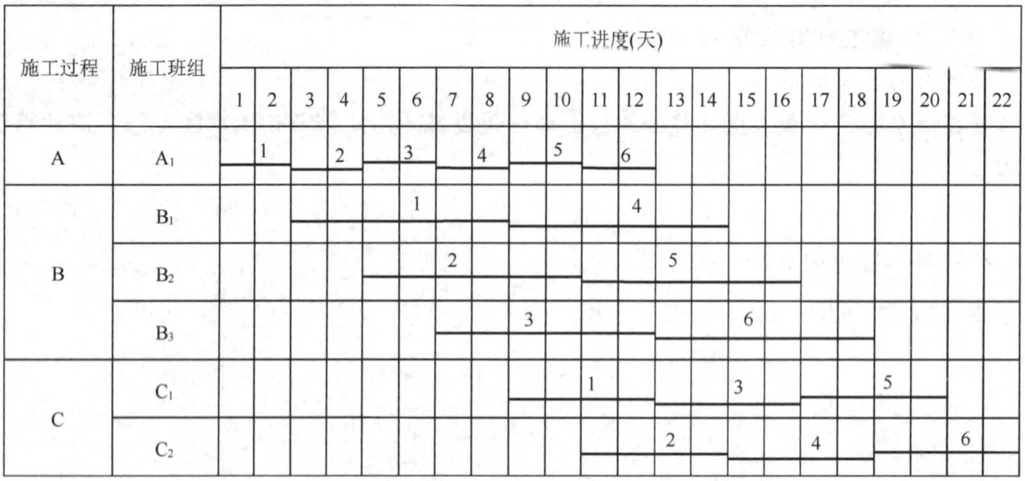

图 3.11　某工程成倍节拍流水施工进度计划

(2) 确定每个施工过程的施工班组数。

$$b_{钢筋}=\frac{t_{钢筋}}{K_b}=\frac{2}{2}个=1个，b_{模板}=\frac{t_{模板}}{K_b}=\frac{4}{2}个=2个，b_{混凝土}=\frac{t_{混凝土}}{K_b}=\frac{2}{2}个=1个$$

施工班组总数为

$$N'=\sum b_i=(1+2+1)个=4个$$

(3) 确定每层的施工段数。

多层结构施工时，为了保证各施工班组连续施工，其施工段数应按式(3-3)中 $m \geqslant N$(对于成倍节拍流水，N 以 N' 代替)考虑，取 $m=N'=4$ 段。

(4) 计算工期。

$$\begin{aligned}T&=(N'+M-1)K_b+\sum t_j-\sum t_d\\&=[(4+4\times 2-1)\times 2]天\\&=22天\end{aligned}$$

(5) 绘制施工进度计划，如图 3.12 所示。

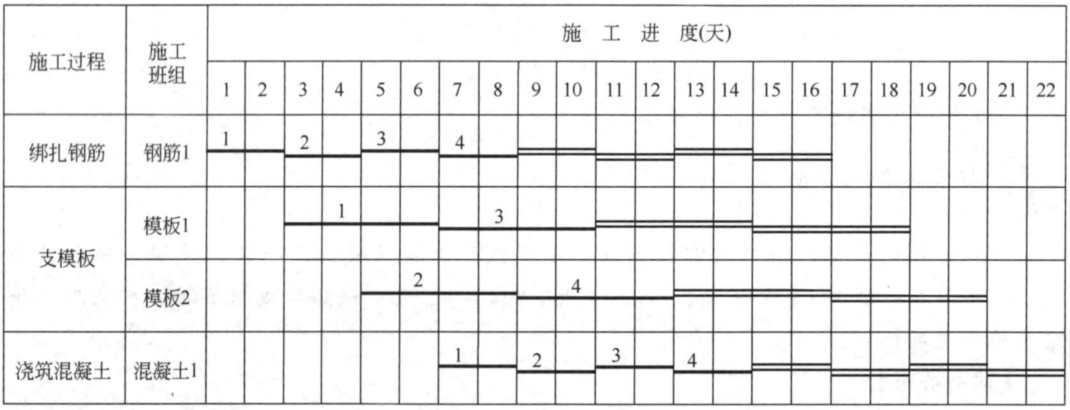

图 3.12　某构件预制工程成倍节拍流水施工进度计划

成倍节拍流水施工的组织方法是：首先根据工程对象和施工要求，划分若干个施工过程；其次根据各施工过程的内容、要求及其工程量，计算每个施工工程在各施工段所需的劳动量；再次根据施工班组人数及组成，确定劳动量最少的施工过程的流水节拍；最后确定其他劳动量较大的施工过程的流水节拍，用调整施工班组人数或其他技术组织措施的方法，使它们为最小流水节拍的整数倍(或节拍之间存在公约数)。

成倍节拍流水施工的方式比较适用于线性工程(如道路、管道等)的施工，也适用于房屋建筑工程的施工。

2. 无节奏流水施工

无节奏流水施工，是指同一施工过程在各施工段上的流水节拍不完全相等的一种流水施工方式。

1）无节奏流水施工的特点

(1) 同一施工过程在各施工段上的流水节拍不完全相等。

(2) 各施工过程之间的流水步距不完全相等且差异较大。

(3) 各施工班组能够在各施工段上连续作业，但有的施工段可能有空闲时间。

(4) 施工班组数等于施工过程数。

2）无节奏流水施工流水步距的确定

无节奏流水施工由于同一施工过程在各施工段上流水节拍不等，很容易造成工艺停歇或工艺超前现象，所以必须正确计算出流水步距。

无节奏流水施工的流水步距通常采用“累加斜减取大差法”确定，步骤如下。

(1) 将各个施工过程的流水节拍逐段累加。

(2) 错位相减。

(3) 取差数的较大者作为流水步距。

3）无节奏流水施工工期的确定

无节奏流水施工工期的计算采用一般工期计算公式(3-4)，即 $T=\sum K_{i,i+1}+T_N$。

应用案例 3-7

某工程由A、B、C、D四个施工过程组成，每个施工过程划分成四个施工段，各施工过程在各施工段上的流水节拍见表3-3。试组织无节奏流水施工，确定流水步距，绘制施工进度计划。

表3-3 某工程流水节拍值 单位：天

施工过程	施工段			
	Ⅰ	Ⅱ	Ⅲ	Ⅳ
A	4	2	3	2
B	2	2	3	2
C	2	2	3	3
D	2	2	1	2

【案例解析】

(1) 流水步距的计算。

求 $K_{A,B}$，算式为

$$\begin{array}{cccccc} & 4 & 6 & 9 & 11 & \\ - & & 2 & 4 & 7 & 9 \\ \hline & 4 & 4 & 5 & 4 & -9 \end{array}$$

故得 $K_{A,B}=5$ 天。

求 $K_{B,C}$，算式为

$$\begin{array}{cccccc} & 2 & 4 & 7 & 9 & \\ - & & 2 & 4 & 7 & 10 \\ \hline & 2 & 2 & 3 & 2 & -10 \end{array}$$

故得 $K_{B,C}=3$ 天。

求 $K_{C,D}$，算式为

$$\begin{array}{cccccc} & 2 & 4 & 7 & 10 & \\ - & & 2 & 4 & 5 & 7 \\ \hline & 2 & 2 & 3 & 5 & -7 \end{array}$$

故得 $K_{C,D}=5$ 天。

(2) 工期计算。

$$\begin{aligned} T &= \sum K_{i,i+1} + T_N \\ &= (5+3+5)\text{天} + (2+2+1+2)\text{天} \\ &= 20\text{ 天} \end{aligned}$$

(3) 绘制施工进度计划，如图 3.13 所示。

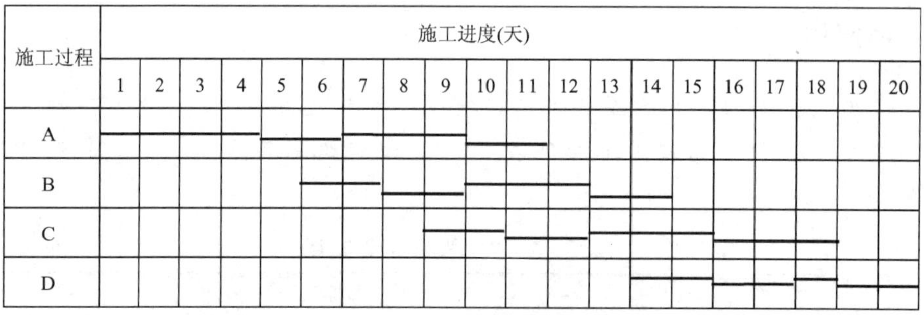

图 3.13　某工程无节奏流水施工进度计划

4) 无节奏流水施工适用范围

在无节奏流水施工中，各施工过程在各施工段上的流水节拍不完全相等，不像有节奏流水施工那样有一定的时间约束，在进度安排上比较自由、灵活，适用于各种不同结构和规模的工程组织施工，在实际工程中应用最多。

学习作业单

任务单元 3.1 学习作业单	
工作任务完成	根据任务单元 3.1 工作任务单的工作任务描述和要求，完成任务如下。
任务单元学习总结	（1）组织施工的三种方式的特点及适用范围比较。 （2）参考思考与练习中表 3－11，对各种流水施工组织方式进行比较。
任务单元学习体会	

注：1.“学习作业单”对应于该任务单元开始部分的“工作任务单”，有三个作用：第一，让学生在学习该任务单元后，完成工作任务单提出的工作任务，解决实际问题；第二，让学生进行本单元学习内容的总结，达到融会贯通、解决工程中同类型问题的目的；第三，引导学生发散思维，从不同的角度谈一谈本单元的学习体会。

2. 教材上的学习作业单只是提供了一个表格样式，并没有留足够的空间供学生完成，授课教师可根据具体内容自行调整表格大小并印制。

任务单元 3.2　网络计划技术

工作任务单

任务单元 3.2 工作任务单	
工作任务描述	某基础分部工程划分为基础挖土方、浇筑混凝土垫层、砌砖基础、回填土四个施工过程。该工程在平面上划分为三个施工段组织流水施工，各施工过程在各施工段的持续时间分别为：基础挖土方 3 天、浇筑混凝土垫层 2 天、砌砖基础 5 天、回填土 2 天。班组工人数分别为 20 人、15 人、25 人、10 人。
工作任务要求	（1）根据双代号网络图的绘制规则，绘制该分部工程的双代号网络计划，并采用工作计算法计算时间参数。 （2）绘制该分部工程的时标网络计划，指出关键线路，并绘制劳动力消耗动态曲线。

3.2.1 网络计划技术的基本概念

华罗庚与优选法、统筹法的推广应用

1. 网络计划技术的产生和发展

网络计划技术是20世纪50年代国外陆续出现的一些计划管理的新方法。由于这些方法均将计划的工作关系建立在网络模型上，把计划的编制、协调、优化和控制有机地结合起来，因此称为网络计划技术。

第二次世界大战以后，特别是进入20世纪50年代，世界经济迅猛发展，生产的现代化、社会化达到了一个新的水平，组织管理工作越来越复杂，以往的横道计划已无法对大型、复杂的计划进行准确的判定和管理，于是网络计划技术应运而生，当时最具有代表性的是关键线路法和计划评审技术。

关键线路法是1955年由美国杜邦公司首创的。1957年，此法应用于新工厂建设工作后，通过与传统横道图法对比，结果使工期缩短了4个月。后来此法又被用于设备维修，使原来因设备大修需停产125小时的工程缩短为78小时，仅1年就节约资金近100万美元。计划评审技术的出现较关键线路法稍迟，该技术于1958年由美国海军特种计划局在研制北极星导弹时首次使用并获得极大成功。当时有10000多家单位参加该项目，协调工作十分复杂，采用计划评审技术后，效果显著，比原计划进度提前了两年，并且节约了大量资金。为此，1962年美国国防部规定，以后承包有关工程的单位都应采用计划评审技术来安排计划并进行管理。

网络计划技术的成功应用，引起了世界各国的高度重视，被称为计划管理中最有效、先进和科学的管理方法。

我国对网络计划技术的应用归功于著名数学家华罗庚教授。1956年，华罗庚教授将此技术引进中国，并称它为“统筹法”。之后我国的一些高科技项目开始应用网络计划技术，并获得成功。目前，网络计划技术在我国已广泛应用于国民经济各个领域的计划管理之中，而应用最多的还是工程项目的施工组织与管理，并取得了巨大的经济效益。国内统计资料显示，工程项目的计划与管理应用网络计划技术，可平均缩短工期20%、节约费用10%左右。随着计算机的普及，网络计划技术在组织管理中的优越性也日益显著。

为了使网络计划在管理中遵循统一的技术标准，做到概念一致、计算原则与表达方式统一，以保证计划管理的科学性，提高企业管理水平和经济效益，建设部于1999年颁发了《工程网络计划技术规程》(JGJ/T 121—1999)，于2000年2月1日起正式实施，并于2015年更新为JGJ/T 121—2015。

2. 网络计划技术的基本原理和特点

网络计划技术的基本原理可以表述为：用网络图的形式和数学运算来表达一项计划中各项工作的先后顺序和相互关系，通过时间参数的计算，找出关键工作、关键线路及工期，在满足既定约束的条件下，按照规定的目标，不断改善网络计划，选择最优方案并付诸实施。在计划实施过程中，不断进行跟踪、检查、调整，保证计划自始至终有计划、有组织地顺利进行，从而达到工期短、费用低、质量好的目的。

网络计划技术与横道图计划方法在性质上有一致的地方，都可用于表达工程生产进度计划。但网络计划技术克服了横道图的许多不足之处，具有下列特点。

(1) 能全面且明确地反映出各工作之间的逻辑关系，使各工作组成一个有机整体。

(2) 能进行各种时间参数的计算，明确对全局有影响的关键工作和关键线路，便于管理者抓住主要矛盾，确保工程按计划工期完成。

(3) 可以对网络计划进行调整和优化，更好地调配人力、物力和财力，根据选定的目标寻求最优方案。

(4) 在计划实施过程中，可通过时间参数计算预先知道各工作提前或推迟完成对整个计划的影响程度，并能根据变化的情况迅速进行调整，保证计划始终受到控制和监督。

(5) 能利用计算机编制程序，使网络计划的绘图、调整和优化均由计算机来完成。这是横道图所不能达到的。

但是网络计划技术也存在一些缺点，具体表现为：绘图较麻烦，表达不直观，不能反映流水施工的特点，不易显示资源需要量等。采用时标网络计划有助于克服这些缺点。

综上所述，网络计划技术的最大特点是能够提供施工管理所需的多种信息，有利于加强工程管理。所以，网络计划技术已不仅仅是一种编制计划的方法，而且还是一种科学的工程管理方法。它有助于管理人员合理地组织生产，做到心中有数，知道管理的重点应放在何处，怎样缩短工期，在哪里挖掘潜力，如何降低成本。在工程管理中提高应用网络计划技术的水平，必然能够进一步提高工程管理的水平。

3. 工程网络计划的类型

网络计划技术的类型很多，国内外有几十种。我国《工程网络计划技术规程》(JGJ/T 121—2015) 推荐的常用工程网络计划包括以下类型。

(1) 双代号网络计划。

(2) 单代号网络计划。

(3) 双代号时标网络计划。

(4) 单代号搭接网络计划。

4. 网络计划的基本表达方式

网络计划的基本表达方式是网络图。所谓网络图，是指由箭线和节点按一定的次序排列而成的网状图形。在网络图中，按节点和箭线所代表的含义不同，分为双代号网络图和单代号网络图两大类。

1) 双代号网络图

用双代号表示方法，将计划中的全部工作根据它们的逻辑关系从左到右绘制而成的网状图形，叫作双代号网络图，如图 3.14(a)所示。

如图 3.14(b)所示，双代号表示方法是指用两个节点(圆圈)和一根箭线表示一项工作，工作名称标注在箭线的上方，持续时间标注在箭线的下方，箭尾表示工作开始的瞬间，箭头表示工作结束的瞬间。由于各工作均可用箭尾和箭头两个节点内的代号表示，因此，该表示方法称为双代号表示方法。

2) 单代号网络图

用单代号表示方法，将计划中的全部工作根据它们的逻辑关系从左到右绘制而成的网状图形，叫作单代号网络图，如图 3.15(a)所示。

如图 3.15(b)所示，单代号表示方法是指用一个节点(圆圈或方形)表示一项工作，箭线表示工作之间的逻辑关系，工作代号、工作名称、持续时间都在节点中体现。由于各工

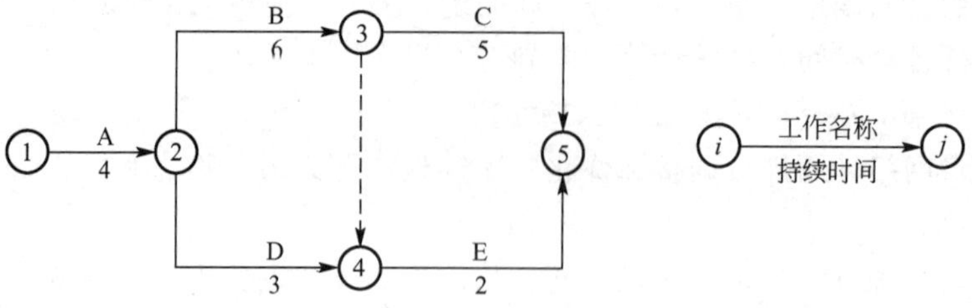

(a) 双代号网络图　　(b) 双代号表示方法

图 3.14　双代号网络图及其表示方法

作均可用节点内的一个代号来表示，因此将这种表示方法称为单代号表示方法。

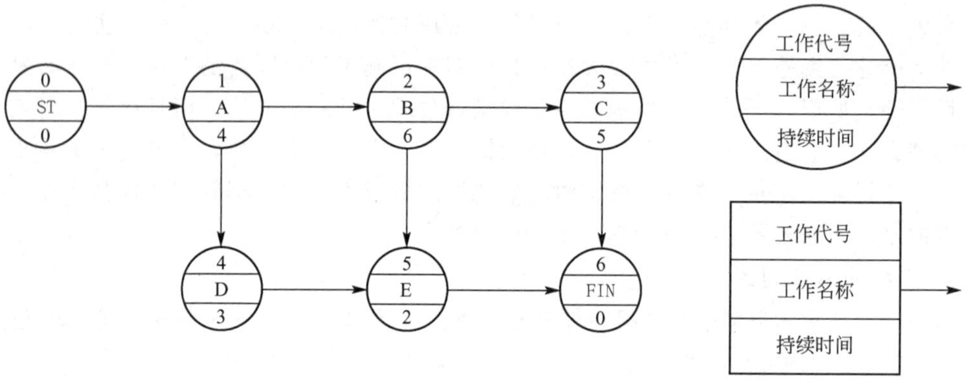

(a) 单代号网络图　　(b) 单代号表示方法

ST—虚拟起点节点；FIN—虚拟终点节点。

图 3.15　单代号网络图及其表示方法

5. 网络图的构成要素

1）双代号网络图的构成要素

双代号网络图由箭线、节点、线路三个基本要素组成，现将其含义和特性叙述如下。

(1) 箭线。在双代号网络图中，箭线分为实箭线和虚箭线，两者表示的含义不同。

① 实箭线。一根实箭线表示一个施工过程或一项工作。根据网络计划的性质和作用的不同，箭线表示的施工过程可大可小，既可以表示一个单位工程(如土建、装饰、设备安装等)，又可表示一个分部工程(如基础、主体、屋面等)，还可表示分项工程(如抹灰、砌墙等)。一般情况下，每根实箭线表示的施工过程都要消耗一定的时间和资源，如砌墙、浇筑混凝土等。但也存在只消耗时间而不消耗资源的施工过程，如混凝土养护、砂浆找平层干燥等技术间歇时间，若单独考虑，也应作为一个施工过程来对待，也用实箭线表示。

② 虚箭线。在双代号网络图中，为了正确表达施工过程之间的逻辑关系，有时必须使用虚箭线，如图 3.14(a)中的③－－－→④。虚箭线表示虚工作，既不消耗时间也不消耗资源，它在双代号网络图中起逻辑连接、逻辑断路或逻辑区分的作用。

③ 箭线的长短一般与工作的持续时间无关(时标网络计划例外)。箭线的方向表示工作进行的方向，箭尾表示该工作开始的瞬间，箭头表示该工作结束的瞬间。

(2) 节点(圆圈)。节点表示前面工作结束或后面工作开始的瞬间。因此，节点既不消耗时间也不消耗资源。

节点根据其位置和含义不同，可分为下列三种类型。

① 起点节点。双代号网络图的第一个节点为起点节点，代表一项计划的开始。在单目标网络计划中，应只有一个起点节点。

② 终点节点。双代号网络图的最后一个节点为终点节点，代表一项计划的结束。在不分期完成任务的网络计划中，应只有一个终点节点。

③ 中间节点。位于起点节点和终点节点之间的所有节点都称为中间节点，中间节点既表示前面工作结束的瞬间，又表示后面工作开始的瞬间。

为了方便叙述和检查，应对节点进行编号，节点编号的要求和原则为：从左到右，由小到大，始终做到箭尾编号小于箭头编号，即 $i<j$；节点在编号过程中，编码可以不连续，但不可以重复。

(3) 线路。在双代号网络图中，从起点节点开始，沿着箭线方向依次通过一系列节点和箭线，最后到达终点节点的若干条通路，称为线路。线路可依次用该线路上的节点编号来表示，也可依次用该线路上的工作名称来表示。通常情况下，一个双代号网络图有多条线路，线路上各工作的持续时间之和为线路的总持续时间。各条线路总持续时间往往各不相等，其中所花时间最长的线路称为关键线路，其余的线路称为非关键线路。位于关键线路上的工作称为关键工作。关键线路通常用粗箭线、双箭线或彩色箭线表示。

在双代号网络图中，至少存在一条关键线路。关键线路不是一成不变的，在一定条件下，关键线路和非关键线路是可以互相转换的。

在图 3.14(a)所示的双代号网络图中，共有三条线路，各条线路的持续时间计算如下。

第一条线路：①→②→③→⑤=(4+6+5)天=15 天。

第二条线路：①→②→③- - →④→⑤=(4+6+2)天=12 天。

第三条线路：①→②→④→⑤=(4+3+2)天=9 天。

由上述分析计算可知，第一条线路所花时间最长，即为关键线路。它决定该双代号网络计划的计算工期为 15 天。

2) 单代号网络图的构成要素

单代号网络图也由箭线、节点、线路三个基本要素组成。

(1) 箭线。在单代号网络图中，只有实箭线，没有虚箭线。箭线仅用来表示工作之间的逻辑关系，既不消耗时间，也不消耗资源，其含义与双代号网络图中虚箭线的含义相同。

(2) 节点(圆圈)。一个节点表示一项工作，一般情况下既消耗时间，又消耗资源，含义与双代号网络图中的实箭线含义相同。

单代号网络图中的节点也可划分为以下三类：

① 起点节点。单代号网络图的第一个节点为起点节点，代表一项计划的开始。需要注意的是，在单目标网络计划中，起点节点只有一个。如果有多项工作同时开始，则虚拟一个起点节点，持续时间为 0，如图 3.15(a)中的⓪节点。

② 终点节点。单代号网络图的最后一个节点为终点节点，代表一项计划的结束。需要注意的是，在不分期完成任务的网络计划中，终点节点也只有一个。如果有多项工作同

时结束，则虚拟一个终点节点，持续时间为0，如图3.15(a)中的⑥节点。

③ 中间节点。位于起点节点和终点节点之间的所有节点都称为中间节点，中间节点有多个。

单代号网络图的节点编号原则同双代号网络图。

(3) 线路。单代号网络图线路、关键线路的含义以及确定方法同双代号网络图。

6. 网络计划相关概念和术语

1) 紧前工作、紧后工作、平行工作

(1) 紧前工作。紧排在本工作之前的工作称为本工作的紧前工作，本工作与其紧前工作之间有时通过虚箭线来联系。

(2) 紧后工作。紧排在本工作之后的工作称为本工作的紧后工作，本工作与其紧后工作之间有时通过虚箭线来联系。

(3) 平行工作。可与本工作同时进行的工作称为本工作的平行工作。

在图3.14(a)中，B、D可称为平行工作，各工作的紧前工作与紧后工作见表3-4。

表3-4　各工作的紧前工作与紧后工作

工　作	A	B	C	D	E
紧前工作	—	A	B	A	B、D
紧后工作	B、D	C、E	—	E	—

2) 内向箭线和外向箭线

(1) 内向箭线。指向某个节点的箭线称为该节点的内向箭线，如图3.16(a)所示。

(2) 外向箭线。从某节点引出的箭线称为该节点的外向箭线，如图3.16(b)所示。

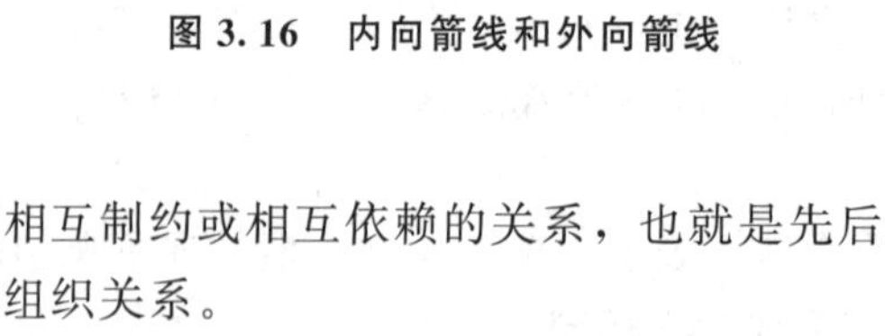

(a) 内向箭线　　(b) 外向箭线

图3.16　内向箭线和外向箭线

3) 逻辑关系

逻辑关系是指工作间相互制约或相互依赖的关系，也就是先后顺序关系。工作之间的逻辑关系包括工艺关系和组织关系。

(1) 工艺关系。工艺关系是指生产上客观存在的先后顺序关系，或者是非生产性工作之间由工作程序决定的先后顺序关系。例如，建筑工程在施工时，先做基础，后做主体；先做结构，后做装修。工艺关系是不能随意改变的。

(2) 组织关系。组织关系是指在不违反工艺关系的前提下，人为安排工作的先后顺序关系。例如，建筑群中各个建筑物开工顺序的先后，施工对象的分段流水作业等。组织关系可以根据具体情况，按安全、经济、高效的原则统筹安排。

3.2.2 双代号网络计划

1. 双代号网络图的绘制

正确绘制工程网络图是网络计划技术应用的关键，因此，在绘制双代号网络图时应做到两点：首先要正确表达工作之间的逻辑关系；其次必须遵守双代号网络图的绘制规则。

1）双代号网络图逻辑关系的表示

在网络图中，各工作之间的逻辑关系变化多端。常见逻辑关系及其双代号表示方法见表3-5。

表3-5 常见逻辑关系及其双代号表示方法

序 号	逻辑关系	双代号表示方法	备 注
1	A、B两项工作依次进行	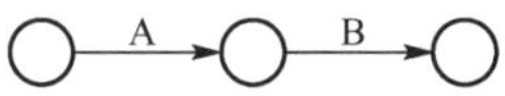	A工作的结束节点是B工作的开始节点
2	A、B、C三项工作同时开始	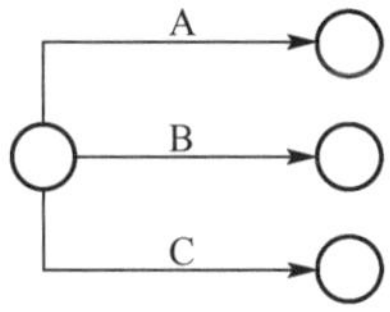	三项工作具有共同的起点节点
3	A、B、C三项工作同时结束	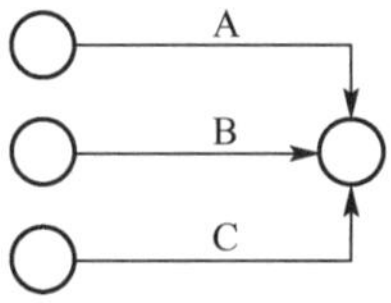	三项工作具有共同的结束节点
4	A、B、C三项工作，A工作完成后进行B、C工作	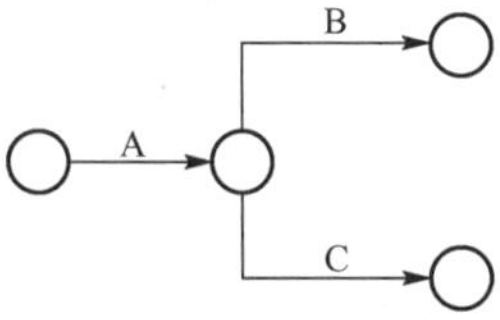	A工作的结束节点是B、C工作的开始节点
5	A、B、C三项工作，A、B工作完成后进行C工作	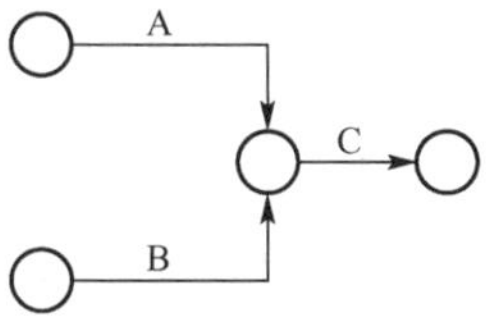	A、B工作的结束节点是C工作的开始节点
6	A、B、C、D四项工作，A、B工作完成后进行C、D工作	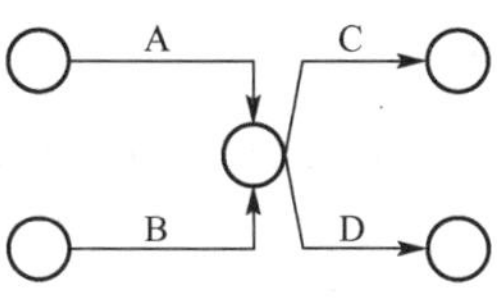	A、B工作的结束节点是C、D工作的开始节点

续表

序　号	逻辑关系	双代号表示方法	备　　注
7	A、B、C、D四项工作，A工作完成后进行C工作，A、B工作完成后进行D工作	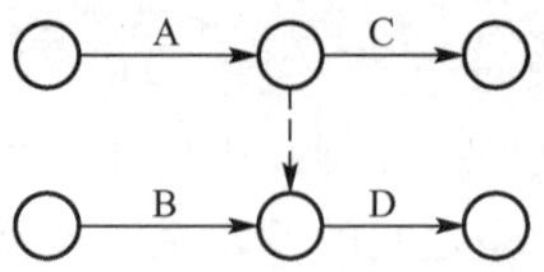	引入虚箭线，使A工作成为D工作的紧前工作
8	A、B、C、D、E五项工作，A、B工作完成后进行D工作，B、C工作完成后进行E工作	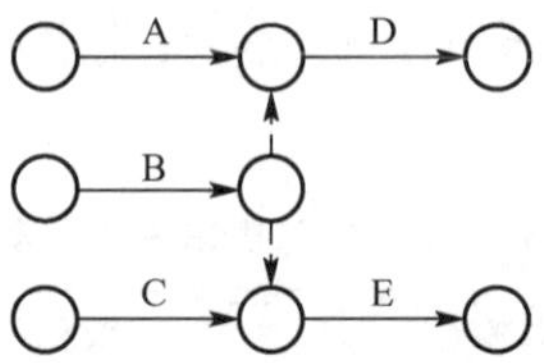	加入两条虚箭线，使B工作成为D、E工作共同的紧前工作
9	A、B、C、D、E五项工作，A、B、C工作完成后进行D工作，B、C工作完成后进行E工作	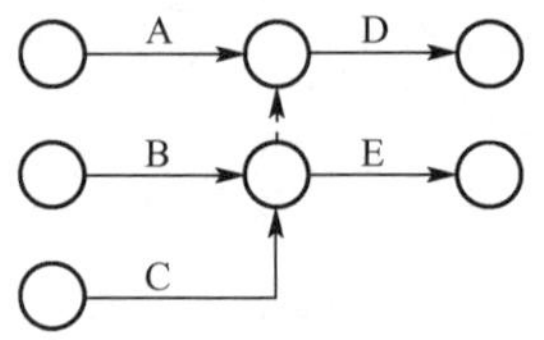	引入虚箭线，使B、C工作成为D工作的紧前工作
10	A、B两个施工过程，按三个施工段流水施工	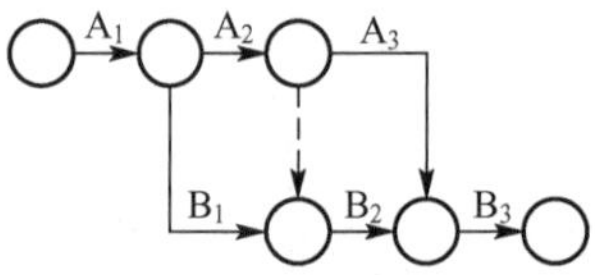	引入虚箭线，B_2工作的开始受到A_2和B_1两项工作的制约

2）双代号网络图的绘制规则

根据住建部颁发的《工程网络计划技术规程》(JGJ/T 121—2015)，双代号网络图的绘制应遵守下列规则。

(1) 在双代号网络图中，严禁出现循环回路。如图3.17(a)所示，①→②→④→①和②→④→⑤→②就是循环回路，它表示的逻辑关系是错误的，在工艺顺序上是相互矛盾的。正确的表达如图3.17(b)所示。

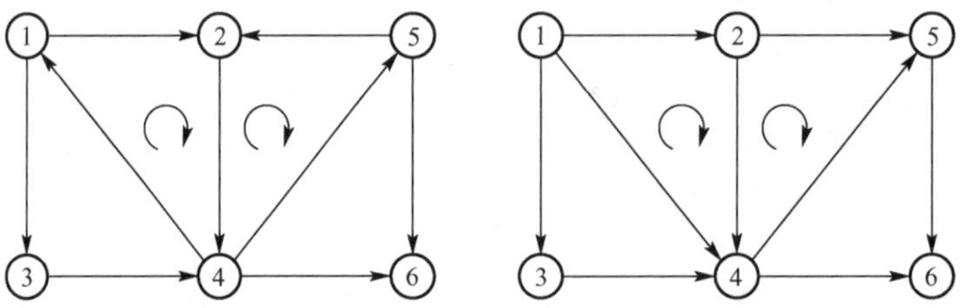

(a) 错误　　(b) 正确

图3.17　不允许出现循环回路

(2) 在双代号网络图中，不允许出现一个代号表示一项工作。如图3.18(a)所示的表达是错误的，正确的表达如图3.18(b)所示。

(a) 错误　　(b) 正确

图 3.18　不允许出现一个代号表示一项工作

(3) 在双代号网络图中，在节点之间严禁出现带双向箭头或没有箭头的箭线，如图 3.19 所示。

(a) 带双向箭头的箭线　　(b) 没有箭头的箭线

图 3.19　不允许出现带双向箭头或没有箭头的箭线

(4) 在双代号网络图中，严禁出现没有箭头节点或没有箭尾节点的箭线，如图 3.20 所示。

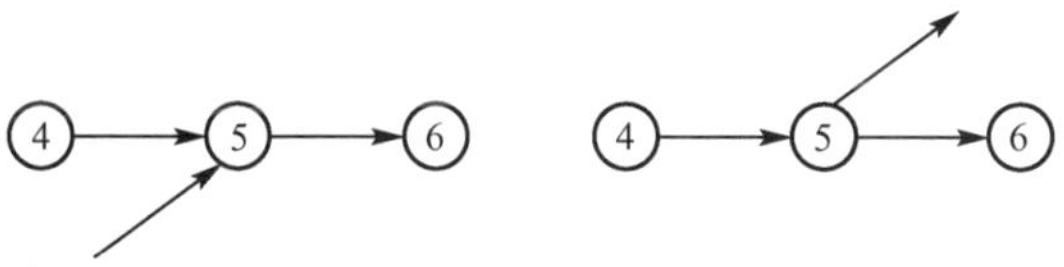

(a) 没有箭尾节点的箭线　　(b) 没有箭头节点的箭线

图 3.20　不允许出现没有箭头节点或没有箭尾节点的箭线

(5) 在双代号网络图中，不允许出现编号相同的节点或工作。如图 3.21(a)所示，有两个节点的编号相同，均为 2；A、B、C 三项工作均用代号①→②表示，这是错误的。正确的表达如图 3.21(b)或(c)所示，采用虚箭线将其区分。

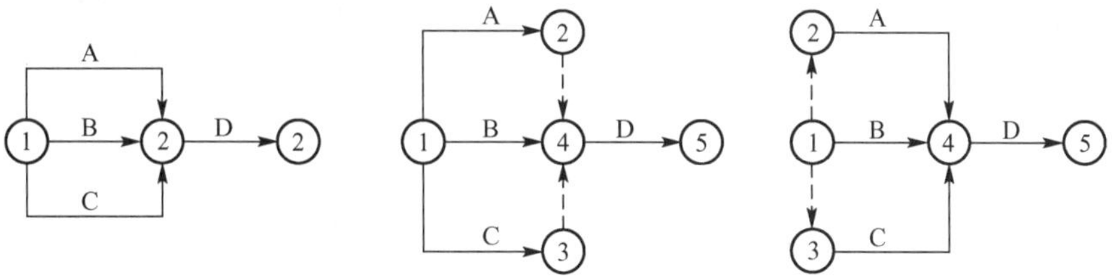

(a) 错误　　(b) 正确　　(c) 正确

图 3.21　不允许出现编号相同的节点或工作

(6) 当双代号网络图的某些节点有多条外向箭线或多条内向箭线时，可采用母线法绘制。当箭线线型不同时，可在母线引出的支线上标出，如图 3.22 所示。

(7) 绘制双代号网络图时，箭线不宜交叉，当交叉不可避免时，可用过桥法或指向法，如图 3.23 所示。

(8) 双代号网络图中应只有一个起点节点；在不分期完成任务的双代号网络图中，应只有一个终点节点；而其他所有节点均应是中间节点。如图 3.24 所示，出现两个起点节点①、③和两个终点节点⑤、⑥是错误的。

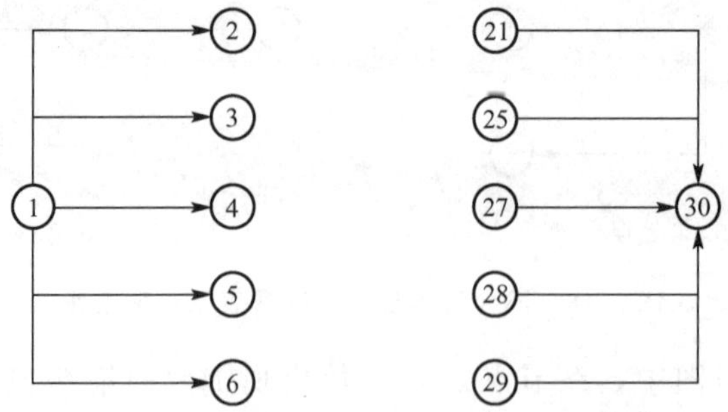

(a) 开始母线　　(b) 结束母线

图 3.22　母线法绘图

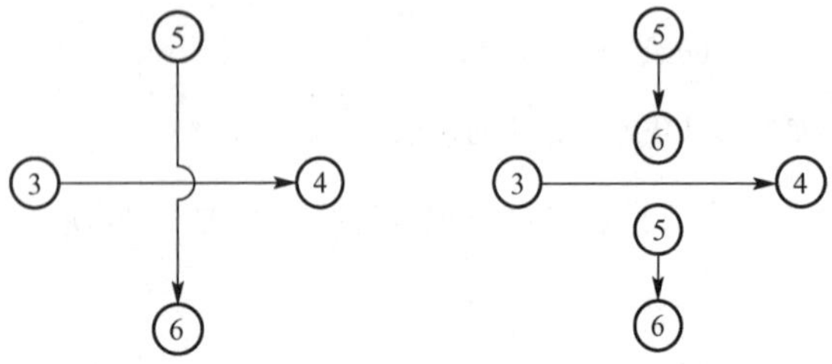

(a) 过桥法　　(b) 指向法

图 3.23　箭线交叉的表示方法

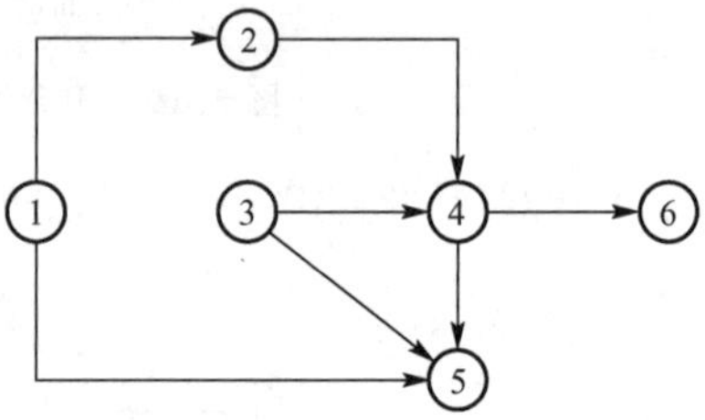

图 3.24　多个起点节点和多个终点节点

3）双代号网络图绘制的步骤、要求、方法和技巧

(1) 绘制步骤。

① 绘制双代号网络图之前，首先应收集整理有关该双代号网络图的资料。

② 根据工作之间的逻辑关系和绘制规则，从起点节点开始，从左到右依次绘制双代号网络图的草图。

③ 检查各工作之间的逻辑关系是否正确，双代号网络图的绘制是否符合规则。

④ 整理、完善双代号网络图，使双代号网络图条理清楚、层次分明。

⑤ 对双代号网络图各节点进行编号。

(2) 绘制要求。

① 双代号网络图的箭线应以水平箭线为主，竖线和斜线为辅，不应画成曲线。

② 在双代号网络图中，箭线应保持自左向右的方向，不应出现反向箭线，如图 3.25(a)所示，④→⑤即为反向箭线。箭线应注意合理布局，如图 3.25(b)所示。

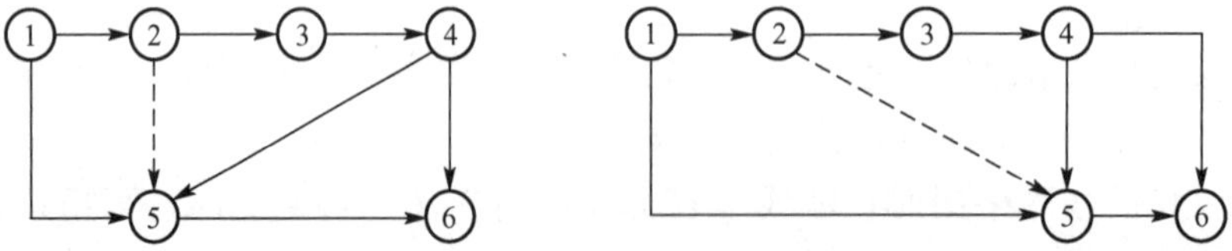

(a) 错误　　(b) 正确

图 3.25　不应出现反向箭线

③ 在双代号网络图中应正确应用虚箭线，力求减少不必要的虚箭线。虚箭线在双代

号网络图中有着重要意义，其所起的作用可归纳为连接、断路和区分，我们应从双代号网络图的绘制过程中，仔细体会虚箭线的应用技巧。

(3) 绘制方法和技巧。

① 绘制没有紧前工作的工作，使它们具有相同的开始节点，即起点节点。

② 绘制没有紧后工作的工作，使它们具有相同的结束节点，即终点节点。

③ 当所绘制的工作只有一项紧前工作时，将该工作直接画在其紧前工作的结束节点之后。

④ 当所绘制的工作有多个紧前工作时，应按以下四种情况分别考虑。

第一种情况：如果在其紧前工作中存在一项工作只作为本工作的紧前工作，则将本工作直接画在该紧前工作的结束节点之后，然后用虚箭线分别将其他紧前工作与本工作相连。

第二种情况：如果在其紧前工作中存在多项工作只作为本工作的紧前工作，先将这些紧前工作的结束节点合并，从合并后的节点画出本工作，然后再用虚箭线分别将其他紧前工作与本工作相连。

第三种情况：如果其所有紧前工作都同时作为其他工作的紧前工作，先将它们的结束节点合并，再从合并后的节点画出本工作。

第四种情况：如果不存在以上三种情况，则应将本工作的开始节点单独画在其紧前工作箭线之后的中部，然后用虚箭线分别将紧前工作与本工作相连。

4) 双代号网络图绘制示例

应用案例 3-8

试根据表3-6所示某工程各工作之间的逻辑关系，绘制双代号网络图。

表3-6 某工程各工作之间的逻辑关系

工作名称	A	B	C	D	E	F	G	H	I
紧前工作	—	A	A	B	B、C	C	D、E	E、F	H、G

【案例解析】

绘制给定逻辑关系的双代号网络图，首先分析各工作紧前工作的特征，然后根据绘制方法和技巧绘制草图。具体分析如下。

(1) A工作没有紧前工作，首先绘制A工作，如图3.26(a)所示。

(2) B、C工作均只有一项紧前工作A，分别将B、C工作直接画在A工作的结束节点之后，如图3.26(b)所示。

(3) D工作只有一项紧前工作B，将D工作直接画在B工作的结束节点之后，如图3.26(c)所示。

(4) E工作有两项紧前工作B、C，因其属于所绘制的工作有多项紧前工作的第四种情况，故将E工作的开始节点单独画在其紧前工作B、C箭线之后的中部，然后用虚箭线分别将B、C工作与E工作相连，如图3.26(d)所示。

(5) F工作只有一项紧前工作C，将F工作直接画在C工作的结束节点之后，如图3.26(e)所示。

(6) G工作有两项紧前工作D、E，因D工作只作为G工作的紧前工作，故将G工作直接画在D工作的结束节点之后，然后用虚箭线将E工作与G工作相连；同理，将H工作直接画在F工作的结束节点之后，然后用虚箭线将E工作与H工作相连，如图3.26(f)所示。

(7) I工作有两项紧前工作H、G，因H、G工作只作为I工作的紧前工作，故将H、G工作的结束节点合并，再从合并后的节点画出I工作，如图3.26(g)所示。

草图绘制完成后，检查该双代号网络图表达的逻辑关系是否正确，是否符合双代号网络图绘制规则。检查无误后，按双代号网络图绘制要求整理、完善，使该双代号网络图条理清楚、层次分明。最后按照节点编号的要求和原则对各节点进行编号，如图3.26(h)所示。

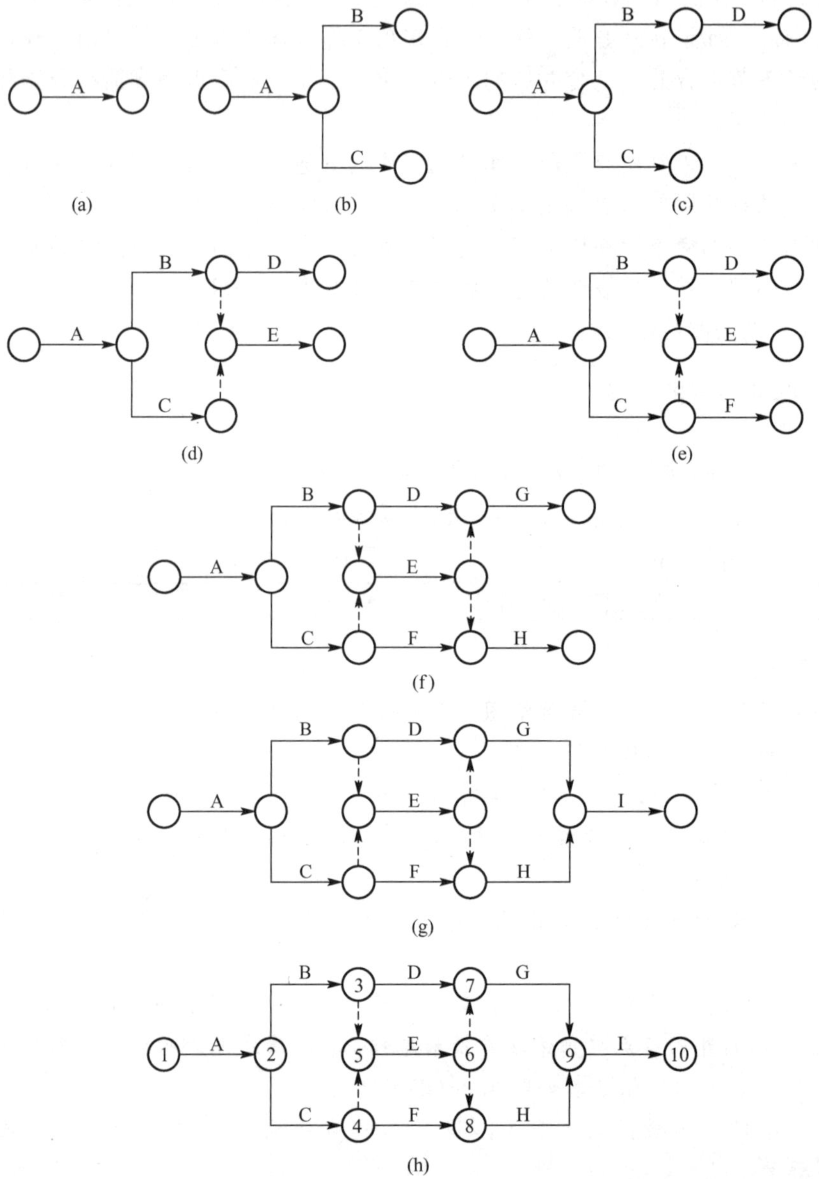

图3.26　某工程双代号网络图绘制过程

需要指出的是，当给定了工作之间的逻辑关系之后，在绘制双代号网络图时，既可以根据紧前工作关系绘制，也可以根据紧后工作关系绘制。一般来讲，单代号网络图根据紧后工作关系绘制较为简单，而双代号网络图则根据紧前工作关系绘制更为方便。

5）双代号网络图的排列方法

在绘制实际工程的双代号网络图时，由于施工过程数目较多且逻辑关系复杂，因此除符合绘制规则外，还应选择一定的排列方法，使双代号网络图条理清楚、层次分明。双代号网络图的排列方法主要有两种。

（1）按施工过程排列。

按施工过程排列是把双代号网络图中各施工过程按垂直方向排列，各施工段按水平方向排列，如图 3.27 所示。

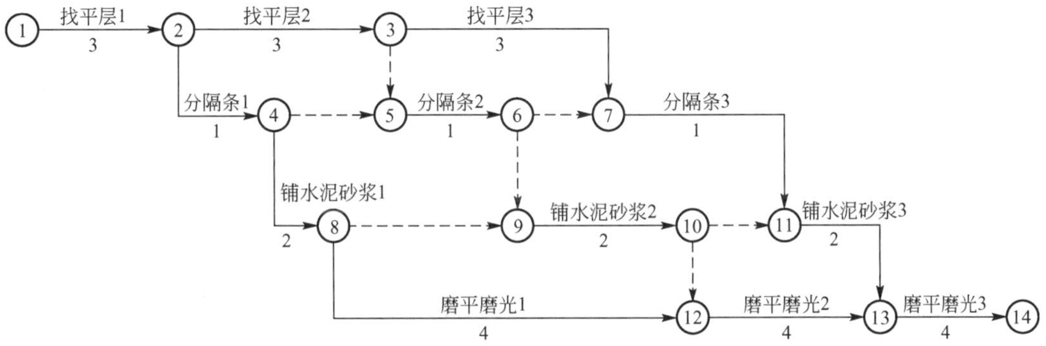

图 3.27 按施工过程排列

（2）按施工段排列。

按施工段排列是把同一施工过程的各个施工段按垂直方向排列，各施工过程按水平方向排列，如图 3.28 所示。

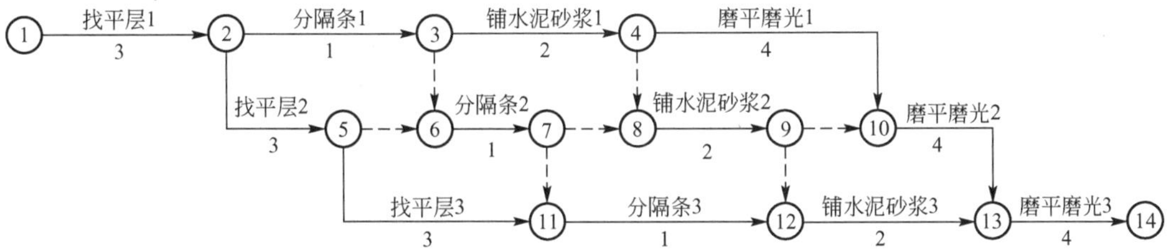

图 3.28 按施工段排列

2. 双代号网络计划时间参数的计算

1）双代号网络计划时间参数的定义及表达符号

双代号网络计划的时间参数是指双代号网络图、工作及节点所具有的各种时间值。双代号网络计划时间参数的定义及表达符号见表 3-7。

2）工作计算法计算时间参数

工作计算法是指直接计算各项工作的时间参数的方法。按工作计算法计算时间参数，其结果应标注在箭线之上，如图 3.29 所示。虚工作必须视同工作进行计算，其持续时间为 0。

表 3－7　双代号网络计划时间参数的定义及表达符号

参数种类	参数名称	表达符号	定　　义
工期	计算工期	T_c	根据时间参数计算所得到的工期
	要求工期	T_r	任务委托人所提出的指令性工期
	计划工期	T_p	根据要求工期和计算工期所确定的作为实施目标的工期
工作的时间参数	持续时间	D_{i-j}	一项工作从开始到完成的时间
	最早开始时间	ES_{i-j}	各紧前工作全部完成后，本工作有可能开始的最早时刻
	最早完成时间	EF_{i-j}	各紧前工作全部完成后，本工作有可能完成的最早时刻
	最迟开始时间	LS_{i-j}	在不影响整个任务按期完成(计划工期)的前提下，本工作必须开始的最迟时刻
	最迟完成时间	LF_{i-j}	在不影响整个任务按期完成（计划工期）的前提下，本工作必须完成的最迟时刻
	总时差	TF_{i-j}	在不影响整个任务按期完成（计划工期）的前提下，本工作可以利用的机动时间
	自由时差	FF_{i-j}	在不影响其紧后工作最早开始时间的前提下，本工作可以利用的机动时间
节点的时间参数	最早时间	ET_i	以该节点为开始节点的各项工作的最早开始时间
	最迟时间	LT_i	以该节点为完成节点的各项工作的最迟完成时间

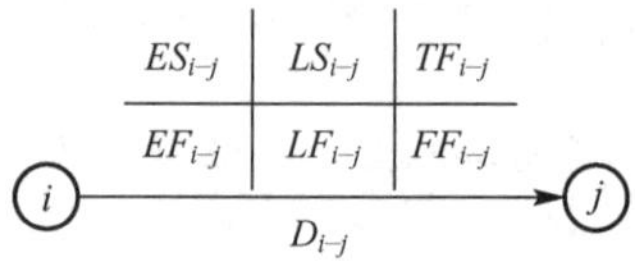

图 3.29　工作计算法的标注内容

下面以图 3.30 所示某工程双代号网络计划为例，说明按工作计算法计算时间参数的过程。其计算结果如图 3.31 所示。

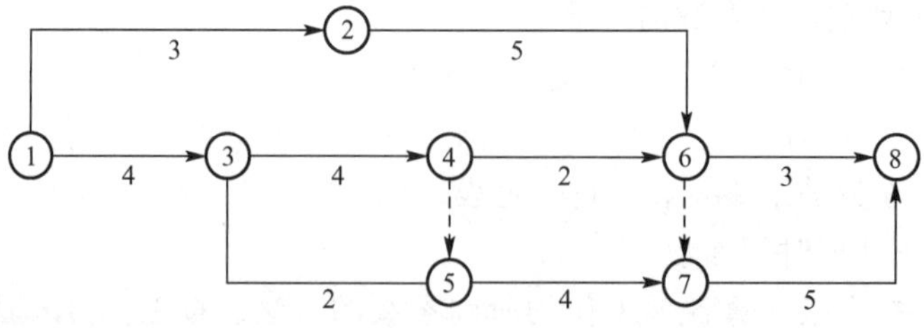

图 3.30　某工程双代号网络计划

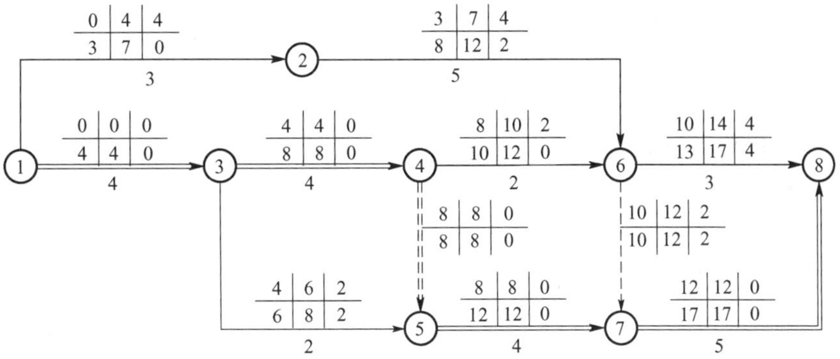

图 3.31　工作计算法计算时间参数

(1) 计算工作的最早开始时间 ES_{i-j}。

工作最早开始时间的计算应从网络计划的起点节点开始，顺着箭线方向依次进行。

① 以起点节点为开始节点的工作，当未规定其最早开始时间时，其值应为零。

② 其他工作的最早开始时间，按下式计算。

$$ES_{i-j}=\max\{ES_{h-i}+D_{h-i}\} \quad (3-12)$$

式中　ES_{i-j}——工作 $i-j$ 的最早开始时间；

ES_{h-i}——工作 $i-j$ 的紧前工作 $h-i$ 的最早开始时间；

D_{h-i}——工作 $i-j$ 的紧前工作 $h-i$ 的持续时间。

本例中，各工作的最早开始时间计算如下。

$ES_{1-2}=ES_{1-3}=0$　　$ES_{2-6}=ES_{1-2}+D_{1-2}=0+3=3$

$ES_{3-4}=ES_{3-5}=ES_{1-3}+D_{1-3}=0+4=4$　　$ES_{4-5}=ES_{4-6}=ES_{3-4}+D_{3-4}=4+4=8$

$$ES_{5-7}=\max\begin{Bmatrix}ES_{3-5}+D_{3-5}=4+2=6\\ES_{4-5}+D_{4-5}=8+0=8\end{Bmatrix}=8$$

$$ES_{6-7}=ES_{6-8}=\max\begin{Bmatrix}ES_{2-6}+D_{2-6}=3+5=8\\ES_{4-6}+D_{4-6}=8+2=10\end{Bmatrix}=10$$

$$ES_{7-8}=\max\begin{Bmatrix}ES_{5-7}+D_{5-7}=8+4=12\\ES_{6-7}+D_{6-7}=10+0=10\end{Bmatrix}=12$$

(2) 计算工作的最早完成时间 EF_{i-j}。

工作的最早完成时间等于其最早开始时间加本工作的持续时间，即

$$EF_{i-j}=ES_{i-j}+D_{i-j} \quad (3-13)$$

本例中，各工作的最早完成时间计算如下。

$EF_{1-2}=ES_{1-2}+D_{1-2}=0+3=3$　　$EF_{1-3}=ES_{1-3}+D_{1-3}=0+4=4$

$EF_{2-6}=ES_{2-6}+D_{2-6}=3+5=8$　　$EF_{3-4}=ES_{3-4}+D_{3-4}=4+4=8$

$EF_{3-5}=ES_{3-5}+D_{3-5}=4+2=6$　　$EF_{4-5}=ES_{4-5}+D_{4-5}=8+0=8$

$EF_{4-6}=ES_{4-6}+D_{4-6}=8+2=10$　　$EF_{5-7}=ES_{5-7}+D_{5-7}=8+4=12$

$EF_{6-7}=ES_{6-7}+D_{6-7}=10+0=10$　　$EF_{6-8}=ES_{6-8}+D_{6-8}=10+3=13$

$EF_{7-8}=ES_{7-8}+D_{7-8}=12+5=17$

双代号网络计划的计算工期等于以终点节点为结束节点的工作的最早完成时间的最大

值，即

$$T_c - \max\{EF_{i-n}\} \tag{3-14}$$

式中　T_c——双代号网络计划的计算工期；

EF_{i-n}——以终点节点 n 为结束节点的工作的最早完成时间。

本例中，双代号网络计划的计算工期为

$$T_c = \max\{EF_{6-8}, EF_{7-8}\} = \max\{13, 17\} = 17$$

双代号网络计划的计划工期应按下列情况分别确定。

① 当已规定了要求工期 T_r 时，计划工期 T_p 不应超过要求工期 T_r，即 $T_p \leqslant T_r$。

② 当未规定要求工期 T_r 时，取计划工期 T_p 等于计算工期 T_c，即 $T_p = T_c$。

本例中，没有规定要求工期，故 $T_p = T_c = 17$。

(3) 计算工作的最迟完成时间 LF_{i-j}。

工作最迟完成时间的计算应从双代号网络计划的终点节点开始，逆着箭线方向依次进行。

① 以终点节点为完成节点的工作，其最迟完成时间应等于双代号网络计划的计划工期 T_p。

② 其他工作的最迟完成时间，按下式计算。

$$LF_{i-j} = \min\{LF_{j-k} - D_{j-k}\} \tag{3-15}$$

式中　LF_{i-j}——工作 $i-j$ 的最迟完成时间；

LF_{j-k}——工作 $i-j$ 的紧后工作 $j-k$ 的最迟完成时间；

D_{j-k}——工作 $i-j$ 的紧后工作 $j-k$ 的持续时间。

本例中，各工作的最迟完成时间计算如下。

$LF_{7-8} = LF_{6-8} = T_p = 17$　　　$LF_{6-7} = LF_{5-7} = LF_{7-8} - D_{7-8} = 17 - 5 = 12$

$$LF_{4-6} = LF_{2-6} = \min\begin{Bmatrix} LF_{6-7} - D_{6-7} = 12 - 0 = 12 \\ LF_{6-8} - D_{6-8} = 17 - 3 = 14 \end{Bmatrix} = 12$$

$LF_{4-5} = LF_{3-5} = LF_{5-7} - D_{5-7} = 12 - 4 = 8$

$$LF_{3-4} = \min\begin{Bmatrix} LF_{4-6} - D_{4-6} = 12 - 2 = 10 \\ LF_{4-5} - D_{4-5} = 8 - 0 = 8 \end{Bmatrix} = 8$$

$$LF_{1-3} = \min\begin{Bmatrix} LF_{3-4} - D_{3-4} = 8 - 4 = 4 \\ LF_{3-5} - D_{3-5} = 8 - 2 = 6 \end{Bmatrix} = 4$$

$LF_{1-2} = LF_{2-6} - D_{2-6} = 12 - 5 = 7$

(4) 计算工作的最迟开始时间 LS_{i-j}。

工作的最迟开始时间等于其最迟完成时间减去本工作的持续时间，即

$$LS_{i-j} = LF_{i-j} - D_{i-j} \tag{3-16}$$

本例中，各工作的最迟开始时间计算如下。

$LS_{1-2} = LF_{1-2} - D_{1-2} = 7 - 3 = 4$　　　$LS_{1-3} = LF_{1-3} - D_{1-3} = 4 - 4 = 0$

$LS_{2-6} = LF_{2-6} - D_{2-6} = 12 - 5 = 7$　　　$LS_{3-4} = LF_{3-4} - D_{3-4} = 8 - 4 = 4$

$LS_{3-5} = LF_{3-5} - D_{3-5} = 8 - 2 = 6$　　　$LS_{4-5} = LF_{4-5} - D_{4-5} = 8 - 0 = 8$

$LS_{4-6} = LF_{4-6} - D_{4-6} = 12 - 2 = 10$　　　$LS_{5-7} = LF_{5-7} - D_{5-7} = 12 - 4 = 8$

$LS_{6-7} = LF_{6-7} - D_{6-7} = 12 - 0 = 12$　　　$LS_{6-8} = LF_{6-8} - D_{6-8} = 17 - 3 = 14$

$LS_{7-8}=LF_{7-8}-D_{7-8}=17-5=12$

(5) 计算工作的总时差 TF_{i-j}。

工作的总时差等于该工作最迟开始时间与最早开始时间之差，或等于该工作最迟完成时间与最早完成时间之差，即

$$TF_{i-j}=LS_{i-j}-ES_{i-j}=LF_{i-j}-EF_{i-j} \tag{3-17}$$

式中 TF_{i-j}——工作 $i-j$ 的总时差。

其余符号含义同前。

本例中，各工作的总时差计算如下。

$TF_{1-2}=LS_{1-2}-ES_{1-2}=4-0=4$　　$TF_{1-3}=LS_{1-3}-ES_{1-3}=0-0=0$

$TF_{2-6}=LS_{2-6}-ES_{2-6}=7-3=4$　　$TF_{3-4}=LS_{3-4}-ES_{3-4}=4-4=0$

$TF_{3-5}=LS_{3-5}-ES_{3-5}=6-4=2$　　$TF_{4-5}=LS_{4-5}-ES_{4-5}=8-8=0$

$TF_{4-6}=LS_{4-6}-ES_{4-6}=10-8=2$　　$TF_{5-7}=LS_{5-7}-ES_{5-7}=8-8=0$

$TF_{6-7}=LS_{6-7}-ES_{6-7}=12-10=2$　　$TF_{6-8}=LS_{6-8}-ES_{6-8}=14-10=4$

$TF_{7-8}=LS_{7-8}-ES_{7-8}=12-12=0$

(6) 计算工作的自由时差 FF_{i-j}。

工作的自由时差的计算应按以下两种情况分别考虑。

① 对于有紧后工作的工作，其自由时差等于紧后工作的最早开始时间减去本工作的最早完成时间，即

$$FF_{i-j}=ES_{j-k}-EF_{i-j} \tag{3-18}$$

式中 FF_{i-j}——工作 $i-j$ 的自由时差；

ES_{j-k}——工作 $i-j$ 的紧后工作 $j-k$ 的最早开始时间；

EF_{i-j}——工作 $i-j$ 的最早完成时间。

② 对于无紧后工作的工作，也就是以终点节点为结束节点的工作，其自由时差等于计算工期与本工作最早完成时间之差，即

$$FF_{i-n}=T_c-EF_{i-n} \tag{3-19}$$

式中 FF_{i-n}——以终点节点 n 为结束节点的工作 $i-n$ 的自由时差；

T_c——双代号网络计划的计算工期；

EF_{i-n}——以终点节点 n 为结束节点的工作 $i-n$ 的最早完成时间。

本例中，各工作的自由时差计算如下。

$FF_{1-2}=ES_{2-6}-EF_{1-2}=3-3=0$　　$FF_{1-3}=ES_{3-4}-EF_{1-3}=4-4=0$

$FF_{2-6}=ES_{6-8}-EF_{2-6}=10-8=2$　　$FF_{3-4}=ES_{4-6}-EF_{3-4}=8-8=0$

$FF_{3-5}=ES_{5-7}-EF_{3-5}=8-6=2$　　$FF_{4-5}=ES_{5-7}-EF_{4-5}=8-8=0$

$FF_{4-6}=ES_{6-8}-EF_{4-6}=10-10=0$　　$FF_{5-7}=ES_{7-8}-EF_{5-7}=12-12=0$

$FF_{6-7}=ES_{7-8}-EF_{6-7}=12-10=2$　　$FF_{6-8}=T_c-EF_{6-8}=17-13=4$

$FF_{7-8}=T_c-EF_{7-8}=17-17=0$

在双代号网络计划中，总时差最小的工作为关键工作。当双代号网络计划的计划工期等于计算工期时，总时差最小为零，此时，总时差为零的工作为关键工作。例如，在本例中，工作①→③、③→④、⑤→⑦和⑦→⑧的总时差均为零，故它们都是关键工作，其构成的线路就是关键线路，在图中用双箭线表示。

自由时差为某非关键工作独立使用的机动时间，利用自由时差，不会影响其紧后工作的最早开始时间。工作的总时差与自由时差的关系为：$TF_{i-j} \geqslant FF_{i-j}$。

3）节点计算法计算时间参数

节点计算法就是先计算双代号网络计划中各节点的最早时间和最迟时间，然后再据以计算各项工作的时间参数。按节点计算法计算时间参数，其结果应标注在节点之上，如图 3.32所示。

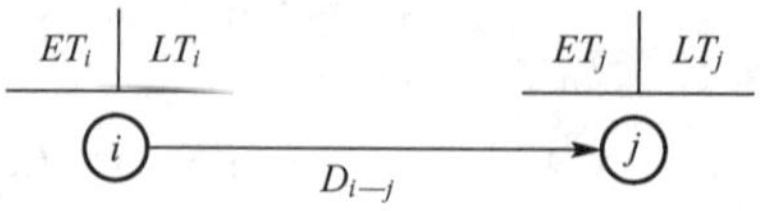

图 3.32　节点计算法的标注内容

下面仍以图 3.30 所示某工程双代号网络计划为例，说明按节点计算法计算时间参数的过程。其计算结果如图 3.33 所示。

(1) 计算节点的最早时间 ET_i。

节点的最早时间的计算应从网络计划的起点节点开始，顺着箭线方向依次进行。

① 双代号网络计划的起点节点，如未规定最早时间，其值等于零。

② 其他节点的最早时间应按下式进行计算。

$$ET_j = \max\{ET_i + D_{i-j}\} \tag{3-20}$$

式中　ET_j——工作 $i-j$ 的结束节点 j 的最早时间；

ET_i——工作 $i-j$ 的开始节点 i 的最早时间；

D_{i-j}——工作 $i-j$ 的持续时间。

本例中，各节点的最早时间确定如下。

$ET_1 = 0$　　　　$ET_2 = ET_1 + D_{1-2} = 0+3=3$

$ET_3 = ET_1 + D_{1-3} = 0+4=4$　　　　$ET_4 = ET_3 + D_{3-4} = 4+4=8$

$ET_5 = \max\{ET_3 + D_{3-5},\ ET_4 + D_{4-5}\} = \max\{4+2,\ 8+0\} = 8$

其余节点的最早时间如图 3.33 所示。

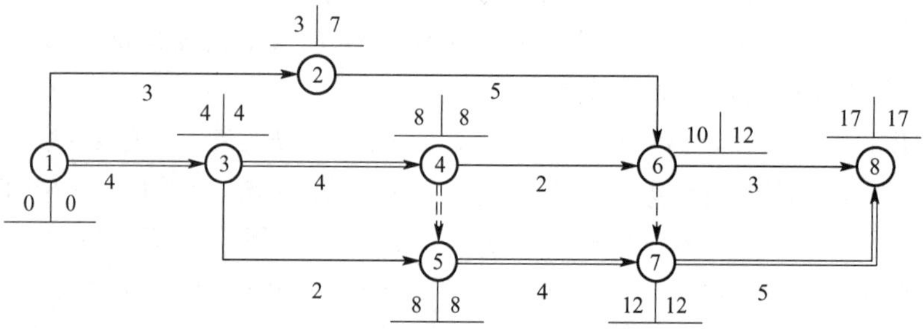

图 3.33　节点计算法计算时间参数

节点的最早时间计算完成后，即可确定双代号网络计划的计算工期。计算工期等于终点节点的最早时间，即

$$T_c = ET_n \tag{3-21}$$

式中　T_c——双代号网络计划的计算工期；

ET_n——终点节点 n 的最早时间。

本例中，双代号网络计划的计算工期为 $T_c=ET_8=17$。

双代号网络计划的计划工期的确定与工作计算法相同。

本例中，没有规定要求工期，故 $T_p=T_c=17$。

(2) 计算节点的最迟时间 LT_i。

节点的最迟时间的计算从双代号网络计划的终点节点开始，逆着箭线方向依次进行。

① 双代号网络计划终点节点的最迟时间等于双代号网络计划的计划工期，即 $LT_n=T_p$。

② 其他节点的最迟时间应按下式进行计算。

$$LT_i=\min\{LT_j-D_{i-j}\} \tag{3-22}$$

式中　LT_i——工作 $i-j$ 的开始节点 i 的最迟时间；

LT_j——工作 $i-j$ 的结束节点 j 的最迟时间；

D_{i-j}——工作 $i-j$ 的持续时间。

本例中，各节点的最迟时间确定如下。

$LT_8=T_p=17$　　　　$LT_7=LT_8-D_{7-8}=17-5=12$

$LT_6=\min\{LT_7-D_{6-7},\ LT_8-D_{6-8}\}=\min\{12-0,\ 17-3\}=12$

其余节点的最迟时间如图 3.33 所示。

(3) 根据节点的最早时间和最迟时间计算工作的时间参数。

① 工作的最早开始时间等于该工作开始节点的最早时间，即

$$ES_{i-j}=ET_i \tag{3-23}$$

② 工作的最早完成时间等于该工作开始节点的最早时间与其持续时间之和，即

$$EF_{i-j}=ET_i+D_{i-j} \tag{3-24}$$

③ 工作的最迟完成时间等于该工作结束节点的最迟时间，即

$$LF_{i-j}=LT_j \tag{3-25}$$

④ 工作的最迟开始时间等于该工作结束节点的最迟时间与其持续时间之差，即

$$LS_{i-j}=LT_j-D_{i-j} \tag{3-26}$$

⑤ 工作的总时差可按下式计算。

$$\begin{aligned}TF_{i-j}&=LF_{i-j}-EF_{i-j}\\&=LT_j-(ET_i+D_{i-j})\\&=LT_j-ET_i-D_{i-j}\end{aligned} \tag{3-27}$$

由式(3-27)可知，工作的总时差等于该工作结束节点的最迟时间减去该工作开始节点的最早时间所得差值再减去其持续时间。

⑥ 工作的自由时差可按下式计算。

$$\begin{aligned}FF_{i-j}&=ES_{j-k}-ES_{i-j}-D_{i-j}\\&=ET_j-ET_i-D_{i-j}\end{aligned} \tag{3-28}$$

由式(3-28)可知，工作的自由时差等于该工作结束节点的最早时间减去该工作开始节点的最早时间所得差值再减去其持续时间。

在双代号网络计划中，关键线路上的节点称为关键节点。关键节点的最迟时间与最早时间的差值最小，当双代号网络计划的计划工期等于计算工期时，关键节点的最早时间与

最迟时间必然相等。本例中，节点①、③、④、⑤、⑦、⑧为关键节点，线路①→③→④→⑤→⑦→⑧为关键线路。关键工作两端的节点必为关键节点，但两端为关键节点的工作不一定是关键工作，如工作③→⑤就不是关键工作；或者说，关键线路上的节点一定为关键节点，但由关键节点组成的线路不一定是关键线路，如由关键节点①、③、⑤、⑦、⑧组成的线路①→③→⑤→⑦→⑧就不是关键线路。

当利用关键节点判断线路和关键工作时，还要满足下列条件。

$$ET_i+D_{i-j}=ET_j \tag{3-29}$$

或

$$LT_i+D_{i-j}=LT_j \tag{3-30}$$

3.2.3 单代号网络计划

1. 单代号网络图的绘制

正确绘制单代号网络图应做到两点：正确表达工作之间的逻辑关系；遵守单代号网络图的绘制规则。

1）单代号网络图逻辑关系的表示

常见逻辑关系及其单代号表示方法见表3-8。

表3-8 常见逻辑关系及其单代号表示方法

序号	逻辑关系	单代号表示方法	序号	逻辑关系	单代号表示方法
1	A、B两项工作依次进行施工	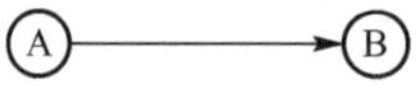	4	A、B、C三项工作，A工作完成之后，B、C工作开始	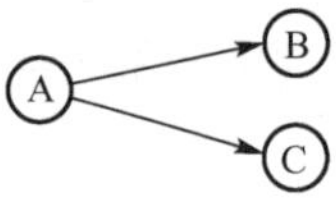
2	A、B、C三项工作同时开始施工	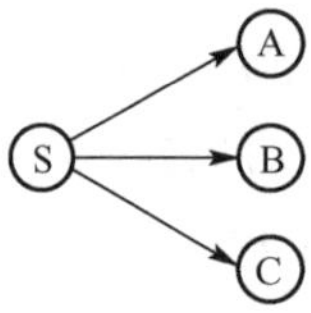	5	A、B、C三项工作，C工作在A、B工作完成之后开始	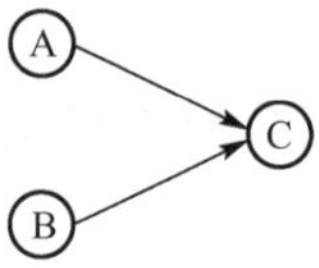
3	A、B、C三项工作同时结束施工	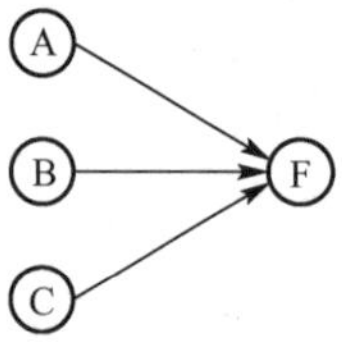	6	A、B、C、D四项工作，A、B工作完成之后，C、D工作开始	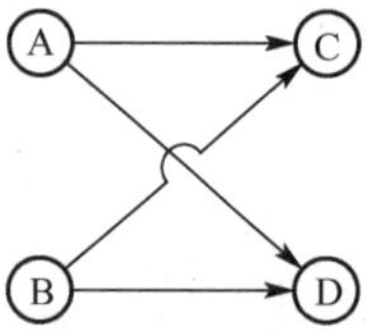

2）单代号网络图的绘制规则

由于单代号网络图和双代号网络图所表达的计划内容是一致的，两者的区别仅在于绘图符号的不同或者说是工作的表示方法不同而已。因此，绘制双代号网络图所遵循的绘图规则，对绘制单代号网络图同样适用。比如，不允许出现循环回路；不允许出现编号相同的工作；不允许出现带双向箭头或没有箭头的箭杆；只允许有一个起点节点和一个终点节点；等等。所不同的是，当有多项工作同时开始和多项工作同时结束时，应在单代号网络图的两端分别设置一项虚工作，作为网络图的起点节点和终点节点，其他再无任何虚工作。

3）单代号网络图绘制示例

应用案例 3-9

已知某工程网络计划的基础资料见表 3-9，试绘制单代号网络图。

表 3-9　某工程网络计划的基础资料

工作名称	A	B	C	D	E	F
紧前工作	—	A	A	B、C	C	D
持续时间/天	4	5	6	6	2	5

【案例解析】

根据给定的基础资料和单代号网络图的绘制规则，该单代号网络图的绘制如图 3.34 所示。

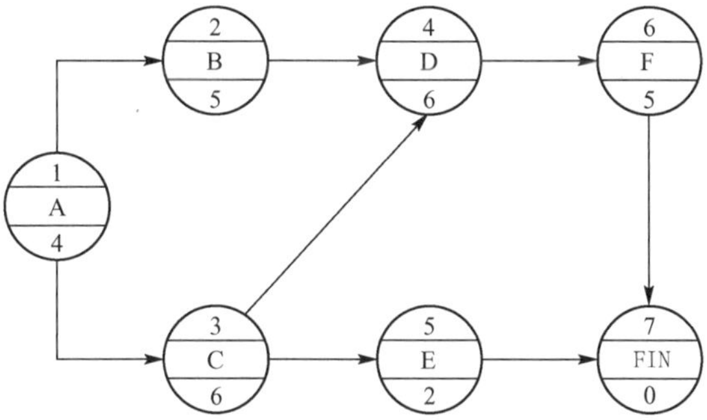

图 3.34　某工程单代号网络图

2. 单代号网络计划时间参数的计算

下面以图 3.35 所示某单代号网络计划为例，说明其时间参数的计算过程。

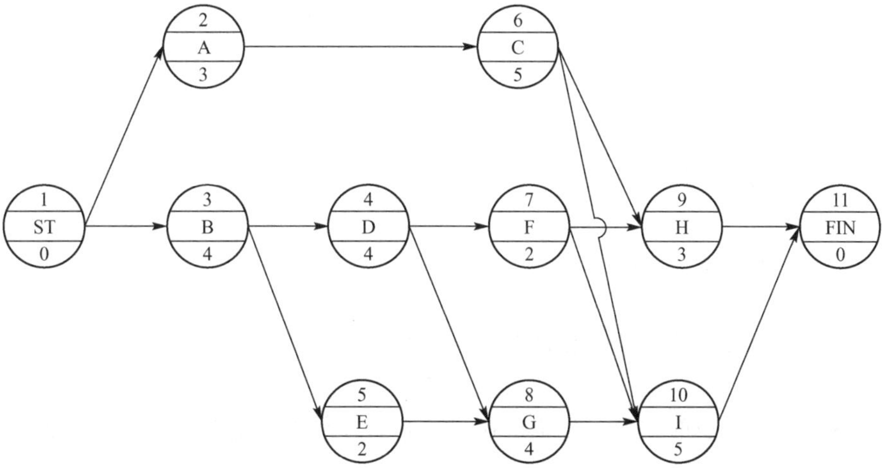

图 3.35　某单代号网络计划

1) 计算工作的最早开始时间 ES_i

工作最早开始时间的计算应从单代号网络计划的起点节点开始，顺着箭线方向按节点编号从小到大的顺序依次进行。

(1) 起点节点所代表的工作的最早开始时间未规定时，其值应为 0。

(2) 其他工作的最早开始时间应按下式计算。

$$ES_i = \max\{ES_h + D_h\} \tag{3-31}$$

式中 ES_i——工作 i 的最早开始时间；

ES_h——工作 i 的各紧前工作 h 的最早开始时间；

D_h——工作 i 的各紧前工作 h 的持续时间。

本例中，起点节点所代表的虚拟工作的最早开始时间为 0，即 $ES_1=0$，其余各工作的最早开始时间如图 3.36 所示。

2) 计算工作的最早完成时间 EF_i

工作的最早完成时间应等于本工作的最早开始时间与其持续时间之和，即

$$EF_i = ES_i + D_i \tag{3-32}$$

式中 EF_i——工作 i 的最早完成时间；

ES_i——工作 i 的最早开始时间；

D_i——工作 i 的持续时间。

本例中，$EF_1 = ES_1 + D_1 = 0 + 0 = 0$，其余各工作的最早完成时间如图 3.36 所示。

单代号网络计划的计算工期的规定与双代号网络计划相同，即等于终点节点的最早完成时间。本例中，计算工期为 $T_c = EF_{11} = 17$。

单代号网络计划的计划工期的确定与双代号网络计划相同。本例中，由于没有规定要求工期，故 $T_p = T_c = 17$。

3) 计算相邻两项工作之间的时间间隔 $LAG_{i,j}$

相邻两项工作之间存在着时间间隔，工作 i 与 j 的时间间隔记为 $LAG_{i,j}$。时间间隔是指相邻两项工作之间，后项工作的最早开始时间与前项工作的最早完成时间之差，即

$$LAG_{i,j} = ES_j - EF_i \tag{3-33}$$

式中 $LAG_{i,j}$——工作 i 与其紧后工作 j 之间的时间间隔；

ES_j——工作 i 的紧后工作 j 的最早开始时间；

EF_i——工作 i 的最早完成时间。

本例中，$LAG_{1,2} = ES_2 - EF_1 = 0 - 0 = 0$，其余相邻两项工作之间的时间间隔如图 3.36所示，计算结果标注在两节点之间的箭线之上。

4) 计算工作的总时差

工作总时差的计算应从单代号网络计划的终点节点开始，逆着箭线方向按节点编号从大到小的顺序依次进行。

(1) 终点节点 n 所代表的工作的总时差应为

$$TF_n = T_p - EF_n \tag{3-34}$$

(2) 其他工作的总时差应等于本工作与其紧后工作之间的时间间隔加该紧后工作的总时差所得之和的最小值，即

$$TF_i = \min\{TF_j + LAG_{i,j}\} \tag{3-35}$$

式中 TF_i——工作 i 的总时差；

TF_j——工作 i 的紧后工作 j 的总时差；

$LAG_{i,j}$——工作 i 与其紧后工作 j 之间的时间间隔。

本例中，终点节点⑪所代表的虚拟工作的总时差为 $TF_{11}=T_p-EF_{11}=17-17=0$，其余各工作的总时差如图 3.36 所示。

5）计算工作的自由时差

（1）终点节点 n 所代表的工作的自由时差应为

$$FF_n=T_p-EF_n \tag{3-36}$$

（2）其他工作的自由时差应为

$$FF_i=\min\{LAG_{i,j}\} \tag{3-37}$$

本例中，终点节点⑪所代表的虚拟工作的自由时差为 $FF_{11}=T_p-EF_{11}=17-17=0$，其余各工作的自由时差如图 3.36 所示。

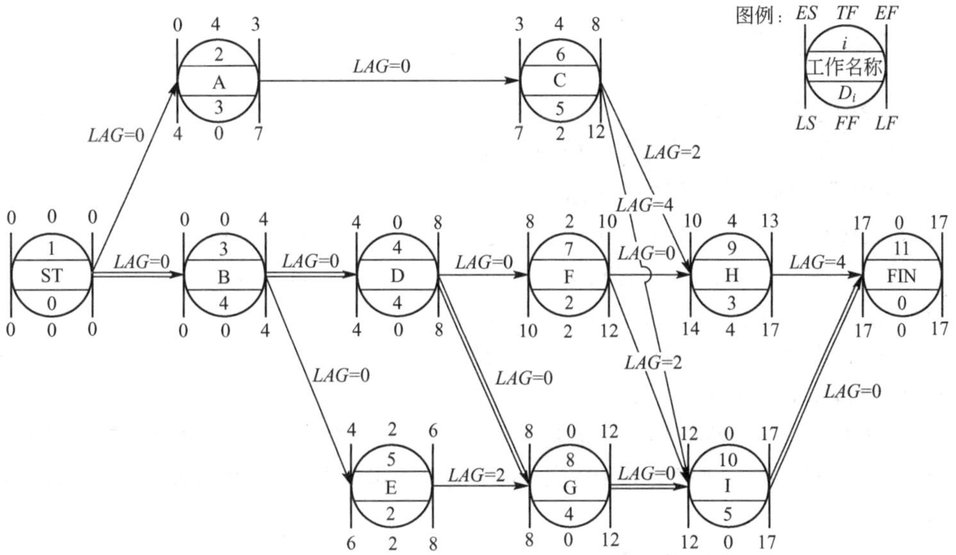

图 3.36 单代号网络计划时间参数的计算

6）计算工作的最迟完成时间 LF_i

工作的最迟完成时间的计算应从单代号网络计划的终点节点开始，逆着箭线方向按节点编号从大到小的顺序依次进行。

（1）终点节点 n 所代表的工作的最迟完成时间等于该单代号网络计划的计划工期，即

$$LF_n=T_p \tag{3-38}$$

（2）其他工作的最迟完成时间等于本工作的最早完成时间与其总时差之和，即

$$LF_i=EF_i+TF_i \tag{3-39}$$

本例中，终点节点⑪所代表的虚拟工作的最迟完成时间为 $LF_{11}=T_p=17$，其余各工作的最迟完成时间如图 3.36 所示。

7）计算工作的最迟开始时间 LS_i

工作的最迟开始时间应按下式计算。

$$LS_i = ES_i + TF_i \quad (3-40)$$

或

$$LS_i = LF_i - D_i \quad (3-41)$$

本例中，终点节点⑪所代表的虚拟工作的最迟开始时间为 $LS_{11} = LF_{11} - D_i = 17 - 0 = 17$，其余各工作的最迟完成时间如图 3.36 所示。

8）单代号网络计划关键工作和关键线路的确定

在单代号网络计划中，关键工作的确定方法与双代号网络计划相同，即总时差最小的工作为关键工作。本例中，节点①、③、④、⑧、⑩、⑪所代表的工作的总时差均为 0，故它们为关键工作。

从起点节点到终点节点均为关键工作，且所有相邻两项工作之间的时间间隔为 0 的线路为关键线路。本例中，线路①→③→④→⑧→⑩→⑪为关键线路。关键线路应用粗箭线、双箭线或彩色箭线标出。

3.2.4 双代号时标网络计划

双代号时标网络计划综合应用了横道图的时间坐标和网络计划的原理，既具有网络计划的优点，又具有横道计划直观易懂的优点。

1. 双代号时标网络计划的一般规定

(1) 双代号时标网络计划必须以水平时间坐标为尺度表示工作时间。时间坐标的单位应根据需要在编制网络计划之前确定，可以是小时、天、周、月或季度等。时间坐标的刻度线宜为细线，为使图面清晰简洁，此线也可不画或少画。

(2) 在双代号时标网络计划中，以实箭线表示工作，以虚箭线表示虚工作，以波形线表示工作的自由时差。

(3) 双代号时标网络计划中所有符号在时间坐标上的水平投影位置，都必须与其时间参数相对应。节点中心必须对准相应的时标位置。虚工作必须以垂直方向的虚箭线表示，有自由时差则加波形线表示。

2. 双代号时标网络图的绘制方法

双代号时标网络图宜按工作的最早开始时间来绘制。

在绘制双代号时标网络图之前，应先绘制双代号无时标网络计划草图，并按已经确定的时间单位绘制时间坐标，然后按间接绘制法或直接绘制法绘制双代号时标网络图。

1）间接绘制法

间接绘制法是先计算时间参数，再根据时间参数在时间坐标上进行绘制的方法。其绘制步骤和方法如下。

(1) 计算各节点的时间参数。

(2) 将所有节点按其最早时间定位在时间坐标的相应位置上。

(3) 依次在各节点之间用规定线型绘出工作和自由时差。

2）直接绘制法

直接绘制法是不计算时间参数而直接按无时标网络计划草图绘制双代号时标网络图的方法。现以图 3.37 所示无时标网络计划为例，说明用直接绘制法绘制双代号时标网络计划的过程。

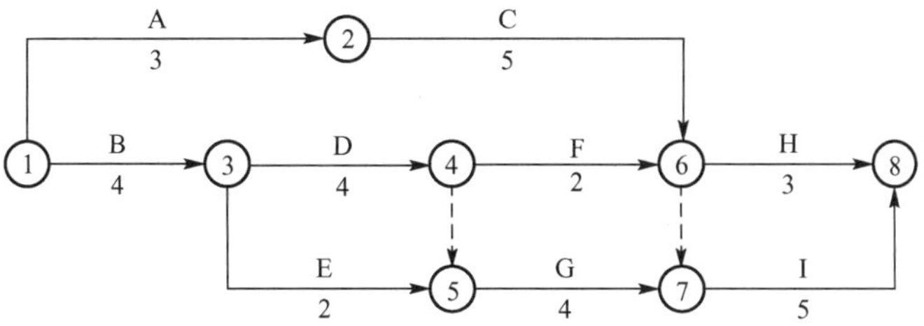

图 3.37 无时标网络计划

(1) 将起点节点定位在时间坐标的起始刻度线上。

(2) 按工作的持续时间绘制起点节点的外向箭线。

本例中，将节点①定位在时间坐标的起始刻度线“0”的位置上，从节点①分别绘出工作 A 和工作 B，如图 3.38 所示。

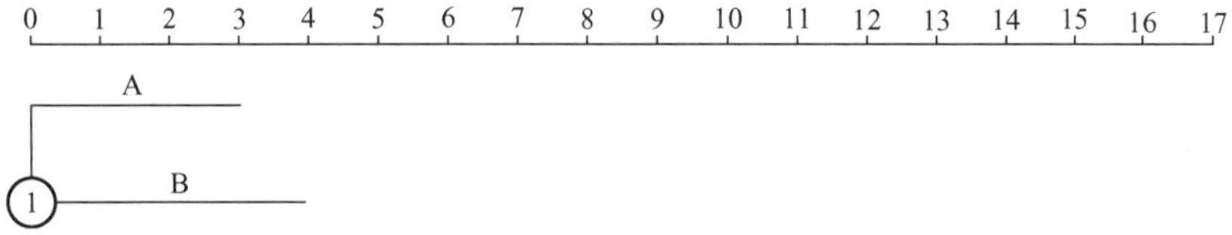

图 3.38 直接绘制法第一步

(3) 除起点节点外，其他节点必须在其所有内向箭线绘出后，定位在这些箭线中最迟的箭线末端。其他内向箭线的长度不足以到达该节点时，须用波形线补足，箭头画在与该节点的连接处。

(4) 用上述方法从左至右依次确定其他各节点的位置，直至绘出终点节点。

本例中由于节点②只有一条内向箭线，所以节点②直接定位在箭线 A 的末端；同理，节点③直接定位在箭线 B 的末端，如图 3.39 所示。

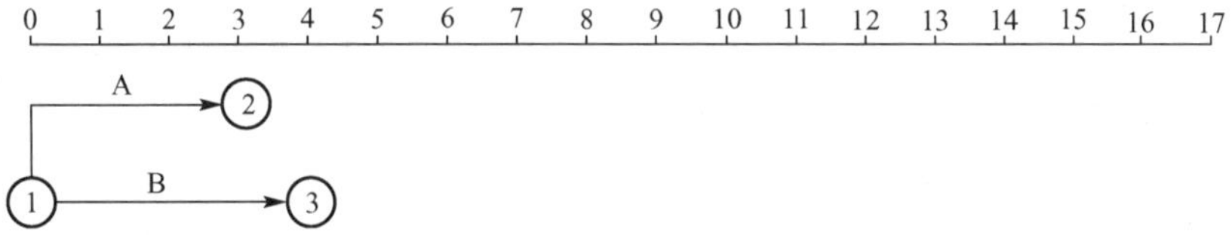

图 3.39 直接绘制法第二步

绘制工作 D，并将节点④定位在箭线 D 的末端；节点⑤的位置需要在绘出虚工作④→⑤和工作 E 之后，定位在工作 E 和虚工作④→⑤中最迟的箭线末端，即时刻“8”的位置上。此时，箭线 E 的长度不足以到达节点⑤，须用波形线补足，如图 3.40 所示。

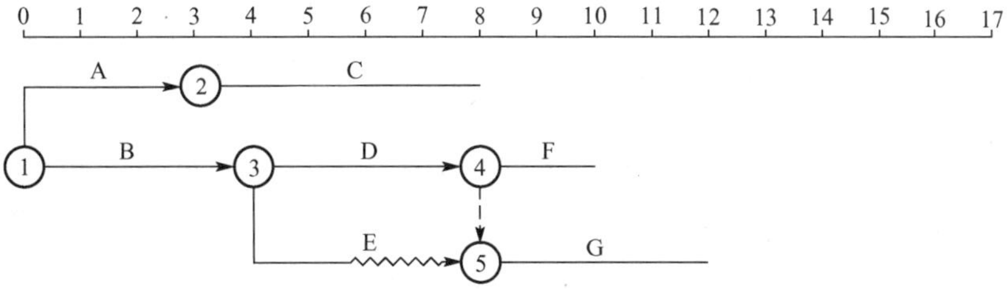

图 3.40 直接绘制法第三步

用同样的方法依次确定节点⑥、⑦、⑧的位置，完成时标网络图的绘制，如图 3.41 和图 3.42 所示。

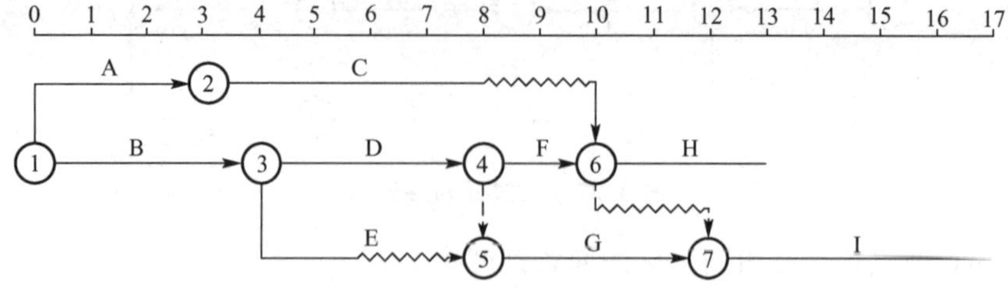

图 3.41　直接绘制法第四步

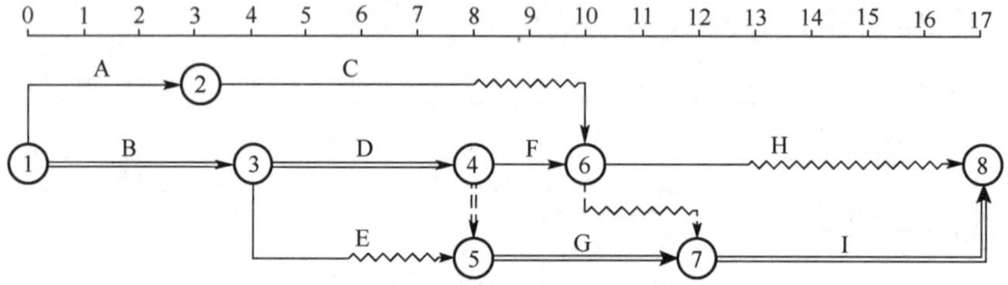

图 3.42　直接绘制法第五步

3. 关键线路的确定和时间参数的确定

1）关键线路的确定

在双代号时标网络计划中，自终点节点逆箭线方向朝起点节点观察，自始至终不出现波形线的线路为关键线路。例如在图 3.42 中，线路①→③→④→⑤→⑦→⑧即为关键线路。

2）计算工期的确定

双代号时标网络计划的计算工期，应等于终点节点与起点节点所对应的时标值之差。例如图 3.42所示双代号时标网络计划的计算工期为 $T_c=17-0=17$。

3）工作的时间参数的确定

(1) 工作的最早开始时间和最早完成时间。按最早时间绘制的双代号时标网络计划，每条实（虚）箭线的箭尾和实（虚）箭线末端所对应的时标值，应为该工作的最早开始时间和最早完成时间。

(2) 工作的自由时差。波形线的水平投影长度即为该工作的自由时差。

(3) 工作的总时差。工作总时差的判定应从双代号时标网络计划的终点节点开始，逆着箭线方向依次进行。

以终点节点为完成节点的工作，其总时差应等于计划工期与本工作最早完成时间之差，即

$$TF_{i-n}=T_p-EF_{i-n} \tag{3-42}$$

其他工作的总时差应为

$$TF_{i-j}=\min\{TF_{j-k}+FF_{i-j}\} \tag{3-43}$$

(4) 工作的最迟开始时间和最迟完成时间。工作的最迟开始时间等于本工作的最早开

始时间与其总时差之和，即

$$LS_{i-j}=ES_{i-j}+TF_{i-j} \tag{3-44}$$

工作的最迟完成时间等于本工作的最早完成时间与其总时差之和，即

$$LF_{i-j}=EF_{i-j}+TF_{i-j} \tag{3-45}$$

3.2.5 网络计划的优化

网络计划的优化是指在一定约束条件下，按既定目标对网络计划进行不断改进，以寻求满意方案的过程。

网络计划的优化目标应按计划任务的需要和条件选定，包括工期目标、费用目标和资源目标。根据优化目标的不同，网络计划的优化可分为工期优化、费用优化和资源优化三种。

1. 工期优化

所谓工期优化，是指网络计划的计算工期不满足要求工期时，通过压缩关键工作的持续时间以满足要求工期目标的过程。

1）工期优化的方法和步骤

网络计划工期优化的基本方法是在不改变网络计划中各项工作之间逻辑关系的前提下，通过压缩关键工作的持续时间来达到优化目标。其优化步骤如下。

（1）确定初始网络计划的计算工期和关键线路。

（2）按要求工期计算应缩短的时间 $\Delta T=T_c-T_r$。

（3）确定各关键工作能够缩短的持续时间。

（4）选择关键工作，压缩其持续时间，并重新计算网络计划的计算工期。

（5）当计算工期仍超过要求工期时，则重复上述步骤(4)，直至满足要求或计算工期不能再压缩为止。

（6）当所有关键工作的持续时间都已达到其所能缩短的极限而工期仍不能满足要求时，应对网络计划的原技术方案、组织方案进行调整或对要求工期重新审定。

上述步骤(4) 中，在选择适宜压缩的关键工作时应考虑以下因素：缩短持续时间对质量和安全影响不大的工作，有充足备用资源的工作，缩短持续时间所需增加的费用最少的工作。

在工期压缩过程中应注意：不能将关键工作压缩成非关键工作；当出现多条关键线路时，各条关键线路须同时压缩。

2）工期优化示例

应用案例 3-10

已知某工程初始双代号网络计划如图 3.43 所示，图中箭线下方括号外数字为工作的正常持续时间，括号内数字为最短持续时间；箭线上方括号内数字为工作优选系数，该系数综合考虑了压缩时间对工作质量、安全的影响和费用的增加，优选系数小的工作适宜压缩。假设要求工期为 19 天，试对其进行工期优化。

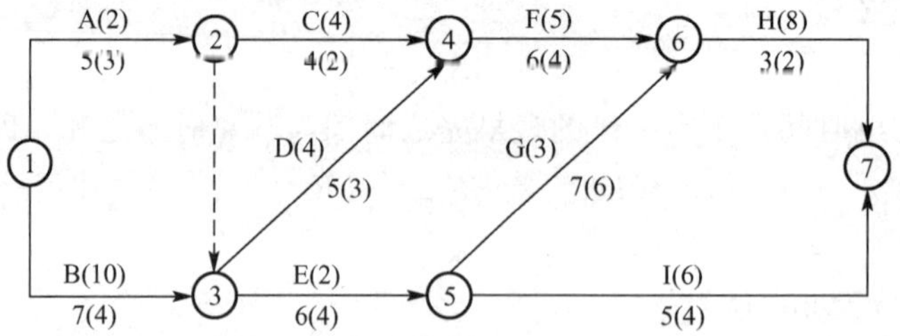

图 3.43　某工程初始双代号网络计划

【案例解析】

该双代号网络计划的工期优化可按以下步骤进行。

(1) 根据各项工作的正常持续时间，确定双代号网络计划的计算工期和关键线路。如图 3.44 所示，此时关键线路为①→③→⑤→⑥→⑦，计算工期为 23 天。

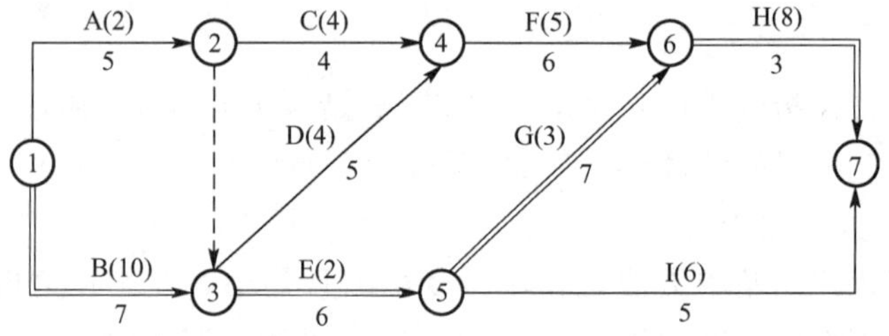

图 3.44　初始双代号网络计划中的关键线路

(2) 计算应缩短的时间。

$$\Delta T = T_c - T_r = (23-19)\text{天} = 4\ \text{天}$$

(3) 第一次压缩。由于关键工作中③→⑤工作的优选系数最小，故首先应压缩工作③→⑤的持续时间，将其压缩至最短持续时间 4 天（其持续时间不能再压缩，优选系数用无穷大表示），并重新计算双代号网络计划的计算工期，确定关键线路，如图 3.45 所示。此时计算工期为 21 天，双代号网络计划中出现两条关键线路，即①→③→⑤→⑥→⑦和①→③→④→⑥→⑦。

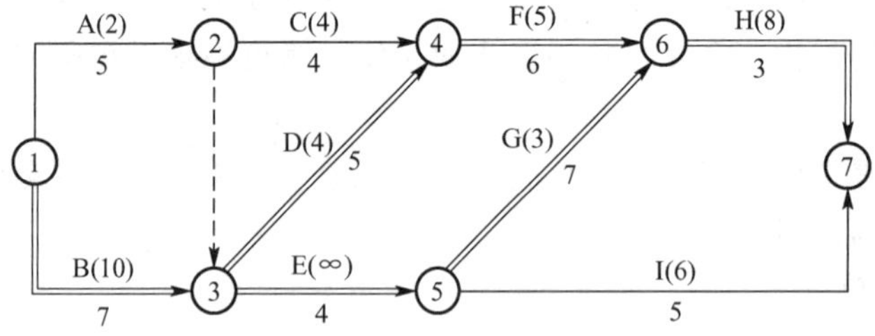

图 3.45　第一次压缩后的双代号网络计划

(4) 第二次压缩。此时双代号网络计划中有两条关键线路，需同时压缩。工作③→⑤的持续时间已达最短，不能再压缩。选择优选系数组合最小的关键工作③→④和⑤→⑥同时压缩 1 天(工作 G 压缩至最短)，再重新计算双代号网络计划的计算工期，确定关键线路，如图 3.46 所示。此时计算工期为 20 天，关键线路没有发生变化。

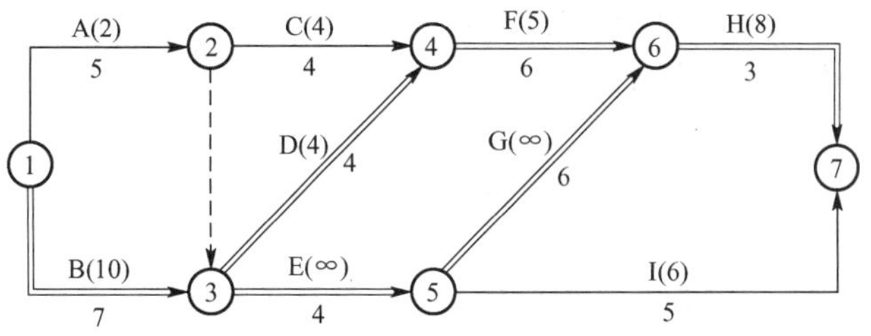

图 3.46 第二次压缩后的双代号网络计划

(5) 第三次压缩。工作⑤→⑥的持续时间也达到最短，不能再压缩。选择优选系数最小的关键工作⑥→⑦压缩 1 天(工作 H 压缩至最短)，再重新计算双代号网络计划的计算工期，确定关键线路，如图 3.47 所示。

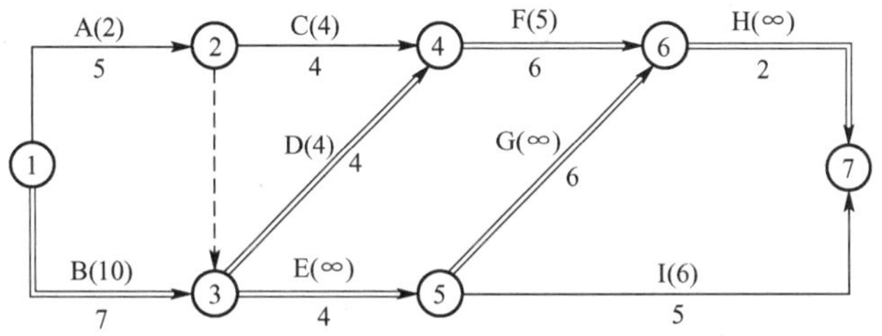

图 3.47 满意方案

此时计算工期为 19 天，等于要求工期，故图 3.47 所示双代号网络计划即为满意方案。

2. 费用优化

费用优化又称工期成本优化，是指寻求工程总成本最低时的工期安排或按要求工期寻求最低成本的计划安排的过程。这里研究第一种情况。

1) 费用和时间的关系

(1) 工程费用与工期的关系。工程费用由直接费和间接费组成。直接费由人工费、材料费、机械使用费、措施费等组成。施工方案不同，直接费就不同；如果施工方案一定，工期不同，直接费也不同。直接费会随着工期的缩短而增加。间接费包括企业经营管理的全部费用，它一般会随着工期的缩短而减少。在考虑工程总费用时，还应考虑工期变化带来的其他损益，包括效益增量和资金的时间价值等。工程费用-工期曲线如图 3.48 所示。

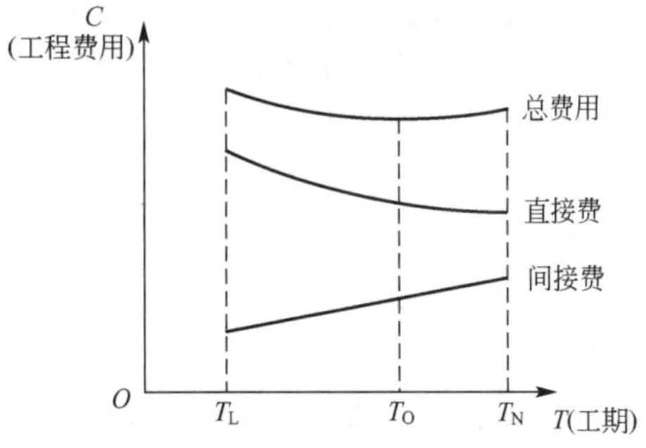

T_L—最短工期；T_O—最优工期；T_N—正常工期。

图 3.48 工程费用-工期曲线

(2) 工作的直接费与持续时间的关系。由于网络计划的工期取决于关键工作的持续时间，为了进行工期成本优化，必须分析网络计划中各项工作的直接费与持续时间之间的关系，它是网络计划工期成本优化的基础。

工作的直接费与持续时间之间的关系类似于工程直接费与工期之间的关系，如图 3.49

所示。为简化计算，将工作的直接费与持续时间之间的关系近似地认为是一条直线。工作的持续时间每缩短单位时间而增加的直接费称为直接费用率。直接费用率可按下式计算。

$$\Delta C_{i-j}=\frac{CC_{i-j}-CN_{i-j}}{DN_{i-j}-DC_{i-j}} \tag{3-46}$$

式中 ΔC_{i-j}——工作 $i-j$ 的直接费用率；

CC_{i-j}——按最短持续时间完成工作 $i-j$ 时所需的直接费；

CN_{i-j}——按正常持续时间完成工作 $i-j$ 时所需的直接费；

DN_{i-j}——工作 $i-j$ 的正常持续时间；

DC_{i-j}——工作 $i-j$ 的最短持续时间。

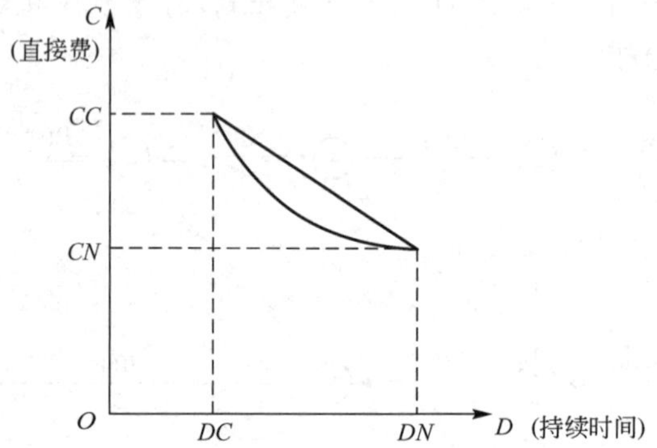

DN—工作的正常持续时间；CN—按正常持续时间完成工作时所需的直接费；

DC—工作的最短持续时间；CC—按最短持续时间完成工作时所需的直接费。

图 3.49　直接费-持续时间曲线

2）费用优化的方法和步骤

费用优化的基本思路是：不断地在网络计划中找出直接费用率(或组合直接费用率)最低的关键工作，缩短其持续时间，同时考虑间接费随工期缩短而减少的数值，最后求得工程总成本最低时的最优工期安排。

按照上述基本思路，费用优化可按以下步骤进行。

(1) 按工作的正常持续时间确定网络计划的计算工期、关键线路和总费用。

(2) 计算各项工作的直接费用率。

(3) 在网络计划中，找出直接费用率(或组合直接费用率)最低的一项关键工作(或一组关键工作)，通过压缩其持续时间压缩工期。

(4) 计算压缩工期后相应的总费用。

(5) 重复步骤(3)、(4)，直至工程总费用最低为止。

在压缩工期过程中应注意：不能将关键工作压缩成非关键工作；当出现多条关键线路时，各条关键线路须同时压缩。

3）费用优化示例

应用案例 3-11

已知某工程初始双代号网络计划如图 3.50 所示，图中箭线下方括号外数字为工作的正常时间，括号内数字为最短持续时间；箭线上方括号外数字为工作按正常持续时间完成时所需的直接费，括号内数字为工作按最短持续时间完成时所需的直接费。该工程的间接费用率为 0.7 万元/天，正常工期时的间接费为 26.4 万元。试对其进行费用优化。

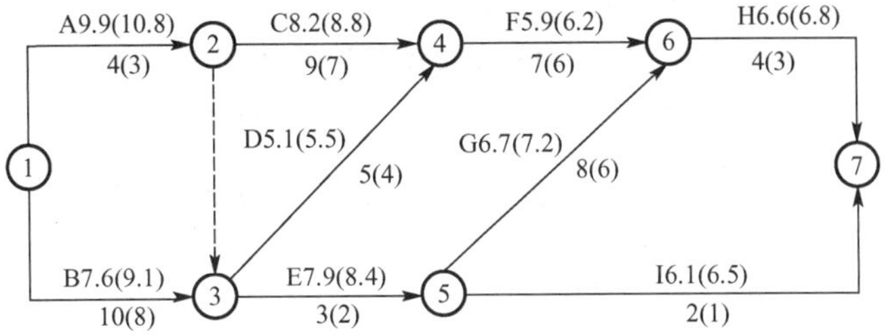

图 3.50 某工程初始双代号网络计划

【案例解析】

该双代号网络计划的费用优化可按以下步骤进行。

(1) 根据各项工作的正常持续时间，确定双代号网络计划的计算工期和关键线路。如图 3.51 所示，关键线路为①→③→④→⑥→⑦，计算工期为 26 天。

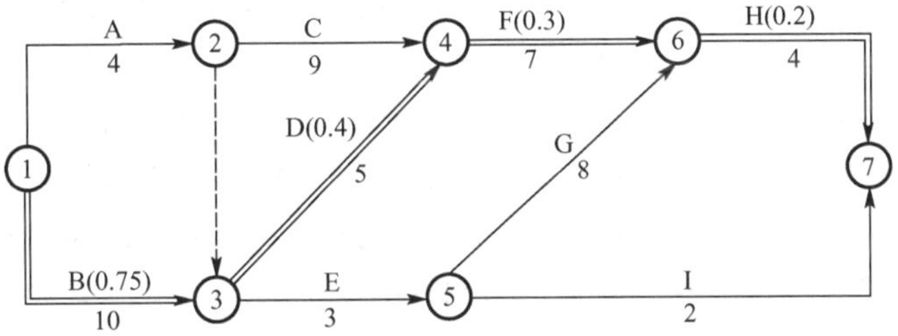

图 3.51 初始双代号网络计划中的关键线路

此时，工程总费用＝直接费＋间接费

＝[(9.9＋7.6＋8.2＋5.1＋7.9＋5.9＋6.7＋6.6＋6.1)＋26.4]万元

＝(64＋26.4)万元＝90.4 万元

(2) 计算各项工作的直接费用率，见表 3-10 和图 3.51。

表 3-10 直接费用率计算表

工作代号	正常持续时间/天	最短持续时间/天	正常持续时间直接费/万元	最短持续时间直接费/万元	直接费用率/(万元/天)
①→②	4	3	9.9	10.8	0.9
①→③	10	8	7.6	9.1	0.75
②→④	9	7	8.2	8.8	0.3
③→④	5	4	5.1	5.5	0.4
③→⑤	3	2	7.9	8.4	0.5
④→⑥	7	6	5.9	6.2	0.3
⑤→⑥	8	6	6.7	7.2	0.25
⑤→⑦	2	1	6.1	6.5	0.4
⑥→⑦	4	3	6.6	6.8	0.2

(3) 压缩关键工作的持续时间。

① 第一次压缩。从图 3.51 可知，该双代号网络计划中有一条关键线路，直接费用率最低的关键工作⑥→⑦的直接费用率为 0.2 万元/天，小于间接费用率 0.7 万元/天，压缩其持续时间可使总费用降低，故将其压缩至最短持续时间 3 天。第一次压缩后的双代号网络计划如图 3.52 所示，关键线路没有发生变化，工期缩短为 25 天。

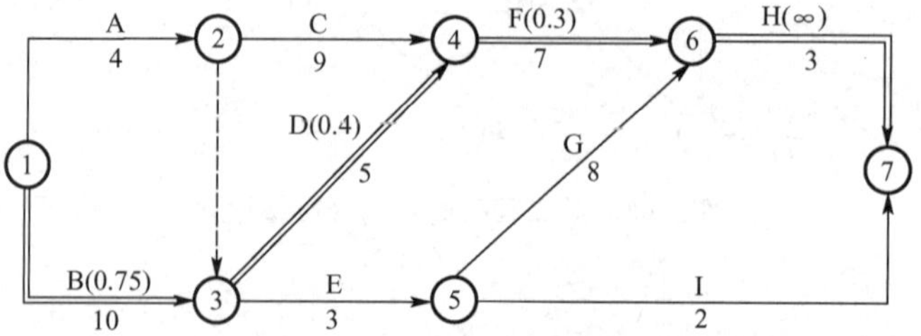

图 3.52　第一次压缩后的双代号网络计划

压缩后的工程总费用＝(90.4＋0.2×1－0.7×1)万元＝89.9 万元

② 第二次压缩。从图 3.52 可知，该双代号网络计划中关键线路仍为①→③→④→⑥→⑦。此时，关键工作⑥→⑦的持续时间已达最短，不能再压缩，故其直接费用率变为无穷大。在剩余的关键工作中，直接费用率最低的关键工作④→⑥的直接费用率为 0.3 万元/天，小于间接费用率 0.7 万元/天，压缩其持续时间可使总费用降低，故将其压缩至最短持续时间 6 天。第二次压缩后的双代号网络计划如图 3.53 所示，关键线路变为①→③→④→⑥→⑦和①→③→⑤→⑥→⑦两条，工期缩短为 24 天。

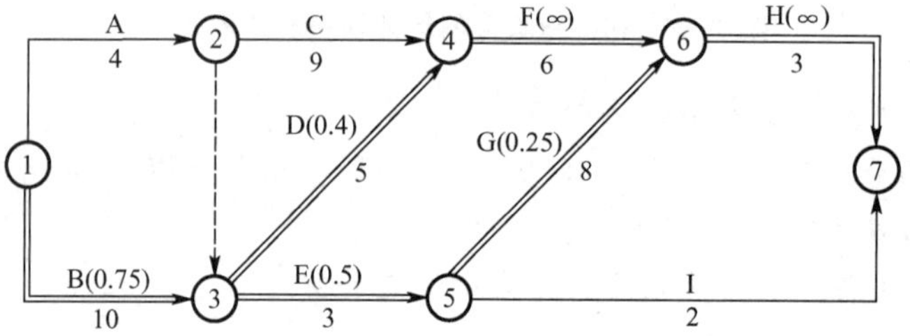

图 3.53　第二次压缩后的双代号网络计划

压缩后的工程总费用＝(89.9＋0.3×1－0.7×1)万元＝89.5 万元

③ 第三次压缩。从图 3.53 可知，工作④→⑥和工作⑥→⑦不能再压缩。选择组合直接费用率最小的工作组合③→④和⑤→⑥同时压缩 1 天，其组合直接费用率为(0.4＋0.25)万元/天＝0.65 万元/天，小于间接费用率 0.7 万元/天，压缩其持续时间可使总费用降低。第三次压缩后的双代号网络计划如图 3.54 所示，关键线路没有发生变化，工期缩短为 23 天。

压缩后的工程总费用＝(89.5＋0.65×1－0.7×1)万元＝89.45 万元

④ 第四次压缩。从图 3.54 可知，由于工作③→④、④→⑥和⑥→⑦不能再压缩，为了同时压缩两条关键线路的总持续时间，只能够压缩工作①→③，但因其直接费用率为 0.75 万元/天，大于间接费用率 0.7 万元/天，再次压缩会使总费用增加，因此，图 3.54 所示的双代号网络计划即为最优方案，最优工期为 23 天，相对应的总费用为 89.45 万元。

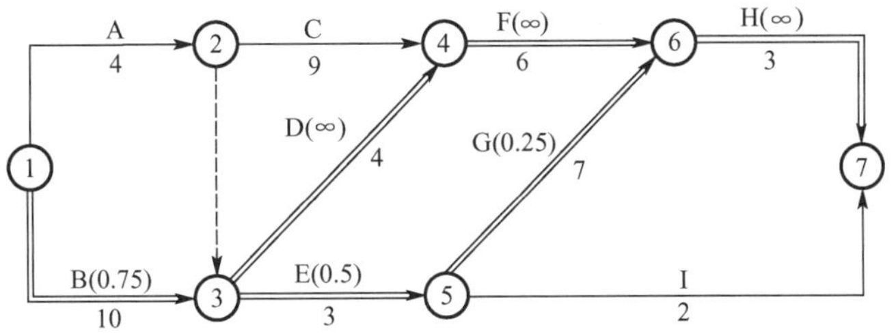

图 3.54 第三次压缩后的双代号网络计划

3. 资源优化

资源是指为完成一项计划任务所需投入的人力、材料、机械设备和资金等。完成一项工程任务所需要的资源量基本上是不变的，不可能通过资源优化将其减少。资源优化的目的是通过改变工作的开始时间和完成时间，使资源按照时间的分布符合优化目标。

在通常情况下，网络计划的资源优化分为两种："资源有限，工期最短"的优化和"工期固定，资源均衡"的优化。前者是通过调整计划安排，在满足资源限制的条件下，使工期延长最少的过程；后者是通过调整计划安排，在工期保持不变的条件下，使资源需用量尽可能均衡的过程。这里只研究"资源有限，工期最短"的优化。

进行资源优化时的前提条件如下。

(1) 在优化过程中，不改变网络计划中各项工作之间的逻辑关系。

(2) 在优化过程中，不改变网络计划中各项工作的持续时间。

(3) 网络计划中各项工作的资源强度(单位时间所需资源数量)为常数，而且是合理的。

(4) 除规定可中断的工作外，一般不允许中断工作，应保持其连续性。

1)"资源有限，工期最短"的优化方法和步骤

(1) 绘制早时标网络计划 (早时标网络计划就是所有工作均按照最早开始时间来安排)，并计算网络计划每个时间单位的资源需用量。

(2) 从计划开始日期起，逐个检查每个时段的资源需用量是否超过资源限量。如果在整个工期范围内每个时段的资源需用量均能满足资源限量的要求，则可行性优化方案编制完成；否则，还必须进行调整。

(3) 分析超过资源限量的时段。如果在该时段内有几项工作平行作业，则将一项工作安排在与之平行的另一项工作之后进行，以降低该时段的资源需用量。调整的标准是使工期延长最短。

(4) 绘制调整后的网络计划，重新计算每个时间单位的资源需用量。

(5) 重复上述步骤(2)～(4)，直至满足要求为止。

2) 资源优化示例

应用案例 3-12

已知某工程初始双代号时标网络计划如图 3.55 所示，图中箭线上方数字为工作的资源强度，箭线下方数字为工作的持续时间。假定资源限量 $R_a=12$，试对其进行"资源有限，工期最短"的优化。

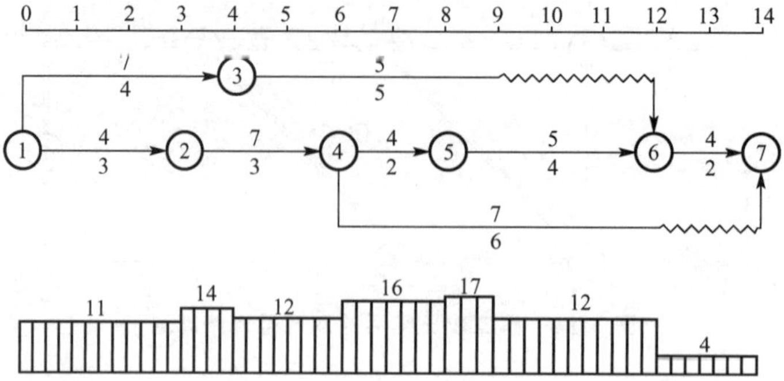

图 3.55 某工程初始双代号时标网络计划

【案例解析】

该双代号时标网络计划“资源有限，工期最短”的优化可按以下步骤进行。

(1) 计算双代号时标网络计划每个时间单位的资源需用量，绘出资源需用量动态曲线，如图 3.55 下方曲线(折线)所示。

(2) 从计划开始日期起，经检查发现在时段［3，4］存在资源冲突，即资源需用量超过资源限量，故应首先调整该时段。

(3) 在时段［3，4］有工作①→③和工作②→④两项工作平行作业。经过分析发现，若把工作①→③安排在工作②→④之后进行，由于工作①→③有 3 天的总时差，将会延长工期 3 天；若把工作②→④安排在工作①→③之后进行，由于工作②→④为关键工作，没有总时差，将会延长工期 1 天。按照调整的标准是使工期延长最短，所以应该将工作②→④安排在工作①→③之后进行。第一次调整后的双代号时标网络计划如图 3.56 所示。

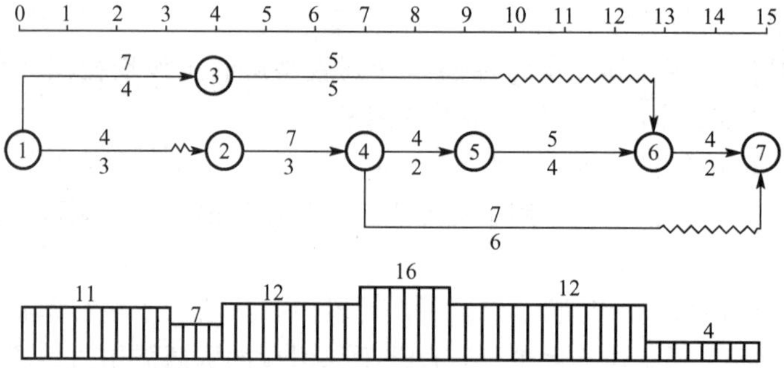

图 3.56 第一次调整后的双代号时标网络计划

(4) 重新计算调整后的双代号时标网络计划每个时间单位的资源需要量，绘出资源需用量动态曲线，如图 3.56 下方曲线所示。从图中可知，在时段［7，9］存在资源冲突，故应调整该时段。

(5) 在时段［7，9］有③→⑥、④→⑤和④→⑦共三项工作平行作业。经过分析发现，若把工作③→⑥安排在工作④→⑤之后进行，将会延长工期 1 天，若把工作③→⑥安排在工作④→⑦之后进行，将会延长工期 5 天；若把工作④→⑤安排在工作③→⑥之后进行，将会延长工期 2 天，若把工作④→⑤安排在工作④→⑦之后进行，将会延长工期 6 天；若把工作④→⑦安排在工作③→⑥之后进行，将不会延长工期，若把工作④→⑦安排在工作④→⑤之后进行，与前者相同，不会延长工期。按照调整的标准是使工期延长最短，所以应该将工作④→⑦安排在工作③→⑥(也是工作④→⑤)之后进行。调整后的双代号时标网络计划如图3.57所示。

(6) 重新计算调整后的双代号时标网络计划每个时间单位的资源需用量，绘出资源需用量动态曲线，如图3.57下方曲线所示。此时整个工期范围内的资源需用量均未超出资源限量，故图3.57所示方案即为最优方案，其最短工期为15天。

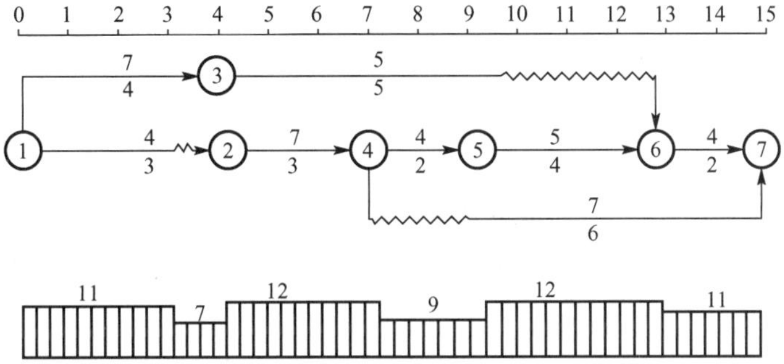

图3.57 优化后的网络计划

学习作业单

任务单元3.2学习作业单	
工作任务完成	根据任务单元3.2工作任务单的工作任务描述和要求，完成任务如下。
任务单元学习总结	(1) 双代号网络图的绘制规则、绘制方法和技巧、绘制步骤。 (2) 双代号网络计划时间参数计算的方法和步骤。 (3) 理解各时间参数的工程意义。 (4) 双代号时标网络图的绘制方法及双代号时标网络计划时间参数的确定。 (5) 网络计划优化的分类及思路。
任务单元学习体会	

模块小结

因建筑工程项目进度管理的内容较多，本书将进度管理中关于进度计划的编制部分单独编写为本模块。

本模块介绍了三种组织施工的方式——依次施工、平行施工与流水施工，以及两种编制施工进度计划的方法——横道计划与网络计划。

双代号网络计划应从以下五个方面学习：一是熟悉双代号网络计划技术的基本概念；二是在熟悉双代号网络图绘图规则的基础上能够正确绘制双代号网络图；三是在熟悉时间参数概念的基础上熟练掌握双代号网络计划时间参数的计算，从而为后续的网络计划的优化打下扎实的基础；四是双代号早时标网络计划的绘制和应用；五是网络计划的优化。这五个方面的内容环环相扣，层层递进。

在学习过程中，学生应注意理论联系实际，通过解析案例来初步掌握理论知识，训练建筑工程进度计划编制的技能，提高实践能力。

思考与练习

一、单选题

1. 当工程规模较小，施工工作面有限时，比较合理的施工组织方式是(　　)。

A. 依次施工　　B. 平行施工　　C. 流水施工　　D. 搭接施工

2. 有四幢同类型宿舍楼的基础工程，每一幢宿舍楼作为一个施工段，划分四个施工过程：基槽开挖、垫层浇筑、基础砌筑、基槽回填，它们在每幢宿舍楼上的持续时间分别为2天、1天、3天、1天。该基础工程分别采用依次施工、平行施工两种方式组织施工，则其工期分别为(　　)天。

A. 28，7　　B. 7，28　　C. 28，19　　D. 28，16

3. 流水施工的空间参数是指(　　)。

A. 搭接时间　　B. 施工过程数　　C. 施工段数　　D. 流水强度

4. 当同一施工过程在各施工段上的流水节拍相等，而且不同施工过程的流水节拍也相等时，属于(　　)。

A. 等节奏流水　　B. 有节奏流水　　C. 异节奏流水　　D. 无节奏流水

5. 某工程有五个施工过程，四个施工段，当组织不等节拍流水施工时，则其流水步距数目为(　　)。

A. 3　　B. 4　　C. 5　　D. 6

6. 某工程有五个施工过程，四个施工段，当组织成倍节拍流水施工时，则其流水步距数目为(　　)。

A. 4　　B. 5　　C. 6　　D. 无法确定

7. 某工程按等节拍等步距流水组织施工，划分为四个施工过程，三个施工段，要求工期为72天，则其流水节拍最大应为(　　)天。

A. 6　　B. 9　　C. 12　　D. 18

8. 等节拍不等步距流水施工中，造成流水步距相互不全相等的原因是(　　)。

A. 流水节拍　　B. 间歇时间　　C. 搭接时间　　D. 间歇或搭接时间

9. 等节奏流水施工一般适用于(　　)。

A. 分部工程　　B. 单位工程　　C. 线性工程　　D. 各种工程

10. 某工程划分为 A、B、C 三个施工过程，分六个施工段施工，流水节拍分别为$t_A=6$天、$t_B=4$天、$t_C=2$天，当组织成倍节拍流水施工时，A、B、C 三个施工过程的班组数依次为(　　)。

A. 6、4、2　　B. 3、2、1　　C. 12、12、12　　D. 1、2、3

11. 以下流水施工方式，在进度安排上比较灵活、应用最多的是(　　)。

A. 等节奏流水　　B. 不等节拍流水　　C. 成倍节拍流水　　D. 无节奏流水

12. 某钢筋混凝土结构二层房屋的分项工程按 A、B、C 三个施工过程进行分层施工，若想组织成倍节拍流水施工，流水节拍分别为 $t_A=6$ 天、$t_B=6$ 天、$t_C=9$ 天，则每层的施工段数应是(　　)。

A. 2　　B. 3　　C. 5　　D. 8

13. 双代号网络图中，虚工作(虚箭线)表示工作之间的(　　)。

A. 时间间歇　　B. 搭接关系　　C. 逻辑关系　　D. 自由时差

14. 在单目标双代号网络计划和不分期完成的双代号网络计划中，应该有(　　)。

A. 一个起点节点和一个终点节点　　B. 一个起点节点和多个终点节点

C. 多个起点节点和一个终点节点　　D. 多个起点节点和多个终点节点

15. 某工程单代号网络图如图 3.58 所示，其关键线路为(　　)。

A. ①→②→④→⑥　B. ①→③→④→⑥　C. ①→③→⑤→⑥　D. ①→②→⑤→⑥

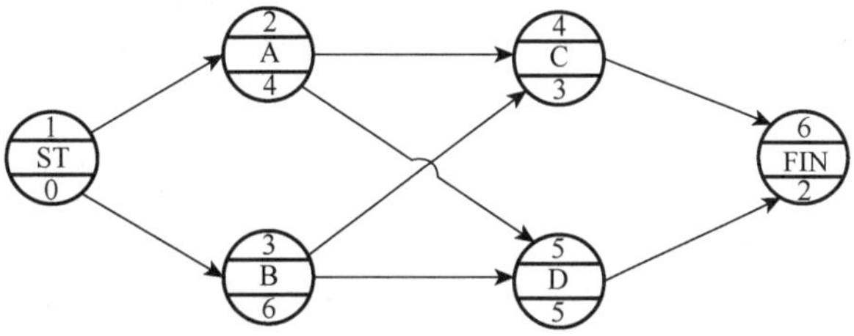

图 3.58　某工程单代号网络图

16. 在建设工程常用的网络计划表示方法中，(　　)是以箭线及其两端节点的编号表示工作的网络图。

A. 双代号网络图　　B. 单代号网络图

C. 单代号时标网络图　　D. 单代号搭接网络图

17. 在不影响其紧后工作最早开始时间的前提下，本工作可利用的机动时间为(　　)。

A. 总时差　　B. 最迟开始时间　　C. 自由时差　　D. 最迟完成时间

18. 双代号网络计划的自由时差等于(　　)。

A. 该工作的最迟开始时间与该工作的最早开始时间之差

B. 该工作的最迟完成时间与该工作的最早完成时间之差

C. 该工作紧后工作的最早开始时间与该工作的最早完成时间之差

D. 该工作紧后工作的最迟开始时间与该工作的最早完成时间之差

19. 已知双代号网络计划中，某工作有四项紧后工作，它们的最迟开始时间分别为 18 天、20 天、21 天和 23 天，如果该工作的持续时间为 6 天，则其最迟开始时间为(　　)天。

A. 12　B. 14　C. 15　D. 17

20. 当网络计划的计划工期等于计算工期时，关键工作的总时差(　　)。

A. 大于零　B. 等于零　C. 小于零　D. 小于或等于零

21. 已知某工作总时差为 8 天，最迟完成时间为 16 天，最早开始时间为 7 天，则该工作的持续时间为(　　)天。

A. 8　B. 7　C. 4　D. 1

22. 工作 E 有四项紧前工作 A、B、C、D，其持续时间分别为 A=3 天、B=5 天、C=6 天、D=4 天，其最早开始时间分别为 7 天、5 天、5 天、9 天，则工作 B 的自由时差为(　　)天。

A. 0　B. 1　C. 2　D. 3

23. 下列关于双代号网络图中关键线路的判断，正确的说法是(　　)。

A. 没有虚工作的线路　B. 没有波形线的线路

C. 总时差为零的工作组成的线路　D. 总时差最小的工作组成的线路

24. 关于自由时差和总时差，下列说法中错误的是(　　)。

A. 某工作的自由时差为零，总时差必定为零

B. 某工作的总时差为零，自由时差必定为零

C. 在不影响计划工期的前提下，工作的机动时间为总时差

D. 在不影响紧后工作最早开始时间的前提下，工作的机动时间为自由时差

25. 在工程网络计划执行过程中，当某项工作的最早完成时间推迟天数超过自由时差时，将会影响(　　)。

A. 紧后工作的最早开始时间　B. 平行工作的最早开始时间

C. 本工作的最迟完成时间　D. 紧后工作的最迟完成时间

26. 在工程网络计划执行过程中，如果需要确定某工作进度偏差对计划工期的影响，应根据(　　)的差值确定。

A. 自由时差与总时差　B. 总时差与进度偏差

C. 自由时差与进度偏差　D. 时距与进度偏差

27. 在工程双代号网络计划的执行过程中，发现某工作的实际进度比其计划进度拖后 5 天，影响总工期 2 天，则该工作原来的总时差为(　　)天。

A. 2　B. 3　C. 5　D. 7

28. 某工程双代号网络计划中，A 工作的持续时间为 5 天，总时差为 8 天，自由时差为 4 天，如果 A 工作实际进度拖延 13 天，则会影响工程计划工期(　　)天。

A. 13　B. 8　C. 9　D. 5

29. 在网络计划的执行过程中检查发现，D 工作的总时差由 2 天变成了 −1 天，则说明 D 工作的实际进度为(　　)。

A. 拖后 1 天，影响工期 1 天　B. 拖后 2 天，影响工期 1 天

C. 拖后 3 天，影响工期 1 天　D. 拖后 3 天，影响工期 3 天

30. 已知某工作 i—j 的持续时间为 4 天，其 i 节点的最早时间为 18 天，最迟时间为 21 天，则该工作的最早完成时间为(　　)天。

A. 18　B. 22　C. 25　D. 39

31. 已知某工作 $i—j$ 的持续时间为 4 天，其 j 节点的最早时间为 18 天，最迟时间为 21 天，则该工作的最迟开始时间为(　　)天。

A. 18　　B. 22　　C. 17　　D. 39

32. 当网络计划的计划工期等于计算工期时，最早时间与最迟时间相等的节点是关键节点，利用关键节点判断关键工作还需满足下列(　　)条件。

A. $ET_i+D_{i-j}=ET_j$ 或 $LT_i+D_{i-j}=LT_j$

B. $ET_i+D_{i-j}<ET_j$ 或 $LT_i+D_{i-j}<LT_j$

C. $ET_i+D_{i-j}>ET_j$ 或 $LT_i+D_{i-j}>LT_j$

D. 无要求

33. 在双代号早时标网络图中，实箭线末端对应的时标值为(　　)。

A. 该工作的最早完成时间　　B. 该工作的最迟完成时间

C. 紧后工作的最早开始时间　　D. 紧后工作的最迟开始时间

34. 在双代号早时标网络图中，不能从图上直接识别的非关键工作的时间参数是(　　)。

A. 最早开始时间　　B. 最早完成时间　　C. 自由时差　　D. 总时差

35. 某工程双代号时标网络计划如图 3.59 所示，该网络计划的关键线路是(　　)。

A. ①→②→⑥→⑧　　B. ①→③→④→⑥→⑧

C. ①→③→④→⑤→⑦→⑧　　D. ①→③→⑤→⑦→⑧

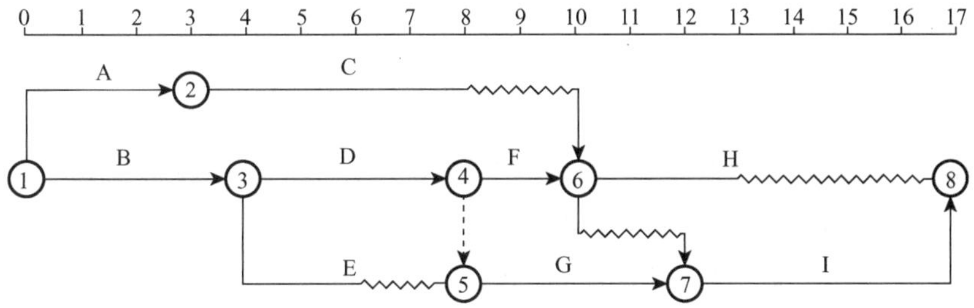

图 3.59　某工程双代号时标网络计划

36. 当工程网络计划的计算工期大于要求工期时，为满足要求工期，进行工期优化的基本方法是(　　)。

A. 减少相邻工作之间的时间间隔　　B. 压缩关键工作的持续时间

C. 减少相邻工作之间的时距　　D. 压缩非关键工作的持续时间

37. 下列关于工期优化的基本方法的说明，正确的是(　　)。

A. 工期优化的基本方法是改变网络中工作之间的逻辑关系

B. 工期优化主要是通过压缩持续时间最长的工作的持续时间来缩短总工期

C. 工期优化过程中，不能将关键工作压缩成非关键工作

D. 工期优化过程中，如有多条关键线路，只压缩其中一条即可

38. 在进行网络计划费用优化时，应首先将(　　)作为压缩持续时间的对象。

A. 直接费用率最低的关键工作　　B. 直接费用率最低的非关键工作

C. 直接费用率最高的非关键工作　　D. 直接费用率最高的关键工作

39. 工程网络计划资源优化的目的之一是寻求(　　)。

A. 工程总费用最低时的资源利用方案　　B. 资源均衡利用条件下的最短工期安排

C. 工期最短条件下的资源均衡利用方案　D. 资源有限条件下的最短工期安排

40. 某工程双代号时标网络计划如图3.60所示，要求工期为120天，现对其进行工期压缩。第一次应该选择工作①→③进行压缩，最多能够压缩(　　)天。

A. 30　　B. 20　　C. 10　　D. 0

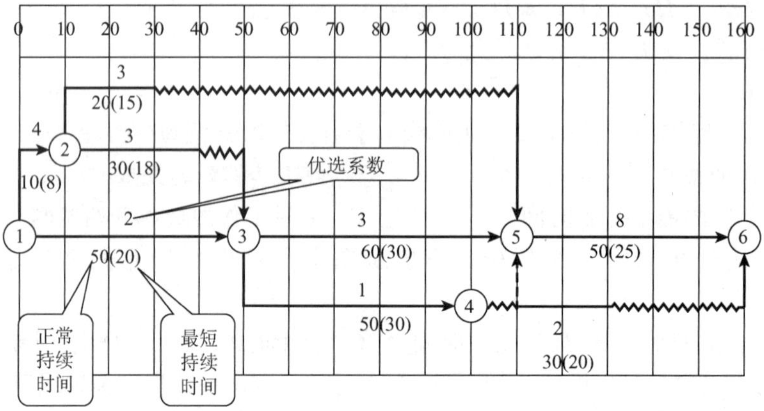

图3.60　某工程双代号时标网络计划

二、多选题

1. 以下(　　)属于流水施工的组织要点。

A. 划分施工过程　　B. 划分施工段

C. 所有施工过程必须连续、均衡地施工　　D. 主导施工过程必须连续、均衡地施工

E. 每个施工过程组织独立的施工班组

2. 以下(　　)属于流水施工的时间参数。

A. 施工过程数　B. 流水节拍　C. 施工段数　D. 流水步距　E. 工期

3. 流水施工的组织方式有(　　)。

A. 流水施工　　B. 异节奏流水施工　　C. 无节奏流水施工

D. 平行施工　　E. 等节奏流水施工

4. 与网络计划相比，横道计划具有(　　)的特点。

A. 绘制简单　　B. 工作之间的逻辑关系表达清楚

C. 能够确定计划的关键工作和关键线路　　D. 表达直观，通俗易懂

E. 适应大型项目的进度计划表

5. 双代号网络计划的逻辑关系分为(　　)。

A. 先后关系　B. 平行关系　C. 工艺关系　D. 组织关系　E. 搭接关系

6. 以下(　　)属于双代号网络计划的构成要素。

A. 逻辑关系　B. 节点　C. 箭线(工作)　D. 持续时间　E. 线路

7. 已知某双代号网络图如图3.61所示，(　　)是工作A的紧后工作。

A. 工作I　B. 工作B　C. 工作C　D. 工作D　E. 工作G

8. 已知某双代号网络图如图 3.61 所示，(　　)是工作 D 的紧前工作。

A. 工作 A　　B. 工作 B　　C. 工作 F　　D. 工作 H　　E. 工作 G

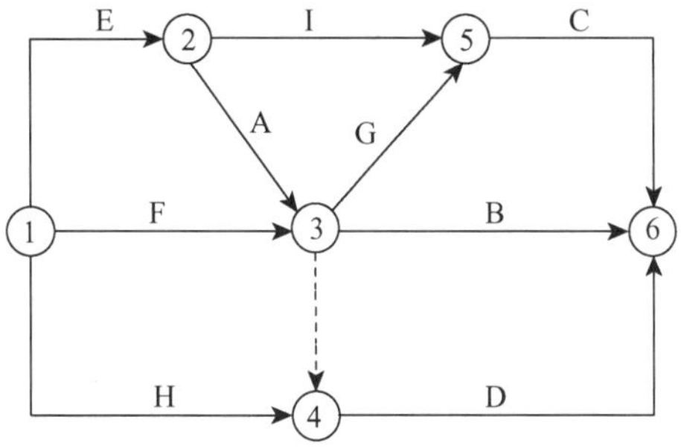

图 3.61　某双代号网络图

9. 以下(　　)属于网络计划的优点。

A. 能全面反映各工作之间的逻辑关系　　B. 简单、使用方便

C. 可以进行调整和优化　　D. 直观、易懂

E. 能够找出关键施工过程和关键线路，便于管理者抓住主要矛盾

10. 某双代号网络图如图 3.62 所示，(　　)为非关键工作。

A. 工作 B　　B. 工作 C　　C. 工作 D　　D. 工作 E　　E. 工作 F

11. 某分部工程双代号网络计划如图 3.63 所示，其作图错误包括(　　)。

A. 有多余虚工作　　B. 有多个终点节点　　C. 出现无箭头的箭线

D. 节点编号有误　　E. 有多个起点节点

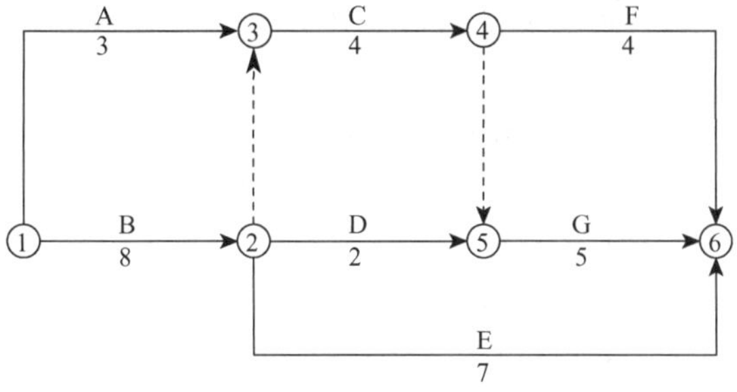

图 3.62　某双代号网络图

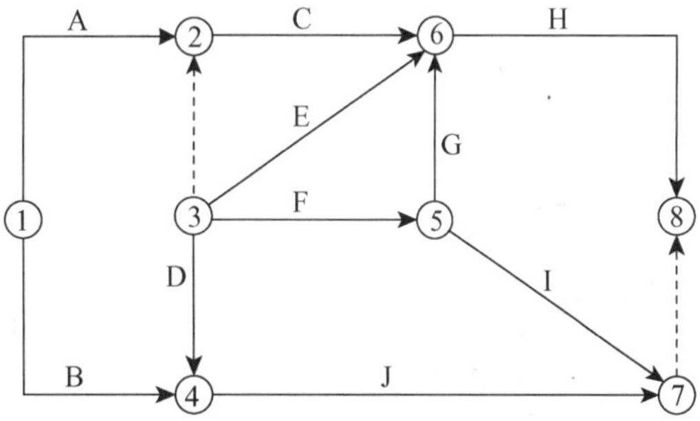

图 3.63　某分部工程双代号网络计划

12. 为了使网络图条理清楚、层次分明，双代号网络图的排列方法主要有(　　)。

A. 按实工作排列　　B. 按施工过程排列　　C. 按虚工作排列

D. 按施工段排列　　E. 按工作的持续时间排列

13. 双代号网络计划的总时差等于(　　)。

A. 该工作的最迟开始时间与该工作的最早开始时间之差

B. 该工作的最迟完成时间与该工作的最早完成时间之差

C. 该工作紧后工作的最早开始时间与该工作的最早完成时间之差

D. 该工作紧后工作的最早开始时间与该工作的最早开始时间之差

E. 该工作紧后工作的最迟开始时间与该工作的最早完成时间之差

14. 关于双代号网络计划中非关键工作的说法，错误的有(　　)。
A. 非关键工作的时间延误不会影响网络计划的工期
B. 非关键工作的自由时差不等于零
C. 在网络计划的执行过程中，非关键工作可以转变为关键工作
D. 非关键工作的持续时间不可能最长
E. 非关键线路必须是由非关键工作组成的线路
15. 在双代号网络计划中，关键工作为(　　)。
A. 总时差最小　　B. 在关键线路上　　C. 持续时间最长
D. 自由时差为零　　E. 在网络计划的执行过程中，可以转变为非关键工作
16. 以下说法正确的有(　　)。
A. 关键节点之间的工作一定是关键工作
B. 关键工作两端的节点一定是关键节点
C. 当一个节点的最早时间等于最迟时间时，该节点为关键节点
D. 关键节点的最迟时间与最早时间的差值最小
E. 关键线路上的节点为关键节点，但由关键节点组成的线路不一定是关键线路
17. 在以下各种进度计划方法中，(　　)的工作进度线与时间坐标相对应。
A. 形象进度计划　　B. 横道图计划　　C. 双代号网络计划
D. 单代号搭接网络计划　E. 双代号时标网络计划
18. 根据优化目标的不同，网络计划的优化一般包括(　　)。
A. 工期优化　　B. 费用优化　　C. 质量优化
D. 资源优化　　E. 安全优化
19. 对通过压缩关键工作的持续时间以满足工期要求的情况，选择关键工作宜考虑(　　)。
A. 缩短持续时间对质量影响不大的工作　　B. 所需增加费用少的工作
C. 有充足备用资源的工作　　D. 持续时间最长的工作
E. 缩短持续时间对安全影响不大的工作

模块3
在线答题

20. 工程网络计划费用优化的目的是寻求(　　)。
A. 满足要求工期的条件下使总费用最低的计划安排
B. 使资源强度最小时的最短工期安排
C. 使工程总费用最低时的资源均衡安排
D. 使工程总费用最低时的工期安排
E. 工程总费用固定条件下的最短工期安排

三、简答题

1. 试述组织施工的三种方式及特点。
2. 流水施工主要有哪些参数？试分别叙述它们的含义。
3. 施工段划分的基本要求是什么？如何正确划分施工段？
4. 流水施工的时间参数有哪些？如何确定？
5. 请填写表3-11，对流水施工组织方式进行比较。

表 3-11　流水施工组织方式比较表

<table>
<tr><th colspan="3">组织方式</th><th>节拍特征</th><th>$K_{i,i+1}$的确定</th><th>施工班组数 b_i 的确定</th><th>工期 T 的确定</th></tr>
<tr><td rowspan="4">有节奏流水</td><td rowspan="2">等节奏流水</td><td>等节拍等步距流水</td><td></td><td></td><td>—</td><td></td></tr>
<tr><td>等节拍不等步距流水</td><td></td><td></td><td>—</td><td></td></tr>
<tr><td rowspan="2">异节奏流水</td><td>不等节拍流水</td><td></td><td></td><td>—</td><td></td></tr>
<tr><td>成倍节拍流水</td><td></td><td></td><td></td><td></td></tr>
<tr><td colspan="3">无节奏流水</td><td></td><td></td><td>—</td><td></td></tr>
</table>

6. 双代号网络图与单代号网络图在绘制时有什么不同？各有何特点？

7. 简述双代号网络计划构成三要素的含义。

8. 什么是关键线路？其作用是什么？怎样确定关键线路？

四、实训题

1. 某工程有 A、B、C 三个施工过程，每个施工过程划分为四个施工段组织流水施工，设 $t_A=2$ 天、$t_B=4$ 天、$t_C=3$ 天。试分别组织依次施工、平行施工及流水施工。试计算其工期，并绘出施工进度横道计划。

2. 已知某工程任务划分为 A、B、C、D 四个施工过程，每个施工过程分四个施工段组织流水施工，流水节拍均为 3 天，B 完成后，它的相应施工段至少有 1 天技术间歇时间。请问该工程可以组织哪种流水施工方式？试计算其工期，并绘制施工进度横道计划。

3. 某工程划分为 A、B、C、D 四个施工过程，每个施工过程分四个施工段组织流水施工，各施工过程的流水节拍分别为 $t_A=3$ 天、$t_B=2$ 天、$t_C=5$ 天、$t_D=3$ 天，施工过程 B 完成后需有 1 天的组织间歇时间。请问该工程可以组织哪种流水施工方式？试求出各施工过程之间的流水步距及该工程的工期，并绘制施工进度横道计划。

4. 某现浇钢筋混凝土工程由支模板、绑扎钢筋、浇筑混凝土、拆模板和回填土五个分项工程组成，划分为六个施工段，各分项工程在各施工段上的持续时间见表 3-12。在混凝土浇筑后至拆模板至少要有 2 天养护时间。

(1) 根据该项目流水节拍的特点，可以按照何种流水施工方式组织施工？

(2)“累加斜减取大差法”确定流水步距的要点是什么？试确定该工程流水施工的流水步距。

(3) 确定该工程的工期，并绘制施工进度横道计划。

表 3-12　某工程流水节拍值

施工过程	持续时间/天					
	①	②	③	④	⑤	⑥
支模板	2	3	2	3	2	3
绑扎钢筋	3	3	4	4	3	3
浇筑混凝土	2	1	2	2	1	2
拆模板	1	2	1	1	2	1
回填土	2	3	2	2	3	2

实训题第5题讲解视频

5. 根据表 3-13 的逻辑关系，绘制双代号网络图，用工作计算法计算时间参数，并确定关键线路。

表 3-13　工作的逻辑关系

工作名称	A	B	C	D	E	F	G
紧前工作	—	A	B	A	B、D	E、C	F
持续时间/天	5	4	3	3	5	4	2

6. 根据表 3-14 所给的已知条件，绘制双代号网络图，计算节点的时间参数，并确定关键线路。

实训题第6题讲解视频

表 3-14　工作的逻辑关系

紧前工作	—	—	A	A	B	C	C	D、E	D、E	G、H	I
本工作	A	B	C	D	E	F	G	H	I	J	K
紧后工作	C、D	E	F、G	H、I	H、I	—	J	J	K	—	—
持续时间/天	3	2	5	4	8	4	1	2	7	9	5

7. 根据表 3-15 所给的已知条件，绘制单代号网络图，计算时间参数，并确定关键线路。

表 3-15　工作的逻辑关系

紧前工作	—	—	B	A	A、C	E	F	D
本工作	A	B	C	D	E	F	G	H
紧后工作	D、E	C	E	H	F	G	—	—
持续时间/天	4	3	2	5	6	4	5	6

8. 已知某工程网络计划如图 3.64 所示，箭线下方括号外数字为工作正常持续时间，括号内数字为工作最短持续时间，假定要求工期为 12 天，试对其进行工期优化。根据实际情况综合考虑，缩短顺序为工作 F、E、I、A、C、H、B、D、G。

9. 已知某工程网络计划如图 3.65 所示，图中箭线上方括号外为正常持续时间直接费，括号内为最短持续时间直接费，箭线下方括号外为正常持续时间，括号内为最短持续时间，费用单位为万元，时间单位为天。若间接费率为 0.8 万元/天，试对其进行费用优化。

10. 根据表 3-16 的有关数据，绘制双代号网络图，进行“资源有限、工期最短”的

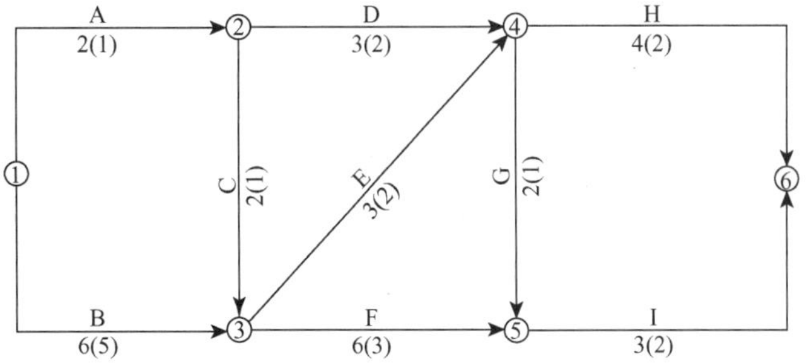

图 3.64　某工程网络计划

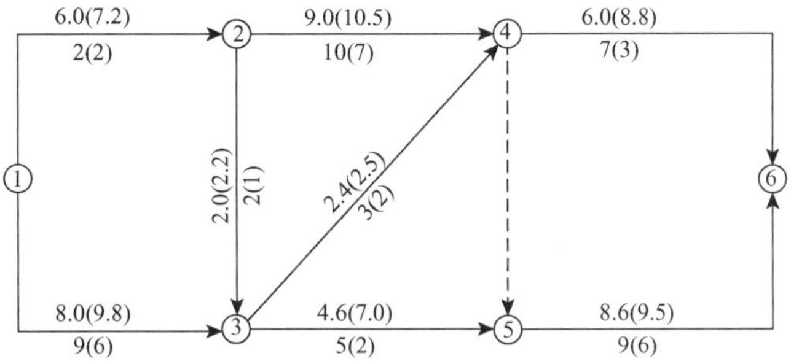

图 3.65　某工程网络计划

优化。设资源每天最多能供应 20 个单位。

表 3-16　工作的持续时间和资源需要量

工作代号	持续时间/天	每天资源需要量	工作代号	持续时间/天	每天资源需要量
0—1	2	10	2—3	8	8
0—2	6	8	2—4	7	9
1—2	3	12	3—5	10	6
1—3	5	12	4—5	6	10

模块 4　建筑工程项目进度管理

能力目标

通过本模块的学习，学生要能够按照科学的程序进行施工进度管理；能够将施工进度总目标进行分解，形成施工进度控制目标体系；具备施工进度计划的编制能力；会采用科学的方法对比实际进度与计划进度，需要时对进度计划进行调整。在教学过程中，应培养学生的执行能力、组织协调能力，以及运用专业知识分析问题和解决问题的能力。

知识目标

- 建筑工程项目进度管理
  - 建筑工程项目进度管理概述
    - 了解｜建筑工程项目进度管理的概念
    - 了解｜建筑工程项目进度管理的原理
    - 熟悉｜建筑工程项目进度管理程序
    - 了解｜建筑工程项目进度管理目标体系
    - 熟悉｜建筑工程项目进度管理目标的确定
    - 熟悉｜建筑工程项目进度管理的措施
  - 建筑工程项目进度计划的编制与实施
    - 熟悉｜建筑工程项目进度计划的类型
    - 熟悉｜建筑工程项目进度计划的编制依据
    - 了解｜施工总进度计划的编制
    - 掌握｜单位工程施工进度计划的编制
    - 熟悉｜施工进度计划的贯彻和实施
  - 建筑工程项目进度计划的检查与调整
    - 掌握｜建筑工程项目进度计划的检查
    - 掌握｜建筑工程项目进度计划的调整

引例

国家体育馆工程项目进度管理

国家体育馆是第 29 届北京奥林匹克运动会的主要比赛场馆之一，总建筑面积约为 80890m^2，地上 4 层，地下 1 层，主体结构为框架-抗震结构与型钢混凝土框架-钢支撑相结合的混合结构体系，由北京城建集团有限责任公司承担施工总承包。

依据总承包合同要求，国家体育馆工程施工工期紧，交叉作业多，质量要求高。项目部为了高质量地按期完成任务，在进度管理过程中采取了以下措施。

(1) 绘制网络计划，确定关键线路。关键线路的确定是整个工程进度控制的重点。

(2) 识别工期风险。项目部根据已确定的施工进度计划中的关键线路，充分考虑各专业相关因素，从实施环境、技术、业主及设计单位、合同、管理和资源六个方面评定影响施工进度的风险因素，提前制订相应的控制方案，主动化解施工风险，以保证各种工作都处在预控范围内。

(3) 明确进度计划管理职责。国家体育馆工程建立了一个自上而下、从总体到细部的进度计划管理体系，分成总进度、阶段、年度、季度、月度、周、日七个级别的进度计划，采用总包、分包两级进度计划管理模式，明确各自的管理职责。

(4) 计划执行过程中控制关键节点。及时收集工程信息，检查计划执行情况，对局部进度滞后或超前的情况，找出偏差的原因，制订相应的措施，调整计划或改善资源配置等，使实际进度回到计划进度上来，最终按总控计划实现整个工程目标。

(5) 组织协调，确保进度计划。通过统筹协调、现场协调、会议协调等方式，解决各种矛盾和冲突，确保计划的执行。

(6) 编制进度分析报告。总包工程部通过收集整理安全、技术、质量、商务等部门及各分包单位与工程进度有关的信息资料，定期或不定期编写各类施工进度分析报告，有针对性地制订纠正和预防措施，为总包工程部领导决策提供参考依据。

国家体育馆工程按计划顺利施工，如期交付使用。该工程获得了北京市结构长城杯工程金质奖、中国建筑工程钢结构金奖，并三次夺得安全质量管理优胜流动奖杯及荣获市级安全文明工地等。

火神山医院、雷神山医院快速建造技术

引言

几乎每个工程项目管理都会遇到一个共同的难点，就是“工期紧”。这就必须应用科学方法和管理工具去破解难题，于是科学进度管理的重要性就突显了出来，进度管理创新的空间也就有了。

任务单元 4.1 建筑工程项目进度管理概述

4.1.1 建筑工程项目进度管理的概念

建筑工程项目进度管理是为实现项目的进度目标而进行的计划、组织、指挥、协调和控制等活动，是项目管理的主要内容。建筑工程项目进度管理首先要采用科学的方法确定进度目标，编制经济合理的进度计划，据以检查项目进度计划的执行情况，若发现实际执行情况与计划进度不一致，应及时分析原因，并采取必要的措施对原工程进度计划进行调整或修正。

建筑工程项目进度管理是一个动态、循环、复杂的过程，包括计划、实施、检查、调整四个过程。计划是指根据建筑工程项目的具体情况，合理编制符合工期要求的最优计划；实施是指进度计划的落实与执行；检查是指在进度计划的执行过程中，跟踪检查实际进度，并与计划进度进行对比分析，确定两者之间的关系；调整是指根据对比分析的结果，分析实际进度与计划进度之间的偏差对工期的影响，并采取切合实际的调整措施，使计划进度符合新的实际情况，在新的起点上进行下一轮控制循环，如此循环进行下去，直到完成任务。

4.1.2 建筑工程项目进度管理的原理

1. 动态控制原理

建筑工程项目进度管理是一个不断进行的动态控制，也是一个循环进行的过程。在进度计划执行过程中，由于各种干扰因素的影响，实际进度与计划进度可能会产生偏差。我们应分析偏差产生的原因，采取相应措施，调整原来的计划，继续按新计划进行施工活动，并且尽量发挥组织管理的作用，使实际工作按计划进行。但是在新的干扰因素作用下，实际进度与计划进度又会产生新的偏差，然后又需要进行调整控制。如此周而复始，进行动态循环控制。

2. 系统控制原理

系统控制原理认为，建筑工程项目进度管理本身是一个系统工程，它包括进度计划系统和进度实施组织系统两部分内容。

1）进度计划系统

为了对建筑工程项目实行进度计划控制，首先必须编制建筑工程项目的各种进度计划。其中有施工总进度计划、单位工程施工进度计划、分部分项工程施工进度计划、季度和月（旬）作业计划，这些计划组成一个建筑工程项目进度计划系统。计划的编制对象由大到小，计划的内容从粗到细。编制时从总体计划到局部计划，对控制目标逐层进行分解，以保证计划控制目标的落实。执行计划时，从月（旬）作业计划开始实施，逐级按目标控制，从而达到对建筑工程项目整体进度目标的控制。

2）进度实施组织系统

施工组织各级负责人，包括项目经理、施工队长、班组长及其所属全体成员，组成了建筑工程项目实施的完整组织系统，系统中的每个人都按照施工进度规定的要求进行严格管理、落实和完成各自的任务。为了保证建筑工程项目按进度实施，自公司经理、项目经理到作业班组都设有专门的职能部门或人员，他们负责统计整理实际进度资料和汇报，并与计划进度进行比较分析和调整，形成一个纵横连接的建筑工程项目进度实施组织系统。

3. 信息反馈原理

信息反馈是建筑工程项目进度管理的主要环节。建筑工程项目进度管理的过程实质上就是对有关施工活动和进度的信息不断收集、加工、汇总、反馈的过程。建筑工程项目信息管理中心要对收集的施工进度和相关影响因素的资料进行加工分析，由领导做出决策后，向下发出指令，指导施工或对原计划做出新的调整、部署；基层作业组织根据计划和指令安排施工活动，并将实际进度和遇到的问题随时上报。每天都有大量的内外部信息、纵横向信息流进流出。若不应用信息反馈原理不断地进行信息反馈，则无法进行建筑工程项目进度管理。

4. 弹性原理

建筑工程项目由于工期长，影响进度的因素很多，其中有的因素已被人们掌握。人们根据统计经验估计出某些因素的影响程度和出现的可能性，并在确定进度目标时进行实现目标的风险分析。计划编制者具备了这些知识和实践经验之后，在编制建筑工程项目进度计划时就会留有余地，以使进度计划具有弹性。在进行建筑工程项目进度控制时，便可以利用这些弹性。如施工过程中出现了工期延误，通过缩短剩余计划工期的方法，或者改变它们之间的逻辑关系，仍然可以达到预期的计划目标，这就是建筑工程项目进度管理中对弹性原理的应用。

5. 封闭循环原理

建筑工程项目进度管理的全过程是计划、实施、检查、比较分析、确定调整措施、再计划。从编制进度计划开始，经过实施过程中的跟踪检查，收集有关实际进度的信息，比较和分析实际进度与计划进度之间的偏差，找出偏差产生的原因和解决办法，确定调整措施，再修改原进度计划，形成一个封闭的循环系统。

4.1.3 建筑工程项目进度管理程序

工程项目部应按照以下程序进行建筑工程项目进度管理。

(1) 根据施工合同的要求确定施工进度目标，明确计划开工日期、计划总工期和计划竣工日期，确定项目分期分批的开竣工日期。

(2) 编制进度计划，具体安排工作之间的工艺关系、组织关系、搭接关系、起止时间，并编制劳动力计划、材料计划、机械计划及其他保证性计划，以保证进度目标的实现。

(3) 进行计划交底，落实责任，并向监理工程师提出开工申请报告，按监理工程师的开工令确定的日期开工。

(4) 实施进度计划。项目经理应通过施工部署、组织协调、生产调度和指挥、改善施工程序和方法的决策等，应用技术、经济和管理手段实现有效的进度管理。项目经理部要建立进度实施、控制的科学组织系统和严密的工作制度，然后依据工程项目进度目标体系，对施工的全过程进行系统控制。正常情况下，进度实施组织系统应发挥监测、分析职能并循环运行，随着施工活动的进行，信息管理系统会不断地将施工实际进度信息按照信息流动程序反馈给进度管理者，经过统计整理和比较分析后，确认进度无偏差，则系统继续运行；一旦发现实际进度与计划进度有偏差，系统将发挥调控职能，分析偏差产生的原因，以及对后续施工和总工期的影响。必要时，可对原进度计划做出相应的调整，提出纠正偏差方案和实施技术、经济、合同保证措施，以及取得相关单位支持与配合的协调措施，确认切实可行后，将调整后的新进度计划输入进度实施组织系统，施工活动继续在新进度计划的控制下运行。当新的偏差出现后，再重复上述过程，直到建筑工程项目全部完成。

(5) 任务全部完成后，进行进度管理总结并编写进度管理报告。

建筑工程项目进度管理的程序如图 4.1 所示。

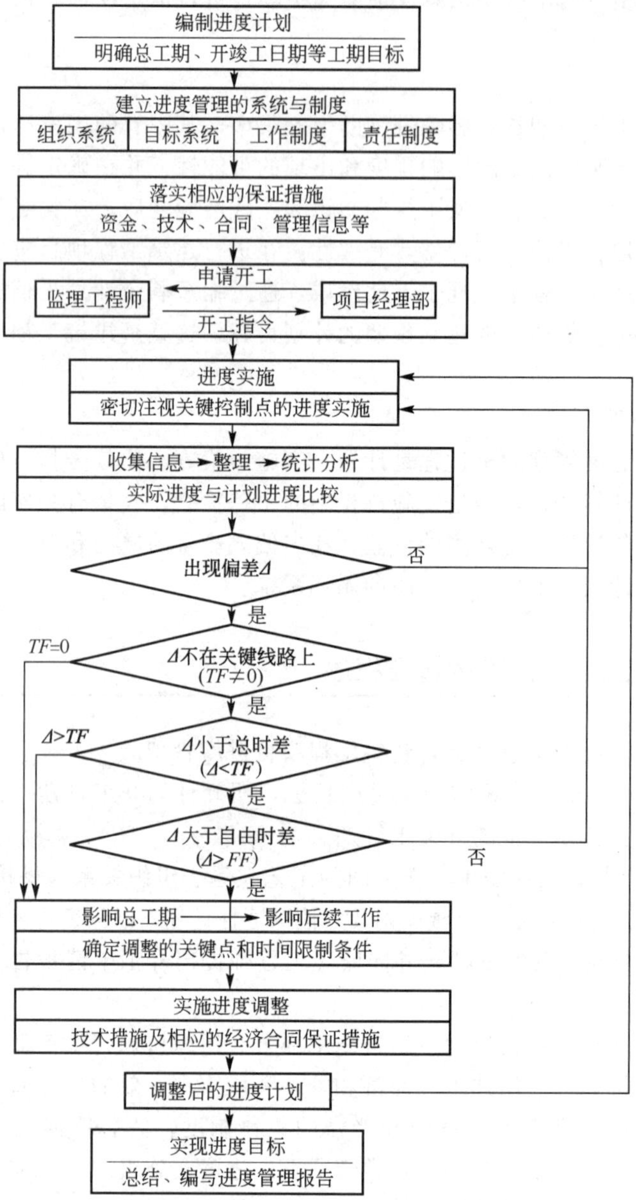

图 4.1 建筑工程项目进度管理的程序

4.1.4 建筑工程项目进度管理目标体系

保证建筑工程项目按期建成交付使用，是建筑工程项目进度管理的最终目的。为了有效地控制施工进度，首先要将施工进度管理总目标从不同角度进行层层分解，形成建筑工程项目进度管理目标体系，从而作为实施进度控制的依据。

施工进度管理总目标是从总的方面对项目建设提出的工期要求，但是在施工活动中，则是通过对最基础的分部分项工程的施工进度管理来保证各单项(位)工程或阶段工程进度管理目标的完成，进而实现施工进度管理总目标的。在施工活动中，需要将施工进度管理总目标进行一系列的从总体到细部、从高层次到基础层次的层层分解，一直分解到在施工现场可以直接控制的分部分项工程或作业过程的施工为止。在分解中，每一层次的施工进度管理目标都限定了下一级层次的施工进度管理目标，而较低层次的施工进度管理目标又是较高一级层次施工进度管理目标得以实现的保证。建筑工程项目进度管理目标体系分解图如图 4.2 所示。

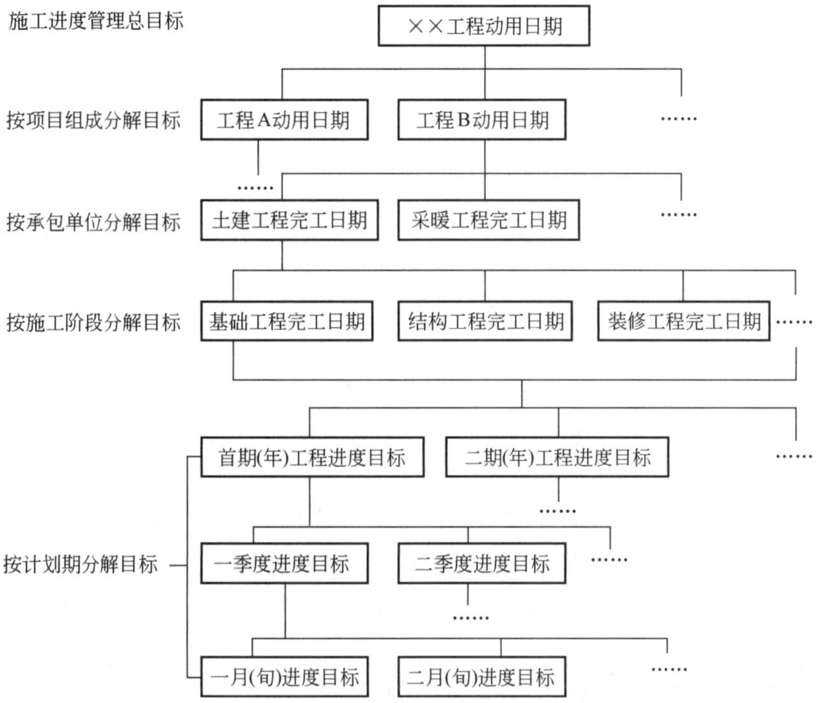

图 4.2　建筑工程项目进度管理目标体系分解图

1. 按项目组成分解目标，确定各单位工程开工及交工动用日期

在施工阶段应进一步明确各单位工程的开工和交工动用日期，以确保施工进度管理总目标的实现。

2. 按承包单位分解目标，明确分工和承包责任

在一个单位工程中有多个承包单位参加施工时，应按承包单位将单位工程的进度管理目标进行分解，确定出各分包单位的进度管理目标，列入分包合同，以便落实分包责任，并根据各专业工程交叉施工方案和前后衔接条件，明确不同承包单位工作面交接的条件和时间。

3. 按施工阶段分解目标，划定进度控制分界点

根据工程项目的特点，应将其施工分成几个阶段，如土建工程可分为基础工程、结构工程和装修工程阶段。每个阶段的起止时间都要有明确的标志。特别是不同单位承包的不同施工段之间，更要明确划定时间分界点，以此作为形象进度的控制标志，从而使单位工程动用目标具体化。

4. 按计划期分解目标，组织综合施工

将工程项目的施工进度控制目标按年度、季度、月（旬）进行分解，并用实物工程、货币工作量及形象进度表示，将更有利于对施工进度的控制。

4.1.5 建筑工程项目进度管理目标的确定

在确定建筑工程项目进度管理目标时，必须全面细致地分析与建设工程有关的各种有利因素和不利因素，只有这样，才能制订出科学、合理的进度管理目标。确定建筑工程项目进度管理目标的主要依据有：施工进度管理总目标对施工工期的要求、工期定额、类似工程项目的实际进度、工程难易程度和工程条件的落实情况等。

在确定建筑工程项目进度管理分解目标时，还要考虑以下方面。

(1) 对于大型建筑工程项目，应根据尽早提供可动用单元的原则，集中力量分期分批建设，以便项目尽早投入使用，尽快发挥投资效益。

(2) 结合工程特点，参考同类建筑工程的经验来确定进度管理目标，避免只按主观愿望盲目确定进度管理目标，从而在实施过程中造成进度失控。

(3) 合理安排土建与设备的综合施工。要按照它们各自的特点，合理安排土建施工与设备基础、设备安装的先后顺序及搭接、交叉或平行作业，明确设备工程对土建工程的要求和土建工程为设备工程提供施工条件的内容及时间。

(4) 做好资金供应能力、施工力量配备、物资供应能力与施工进度的平衡工作，确保工程进度管理目标的要求而不使其落空。

(5) 考虑外部协作条件的配合情况，包括施工过程中及项目竣工动用所需的水、电、气、通信、道路及其他社会服务项目的满足程序和满足时间。

(6) 考虑建筑工程项目所在地区地形、地质、水文、气象等方面的限制条件。

4.1.6 建筑工程项目进度管理的措施

建筑工程项目进度管理的措施，主要包括组织措施、技术措施、合同措施和经济措施等。

1. 组织措施

系统的目标决定了系统的组织，而组织是目标能否实现的决定性因素，这是组织论的一个重要结论。如果把一个建筑工程项目的项目管理视为一个系统，其目标决定了项目管理组织，而项目管理组织是项目管理能否实现的决定性因素，由此可见项目管理组织的重要性。组织措施主要包括以下内容。

(1) 健全项目管理的组织体系，在项目管理组织结构中应有专门的工作部门和专人负责进度管理。

(2) 进度管理的主要工作应在组织设计的任务分工表和管理职能分工表中体现。

(3) 编制项目进度控制的工作流程。

(4) 设计好进度控制会议的组织，明确会议主持人、会议召开时间、会议类型、会议文件整理等。

(5) 确定建筑工程项目进度管理目标，建立进度管理目标体系。

2. 技术措施

(1) 尽可能采用先进的施工技术、方法，以及新材料、新工艺、新技术，保证进度管理目标的实现。

(2) 施工方案对施工进度有直接的影响，在选择施工方案时，不仅应该分析其技术先进性与经济合理性，还应考虑其对施工进度的影响。

3. 合同措施

(1) 施工进度管理总目标应该与合同总工期相一致。

(2) 分包合同的工期应该能够满足总包合同工期的要求。

(3) 材料供应合同规定的供货时间应该与有关的进度管理目标相一致。

4. 经济措施

(1) 编制资金需求计划，落实实现进度管理目标的保证资金。

(2) 签订并实施关于工期和进度的经济承包责任制。

(3) 建立并实施进度管理的奖惩制度。

任务单元4.2 建筑工程项目进度计划的编制与实施

工作任务单

<table>
<tr><th colspan="2">任务单元 4.2 工作任务单</th></tr>
<tr><td>工作任务描述</td><td>某住宅共有四个单元，其基础工程的施工过程分为：①土方开挖；②铺设垫层；③绑扎钢筋；④浇捣混凝土；⑤砌筑砖基础；⑥回填土。各施工过程的工程量、产量定额、专业工作队人数(或机械台数)见下表。由于铺设垫层施工过程和回填土施工过程的工程量较少，为简化流水施工的组织，将铺设垫层与回填土这两个施工过程所需要的时间作为间歇时间来处理，各自预留1天时间。浇捣混凝土与砌筑砖基础之间的工艺间歇时间为2天。
<table>
<tr><th>施工过程</th><th>工程量</th><th>单位</th><th>产量定额</th><th>人数（台数）</th></tr>
<tr><td>土方开挖</td><td>780</td><td>m³</td><td>65m³/台班</td><td>1台</td></tr>
<tr><td>铺设垫层</td><td>42</td><td>m³</td><td>—</td><td>—</td></tr>
<tr><td>绑扎钢筋</td><td>10800</td><td>kg</td><td>450kg/工日</td><td>2人</td></tr>
<tr><td>浇捣混凝土</td><td>216</td><td>m³</td><td>4.5m³/工日</td><td>12人</td></tr>
<tr><td>砌筑砖基础</td><td>330</td><td>m³</td><td>1.25m³/工日</td><td>22人</td></tr>
<tr><td>回填土</td><td>350</td><td>m³</td><td>—</td><td>—</td></tr>
</table>
</td></tr>
<tr><td>工作任务要求</td><td>(1) 该分部工程应如何划分施工段？计算该基础工程各施工过程在各施工段上的流水节拍以及该基础工程的工期，绘制流水施工的横道图。
(2) 如果该分部工程的合同工期为18天，按照等节奏流水施工方式组织施工，则流水节拍应为多少？请绘制横道图。
(3) 针对该住宅工程编制单位工程施工进度计划的依据一般有哪些？
(4) 针对该住宅工程编制的单位工程施工进度计划有哪些作用？</td></tr>
</table>

建筑工程项目进度计划分类

建筑工程项目进度计划是规定各项工程的施工顺序和开竣工时间及相互衔接关系的计划，是在确定建筑工程项目目标工期的基础上，根据相应完成的工程量，对各项施工过程的施工顺序、起止时间和相互衔接关系所做的统筹安排。

4.2.1 建筑工程项目进度计划的类型

1. 按计划时间划分

按计划时间划分，建筑工程项目进度计划可分为总进度计划和阶段性计划。总进度计划是控制项目施工全过程的；阶段性计划包括项目年度、季度、月(旬)进度计划等。月(旬)进度计划是根据年度、季度进度计划，结合现场施工条件编制的具体执行计划。

2. 按计划表达形式划分

按计划表达形式划分，建筑工程项目进度计划可分为文字说明计划与图表形式计划。文字说明计划是用文字来说明各阶段的施工任务及要达到的形象进度要求；图表形式计划是用图表形式表达施工的进度安排，可用横道图或网络图表示进度计划。

3. 按计划对象划分

按计划对象划分，建筑工程项目进度计划可分为施工总进度计划、单位工程施工进度计划和分部分项工程进度计划。施工总进度计划是以整个建筑工程项目为对象编制的，它确定各单项工程施工顺序和开竣工时间以及相互衔接关系，是全局性的施工战略部署；单位工程施工进度计划是对单位工程中的各分部、分项工程的计划安排；分部分项工程进度计划是针对项目中某一部分（子项目）或某一专业工种的计划安排。

4. 按计划作用划分

按计划作用划分，建筑工程项目进度计划可分为控制性进度计划、指导性进度计划和实施性进度计划。控制性进度计划按分部工程来划分施工过程，控制各分部工程的施工时间及其相互搭接配合关系，主要适用于规模较大、结构较复杂、工期较长而需跨年度施工的工程，还适用于虽然规模不大或结构不复杂但各种资源（劳动力、机械、材料等）未落实的工程，以及建筑结构设计等可能变化的工程；指导性进度计划按分项工程或施工工序来划分施工过程，具体确定各施工过程的施工时间及其相互搭接、配合关系，它适用于任务具体而明确、施工条件基本落实、各项资源供应正常及施工工期不太长的工程；实施性进度计划是确定一个月（旬）具体的材料需求、人工需求、机械需求、资金需求。

4.2.2 建筑工程项目进度计划的编制依据

为了使建筑工程项目进度计划能更好地、密切地结合工程的实际情况，更好地发挥其在施工中的指导作用，在编制建筑工程项目进度计划时，按其编制对象的要求，可依据下列资料进行编制。

(1) 施工总进度计划是确定建设工程项目中所包含的各单位工程的施工顺序、施工时间及相互衔接关系的计划。编制施工总进度计划的依据有：施工总方案、资源供应条件、各类定额资料、合同文件、工程项目建设总进度计划、工程动用时间、建设地区自然条件及有关技术经济资料等。

(2) 单位工程施工进度计划是在既定施工方案的基础上，根据规定的工期和各种资源供应条件，对单位工程中的各分部分项工程的施工顺序、施工起止时间及衔接关系进行合理安排的计划。编制单位工程施工进度计划的主要依据有：施工总进度计划、单位工程施工方案、合同工期或定额工期、施工定额、施工图和施工预算、施工现场条件、资源供应条件、气象资料等。

4.2.3 施工总进度计划的编制

施工总进度计划一般是建筑工程项目的施工进度计划。它是用来确定建筑工程项目中所包含的各单位工程的施工顺序、施工时间及相互衔接关系的计划。施工总进度计划的编制步骤和方法如下。

1. 计算工程量

根据批准的工程项目一览表，按单位工程分别计算其主要实物工程量。工程量的计算可按初步设计(或扩大初步设计)图纸和有关定额手册或资料进行。常用的定额、资料有：每万元或每10万元的投资工程量、劳动量及材料消耗扩大指标，概算指标和扩大结构定额，已建成的类似建筑物、构筑物的资料。

2. 确定各单位工程的施工期限

各单位工程的施工期限应根据合同工期确定，同时还要考虑建筑类型、结构特征、施工方法、施工管理水平、施工机械化程度及施工现场条件等因素。如果在编制施工总进度计划时没有合同工期，则应保证计划工期不超过工期定额。

3. 确定各单位工程的开竣工时间和相互搭接关系

确定各单位工程的开竣工时间和相互搭接关系主要应考虑以下几点。

(1) 同一时期施工的项目不宜过多，以避免人力、物力过于分散。

(2) 尽量做到均衡施工，以使劳动力、施工机械和主要材料的供应在整个工期范围内达到均衡。

(3) 尽量提前建设可供工程施工使用的永久性工程，以节省临时工程费用。

(4) 急需和关键的工程先施工，以保证工程项目如期交工。对于某些技术复杂、施工周期较长、施工困难较多的工程，也应安排提前施工，以利于整个工程项目按期交付使用。

(5) 施工顺序必须与主要生产系统投入生产的先后次序相吻合。同时还要安排好配套工程的施工时间，以保证建成的工程能迅速投入生产或交付使用。

(6) 应注意季节对施工顺序的影响，合理安排施工顺序，避免季节因素，对工期的影响。

(7) 安排一部分附属工程或零星项目作为后备项目，用以调整主要项目的施工进度。

(8) 注意主要工种和主要施工机械能连续施工。

4. 编制初步施工总进度计划

施工总进度计划应安排全工地性的流水作业。全工地性的流水作业安排应以工程量大、工期长的单位工程为主导，组织若干条流水线，并以此带动其他工程。施工总进度计划既可以用横道图表示，也可以用网络图表示。如果用横道图表示，则其常用格式见表 4-1。

表 4-1 施工总进度计划表

序号	单位工程名称	建筑面积	结构类型	工程造价	施工时间	施工进度计划											
						第一年				第二年				第三年			
						Ⅰ	Ⅱ	Ⅲ	Ⅳ	Ⅰ	Ⅱ	Ⅲ	Ⅳ	Ⅰ	Ⅱ	Ⅲ	Ⅳ

5. 编制正式施工总进度计划

初步施工总进度计划编制完成后，应对其进行检查。检查的重点是总工期是否符合要求，资源是否均衡且能保证供应。如果不满足要求，则需对计划进行调整，如改变某些工程的起止时间或调整主导工期，进行工期优化、费用优化、资源优化等。当初步施工总进度计划经过调整符合要求后，即可编制正式的施工总进度计划。

4.2.4 单位工程施工进度计划的编制

单位工程施工进度计划是在既定施工方案的基础上，根据规定的工期和各种资源供应条件，对单位工程中的各分部分项工程的施工顺序、施工起止时间及衔接关系进行合理安排的计划。单位工程施工进度计划的编制程序如图 4.3 所示。

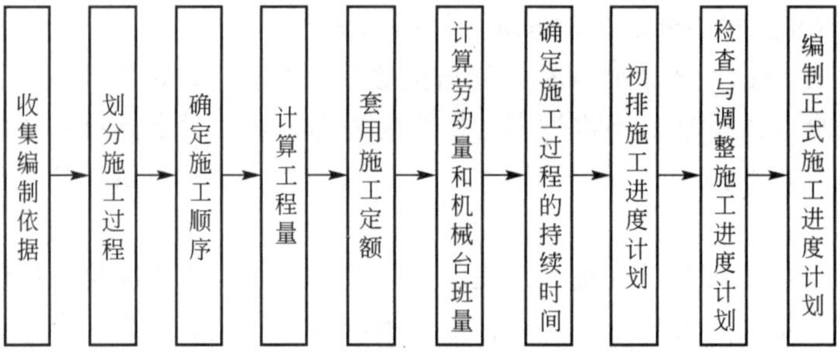

图 4.3 单位工程施工进度计划的编制程序

单位工程施工进度计划的编制步骤及方法如下。

1. 收集编制依据

略。

2. 划分施工过程

施工过程是施工进度计划的基本组成单元。编制单位工程施工进度计划时，应按照施工图纸和施工顺序将拟建工程的各个施工过程列出，并结合施工方法、施工条件、劳动组织等因素加以适当调整。施工过程划分应考虑以下因素。

1）施工进度计划的性质和作用

一般来说，对长期计划及建筑群体、规模大、工程复杂、工期长的建筑工程，一般编制控制性进度计划，其施工过程划分可粗些，综合性可大些，一般可按分部工程划分施工过程，如开工前准备、打桩工程、基础工程、主体结构工程等。对中小型建筑工程及工期不长的工程，一般编制实施性进度计划，其施工过程划分可细些、具体些，要求每个分部工程所包括的主要分项工程均一一列出，起到指导施工的作用。

2）施工方案及工程结构

如厂房基础采用敞开式施工方案时，柱基础和设备基础可合并为一个施工过程；而采用封闭式施工方案时，则必须列出柱基础、设备基础这两个施工过程。又如结构吊装工程，采用分件吊装法时，应列出柱吊装、梁吊装、屋架扶直就位、屋盖吊装等施工过程；而采用综合吊装法时，只要列出结构吊装一项即可。

砌体结构、大墙板结构、装配式框架与现浇钢筋混凝土框架等不同的结构体系，其施工过程划分及其内容也各不相同。

3）结构性质及劳动组织

现浇钢筋混凝土施工，一般可分为支模板、绑扎钢筋、浇筑混凝土等施工过程。一般对于现浇钢筋混凝土框架结构的施工应分别列项，而且可分得细一些，如分为绑扎柱钢筋，支柱模板，浇筑柱混凝土，支梁、板模板，绑扎梁、板钢筋，浇筑梁、板混凝土，养护，拆模等施工过程。在砌体结构工程中，现浇工程量不大的钢筋混凝土工程一般不再细分，可合并为一项，由施工班组的各工种互相配合施工。

施工过程的划分还与施工班组的组织形式有关。如玻璃与油漆的施工，如果是单一工种组成的施工班组，可以划分为玻璃、油漆两个施工过程；同时为了组织流水施工的方便或需要，也可合并成一个施工过程，这时施工班组则是由多工种混合的混合班组。

4）对施工过程进行适当合并，做到简明清晰

施工过程划分太细，则过程太多，施工进度图表就会显得越繁杂，重点不突出，反而失去指导施工的意义，并且增加了编制施工进度计划的难度。因此，可考虑将一些次要的、穿插性的施工过程合并到主要施工过程中去，如基础防潮层可合并到基础施工过程中，门窗框安装可并入砌筑工程中；有些虽然重要但工程量不大的施工过程也可与相邻的施工过程合并，如挖土方可与铺垫层施工合并为一项，组织混合班组施工；同一时期由同一工种施工的项目也可合并在一起，如墙体砌筑不分内墙、外墙、隔墙等，而合并为墙体砌筑一项；有些关系比较密切、不容易分出先后的施工过程也可合并，如散水、勒脚和明沟可合并为一项。

5）设备安装应单独列项

民用建筑的水、暖、煤、卫、电等房屋设备安装是建筑工程的重要组成部分，应单独列项；工业厂房的各种机电等设备安装也要单独列项。土建施工进度计划中列出设备安装的施工过程，只是表明其与土建施工的配合关系，一般不必细分，可由专业工作队或设备安装单位单独编制其施工进度计划。

6）明确施工过程对施工进度的影响程度

有些施工过程直接在拟建工程上进行作业，占用时间等资源，对工程的完成与否起着决定性的作用，它在条件允许的情况下，可以缩短或延长工期。这类施工过程必须列入施工进度计划，如砌筑、安装、混凝土的养护等。另外有些施工过程不占用拟建工程的工作面，虽需要一定的时间和消耗一定的资源，但不占用工期，故不列入施工进度计划，如构

件制作和运输等。

3. 确定施工顺序

确定施工顺序受施工工艺和施工组织两方面的制约。当施工方案确定之后，施工过程之间的工艺关系随之确定，是客观确定的先后顺序；施工过程之间的组织关系是由劳动力、施工机械、材料和构配件的组织和安排形成的，是一种主观安排的顺序，不同的组织关系会产生不同的经济效果。不同的工程，其施工顺序不同，即使是同一类工程项目，其施工顺序也受多种因素影响，不可能完全相同。因此，在确定施工顺序时，须根据工程的特点、技术组织要求及施工方案等来确定。

4. 计算工程量

当确定了施工过程之后，应计算每个施工过程的工程量。每个施工过程的工程量应根据施工图纸、工程量计算规则及相应的施工方法进行计算。计算时注意工程量的计量单位应与采用的施工定额的计量单位相一致。

如果编制单位工程施工进度计划时，已编制出预算文件(施工图预算或施工预算)，则工程量可从预算文件中抄出并汇总。但是，当单位工程施工进度计划中某些施工过程与预算文件的内容(如计量单位、计算规则、采用的定额等)不同或有出入时，应根据施工实际情况加以修改、调整或重新计算。

5. 套用施工定额

确定了施工过程及其工程量之后，即可套用施工定额(当地实际采用的劳动定额及机械台班定额)，以确定劳动量和机械台班量。

在套用国家或当地颁布的定额时，必须注意结合本单位工人的技术等级、实际操作水平、施工机械情况和施工现场条件等因素，确定完成定额的实际水平，使计算出来的劳动量、机械台班量符合实际需要。

有些采用新技术、新材料、新工艺或特殊施工方法的施工过程，定额中尚未编入，这时可参考类似施工过程的定额、经验资料，按实际情况确定。

6. 计算劳动量和机械台班量

根据计算的工程量和实际采用的施工定额水平，即可进行劳动量及机械台班量的计算。

1) 劳动量的计算

劳动量也称劳动工日数。凡是以手工操作为主的施工过程，其劳动量均可按下式计算。

$$P_i = \frac{Q_i}{S_i} \quad 或 \quad P_i = Q_i H_i \tag{4-1}$$

式中 P_i——某施工过程所需的劳动量，工日；

Q_i——该施工过程的工程量，m^3、m^2、m、t 等；

S_i——该施工过程采用的产量定额，m^3/工日、m^2/工日、m/工日、t/工日等；

H_i——该施工过程采用的时间定额，工日/m^3、工日/m^2、工日/m、工日/t 等。

应用案例 4-1

某单层工业厂房的柱基坑土方量为 3240m^3，采用人工挖土方，查劳动定额得产量定

额为 $3.9m^3$/工日，试计算完成基坑挖土方所需的劳动量。

【案例解析】

$$P=\frac{Q}{S}=\frac{3240}{3.9}\text{工日}\approx 830.8\text{ 工日，取 }831\text{ 工日}$$

当某一施工过程是由两个或两个以上不同分项工程合并而成时，其总劳动量应按下式计算。

$$P_{总}=\sum_{i=1}^{n}P_i=P_1+P_2+\cdots+P_n \tag{4-2}$$

应用案例 4－2

某钢筋混凝土基础工程，其支模板、绑扎钢筋、浇筑混凝土三个施工过程的工程量分别为 $719.6m^2$、$6.284t$、$287.3m^3$，查劳动定额得时间定额分别为 0.253 工日/m^2、5.28 工日/t、0.833 工日/m^3，试计算完成钢筋混凝土基础所需的劳动量。

【案例解析】

$$P_{模}=(719.6\times 0.253)\text{工日}\approx 182.1\text{ 工日}$$

$$P_{筋}=(6.284\times 5.28)\text{工日}\approx 33.2\text{ 工日}$$

$$P_{混凝土}=(287.3\times 0.833)\text{工日}\approx 239.3\text{ 工日}$$

$$P_{基}=P_{模}+P_{筋}+P_{混凝土}=(182.1+33.2+239.3)\text{工日}=454.6\text{ 工日，取 }455\text{ 工日}$$

当某一施工过程是由同一工种但涉及不同做法、不同材料的若干个分项工程合并组成时，可以先按以下公式计算其综合产量定额及综合时间定额。

$$\overline{S}=\frac{\sum_{i=1}^{n}Q_i}{\sum_{i=1}^{n}P_i}=\frac{Q_1+Q_2+\cdots+Q_n}{P_1+P_2+\cdots+P_n}=\frac{Q_1+Q_2+\cdots+Q_n}{\frac{Q_1}{S_1}+\frac{Q_2}{S_2}+\cdots+\frac{Q_n}{S_n}} \tag{4-3}$$

$$\overline{H}=\frac{1}{\overline{S}} \tag{4-4}$$

式中 $\overline{S}$——某施工过程的综合产量定额，m^3/工日、m^2/工日、m/工日、t/工日等；

$\overline{H}$——某施工过程的综合时间定额，工日/m^3、工日/m^2、工日/m、工日/t 等；

$\sum_{i=1}^{n}Q_i$——总工程量，m^3、m^2、m、t 等；

$\sum_{i=1}^{n}P_i$——总劳动量，工日；

Q_1，Q_2，…，Q_n——同一施工过程的各分项工程的工程量；

S_1，S_2，…，S_n——同一施工过程的各分项工程的产量定额。

应用案例 4－3

某工程外墙面装饰有外墙涂料、面砖、剁假石三种做法，其工程量分别为 $930.5m^2$、$490.3m^2$、$185.3m^2$，采用的产量定额分别为 $7.56m^2$/工日、$4.05m^2$/工日、$3.05m^2$/工日。试计算它们的综合产量定额。

【案例解析】

$$\overline{S}=\frac{Q_1+Q_2+Q_3}{\frac{Q_1}{S_1}+\frac{Q_2}{S_2}+\frac{Q_3}{S_3}}=\frac{930.5+490.3+185.3}{\frac{930.5}{7.56}+\frac{490.3}{4.05}+\frac{185.3}{3.05}}\text{m}^2/\text{工日}\approx\frac{1606.1}{304.9}\text{m}^2/\text{工日}\approx5.27\text{m}^2/\text{工日}$$

2）机械台班量的计算

凡是采用机械为主的施工过程，可采用下式计算其所需的机械台班量。

$$P_{机械}=\frac{Q_{机械}}{S_{机械}} \quad 或 \quad P_{机械}=Q_{机械}H_{机械} \tag{4-5}$$

式中 $P_{机械}$——某施工过程需要的机械台班量，台班；

$Q_{机械}$——机械完成的工程量，m^3、t 等；

$S_{机械}$——机械的产量定额，m^3/台班、t/台班等；

$H_{机械}$——机械的时间定额，台班/m^3、台班/t 等。

在实际计算中，$S_{机械}$ 或 $H_{机械}$ 的采用应根据机械的实际情况、施工条件等因素考虑确定，以便准确地计算需要的机械台班量。

应用案例 4-4

某工程基础挖土方采用 W-100 型反铲挖土机，挖方量为 3010m^3，经计算采用的机械台班产量定额为 120m^3/台班。试计算挖土机所需的台班量。

【案例解析】

$$P_{机械}=\frac{Q_{机械}}{S_{机械}}=\frac{3010}{120}台班\approx25.08台班，取 25 台班$$

7. 确定施工过程的持续时间

施工过程的持续时间的确定方法有三种：定额计算法、经验估算法和倒排计划法。

1）定额计算法

这种方法是根据施工过程需要的劳动量或机械台班量，以及配备的施工班组人数或机械台数，确定施工过程的持续时间。其计算公式如下。

$$D=\frac{P}{NR} \tag{4-6}$$

式中 D——某施工过程的持续时间，天；

P——该施工过程所需的劳动量或机械台班量，工日或台班；

R——该施工过程所配备的施工班组人数或机械台数，人或台；

N——每天采用的工作班制，班。

从式（4-6）可知，要计算确定某施工过程的持续时间，除已确定的 P 外，还必须确定 R 及 N 的数值。

要确定施工班组人数或机械台数 R，必须综合考虑以下因素。

（1）最小劳动组合。即某一施工过程正常施工所必需的最低限度的班组人数及其合理组合。最小劳动组合决定了最低限度应安排多少工人，如砌墙就要按技工和普工的最少人数及合理比例组成施工班组，人数过少或比例不当都将引起劳动生产率的下降。

（2）最小工作面。即为保证安全生产和发挥效率，施工班组中的每个工人或每台机械所必需的工作面。最小工作面决定了最高限度可安排多少工人或机械。不能为了缩短工期而无限制地增加施工班组人数或机械台数，否则将造成工作面的不足而产生窝工。表4－2所列为主要工种工作面参考数据。

表4－2 主要工种工作面参考数据

工作项目	每个技工的工作面	说明
砖基础	7.6m/人	以$1\frac{1}{2}$砖计，2砖乘以0.8，3砖乘以0.55
砌砖墙	8.5m/人	以1砖计，3/2砖乘以0.71，2砖乘以0.57
毛石墙基	3m/人	以60cm计
毛石墙	3.3m/人	以40cm计
混凝土柱、墙基础	$8m^3$/人	机拌、机捣
混凝土设备基础	$7m^3$/人	机拌、机捣
现浇钢筋混凝土柱	$2.45m^3$/人	机拌、机捣
现浇钢筋混凝土梁	$3.2m^3$/人	机拌、机捣
现浇钢筋混凝土墙	$5m^3$/人	机拌、机捣
现浇钢筋混凝土楼板	$5.3m^3$/人	机拌、机捣
预制钢筋混凝土柱	$3.6m^3$/人	机拌、机捣
预制钢筋混凝土梁	$3.6m^3$/人	机拌、机捣
预制钢筋混凝土屋架	$2.7m^3$/人	机拌、机捣
预制钢筋混凝土平板、空心板	$1.91m^3$/人	机拌、机捣
预制钢筋混凝土大型屋面板	$2.62m^3$/人	机拌、机捣
混凝土地坪及面层	$40m^2$/人	—
外墙抹灰	$16m^2$/人	—
内墙抹灰	$18.5m^2$/人	—
卷材屋面	$18.5m^2$/人	—
防水水泥砂浆屋面	$16m^2$/人	—
门窗安装	$11m^2$/人	—

(3) 可能安排的施工班组人数或机械台数。即施工单位所能配备的施工班组人数或机械台数。一般只要在上述最低和最高限度之间，根据实际情况确定即可。

每天工作班制N的确定：当工期允许、劳动力和施工机械周转使用不紧迫、施工工艺上无连续施工要求时，通常采用一班制施工，在建筑业中往往采用1.25班制（即10小时）；当工期较紧或为了提高施工机械的使用率及加快机械的周转使用，或工艺上要求连续施工时，某些施工过程可考虑两班制甚至三班制施工。但采用多班制施工时，必然会增加有关设施及费用，因此须慎重研究确定。

应用案例 4-5

某工程组织有节奏流水施工，其中砌墙需要劳动量为 740 工日，每天采用两班制、每班安排 20 人施工，如果划分三个施工段，试求完成砌墙任务的持续时间和流水节拍。

【案例解析】

$$D=\frac{P}{NR}=\frac{740}{2\times 20}\text{天}=18.5\text{ 天，取 }18\text{ 天}$$

$$t_{\text{砌墙}}=\frac{18}{3}\text{天}=6\text{ 天}$$

上例流水节拍为 6 天，总工期为 (3×6) 天＝18 天，则计划安排劳动量为 (18×20×2) 工日＝720 工日，比计划定额需要的劳动量减少 20 工日。能否少用 20 工日完成任务，即能否提高工效 3%(20/740≈3%)，这要根据实际情况分析研究后确定。一般应当尽量使定额劳动量和计划劳动量相接近。

2）经验估算法

经验估算法是根据过去的经验进行估计，适用于新结构、新技术、新工艺、新材料等无定额可循的施工过程。为了提高准确程度，可采用三时估算法，即先估计出完成该施工过程的最乐观时间 A、最悲观时间 C 和最可能时间 B 三种施工时间，然后按式 (4-7) 计算出该施工过程的持续时间 D。

$$D=\frac{A+4B+C}{6} \tag{4-7}$$

3）倒排计划法

这种方法是根据施工的工期要求，先确定施工过程的持续时间及工作班制，再确定施工班组人数 R 或机械台数 $R_{\text{机械}}$。计算公式如下。

$$R=\frac{P}{ND} \quad \text{或} \quad R_{\text{机械}}=\frac{P_{\text{机械}}}{ND_{\text{机械}}} \tag{4-8}$$

如果按式 (4-8) 计算出来的结果超过了本部门现有的施工班组人数或机械台数，则要求有关部门进行平衡、调度及支持，或从技术上、组织上采取措施，如组织平行立体交叉流水施工、提高混凝土早期强度、某些施工过程采用多班制施工等。

应用案例 4-6

某工程挖土方所需劳动量为 600 工日，要求在 20 天内完成，采用一班制施工。试求每班工人数。

【案例解析】

$$R=\frac{P}{ND}=\frac{600}{1\times 20}\text{人}=30\text{ 人}$$

上例所需施工班组人数为 30 人，是否有这么多劳动人数，是否有足够的工作面，这些都需经分析研究才能确定。

8. 初排施工进度计划(以横道图为例)

上述各项计算内容确定之后，即可编制施工进度计划的初步方案。一般的编制方法如下。

1）根据施工经验直接安排的方法

这种方法是根据经验资料及有关计算，直接在进度表上画出进度线。其一般步骤是：先安排主导施工过程的施工进度，再安排其余施工过程，它们应尽可能配合主导施工过程并最大限度地搭接，以形成施工进度计划的初步方案。

2）按工艺组合组织流水的施工方法

这种方法是将某些在工艺上有关系的施工过程归并为一个工艺组合，组织各工艺组合内部的流水施工，然后将各工艺组合最大限度地搭接起来。

横道图的表格形式见表4-3。施工进度计划由两部分组成：一部分反映拟建工程所划分施工过程的工程量、劳动量或机械台班量、施工班组人数或机械台数、工作班制及工作持续时间等计算内容；另一部分则用图表形式表示各施工过程的起止时间、持续时间及其搭接关系。

表4-3　单位工程施工进度计划

序号	施工过程	工程量		定额	劳动量		机械		每天工作班数	每班工作人数	施工时间	施工进度														
												月														
		单位	数量		定额工日	计划工日	机械名称	台班量				2	4	6	8	10	12	14	16	18	20	22	24	26	28	30

9. 检查与调整施工进度计划

编制施工进度计划初步方案后，应根据建设单位和有关部门的要求、合同规定及施工条件等，先检查各施工过程之间的施工顺序是否合理、工期是否满足要求、劳动力等资源需要量是否均衡，然后再进行调整，直至满足要求，正式形成施工进度计划。

1）施工顺序的检查与调整

施工顺序应符合建筑施工的客观规律，应从技术上、工艺上、组织上检查各施工过程的安排是否正确合理。

2）施工工期的检查与调整

施工进度计划安排的计划工期首先应满足上级规定或施工合同的要求，其次应具有较好的经济效益，即安排工期要合理，但并不是越短越好。当工期不符合要求时，应进行必要的调整。检查时主要看各施工过程的持续时间、起止时间是否合理，特别应注意对工期起控制作用的施工过程，即首先要缩短这些施工过程的持续时间，并注意施工班组人数、机械台数的重新确定。

3）资源消耗均衡性的检查与调整

施工进度计划的劳动力、材料、机械等供应与使用，应避免过分集中，尽量做到均衡。

应当指出，施工进度计划并不是一成不变的，在执行过程中，往往会由于人力、物资供应等情况的变化而打破原来的计划。因此，在执行中应随时掌握施工动态，并经常不断地检查与调整施工进度计划。

10. 编制正式施工进度计划

略。

4.2.5 施工进度计划的贯彻和实施

施工进度计划的实施就是用施工进度计划指导施工活动、落实和完成进度计划。施工进度计划逐步实施的过程，就是建筑工程项目建造逐步完成的过程。为了保证施工进度计划的实施，保证各进度目标的实现，应做好如下方面的工作。

1. 施工进度计划的贯彻

1）检查各层次的计划，形成严密的计划保证系统

建筑工程项目的所有施工进度计划包括施工总进度计划、单位工程施工进度计划、分部分项工程施工进度计划，都是围绕一个总任务而编制的，它们之间的关系是：高层次的计划是低层次计划的依据，低层次计划是高层次计划的具体化。在其贯彻执行时应当首先检查是否协调一致，计划目标是否层层分解、互相衔接，组成一个计划实施的保证体系，并以施工任务书的方式下达施工队，以保证计划的实施。

2）层层明确责任

项目经理、施工队和作业班组之间分别签订承包合同，按计划目标明确规定合同工期、相互承担的经济责任、权限和利益，或者采用下达施工任务书的方式，将作业计划下达到施工班组，明确具体施工任务、技术措施、质量要求等内容，使施工班组按作业计划时间完成规定的任务。

3）进行计划交底，促进计划全面、彻底实施

施工进度计划的实施需要全体员工的共同行动，要使有关人员都明确各项计划的目标、任务、实施方案和措施，使管理层和作业层协调一致，将计划变成全体员工的自觉行动。在计划实施前要根据计划的范围进行交底工作，使计划得到全面、彻底的实施。

2. 施工进度计划的实施

1）编制施工作业计划

由于施工活动的复杂性，在编制施工进度计划时，不可能考虑到施工过程中的一切变化情况，因而不可能一次性安排好未来施工活动中的全部细节，所以施工进度计划很难作为直接下达施工任务的依据。因此，还必须有更符合当时情况、更细致具体的短时间的计划，这就是施工作业计划。

施工作业计划一般可分为月作业计划和旬作业计划。月(旬)作业计划应保证年度、季度计划指标的完成，其格式见表 4-4。

表 4-4 月(旬)作业计划

编号	工程地点及名称	计量单位	月计划				上旬		中旬		下旬		形象进度要求					
			数量	单价	定额	天数	数量	天数	数量	天数	数量	天数	1	2	3	…	29	30

2）签发施工任务书

编制好月(旬)作业计划以后，应将每项具体任务通过签发施工任务书的方式使其进一步落实。施工任务书是向班组下达任务，实行责任承包、全面管理和原始记录的综合性文件，是计划和实施的纽带。

施工任务书应由工长编制并下达，包括施工任务单、限额领料单和考勤表。施工任务单包括分项工程施工任务、工程量、劳动量、开工日期、完工日期、工艺、质量、安全等要求；限额领料单是根据施工任务书编制的控制班组领用材料的依据，应具体规定材料名称、规格、型号、单位、数量，以及领用记录、退料记录等；考勤表可附在施工任务单背面，按班组人名排列，供考勤时填写。

3）做好施工进度记录，填好施工进度统计表

在计划任务完成的过程中，各级施工进度计划的执行者都要跟踪做好施工记录，记载计划中每项工作的开始日期、工作进度和完成日期，为建筑工程项目进度检查分析提供信息，并填好有关图表。

4）做好施工中的调度工作

施工中的调度是组织施工中各阶段、环节、专业和工种互相配合、进度协调的指挥核心。调度工作是使施工进度计划实施顺利进行的重要手段，其主要任务是掌握计划实施情况，协调各方面关系，采取措施排除各种矛盾、加强各薄弱环节、实现动态平衡，保证完成施工作业计划和实现进度目标。

调度工作内容主要包括：监督施工作业计划的实施，调整协调各方面的进度关系；监督检查施工准备工作；督促资源供应单位按计划供应劳动力、施工机具、运输车辆、材料构配件等，并对临时出现的问题采取调配措施；当由于工程变更引起资源需求的数量变更和品种变化时，应及时调整供应计划；按施工平面图管理施工现场，结合实际情况进行必要调整，保证文明施工；了解气候、水、电、气的情况，采取相应的防范和保障措施；及时发现和处理施工中的各种事故和意外事件；定期、及时召开现场调度会议，贯彻建筑工程项目主管人员的决策，发布调度令。

学习作业单

任务单元 4.2 学习作业单	
工作任务完成	根据任务单元 4.2 工作任务单的工作任务描述和要求，完成任务如下。
任务单元学习总结	(1) 单位工程施工进度计划编制的依据。 (2) 单位工程施工进度计划编制的步骤和方法。 (3) 施工进度计划在实施过程中需做好哪些工作？

续表

任务单元 4.2 学习作业单	
任务单元学习体会	

任务单元 4.3　建筑工程项目进度计划的检查与调整

工作任务单

<table>
<tr><th colspan="2">任务单元 4.3 工作任务单</th></tr>
<tr><td>工作任务描述</td><td>某建筑施工企业承接了某工程项目，绘制了该工程项目的双代号网络计划，如下图所示，其持续时间和预算费用见下表。工程施工进行到第 12 周周末时，G 工作完成了 1 周，H 工作完成了 3 周，F 工作已经完成。
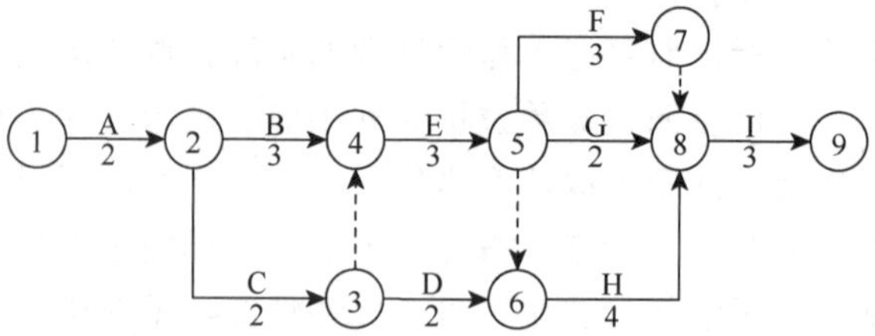
<table>
<tr><td>工作名称</td><td>A</td><td>B</td><td>C</td><td>D</td><td>E</td><td>F</td><td>G</td><td>H</td><td>I</td></tr>
<tr><td>持续时间/周</td><td>2</td><td>3</td><td>2</td><td>2</td><td>3</td><td>3</td><td>2</td><td>4</td><td>3</td></tr>
<tr><td>预算费用/万元</td><td>8</td><td>12</td><td>8</td><td>8</td><td>12</td><td>15</td><td>10</td><td>16</td><td>12</td></tr>
</table></td></tr>
<tr><td>工作任务要求</td><td>(1) 请绘制实际进度前锋线，计算累计完成的投资额。
(2) 如果后续工作按计划进行，分析上述 G、H、F 三项工作对该计划产生了什么影响。
(3) 在不考虑工作延误的情况下，确定该网络计划的关键线路。
(4) 在不考虑工作延误的情况下，重新绘制第 12 周至完工的时标网络计划。
(5) 如果要保持工期不变，第 12 周后需压缩哪项工作？请绘制调整后的进度计划。</td></tr>
</table>

4.3.1 建筑工程项目进度计划的检查

1. 建筑工程项目进度计划检查的工作内容

在建筑工程项目的实施进程中，为了进行进度控制，进度控制人员应经常地、定期地跟踪检查施工实际进度情况，主要检查工作量的完成情况、工作时间的执行情况、资源使用及与进度的相互配合情况等。进行进度统计整理和对比分析，确定实际进度与计划进度之间的关系，其主要工作包括以下方面。

1）跟踪检查施工实际进度

跟踪检查施工实际进度是建筑工程项目进度控制的关键措施，其目的是收集实际进度的有关数据。跟踪检查的时间和收集数据的质量，直接影响进度控制工作的质量和效果。

一般检查的时间间隔与建筑工程项目的类型、规模、施工条件和对进度执行要求的程度有关，通常可以每月、半月、旬或周进行一次。若在施工中遇到恶劣天气、资源供应不及时等不利因素的严重影响，检查的时间间隔可临时缩短，次数可相应增加，甚至可以每日进行检查，或派人员驻现场督阵。检查和收集资料的方式，一般采用进度报表方式或定期召开进度工作汇报会。为了保证汇报资料的准确性，进度控制的工作人员要经常到现场察看建筑工程项目的实际进度情况，从而保证经常地、定期地准确掌握建筑工程项目的实际进度。

根据不同需要，进行日检查或定期检查的内容包括以下几方面。

(1) 检查期内实际完成和累计完成的工程量。

(2) 实际参加施工的人数、机械台班数和生产效率。

(3) 窝工人数、窝工机械台班数及其原因分析。

(4) 进度偏差情况。

(5) 进度管理情况。

(6) 影响进度的特殊原因及分析。

2）整理统计检查数据

将收集到的建筑工程项目实际进度数据按计划控制的工作项目进行统计，形成与计划进度具有可比性的数据、相同的量纲和形象进度。一般可以按实物工程量、工作量和劳动消耗量以及累计百分比整理和统计实际检查的数据，以便与相应的计划完成量进行对比。

3）对比实际进度与计划进度

将收集的资料整理和统计成具有与计划进度可比性的数据后，用建筑工程项目实际进度与计划进度的比较方法来进行比较。通常用的比较方法有横道图比较法、S形曲线比较法、前锋线比较法等。

4）进度检查结果的处理

建筑工程项目进度计划检查的结果，按照检查报告制度的规定，应形成进度报告向有关主管人员和部门汇报。进度报告是把检查比较的结果、有关施工进度现状和发展趋势，提供给项目经理及各级业务职能负责人的最简单的书面形式报告。

根据进度报告的用途和送达对象可分为三个级别：一是项目概要级，是报给项目经理、企业经理或业务部门以及建设单位或业主的，它是以整个建筑工程项目为对象说明进度计划执行情况的报告；二是项目管理级，是报给项目经理及企业的业务部门的，它是以单位工程或项目分区为对象说明进度计划执行情况的报告；三是业务管理级，是就某个重点部位或重点问题为对象编写的报告，供项目管理者及各业务部门为其采取应急措施而使用的。

进度报告的内容主要包括：项目实施概况、管理概况、进度概要的总说明，项目施工进度、形象进度及简要说明，施工图纸提供进度，材料、物资、构配件供应进度，劳务记录及预测，日历计划，对建设单位、业主和施工者的变更指令等，进度偏差的状况和导致偏差的原因分析，解决进度偏差的措施，计划调整意见，等等。

2. 建筑工程项目进度计划检查对比的方法

1）横道图比较法

横道图比较法是指将项目实施过程中检查实际进度收集到的数据，经加工整理后直接用横道线平行绘于原计划的横道线处，进行实际进度与计划进度的比较方法。采用横道图比较法可以形象、直观地反映实际进度与计划进度的对比情况。

(1) 匀速进展横道图比较法。

匀速进展是指在工程项目中，每项工作在单位时间内完成的任务量都是相等的，即工作的进展速度是均匀的。此时，每项工作累计完成任务量与时间呈线性关系，如图 4.4 所示。

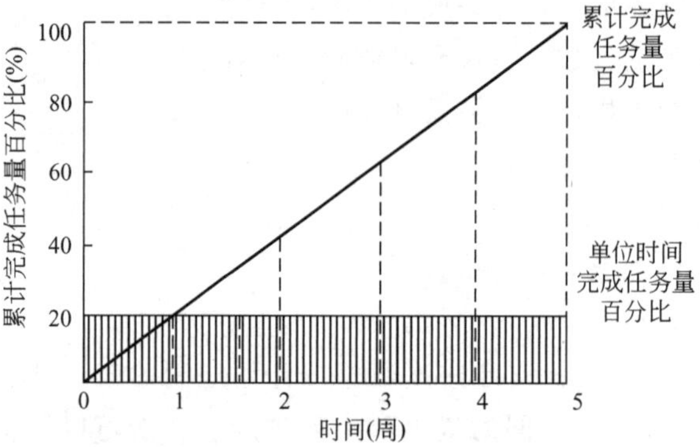

图 4.4　工作匀速进展时累计完成任务量与时间关系曲线

完成的任务量可以用实物工程量、劳动消耗量或费用支出表示。为了便于比较，通常用上述物理量的百分比表示。

采用匀速进展横道图比较法时，其步骤如下。

① 编制横道图进度计划。

② 在进度计划上标出检查日期。

③ 将检查收集到的实际进度数据经加工整理后按比例用涂黑的粗线标于计划进度的下方，如图 4.5 所示。

④ 对比分析实际进度与计划进度：如果涂黑的粗线右端落在检查日期左侧，表明实际进度拖后；如果涂黑的粗线右端落在检查日期右侧，表明实际进度超前；如果涂黑的粗线右端与检查日期重合，表明实际进度与计划进度一致。

必须指出，该方法仅适用于工作从开始到结束的整个过程中，其进展速度均为固定不变的情况。如果工作的进展速度是变化的，则不能采用这种方法进行实际进度与计划进度的比较，否则会得出错误的结论。

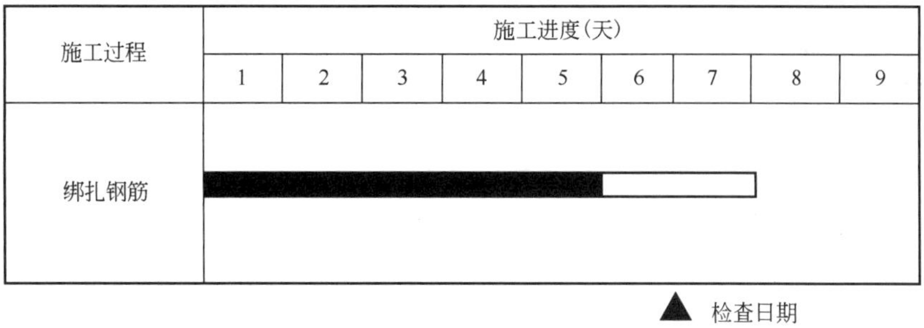

图 4.5　匀速进展横道图比较图

(2) 非匀速进展横道图比较法。

匀速进展横道图比较法只适用于施工进展速度是匀速情况下的实际进度与计划进度之间的比较。当工作在不同的单位时间里的进展速度不同时，累计完成任务量与时间的关系不是呈直线变化的。按匀速进展横道图比较法绘制的实际进度涂黑粗线，并不能反映实际进度与计划进度完成任务量的比较情况。这种情况下的进度比较可以采用非匀速进展横道图比较法。

非匀速进展横道图比较法适用于工作的进度按变速进展的情况下，工作实际进度与计划进度的比较。它是在表示工作实际进度的涂黑粗线的同时，在表上标出某对应时刻完成任务的累计百分比，将该百分比与其同时刻计划完成任务累计百分比相比较，以判断工作的实际进度与计划进度之间的关系的一种方法。该方法的步骤如下。

① 编制横道图进度计划。

② 在横道线上方标出各工作主要时间的计划完成任务累计百分比。

③ 在计划横道线的下方标出工作的相应日期实际完成任务累计百分比。

④ 用涂黑粗线标出实际进度线，并从开工日起，同时反映出施工过程中工作的连续与间断情况。

⑤ 对照横道线上方计划完成任务累计百分比与同时间的下方实际完成任务累计百分比，比较出实际进度与计划进度之间的偏差，可能有三种情况。

a. 当同一时刻上下两个累计百分比相等时，表明实际进度与计划进度一致。

b. 当同一时刻上面的累计百分比大于下面的累计百分比时，表明该时刻实际进度拖后，拖后的量为二者之差。

c. 当同一时刻上面的累计百分比小于下面的累计百分比时，表明该时刻实际进度超前，超前的量为二者之差。

这种比较法不仅适合于施工速度是变化的情况下的进度比较，同样地，除找出检查日期进度比较情况外，还能提供某一指定时间二者比较情况的信息。当然，这要求实施部门按规定的时间记录当时的完成情况。

需要指出的是，由于工作的施工速度是变化的，因此横道图中的进度横线，不管是计划的还是实际的，都只表示工作的开始时间、持续时间和完成时间，并不表示计划完成量和实际完成量，这两个量分别通过标注在横道线上方及下方的累计百分比数量表示。实际进度的涂黑粗线是从实际工程的开始日期标起，若工作实际施工间断，也可在图中将涂黑粗线作相应的空白。

应用案例 4-7

某工程的土方开挖工程按施工计划安排需要 8 天完成，每天计划完成任务量百分比、每天工作的实际进度和检查日完成任务累计百分比如图 4.6 所示，试论述该图的编制方法和含义。

【案例解析】

(1) 编制横道图进度计划，如图 4.6 中的横道线所示。

(2) 在横道线上方标出土方开挖工程每天计划完成任务的累计百分比，分别为 10%、20%、30%、45%、60%、80%、90%、100%。

(3) 在横道线下方标出工作 1 天、2 天、3 天末和检查日期的实际完成任务累计百分比，分别为 8%、16%、25%、40%。

(4) 用涂黑粗线表示实际施工时间。从图中可以看出第一天末实际进度比计划进度落后 2%，以后各天末分别落后 4%、5%和 5%。

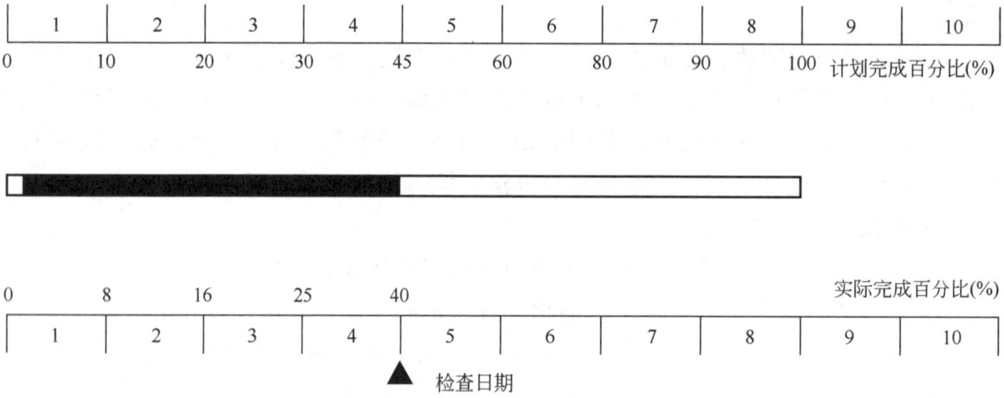

图 4.6　某工程横道图比较图

综上所述，横道图比较法具有下列优点：方法简单、形象直观、容易掌握、应用方便，因而被广泛地应用于简单的进度监测工作中。但是，由于它以横道图进度计划为基础，因此也带有不可克服的局限性，如各工作之间的逻辑关系不明显，关键工作和关键线路无法确定，一旦某些工作进度产生偏差，则难以预测其对后续工作和整个工期的影响及相应确定调整方法。因此，横道图比较法主要用于工程项目中某些工作实际进度与计划进度的局部比较。

2) S 曲线比较法

S 曲线比较法是以横坐标表示时间，纵坐标表示累计完成任务量，绘制一条按计划时间累计完成任务量的 S 曲线；然后将工程项目实施过程中各检查时间实际累计完成任务量的 S 曲线也绘制在同一坐标系中，进行实际进度与计划进度的比较的一种方法。

从整个工程项目实际进展全过程来看，若施工过程是匀速的，则时间与累计完成任务量之间呈正比例直线关系；若施工过程是变速的，则时间与累计完成任务量之间呈曲线关系。具体而言，若施工速度是先快后慢，则该曲线呈抛物线形态；若施工速度是先慢后快，则该曲线呈指数曲线形态；若施工速度是中期快首尾慢(工程中多是这种情况)，则随工程进展累计完成任务量呈 S 形变化。由于其形似英文字母“S”，S 曲线因此得名。在实际施工过程中，由于单位时间投入的资源量一般是开始和结束时较少，中间阶段较多，因此累计完成任务量曲线多呈 S 曲线形态。施工速度与累计完成任务量的具体关系见表 4-5。

表 4-5　施工速度与累计完成任务量的关系

施工速度与时间的关系	累计完成任务量与时间的关系
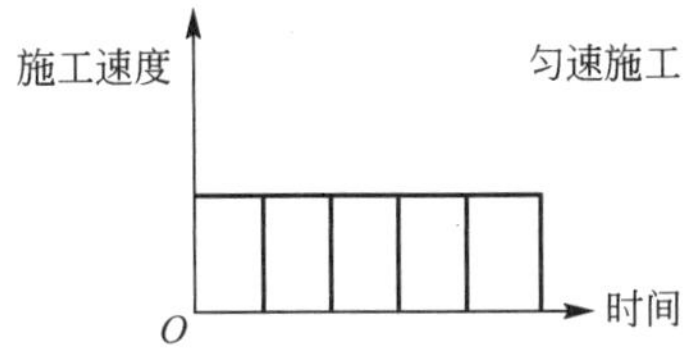	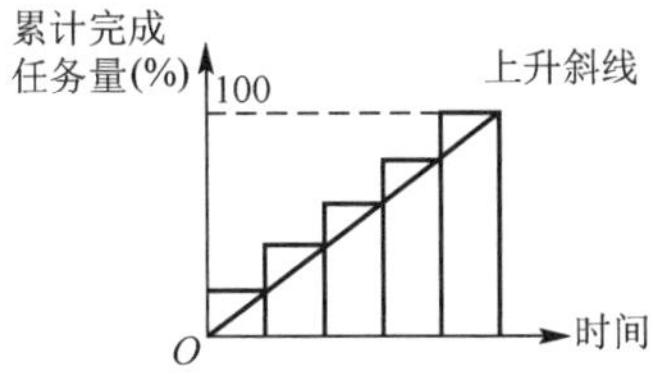
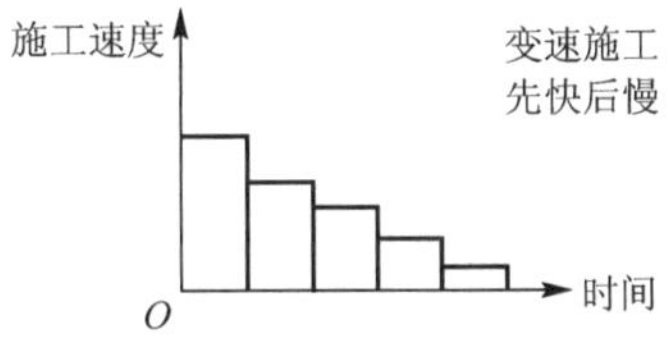	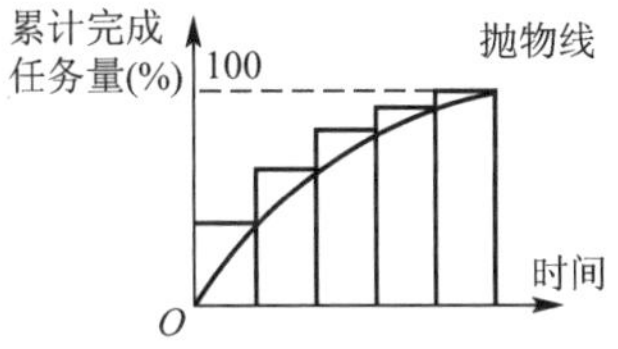
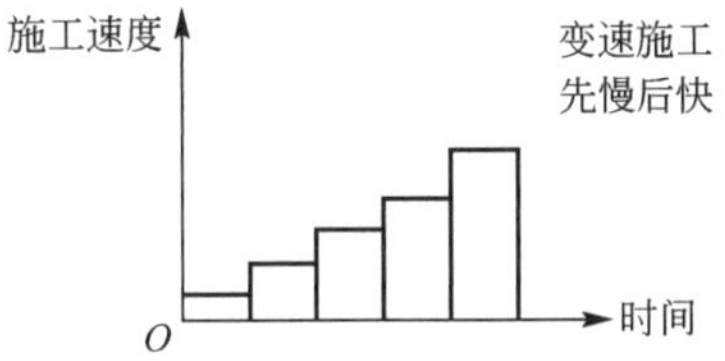	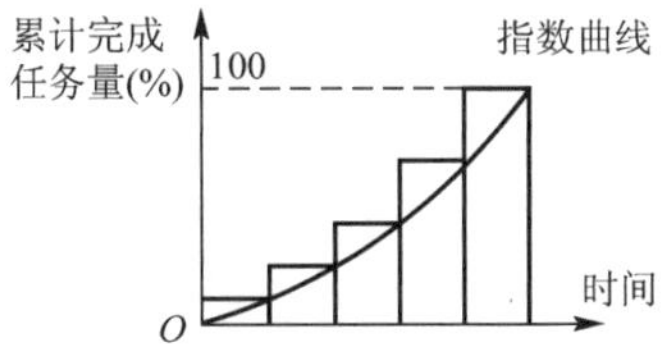
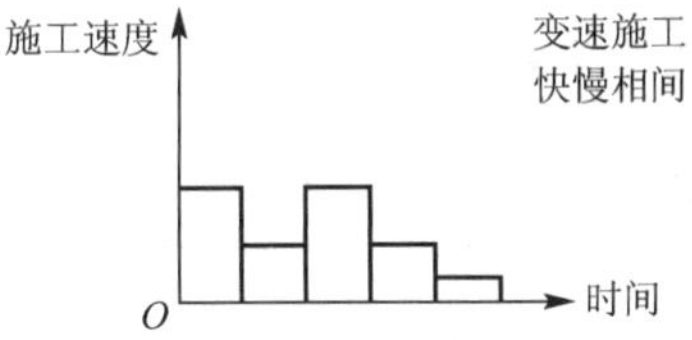	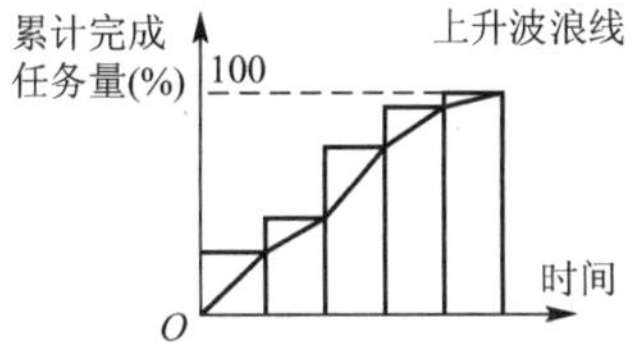
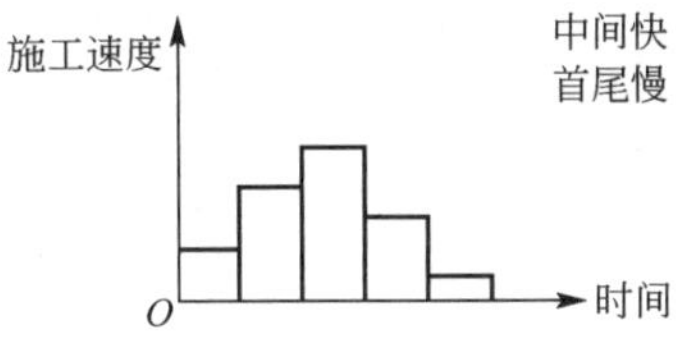	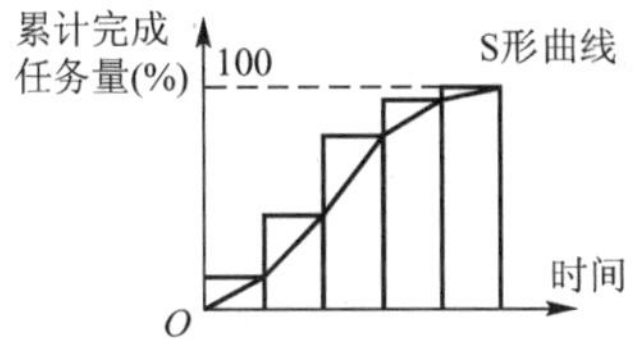

(1) S 曲线的绘制方法。

① 确定单位时间计划完成任务量 q_j。在实际工程中，可以根据每单位时间内计划完成的实物工程量或投入的劳动力与费用，计算出单位时间的计划完成任务量 q_j。

② 计算不同时间累计完成任务量 Q_j。累计完成任务量可按下式确定。

$$Q_j=\sum_{j=1}^{j} q_j \tag{4-9}$$

式中 Q_j——某时间 j 的计划累计完成任务量；

q_j——单位时间 j 的计划完成任务量；

j——某规定计划时间。

③ 根据累计完成任务量绘制 S 曲线。

下面通过案例说明 S 曲线的绘制方法。

应用案例 4-8

某分项工程计划 10 天完成，每天计划完成任务量如图 4.7 所示，试绘制该分项工程的计划 S 曲线。

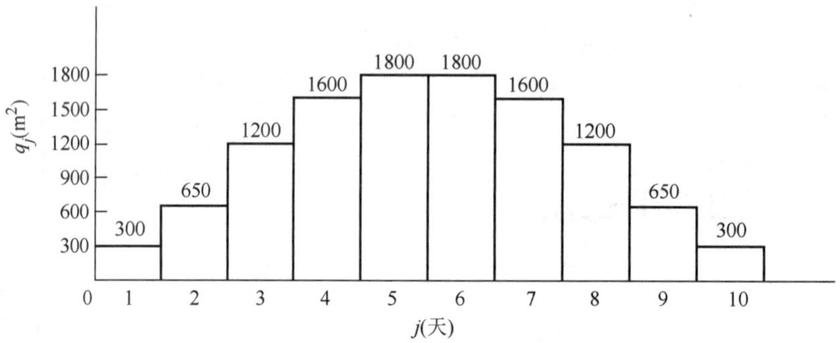

图 4.7　每天计划完成任务量

【案例解析】

(1) 确定单位时间计划完成任务量。本例中，每天计划完成任务量列于表4-6中。

(2) 计算不同时间累计完成任务量。计算结果也见表 4-6。

表 4-6　计算过程表

时间 j/天	1	2	3	4	5	6	7	8	9	10
每天计划完成任务量 q_j/m^2	300	650	1200	1600	1800	1800	1600	1200	650	300
累计完成任务量 Q_j/m^2	300	950	2150	3750	5550	7350	8950	10150	10800	11100
累计完成百分比 μ_j/(%)	2.7	8.6	19.4	33.8	50.0	66.2	80.6	91.4	97.3	100

(3) 根据累计完成任务量绘制 S 曲线，如图 4.8 所示。

(2) 实际进度与计划进度的比较。

同横道图比较法一样，S 曲线比较法也是在图上进行工程项目实际进度与计划进度的比较。在工程项目实施过程中，按照规定时间将检查收集到的实际累计完成任务量绘制在原计划 S 曲线图上，即可得到实际进度 S 曲线，如图 4.9 所示。通过比较实际进度 S 曲线与计划进度 S 曲线，可获得以下信息。

① 工程项目实际进展状况。如果工程实际进展点落在计划进度 S 曲线左侧，则表明此时实际进度比计划进度超前，如图 4.9 中的 a 点；如果工程实际进展点落在计划进度 S 曲线右侧，则表明此时实际进度拖后，如图 4.9 中的 b 点；如果工程实际进展点正好落在

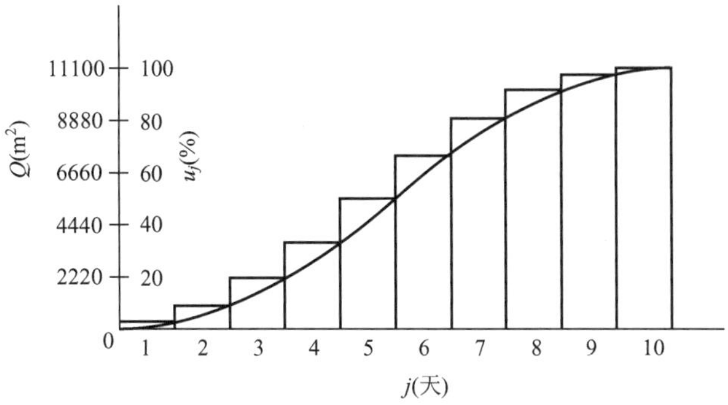

图 4.8　某工程 S 曲线图

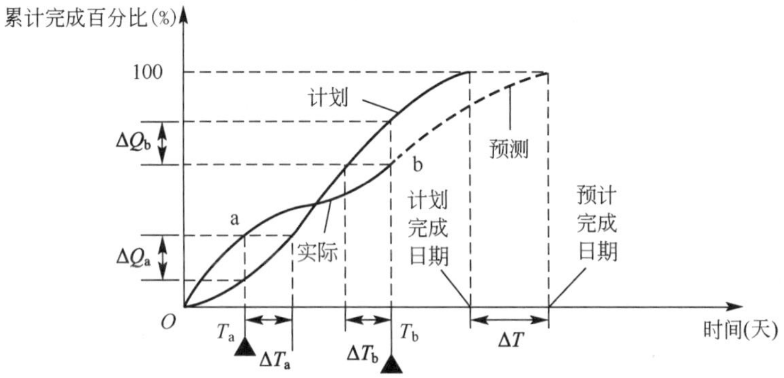

图 4.9　S 曲线比较图

计划进度 S 曲线上，则表示此时实际进度与计划进度一致。

② 工程项目实际进度超前或拖后的时间。

在 S 曲线比较图中可以直接读出实际进度比计划进度超前或拖后的时间。如图 4.9 所示，ΔT_a 表示 T_a 时刻实际进度超前的时间，ΔT_b 表示 T_b 时刻实际进度拖后的时间。

③ 工程项目实际超额或拖欠的任务量。

在 S 曲线比较图中也可直接读出实际进度比计划进度超额或拖欠的任务量。如图 4.9 所示，ΔQ_a 表示 T_a 时刻超额完成的任务量，ΔQ_b 表示 T_b 时刻拖欠的任务量。

④ 后期工程进度预测。

如果后期工程按原计划速度进行，则可作出后期工程计划 S 曲线，如图 4.9 中虚线所示，从而可以确定工期拖延预测值 ΔT。

3） 前锋线比较法

前锋线比较法也是一种简单地进行工程实际进度与计划进度比较的方法，它主要适用于时标网络计划。前锋线是指在原时标网络计划上，从检查时刻的时标点出发，用点画线依次将各项工作实际进展点连接而成的折线。前锋线比较法就是通过实际进度的前锋线与原进度计划中各工作箭线交点的位置来判断工作实际进度与计划进度的偏差，进而判定该偏差对后续工作及总工期影响程度的一种方法。

采用前锋线比较法进行实际进度与原进度计划的比较，其步骤如下。

(1) 绘制时标网络计划图。

工程项目实际进度的前锋线是在时标网络计划图上标示，为清楚起见，可在时标网络计划图的上方和下方各设一时间坐标。

(2) 绘制实际进度前锋线。

一般从时标网络计划图上方时间坐标的检查日期开始绘制，依次连接相邻工作的实际进展位置点，最后与时标网络计划图下方坐标的检查日期相连接。工作实际进展位置点的标定方法有两种。

① 按该工作已完成任务量比例进行标定。假设工程项目中各项工作均为匀速进展，根据实际进度检查时刻该工作已完成任务量占其计划完成总任务量的比例，在工作箭线上从左至右按相同的比例标定其实际进展位置点。

② 按尚需作业时间进行标定。当某些工作的持续时间难以按实物工程量来计算而只能凭经验估算时，可以先估算出检查时刻到该工作全部完成尚需作业的时间，然后在该工作箭线上从右向左逆向标定其实际进展位置点。

(3) 进行实际进度与计划进度的比较。

前锋线可以直观地反映出检查日期有关工作实际进度与计划进度之间的关系。对某项工作来说，其实际进度与计划进度之间的关系可能存在以下三种情况。

① 工作实际进展位置点落在检查日期的左侧，表明该工作实际进度拖后，拖后的时间为二者之差。

② 工作实际进展位置点与检查日期重合，表明该工作实际进度与计划进度一致。

③ 工作实际进展位置点落在检查日期的右侧，表明该工作实际进度超前，超前的时间为二者之差。

(4) 预测进度偏差对后续工作及总工期的影响。

通过实际进度与计划进度的比较确定进度偏差后，还可根据工作的自由时差和总时差预测该进度偏差对后续工作及项目总工期的影响。由此可见，前锋线比较法既适用于工作实际进度与计划进度之间的局部比较，又可用来分析和预测工程项目的整体进度状况。

应用案例 4-9

某工程项目的时标网络计划如图 4.10 所示。该计划执行到第 40 天末检查施工进度完

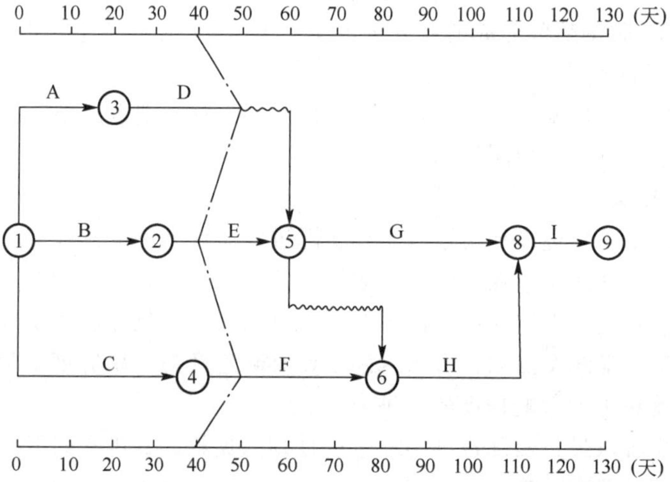

图 4.10　某工程的时标网络计划

成情况，发现工作A、B、C、D已完成，工作E已进行10天，工作F已进行10天，工作G、H、I尚未开始。试用前锋线比较法进行实际进度与计划进度的比较。

【案例解析】

根据第40天末实际进度检查结果绘制前锋线，如图4.10中点画线所示。通过比较可以看出：

(1) 工作D实际进度提前10天，由于其为非关键工作，所以总工期不变。

(2) 工作E与计划一致。

(3) 工作F提前10天，虽然其在关键线路①→④→⑥→⑧→⑨上，但由于关键线路还有①→②→⑤→⑧→⑨，所以总工期不会提前。

4.3.2 建筑工程项目进度计划的调整

建筑工程项目进度计划在执行过程中呈现出波动性、多变性和不均衡性的特点，因此在建筑工程项目进度计划执行过程中，要经常检查进度计划的执行尾部，及时发现问题，当实际进度与计划进度存在差异时，必须对进度计划进行调整，以实现进度目标。

1. 分析偏差对后续工作及总工期的影响

1) 分析出现进度偏差的工作是否为关键工作

若出现偏差的工作为关键工作，则无论偏差大小，都会对后续工作及总工期产生影响，因此必须采取相应的调整措施；若出现偏差的工作不为关键工作，则需要根据偏差值与总时差和自由时差的大小关系，确定对后续工作和总工期的影响程度。

2) 分析进度偏差是否超过总时差

若工作的进度偏差大于该工作的总时差，则说明此偏差必将影响后续工作和总工期，因此必须采取相应的调整措施；若工作的进度偏差小于或等于该工作的总时差，则说明此偏差对总工期无影响，但它对后续工作的影响程度，需要根据比较偏差与自由时差的情况来确定。

3) 分析进度偏差是否超过自由时差

若工作的进度偏差大于该工作的自由时差，则说明此偏差将对后续工作产生影响，该如何调整，应根据后续工作允许影响的程度而定；若工作的进度偏差小于或等于该工作的自由时差，则说明此偏差对后续工作无影响，因此，原进度计划可以不做调整。

经过如此分析，进度控制人员可以确认是否调整产生进度偏差的工作及调整偏差值的大小，以便确定调整措施，从而获得新的符合实际进度情况和计划目标的进度计划。

2. 建筑工程项目进度计划的调整方法

在对实施的进度计划分析的基础上，应确定调整原计划的方法，主要有以下两种。

1) 改变某些工作间的逻辑关系

若检查的实际进度产生的偏差影响了总工期，在工作之间的逻辑关系允许改变的条件下，可改变关键线路和超过计划工期的非关键线路上的有关工作之间的逻辑关系，以达到缩短工期的目的。用这种方法调整的效果是很显著的，例如可以把依次施工改为平行施工或互相搭接，以及分成几个施工段进行流水施工等，都可以达到缩短工期的目的。

应用案例 4 10

某工程项目基础工程包括挖基槽、做垫层、砌基础、回填土四个施工过程，各施工过程的持续时间分别为21天、15天、18天和9天，如果采取依次施工的方式进行施工，则其总工期为63天。为缩短该基础工程总工期，在工作面及资源供应允许的条件下，将基础工程划分为工程量大致相等的三个施工段组织流水作业。试绘制该基础工程流水作业网络计划，并确定其计算工期。

【案例解析】

该基础工程流水施工网络计划如图4.11所示。通过组织流水施工，使得该基础工程的计算工期由63天缩短为35天。

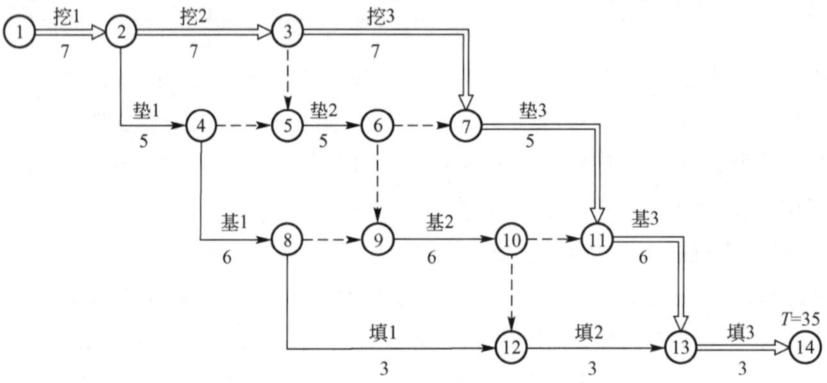

图 4.11 该基础工程流水施工网络计划

2) 缩短某些工作的持续时间

这种方法是不改变工程项目中各项工作之间的逻辑关系，而通过采取增加资源投入、提高劳动效率等措施来缩短某些工作的持续时间，使工程进度加快，以保证按计划工期完成该工程项目。具体调整方法视限制条件及对其后续工作的影响程度的不同而有所区别，一般可分为以下三种情况。

(1) 计划中某项工作进度拖延的时间未超过其总时差。

此时该工作的实际进度不会影响总工期，而只对其后续工作产生影响。因此，在进行调整前，需要确定其后续工作允许拖延的时间限制，并以此作为进度调整的限制条件。

应用案例 4-11

某工程项目双代号时标网络计划如图4.12所示，该计划执行到第6天下班时刻检查时，其实际进度如图中前锋线所示。试分析目前实际进度对后续工作和总工期的影响，并提出相应的进度调整措施。

【案例解析】

从图4.12中可以看出，工作B、D的实际进度拖后1天，其他工作的实际进度均正常。由于工作B的总时差为1天，工作D的总时差为2天，故此时工作的实际进度不影响总工期。

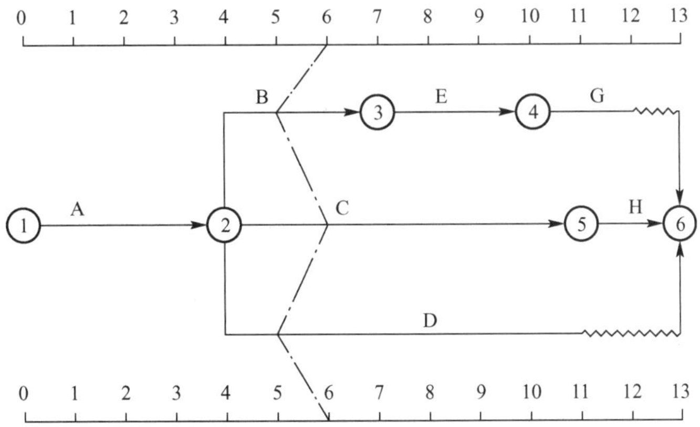

图 4.12　某工程项目双代号时标网络计划

进度计划是否需要调整，取决于后续工作的限制条件。

(1) 后续工作拖延的时间无限制。当后续工作拖延的时间完全被允许时，可将拖延后的时间参数带入原计划，并简化网络图，即去掉已执行部分，以进度检查日期为起点，将实际数据带入，绘制出未实施部分的进度计划，即可得到调整方案，如图 4.13 所示。

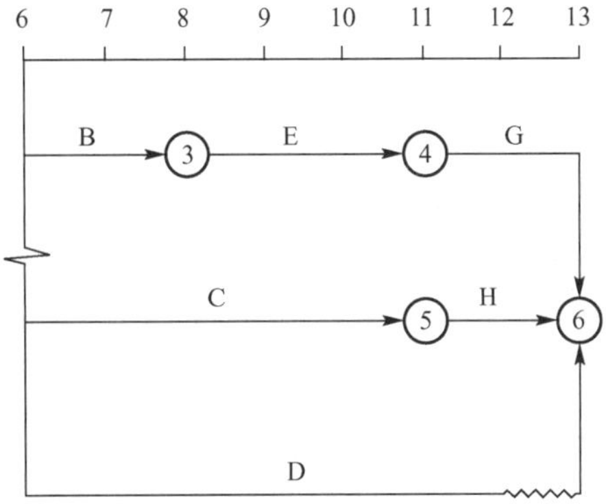

图 4.13　后续工作拖延时间无限制的网络计划

(2) 后续工作拖延的时间有限制。当后续工作不允许拖延或拖延的时间有限制时，需要根据限制条件对网络计划进行调整，寻求最优方案。例如本例中，如果工作 E 的开始时间不允许超过 7 天，则只能将其紧前工作 B 的持续时间由还需要 2 天压缩为 1 天，可保证工作 E 按原计划执行。

(2) 网络计划中某项工作进度拖延的时间超过其总时差。

如果网络计划中某项工作进度拖延的时间超过其总时差，则无论该工作是否为关键工作，其实际进度都将对后续工作和总工期产生影响。此时，进度计划的调整方法又可分为以下三种情况。

① 项目总工期不允许拖延。如果工程项目必须按照原计划工期完成，则只能采取缩短关键线路上后续工作持续时间的方法来达到调整计划的目的。

应用案例 4-12

以图 4.12 所示工程为例，如果在计划执行到第 6 天下班时刻检查时，其实际进度如图 4.14 所示，试分析目前实际进度对后续工作和总工期的影响。

【案例解析】

从图 4.14 中可看出：工作 B 实际进度拖后 2 天，由于其只有 1 天总时差，故影响总工期 1 天；工作 C 按计划进行，进度正常，既不影响其后续工作，也不影响总工期；工作

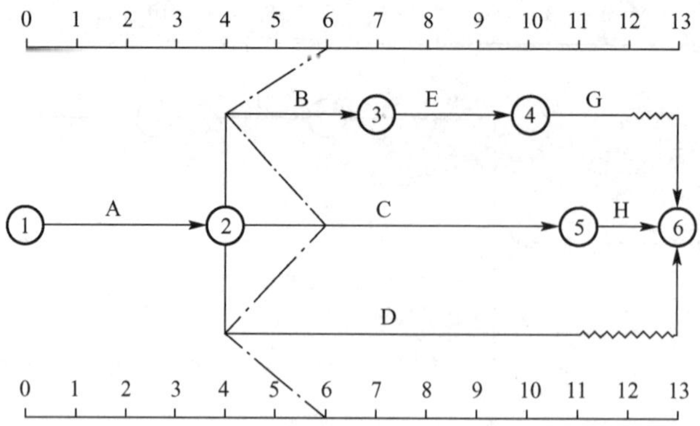

图 4.14 某工程第 6 天进度前锋线

D 实际进度拖后 2 天，由于有 2 天总时差，因此不影响总工期。综上所述，由于工作 B 的拖延导致工期拖延 1 天。

如果该项目总工期不允许拖延，则为了保证其按原计划工期 13 天完成，必须缩短关键线路上后续工作的持续时间。现假设缩短工作 B 所需费用最低，则可将工作 B 的持续时间缩短 1 天，调整后的工期不拖延网络计划，如图 4.15 所示。

② 项目总工期允许拖延。如果项目总工期允许拖延，则此时只需以实际数据取代原计划数据，并重新绘制实际进度检查日期之后的简化网络计划即可。

应用案例 4-13

以图 4.14 所示前锋线为例，如果项目总工期允许拖延，此时只需以检查日期第 6 天为起点，用其后各工作尚需作业时间取代相应的原计划数据，绘制出网络计划，如图 4.16 所示。方案调整后，项目总工期为 14 天。

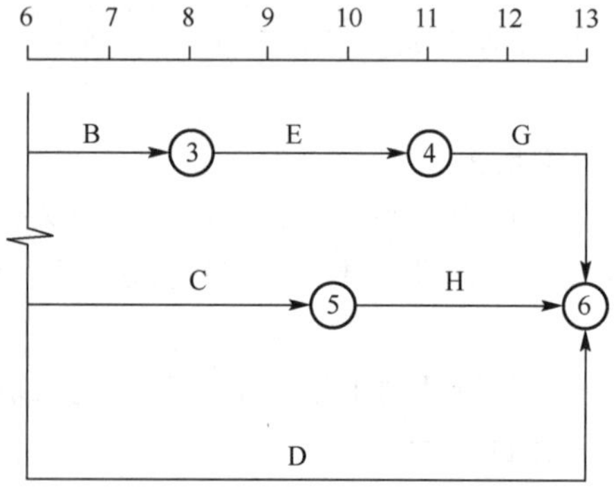

图 4.15 调整后工期不拖延的网络计划

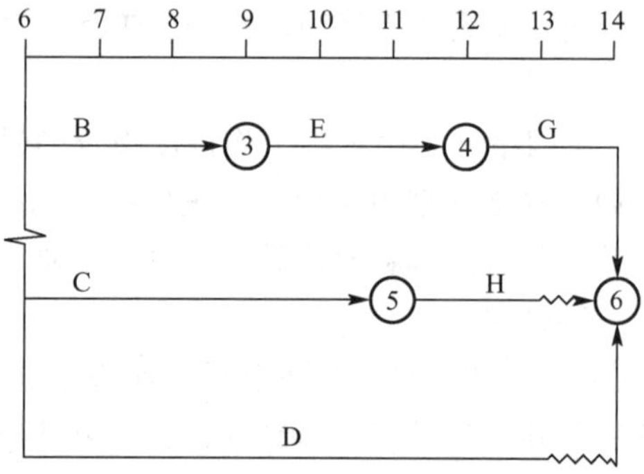

图 4.16 调整后拖延工期的网络计划

③ 项目总工期允许拖延的时间有限。如果项目总工期允许拖延，但时间有限，则当实际进度拖延的时间超过此限制时，也需要对网络计划进行调整，以便满足要求。

具体的调整方法是以总工期的限制时间作为规定工期，对检查日期之后尚未实施的网络计划进行工期优化，即通过缩短关键线路上后续工作持续时间的方法来使总工期满足规定工期的要求。

学习作业单

任务单元 4.3 学习作业单	
工作任务完成	根据任务单元 4.3 工作任务单的工作任务描述和要求，完成任务如下。
任务单元学习总结	（1）建筑工程项目进度计划检查的主要工作内容。 （2）实际进度与计划进度对比的方法。 （3）建筑工程项目进度计划调整的方法。
任务单元学习体会	

模块小结

通过本模块的学习，要对建筑工程项目进度管理的过程有一个正确、全面的认识。首先根据进度目标制订建筑工程项目进度计划，在计划执行过程中不断检查工程实际进展状况，并将实际进度与计划进度进行对比，从中得出偏差信息。然后在分析偏差及其产生原因的基础上，通过采取组织、技术、合同、经济等措施来维持原计划，使之能正常实施；如果采取措施后仍不能维持原计划，则需对原计划进行调整，再按新的进度计划实施。如此在进度计划的执行过程中不断检查和调整，以保证建筑工程项目进度得到有效的控制。

建筑业从业人员职业道德规范

在学习过程中，应注意理论联系实际，通过解析案例，掌握进度管理知识，训练建筑工程项目进度管理的扎实技能，提高实践能力。

思考与练习

一、单选题

1. 进度管理的一个循环过程中包括(　　)四个过程。

A. 策划、计划、实施、检查　　B. 计划、实施、检查、调整

C. 计划、实施、检查、改进　　D. 计划、实施、调整、检查

2. 建筑工程项目进度管理目标体系应在(　　)的基础上形成。

A. 项目定义　　B. 项目分解　　C. 项目规划　　D. 项目实施

3. 建筑工程项目进度管理的(　　)涉及对实现进度目标有利的施工技术方案的选用。

A. 组织措施　　B. 管理措施　　C. 经济措施　　D. 技术措施

4. 由于项目实施过程中主观和客观条件的变化，进度控制必须是一个(　　)的管理过程。

A. 静态　　B. 动态　　C. 经常　　D. 主动

5. 施工总进度计划是以(　　)为对象编制的。

A. 建设项目　　B. 单项工程　　C. 单位工程　　D. 分部工程

6. 针对(　　)建设工程项目，需要编制控制性、指导性、实施性三个层次的施工进度计划。

A. 零星　　B. 小型　　C. 中小型　　D. 大中型

7. 项目施工的月作业计划和旬作业计划属于(　　)施工进度计划。

A. 控制性　　B. 总进度计划性　　C. 阶段性　　D. 规划性

8. 以下关于单位工程施工进度计划的编制步骤，正确的是(　　)。其中各数字含义如下：①套用施工定额；②计算工程量；③划分施工过程；④计算劳动量及机械台班量；⑤初排施工进度计划；⑥检查与调整施工进度计划；⑦确定施工过程的持续时间；⑧确定施工顺序。

A. ①②③④⑤⑥⑦⑧　　B. ③⑧②①④⑦⑤⑥

C. ④①⑥③②⑤⑧⑦　　D. ③⑧②①⑦④⑤⑥

9. 某钢筋混凝土基础工程，其支模板、绑扎钢筋、浇筑混凝土三个施工过程的工程量分别为 823.6m^2、9.386t、334.3m^3，查劳动定额得时间定额分别为 0.253 工日/m^2、5.28 工日/t、0.833 工日/m^3，则完成该钢筋混凝土基础工程所需的劳动量为(　　)工日。

A. 536　　B. 455　　C. 179　　D. 3658

10. 某工程外墙面装饰有外墙涂料、面砖、剁假石三种做法，其工程量分别为 930.5m^2、490.3m^2、185.3m^2，采用的产量定额分别为 7.56m^2/工日、4.05m^2/工日、3.05m^2/工日，则它们的综合产量定额为（　　）m^2/工作日。

A. 0.19　　B. 5.27　　C. 4.89　　D. 239

11. 某工程需挖土方 4800m^3，分成四个施工段组织有节奏流水施工，拟采用两个班组倒班作业，每个班组用两台挖土机挖土方，每台挖土机的产量定额为 50m^3/台班，则该工程土方开挖的流水节拍为(　　)天。

A. 24　　B. 15　　C. 12　　D. 6

12. 某工作经专家估计最乐观的时间为 10 天、最悲观的时间为 16 天、最可能的时间为 14 天，则完成该工作的期望时间为(　　)天(取整数)。

A. 12　　B. 13　　C. 14　　D. 15

13. 建筑工程项目进度计划检查的工作顺序为(　　)。其中各数字含义如下：①整理统计检查数据；②对比实际进度与计划进度；③进度检查结果的处理；④跟踪检查施工实际进度。

A. ①②③④　　B. ②①④③　　C. ④①②③　　D. ③②①④

14. 与匀速进展横道图比较法相比，非匀速进展横道图比较法具有(　　)的特点。

A. 需要绘制横道图进度计划

B. 需要标注检查日期

C. 进度横道的长短既表示施工的持续时间，又表示任务完成量

D. 进度横道的长度只表示工作的持续时间，并不表示任务完成量，任务完成量通过标注在横道线上方及下方的累计百分比数量表示

15. 若施工过程中的施工速度是中期快首尾慢，则时间与累计完成任务量之间的关系呈(　　)。

A. 正比例直线　　B. 抛物线　　C. 指数曲线　　D. S曲线

16. 采用S曲线比较法进行进度检查时，如果工程实际进展点落在计划S曲线左侧，表明此时实际进度比计划进度(　　)。

A. 拖后　　B. 超前　　C. 一致　　D. 无法确定

17. 采用前锋线比较法进行进度检查时，如果工作实际进展位置点落在检查日期的左侧，则表明该工作实际进度比计划进度(　　)。

A. 拖后　　B. 超前　　C. 一致　　D. 无法确定

18. 某工作进度匀速进展，该工作计划进度与实际进度比较横道图如图4.17所示，表示实际进度(　　)。

A. 拖后　　B. 超前

C. 与计划进度一致　　D. 无法确定

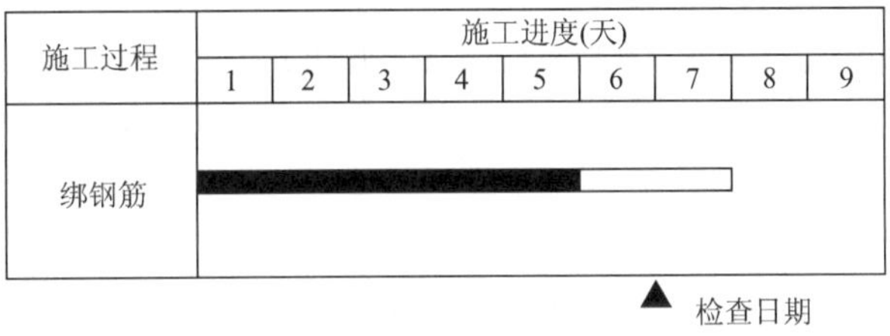

图4.17　某工作计划进度与实际进度比较横道图

二、多选题

1. 项目进度管理是一个(　　)的过程。

A. 动态　　B. 静态　　C. 循环　　D. 复杂　　E. 非循环

2. 建筑工程项目进度管理主要包括(　　)等。

A. 进度计划跟踪检查与调整　　B. 进度计划实施

C. 进度计划编制　　D. 工期索赔条件的分析与比较

E. 建立辅助进度控制的信息处理平台

3. 建筑工程项目进度管理的组织措施包括(　　)等。

A. 建立进度管理的组织系统　　B. 选择先进合理的施工方案

C. 资金需求分析　　D. 订立进度管理工作制度

E. 建立进度管理目标体系

4. 建筑工程项目进度管理的经济措施包括(　　)等。

A. 经济鼓励措施

B. 签订并实施进度管理的经济承包责任制

C. 落实各层次进度管理的人员、任务和职责

D. 编制进度管理的工作流程

E. 编制资金需求计划

5. 建筑工程项目进度计划按照计划时间可以划分为(　　)。

A. 总进度计划　　B. 文字说明计划　　C. 年度进度计划

D. 季度施工计划　　E. 控制性进度计划

6. 建筑工程项目进度计划按照计划的作用可以划分为(　　)。

A. 总进度计划　　B. 实施性计划　　C. 年度进度计划

D. 指导性进度计划　　E. 控制性进度计划

7. 编制单位工程施工进度计划时需要划分施工过程，划分施工过程时应考虑以下(　　)因素。

A. 施工进度计划的性质和作用　　B. 工程量的多少

C. 施工方案　　D. 工程结构

E. 明确施工过程对施工进度的影响程度

8. 实际工程中，确定施工班组人数或机械台数时，应考虑以下(　　)因素。

A. 最小劳动组合　　B. 工程量的多少

C. 最小工作面　　D. 工程结构

E. 可能安排的人数或机械台数

9. 施工进度检查时，可以采用以下(　　)等方法。

A. 排列图法　　B. 横道图比较法　　C. S曲线比较法

D. 因果分析法　　E. 前锋线比较法

10. 非匀速进展横道图比较法中，以下(　　)说法是正确的。

A. 进度横道只表示工作的开始时间、持续天数和完成时间

B. 进度横道不表示计划完成量和实际完成量

C. 表示实际进度的涂黑粗线可以间断

D. 进度横道既表示工作的开始时间、持续天数和完成时间，同时又表示计划完成量和实际完成量

E. 计划完成量和实际完成量分别通过标注在横道线上方及下方的累计百分比数量表示

11. 采用S曲线比较法进行进度检查时，可以获得(　　)信息。

A. 预测进度偏差对后续工作及总工期的影响　　B. 工程项目实际进展状况

C. 工程项目实际超额或拖欠的任务量　　D. 后期工程进度预测

E. 工程项目实际进度超前或拖后的时间

12. 某工作采用S曲线进行实际进度与计划进度的比较，如图4.18所示，下列说法正确的是(　　)。

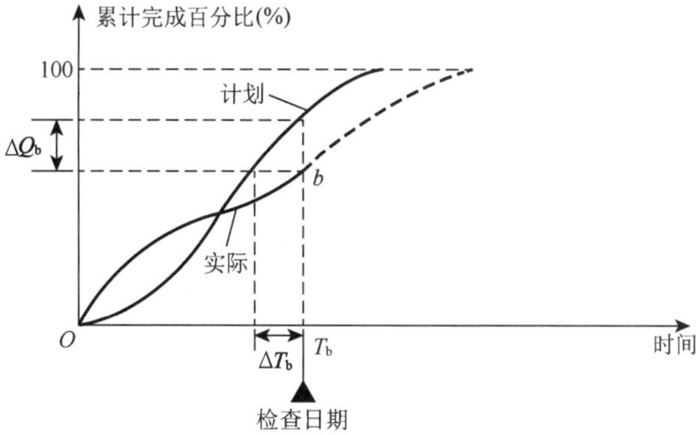

图 4.18　某工作计划进度与实际进度 S 曲线比较图

A. 在检查日期，实际进度比计划进度拖后，拖后时间为 ΔT_b

B. 在检查日期，实际进度比计划进度超前，超前时间为 ΔT_b

C. 在检查日期，实际进度比计划进度拖后，拖后的任务量为 ΔQ_b

D. 在检查日期，实际进度比计划进度超前，超前完成的任务量为 ΔQ_b

E. 在检查日期，实际进度与计划进度一致

三、简答题

1. 试述单位工程施工进度计划的编制方法与步骤。
2. 在划分单位工程的施工过程时应考虑哪些因素？
3. 施工进度计划的检查常采用哪些方法？
4. 匀速进展与非匀速进度横道图比较法的区别是什么？
5. 怎样运用前锋线进行作业进度的观察、分析与预测？

模块4
在线答题

四、实训题

1. 某工作计划进度与实际进度如图 4.19 所示，从中可以得到什么样的信息？

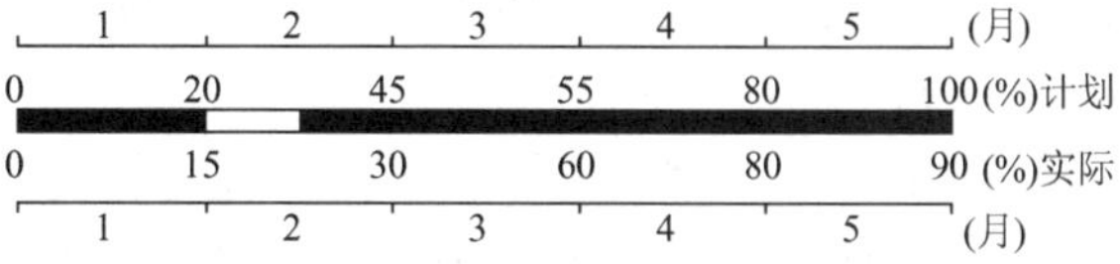

图 4.19　某工作计划进度与实际进度图

2. 某工程双代号时标网络计划执行到第 6 天结束时，检查其实际进度如图 4.20 所示，试比较 B、C、D 三项工作实际进度与计划进度之间的偏差，并说明各自对工期的影响。

3. 某工程的时标网络计划如图 4.21 所示。该计划执行到第 50 天末检查施工进度完成情况，发现 A、B、C 工作已完成，D 工作还需 10 天能够完成，E 工作已进行 20 天，F 工作已进行 10 天，G、H、I 工作尚未开始。

(1) 根据施工进度完成情况，绘制正确的实际进度前锋线。

(2) 试比较检查时各项工作实际进度与计划进度之间的偏差，并说明各自对工期的

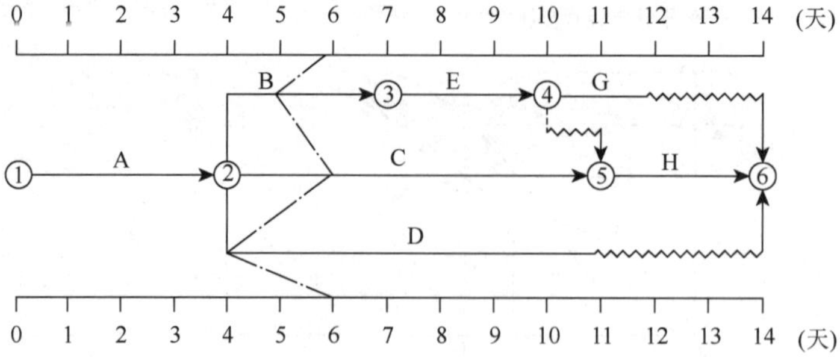

图 4.20 某工程双代号时标网络计划

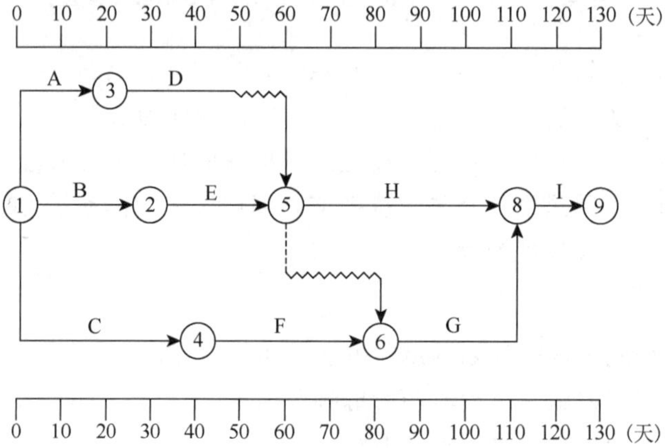

图 4.21 某工程双代号时标网络计划

影响。

4. 某建筑公司中标某体育学院教学楼工程，该工程结构形式为框架-剪力墙结构，于2022年4月3日开工建设，合同工期为200天。该公司根据项目特点组建了项目经理部，工地不设混凝土搅拌站，全部采用商品混凝土。

(1) 如果预拌混凝土的供应能够保证满足施工顺利进行，则该工程预拌混凝土的运输过程是否应列入进度计划？为什么？

(2) 如果在进度控制时，混凝土的浇筑是关键工作，由于预拌混凝土的运输原因，使该项工作拖后两天，这会对工期造成什么影响？为什么？为了保证按合同工期完成施工任务，施工单位进行了进度计划调整，其依据是什么？

模块5 建筑工程项目质量管理

能力目标

通过本模块的学习，学生要对建筑工程项目质量管理的全过程有一个清晰、完整的认识，能够按照科学的程序展开建筑工程项目质量的策划、计划、实施控制和改进等环节；能够采用合理的数理统计分析方法对施工过程中出现的质量问题进行分析，为决策提供依据。在教学过程中，应培养学生对事物全过程管理的能力、运用专业知识分析和解决问题的能力，以及判断是非的能力；应培养学生良好的职业素养，严格执行国家标准、精益求精的工匠精神。

知识目标

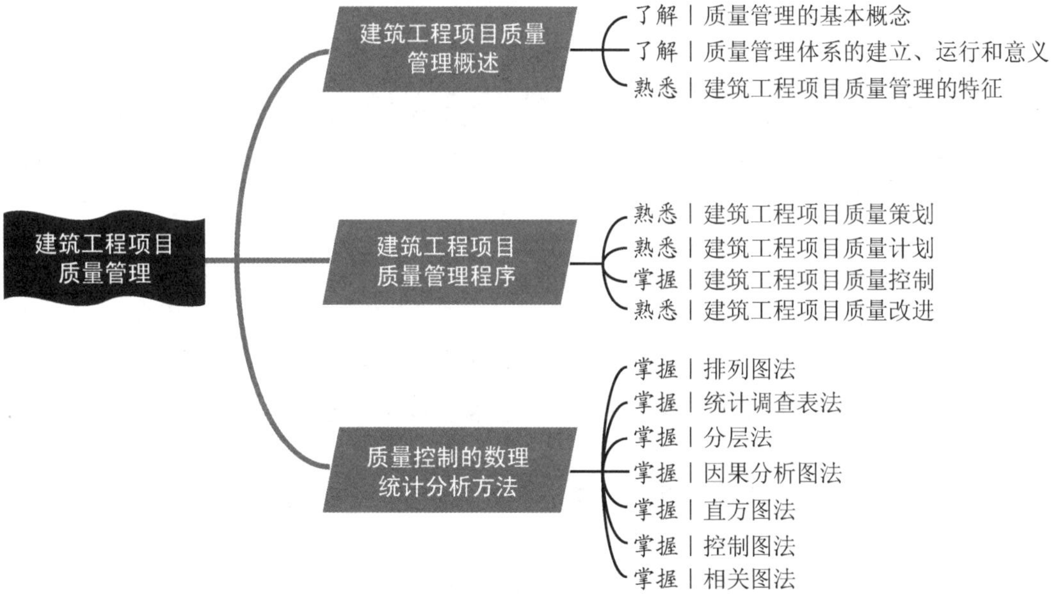

引例

路欣苑住宅小区工程施工质量管理

1. 项目概况

该工程坐落在山西省太原市小店区许坦西街69号，总建筑面积共计69490.69m^2，包括路欣苑住宅小区1号商住楼、2号商住楼、3号商业楼、地下车库。1号商住楼、2号商住楼地上为住宅和商业网点，地下为住宅储物间、设备用房和人防工程；3号商业楼地上一层为商业用房，二、三、四层为办公用房，地下为车库。工程由山西四建集团有限公司承建。

2. 工程施工的特点及难点

本工程地理位置特殊，地处许坦西街，东临坞城路，北靠武警医院，属于市中心位置。该工程为公司重点工程，优质高速地完成工程建设具有较高的社会效益和经济效益，因此工程质量的优劣也备受瞩目。地下二层结构层高3.6m，地下一层结构层高4.3m，给模板施工和混凝土施工带来很大的难度。底板为大体积混凝土，基础要求连续浇筑，现场混凝土浇筑时的浇筑顺序和混凝土内部水化热的测量监控尤为重要。基础梁钢筋均为大直径钢筋，接头采用机械连接，柱钢筋连接采用机械连接，对特殊工种操作要求很高。

3. 工程质量管理目标

合同质量目标：合格。

4. 工程质量保证措施

1）制定各项质量管理措施

(1) 建立健全各项质量目标责任制度，做到目标明确、任务落实、责任到位。

(2) 公司实行严格的质量责任签订制度，首先由公司总经理与项目经理签订项目经理责任状，确定质量目标。根据项目部质量计划，预控质量目标，确定分部分项工程质量目标。

(3) 施工中，实行质量一票否决制，每道工序由质检员跟踪检查，达到要求后方可进行下道工序。用工序质量保证分部分项工程质量，最后确保单位工程质量。

2）制定各项质量技术措施

(1) 施工中的原材料，要求在有质量保证能力的厂家购买，并具有原材料合格证。对于重要材料，如水泥、防水材料等，还需经试验合格后方可使用。严禁不合格材料及未检验材料用于工程中。

(2) 施工中，严格执行各种规范、工艺标准、质量验收标志及公司发布的质量管理程序文件，以保证每道工序处于受控状态。

(3) 各级管理人员必须持证上岗，坚持“样板先行制”“挂牌作业制”“混凝土开盘申请制”；采取“护”“包”“盖”“封”等措施，做好成品保护工作。

(4) 施工过程坚决杜绝质量通病，工程细部应按公司要求执行，确保工程的使用功能和观感效果。

3）制定切实可行的施工方案

根据规定，本工程的支撑架工程属于超过一定规模的危险性较大的分部分项工程，需编制专项施工方案，并通过专家论证后方可施行。

4）针对本项目的关键部位、薄弱环节重点进行质量预控

5. 管理成效

整个工程实现了一次性质量合格的目标，同时保证了工程按期竣工，降低了工程成本，实现了质量目标。

引言

党的二十大报告提出，高质量发展是全面建设社会主义现代化国家的首要任务，要加快建设质量强国。高质量的工程项目离不开高水平的质量管理。建筑工程项目质量管理是一个系统过程，包括质量策划、质量计划、质量控制、质量改进等环节，依照一定的原则、程序和方法，对项目实施全过程中影响工程质量的要素（人力、机具、材料、施工方法、检测手段、环境等）加以计划、组织、指挥、协调和控制，以达到项目质量目标。上述案例中的工程就是按照这样的管理程序进行的质量管理，取得了很好的成效。

任务单元5.1 建筑工程项目质量管理概述

5.1.1 质量管理的基本概念

1. 质量管理

质量管理是指确定质量方针、目标和职责并在质量体系中通过诸如质量策划、质量控制、质量保证和质量改进，使其实施全部管理职能的所有活动。质量管理是下述管理职能中的所有活动。

（1）确定质量方针和目标。

（2）确定岗位职责和权限。

（3）建立质量体系并使其有效运行。

2. 质量方针

质量方针是由组织的最高管理者正式颁布的、该组织总的质量宗旨和方向。

质量方针是组织总方针的一个组成部分，由最高管理者批准。它是组织的质量政策，是组织全体职工必须遵守的准则和行动纲领，是企业长期或较长时期内质量活动的指导原则，反映了企业领导的质量意识和决策。

3. 质量目标

质量目标是与质量有关的、所追求或作为目的的事物。

质量目标应覆盖那些为了使产品满足要求而确定的各种需求。它反映了企业对产品要求的具体目标，既要满足企业内部所追求的质量品质目标，也要不断满足市场、顾客的要求，是建立在质量方针基础上的。

质量方针是总的质量宗旨、总的指导思想，而质量目标是比较具体的、定量的要求。因此，质量目标是可测量的，并且应与质量方针和持续改进的承诺相一致。

4. 质量体系

质量体系是指为实施质量管理所需的组织结构、程序、过程和资源。

组织结构是一个组织为行使其职能按某种方式建立的职责、权限及其相互关系，通常以组织结构图予以规定。一个组织的组织结构图应能显示其机构设置、岗位设置以及它们之间的相互关系。资源可包括人员、设备设施、资金、技术和方法，质量体系应提供适宜的各项资源以确保过程和产品的质量。

一个组织所建立的质量体系应既满足本组织管理的需要，又满足顾客对本组织的质量体系要求，但主要目的应是满足本组织管理的需要。顾客仅仅评价组织质量体系中与顾客订购产品有关的部分，而不是组织质量体系的全部。

质量体系和质量管理的关系是：质量管理需通过质量体系运行来运作，即建立质量体系并使之有效运行是质量管理的主要任务。

5. 质量策划

质量策划是指质量管理中致力于设定质量目标并规定必要的运行过程和相关资源以实现其质量目标的部分。

最高管理者应对实现质量方针、目标和要求所需的各项活动和资源进行质量策划，并且该策划的输出应文件化。质量策划是质量管理中的筹划活动，是组织领导和管理部门的质量职责之一。

6. 质量控制

质量控制是指为达到质量要求所采取的作业技术和活动。

质量控制的对象是过程，质量控制的结果应能使被控制对象达到规定的质量要求。为使控制对象达到规定的质量要求，就必须采取适宜的、有效的措施，具体包括作业技术和方法。

7. 质量保证

质量保证是指为了提供足够的信任表明实体能够满足质量要求，而在质量体系中实施并根据需要进行证实的全部有计划和有系统的活动。

质量保证定义的关键是信任，对达到预期质量要求的能力提供足够的信任，而不是买到不合格产品以后的保修、保换、保退。信任的依据是质量体系的建立和运行，因为质量体系对所有影响质量的因素，包括技术、管理和人员方面的，都采取了有效的方法进行控制，因而具有减少、消除特别是预防不合格的机制。供方规定的质量要求，包括产品的、过程的和质量体系的要求，必须完全反映顾客的需求，才能让顾客给予足够的信任。

质量保证总是在有两方的情况下才存在，由一方向另一方提供信任。由于两方的具体情况不同，质量保证分为内部和外部两种。内部质量保证是企业向自己的管理者提供信任，外部质量保证是供方向顾客或第三方认证机构提供信任。

8. 质量改进

质量改进是指质量管理中致力于提高有效性和效率的部分。

质量改进的目的是向组织自身和顾客提供更多的利益，如更低的消耗、更低的成本、更多的收益以及更新的产品和服务等。质量改进是通过整个组织范围内的活动和过程的效果以及效率的提高来实现的。组织内的任何一个活动和过程的效果以及效率的提高都会导致一定程度的质量改进。质量改进是质量管理的一项重要组成部分或者说支柱之一，它通常在质量控制的基础上进行。

9. 质量管理的 PDCA 循环

PDCA 循环是在长期的生产实践过程和理论研究中形成的，是确立质量管理和建立质量体系的基本原理。其循环如图 5.1 所示。每一个循环都围绕着实现预期的目标，进行计划、实施、检查和处置活动，随着对存在问题的克服、解决和改进，来不断增强质量管理能力，提高质量水平。一个循环的四大职能活动相互联系，共同构成了质量管理的系统过程。

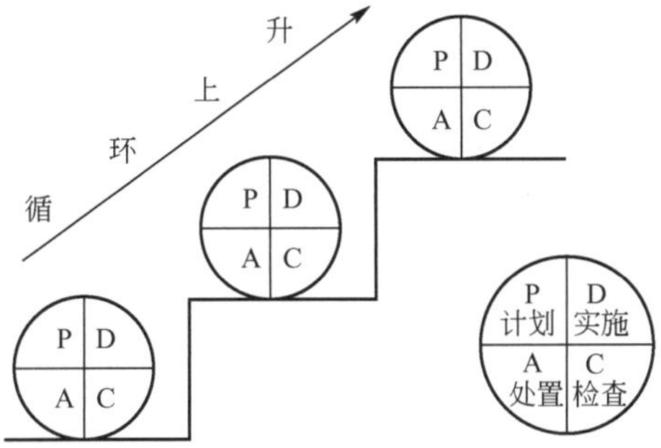

图 5.1 PDCA 循环示意图

1）计划 P(Plan)

质量管理的计划职能，包括确定或明确质量目标和制定实现质量目标的行动方案两方面。实践表明质量计划的严谨周密、经济合理和切实可行，是保证工作质量、产品质量和服务质量的前提条件。

建筑工程项目的质量计划，是由项目干系人根据其在项目实施中所承担的任务、责任范围和质量目标，分别进行质量计划而形成的质量计划体系，其中，建设单位的项目质量计划，包括确定和论证项目总体的质量目标，提出项目质量管理的组织、制度、工作程序、方法和要求。项目其他各方干系人，则根据工程合同规定的质量标准和责任，在明确各自质量目标的基础上，制定实施相应范围质量管理的行动方案，包括技术方法、业务流程、资源配置、检验试验要求、质量记录方式、不合格处理和管理措施等具体内容和做法的质量管理文件，同时也须对其实现预期目标的可行性、有效性、经济合理性进行分析论证，并按照规定的程序与权限，经过审批后执行。

2）实施 D(Do)

实施职能在于将质量的目标值，通过生产要素的投入、作业技术活动和产出过程，转换为质量的实际值。为保证工程质量的产出或形成过程能够达到预期的结果，在各项质量活动实施前，要根据质量管理计划进行行动方案的部署和交底，交底的目的在于使具体的作业者和管理者明确计划的意图和要求，掌握质量标准及其实现的程序与方法。在质量活动的实施过程中，要求严格执行计划的行动方案，规范行为，把质量管理计划的各项规定和安排落实到具体的资源配置和作业技术活动中去。

3）检查 C(Check)

应对计划实施过程进行各种检查，包括作业者自检、互检和专职管理者专检。各类检查也都包含两大方面：一是检查是否严格执行了计划的行动方案，实际条件是否发生了变化，不执行的原因；二是检查计划执行的结果，即产出的质量是否达到了标准的要求，并对此进行确认和评价。

4) 处置 A(Action)

对于质量检查所发现的问题或质量不合格现象，应及时进行原因分析，采取必要的措施予以纠正，保持工程质量形成过程的受控状态。处置分纠偏和预防改进两个方面。前者是采取应急措施，解决当前的质量偏差、问题或事故；后者是提出目前质量状况信息，并反馈给管理部门，反思问题症结或计划时的不周，确定改进目标和措施，为今后类似问题的质量预防提供借鉴。

5.1.2 质量管理体系的建立、运行和意义

1. 质量管理体系的建立

企业质量管理体系的建立，是在确定市场及顾客需求的前提下，制定企业的质量方针、质量目标、质量手册、程序文件、质量记录等体系文件，并将质量目标分解落实到相关层次、相关岗位的职能、职责中，形成企业质量管理体系的执行系统。

企业质量管理体系的建立要求组织对不同层次的员工进行培训，使体系的运行要求、工作内容为员工所理解，从而为全员参与的质量管理体系运行创造条件。

企业质量管理体系的建立，需识别并提供实现质量目标和持续改进所需的资源，包括人员、基础设施、环境、信息等。

2. 质量管理体系的运行

保持质量管理体系的正常运行和持续实用有效，是企业质量管理的一项重要任务，是质量管理体系发挥实际效能、实现质量目标的主要阶段。质量管理体系的有效运行，是依靠体系的组织机构进行组织协调、实施质量监督、开展质量信息反馈、进行质量管理体系审核与评审来实现的。

(1) 组织协调。质量管理体系的运行涉及企业众多部门的活动，组织和协调工作是维护质量管理体系运行的动力。

(2) 质量监督。质量管理体系在运行过程中，各项活动及其结果不可避免地会有偏离标准的可能，为此必须实施质量监督。质量监督有企业内部质量监督和外部质量监督两种，需方或第三方对企业进行的监督是外部质量监督，外部质量监督应与企业内部质量监督考核工作相结合，以杜绝重大质量问题的发生。

(3) 质量信息管理。在质量管理体系的运行过程中，应通过质量信息反馈系统对异常信息做反馈和处理，进行动态控制，以使各项质量活动和工程实体质量保持受控状态。质量信息反馈和组织协调、质量监督工作是密切联系在一起的，异常信息一般来自质量监督，异常信息的处理要依靠组织协调工作，三者的有机结合是使质量管理体系有效运行的保证。

ISO 9000族标准介绍

(4) 质量管理体系审核与评审。企业进行定期的质量管理体系审核与评审，一是对体系要素进行审核与评价，确定其有效性；二是对运行中出现的问题采取纠正措施，对体系的运行进行管理，保持体系的有效性；三是评价质量管理体系对环境的适应性，对体系结构中不适用的内容采取改进措施。

3. 建立和有效运行质量管理体系的意义

ISO 9000 族标准是一套精心设计、结构严谨、定义明确、内容具体、

适用性很强的管理标准。它不受具体行业和企业性质等的制约，为质量管理提供了指南，为质量保证提供通用的质量要求，具有广泛的应用空间。经过许多企业的应用证明其作用表现为以下几点。

（1）提高供方企业的质量信誉。

（2）促进企业完善质量管理体系。

（3）增强企业的国际市场竞争能力。

（4）有利于保护消费者利益。

5.1.3 建筑工程项目质量管理的特征

由于建筑工程项目涉及面广，是一个极其复杂的综合过程，再加上项目位置固定、生产流动、结构类型不一、质量要求不一、施工方法不一、体型大、整体性强、建设周期长、受自然条件影响大等特点，因此建筑工程项目的质量管理比一般工业产品的质量管理更难以实施，主要表现在以下几个方面。

1. 影响质量的因素多

建筑工程项目质量受到多种因素的影响，如决策、设计、材料、机具设备、施工方法、施工工艺、技术措施、人员素质、工期、工程造价等，这些因素会直接或间接影响建筑工程项目质量。

2. 质量波动大

由于建筑生产的单件性、流动性，不像一般工业产品的生产有固定的生产流水线、规范化的生产工艺和完善的检测技术，以及成套的生产设备和稳定的生产环境，所以建筑工程项目质量容易产生波动且波动大。

3. 质量隐蔽性

建筑工程项目在施工过程中，分项工程交接多、中间产品多、隐蔽工程多，因此质量存在隐蔽性。若在施工中不及时进行质量检查，事后则只能从表面上检查，就很难发现内在的质量问题，这样很容易产生判断错误。

隐蔽工程与隐蔽工程验收

4. 终检的局限性

建筑工程项目建成后不可能像一般工业产品那样依靠终检来判断产品质量，或将产品拆卸、解体来检查其内在质量，或对不合格零部件进行更换。建筑工程项目的终检无法进行工程内在质量的检验，也就无法发现隐蔽的质量缺陷。因此，建筑工程项目的终检存在一定的局限性，这就要求建筑工程项目质量控制应以预防为主，防患于未然。

5. 评价方法的特殊性

建筑工程项目质量的检查评定及验收是按检验批、分项工程、单位工程进行的。检验批的质量是分项工程乃至整个工程质量检验的基础，检验批合格质量主要取决于主控项目和一般项目经抽样检验的结果。隐蔽工程在隐蔽前要检查合格后验收，涉及结构安全的试块、试件及有关材料，应按规定进行见证取样检测，涉及结构安全和使用功能的重要分部工程要进行抽样检测。

任务单元 5.2　建筑工程项目质量管理程序

工作任务单

任务单元 5.2 工作任务单	
工作任务描述	某建筑公司投标某一新建工业厂房工程，该工程建筑面积 5466m^2，建筑高度 12.9m，基础为独立基础，结构类型为单层钢结构，要求质量达到国家施工验收规范合格标准，总工期为 100 日历天。 公司中标后，组建了工程项目经理部，并要求项目经理部及时编制项目质量计划。
工作任务要求	(1) 项目经理部对项目进行质量管理的全过程应该包括哪几个环节？ (2) 什么是建筑工程项目质量计划？它包括哪些内容？其编制依据有哪些？ (3) 请你查阅相关资料，给该工程项目草拟一份项目质量计划提纲。

5.2.1　建筑工程项目质量策划

国际标准 ISO 9000：2000 中对质量策划的定义是：质量策划是质量管理的一部分，致力于制定质量目标并规定必要的运行过程和相关资源以实现质量目标。

项目质量策划是围绕项目所进行的质量目标策划、运行过程策划、确定相关资源等活动的过程。项目质量策划的结果是明确项目质量目标；明确为达到质量目标应采取的措施，包括必要的作业过程；明确应提供的必要条件，包括人员、设备等资源条件；明确项目参与各方、部门或岗位的质量职责。质量策划的结果可用质量计划、质量技术文件等质量管理文件形式加以表达。

1. 质量目标策划

项目的质量目标是项目在质量方面所追求的目的。无论何种项目，其质量目标都包括总目标和具体目标。项目质量的总目标表达了项目拟达到的总体质量水平，如某建筑工程的质量目标是合格品率 100%、优良品率 80%。项目质量的具体目标包括项目的性能性目标、可靠性目标、安全性目标、经济性目标、时间性目标和环境适应性目标等。项目质量的具体目标一般应定量加以描述，如某基础工程项目，其混凝土的抗压强度等级为 40MPa。不同的项目，其质量目标策划的内容和方法也不相同，但通常要考虑以下因素。

(1) 项目本身的功能性要求。每一个项目都有其特定的功能，在进行项目质量目标策划时，必须考虑其功能要求。

(2) 项目的外部条件。项目的质量目标应与其外部条件相适应，所以在确定项目的质量目标时，应充分掌握项目的外部条件，如项目的环境条件、地质条件、水文条件等。

(3) 市场因素。在进行项目质量目标策划时，应通过市场调查，了解社会或用户对项目的一种期望，并将其纳入质量目标之中。

（4）质量的经济性。项目质量的提高，往往会导致项目成本的增加。在确定项目质量目标时，要求既满足项目的功能要求和社会或用户的期望，又不至于造成成本的不合理增加。在项目质量目标策划时，应综合考虑项目质量与成本之间的关系，合理确定项目的质量目标。

2. 运行过程策划

项目质量管理是通过一系列活动、环节、过程实现的，项目质量策划应对这些活动、环节、过程加以识别和明确。具体而言，需要明确：影响项目质量的各个环节；质量管理程序；质量管理措施，包括质量管理的技术措施、组织措施等；质量管理方法，包括质量控制方法和质量评价方法等。

3. 确定相关资源

为进行项目质量管理，需建立相应的组织机构，配备人力、材料、检验试验机具等必备资源。这些都应通过项目质量策划过程加以确定。

4. 质量策划的依据

（1）项目特点。不同类型、不同规模、不同特点的项目，其质量目标、质量管理运行过程及需要的资源各不相同。因此，应针对项目的具体情况进行质量策划。

（2）项目质量方针。项目质量方针反映了项目总的质量宗旨和质量方向，质量方针提供了质量目标制订的框架，是项目质量策划的基础之一。

（3）范围说明。以文件形式规定主要项目成果和项目目标(即业主对项目的需求)，它是项目质量策划所需的关键依据之一。

（4）标准和规则。不同的行业、领域，对相关项目都有相应的质量要求，这些要求往往是通过标准、规范、规程等形式加以明确的，这将对项目质量策划产生重要影响。

5.2.2 建筑工程项目质量计划

1. 质量计划的概念

质量计划是指确定项目的质量目标并规定达到这些质量目标必要的作业过程、专门的质量措施和资源等工作。质量计划往往不是一个单独文件，而是由一系列文件所组成的。项目开始时，应从总体考虑，编制规划性的质量计划，如质量管理计划；随着项目的进展，再编制各阶段较详细的质量计划，如项目操作规范。质量计划的格式和详细程度并无统一规定，但应与工程的复杂程度及施工单位的施工部署相适应，计划应尽可能简明。质量计划的作用是，对外可作为针对特定项目的质量保证，对内可作为针对特定项目质量管理的依据。

2. 质量计划的编制依据

（1）合同中有关产品(或过程)的质量要求。

（2）与产品(或过程)有关的其他要求。

（3）质量管理体系文件。

（4）组织针对项目的其他要求。

3. 质量计划的编制要求

质量计划应由项目经理主持编制。质量计划作为对外质量保证和对内质量控制的依据文件，应体现项目从分项工程、分部工程到单位工程的系统控制过程，同时也要体现从资源投入到完成工程质量最终检验和试验的全过程控制。质量计划的编制要求主要包括以下几方面。

1）质量目标

质量目标一般由企业技术负责人、项目经理部管理层认真分析项目特点、项目经理部情况及企业生产经营总目标后决定。其基本要求是项目竣工交付业主使用时，质量要达到合同范围内全部工程的所有使用功能；符合设计图纸要求；检验批、分项、分部、单位工程质量达到施工质量验收统一标准，合格率为100%。

2）管理职责

质量计划应规定项目经理部管理人员及操作人员的岗位职责。

（1）项目经理是本项目实施的最高负责人，对项目符合设计、验收规范、标准要求等负责，对项目各阶段按期交工负责，以保证整个项目质量符合合同要求。

（2）项目经理委托项目质量副经理（或技术负责人）负责本工程质量计划和质量文件的实施及日常质量管理工作，当有更改时，负责更改后的质量文件活动的控制和管理：①对本项目的准备、施工、安装、交付和维修整个过程的质量活动的控制、管理、监督、改进负责；②对进场材料、机械设备的合格性负责；③对分包工程质量的管理、监督、检查负责；④对设计和合同有特殊要求的工程和部位负责，组织有关人员、分包商和用户按规定实施，指定专人进行相互联络，解决相互间接口发生的问题；⑤对施工图纸、技术资料、项目质量文件、记录的控制和管理负责。

（3）项目生产副经理要对项目进度负责，调配人力、物力，保证按图纸和规范施工，协调同业主、分包商的关系，负责审核结果、实施整改措施和质量纠正措施。

（4）施工队长、工长、测量员、试验员、计量员在项目质量副经理的直接指导下，负责所管部位和分项施工全过程的质量，使其符合图纸和规范要求，有更改的要符合更改要求，有特殊规定的要符合特殊要求。

（5）材料员、机械员对进场的材料、构件、机械设备进行质量验收和退货、索赔，对业主或分包商提供的物资和机械设备要按合同规定进行验收。

3）资源提供

质量计划要规定各项资源的提供方式和考核方式等。如规定项目经理部管理人员及操作人员的岗位任职标准及考核认定方法，规定项目人员流动时进出人员的管理程序，规定人员进场培训内容、考核、记录等，规定对新技术、新材料、新结构、新设备修订的操作方法和对操作人员进行的培训并记录，规定项目所需的临时设施、支持性服务手段、施工设备及通信设施。

4）项目实现过程的策划

在质量计划中，要规定施工组织设计或专项项目质量计划的编制要点及接口关系，规定重要施工过程技术交底的质量策划要求，规定新技术、新材料、新结构、新设备的策划要求，规定重要过程验收的准则或技艺评定方法。

5）材料、机械设备等采购过程的控制

质量计划对项目所需的材料、设备等，要规定供方产品标准及质量管理体系的要求、采购的法规要求。当有可追溯性要求时，要明确其记录、标志的主要方法等。

6）施工工艺过程的控制

质量计划对项目从合同签订到交付全过程的控制方法做出规定，对项目的总进度计划、分段进度计划、分包工程进度计划、特殊部位进度计划、中间交付进度计划等做出过程识别和管理规定。

7）搬运、存储、包装、成品保护和交付过程的控制

质量计划要对搬运、存储、包装、成品保护和交付过程的控制方法做出相应的规定，具体包括：项目实施过程所形成的分项、分部、单位工程的半成品、成品保护方案、措施、交接方式等内容；工程期间交付，竣工交付，工程的收尾、维护、验收，后续工作处理的方案、措施和方法；材料、构件、机械设备的运输、装卸、存收的控制方案及措施；等等。

8）检验、试验、测量和计量过程及设备的控制

质量计划要对施工项目中所进行和使用的所有检验、试验、测量和计量过程及设备的控制、管理制度等做出相应的规定。

9）不合格品的控制

质量计划要编制作业、分项或分部工程不合格品出现的补救方案和预防措施，规定合格品与不合格品之间的标志，并制订隔离措施。

4. 质量计划的主要内容

质量计划的主要内容包括以下几个方面。

（1）质量目标和要求。

（2）质量管理组织和职责。

（3）所需的过程、文件和资源。

（4）产品(或过程)所要求的评审、验证、确认、监视、检验和试验活动及接收准则。

（5）记录的要求。

（6）所采取的措施。

5.2.3 建筑工程项目质量控制

质量控制是质量管理的一部分，致力于满足质量要求。质量控制的目标就是确保项目质量能满足有关方面所提出的质量要求。质量控制的范围涉及项目质量形成全过程的各个环节，任何一个环节的工作没有做好，都会使项目质量受到影响而不能满足质量要求。质量控制的工作内容包括专业技术和管理技术两方面。质量控制应贯彻预防为主与检验把关相结合的原则，在项目形成的每一个阶段和环节，都应对影响其工作质量的人、材料、机械设备、施工方法、环境因素进行控制，并对质量活动的成果进行分阶段验证，以便及时发现问题，查明原因，采取措施，防止类似问题重复发生，并使问题在早期得到解决，减少经济损失。

上海“11 · 15”特大火灾事故

1. 施工生产要素的质量控制

建设工程项目的质量影响因素很多，归纳起来主要有五个方面，即人、材料、机械设备、施工方法和环境因素。

1）人的质量控制

人是生产经营活动的主体，也是工程项目建设的决策者、管理者和操

作者，工程建设的全过程，如项目的规划、决策、勘察、设计和施工，都是通过人来完成的。人员的素质将直接或间接地对规划、决策、勘察、设计和施工的质量产生影响，因此，建筑行业实行经营资质管理和各类专业从业人员持证上岗制度是保证人员素质的重要管理措施。

2）材料的质量控制

材料的质量控制包括原材料、成品、半成品、构配件等的质量控制。材料的质量控制是项目质量的基础，材料质量不符合要求，项目质量就不可能符合标准。所以加强材料的质量控制，是提高工程质量的重要保证。材料的质量控制，要做到进入现场的工程材料必须有产品合格证或质量保证书、性能检测报告，并能符合设计标准要求；凡需复试检测的工程材料必须复试合格才能使用；使用进口工程材料必须符合我国相应的质量标准，并持有商检部门签发的商检合格证书；严禁易污染、易反应的材料混放，造成材性蜕变；注意设计、施工过程对材料、构配件、半成品的合理选用，严禁混用、少用、多用，避免造成质量失控。

3）机械设备的质量控制

机械设备的质量控制包括工程设备和施工机械设备的质量控制。工程设备是指组成工程实体配套的工艺设备和各类机具，如电梯、泵机、通风空调设备等，它们是工程的重要组成部分，其质量的优劣，将直接影响工程使用功能的质量。施工机械设备是项目实施的重要物质基础，合理选择和正确使用施工机械设备是保证施工质量的重要物质基础。因此，必须对工程设备和施工机械设备的购置、检查验收、安装质量和试车运转加以控制，确保项目质量目标的实现。

4）施工方法的质量控制

施工方法的质量控制主要包括施工技术方案、施工工艺、施工技术措施等方面的质量控制。采用科学合理的施工方法有利于保证工程的质量。对施工方法的质量控制，重点应做好以下几个方面的工作：首先，施工方案应随工程的进展而不断细化和深化；其次，在选择施工方案时，对主要的施工项目要事先拟订几个可行的方案，找出主要矛盾，明确各方案的优缺点，通过反复论证和比较，选出最佳方案；此外，对主要项目、关键部位和难度较大的项目，如新材料、新结构、大跨度、高大结构部位等，制订方案时应充分考虑可能发生的施工质量问题及处理方法。

5）环境因素的质量控制

环境因素的质量控制主要包括现场自然环境条件、施工质量管理环境和施工作业环境的质量控制。环境因素对工程质量的影响经常是复杂多变的，而且具有不确定性，因此事先必须进行深入的调查研究，提前采取措施，充分做好各种准备工作。

(1) 现场自然环境条件的质量控制。

现场自然环境条件，主要指工程地质、水文、气象、周边建筑、地下管道线路及其他不可抗力因素等。在编制施工方案、施工计划和措施时，应从自然环境的特点和规律出发，制定切实可行且具有针对性的技术方案和施工对策，防止地下水、地面水对施工的影响，保证周围建筑和地下管线的安全，从实际条件出发做好冬雨期施工项目的安排和防范措施，加强环境保护和建设公害的治理。

(2) 施工质量管理环境的质量控制。

施工质量管理环境，主要指施工单位的质量保证体系、质量管理制度等。应根据承发包的合同结构，理顺各参建施工单位之间的管理关系，建立现场施工组织系统和质量管理的综合运行机制，保证质量保证体系处于良好的状态。

(3) 施工作业环境的质量控制。

施工作业环境，主要指施工现场的水电供应、施工照明、通风、安全防护设施、施工场地空间条件和通道、交通运输和道路条件等，这些条件是否良好，直接影响到施工能否顺利进行。施工时，应做好施工平面图的合理规划和管理，规范施工现场的机械设备、材料构件、道路管线和各种大型设施的布置，落实好现场各种安全防护措施，做出明确标志，保证施工道路的畅通，采取特殊环境下施工作业的通风、照明措施。

2. 建筑工程项目事前、事中和事后的质量控制

施工阶段的质量控制，是指从投入资源的质量控制(即项目的事前质量控制)开始，进而对施工过程及各个环节质量进行控制(即项目的事中质量控制)，直到对所完成的产品质量的检验与控制(即项目的事后质量控制)为止的全过程的系统控制过程。因此，施工阶段的质量控制，可以根据项目实体质量形成的不同阶段划分为事前控制、事中控制和事后控制。

1) 项目的事前质量控制

项目的事前质量控制是指正式施工前的质量控制，具体内容包括以下几个方面。

(1) 技术准备。

技术准备是各项施工准备工作在正式开展作业技术活动前，按预先计划的安排落实到位，包括配置的人员、材料机具、场所环境、通风、照明、安全设施等。技术准备控制主要内容包括：熟悉和审查施工图纸，做好设计交底和图纸会审；对项目建设地点的自然条件、技术经济条件进行调查分析；编制项目管理的实施规划并进行审查；制订施工质量控制计划，设置质量控制点(所谓质量控制点是根据项目特点，为保证工程质量而确定的重点控制对象、关键部位或薄弱环节)，明确关键部位的质量管理点。

(2) 现场施工准备的质量控制。

① 工程定位和标高基准的控制。工程测量放线是建设工程产品由设计转化为实物的第一步。施工测量质量的好坏会直接影响工程的质量，并且制约施工过程有关工序的质量。因此，施工单位必须对建设单位提供的原始基准点、基准线和标高等测量控制点进行复核，并将复测结果上报监理工程师审核，批准后施工单位才能建立施工测量控制网，进行工程定位和标高基准的控制。

② 施工平面布置的控制。建设单位应按照合同约定并考虑施工单位施工的需要，事先划定并提供施工占用和使用现场的用地范围。施工单位要科学合理地使用规划好的施工场地，保证施工现场道路畅通、材料堆放合理、防洪排水能力良好、给水和供电设施通畅以及机械设备安装布置正确。应制定施工现场质量管理制度，并做好施工现场的质量检查记录。

③ 材料、构配件的质量控制。首先应做好采购订货的质量控制，施工单位应制订科学合理的材料加工、运输的组织计划，掌握相应的材料信息，优选供货厂家，建立严密的计划、调度、管理体系，确保材料的供应质量；其次应做好对进场材料的质量控制，凡运到施工现场的材料、半成品或构配件都应出具产品合格证及技术说明书，并按规定进行试验和检验，经抽查合格后，方能允许进入施工现场；同时应加强材料的存储和使用的质量控制，避免使用变质或规格、性能不符合要求的材料，以免造成工程质量事故。

④ 机械设备的质量控制。根据工程特点和施工要求，对机械设备进行质量控制，是保证工程质量和施工正常进行，防止因机械设备事故导致发生重大质量和安全事故的重要措施。机械设备的质量控制，包括工程设备和施工机械设备的质量控制。工程设备的质量控制主要包括设备的检查验收、设备的安装质量、设备的调试和试车运转。施工机械设备的质量控制就是使施工机械设备的类型、性能、参数等与施工现场的实际条件、施工工艺、技术要求等因素相匹配，以符合施工生产的实际要求，其质量控制主要从机械设备的选型、主要性能参数指标的确定和使用操作要求等方面进行。

(3) 分包单位的选择和资格审查。

对分包单位资格与能力的控制是保证工程施工质量的一个重要方面，确定分包内容、选择分包单位及分包方式，既直接关系到施工总承包单位的利益和风险，也关系到建筑工程项目质量的保障问题。因此，施工总承包单位必须有健全有效的分包选择程序，同时，按照我国现行法规的规定，在订立分包合同前，施工总承包单位必须将所联络的分包单位情况报送项目监理机构进行资格审查。

2) 项目的事中质量控制

项目的事中质量控制是指施工过程中的质量控制，具体内容包括以下几个方面。

(1) 做好技术交底。

做好技术交底是保证施工质量的重要保证措施之一。技术交底应由项目技术人员编制，并经项目技术负责人批准实施。作业前应由项目技术负责人向承担施工的负责人或分包人进行书面技术交底，技术交底资料应办理签字手续并归档保存。技术交底的内容主要包括：施工方法、质量标准和验收标准，施工中应注意的问题，可能出现意外情况的应急预案及处理措施，文明施工和安全措施要求及成品保护，等等。技术交底的形式，有书面、口头、会议、挂牌、样板和示范操作等。

(2) 测量控制。

项目开工前应编制测量控制方案，经项目技术负责人批准后实施。对相关部门提供的测量控制点应做好复核工作，经审批后进行施工测量放线，并保存测量记录。在施工过程中应对设置的测量控制点线妥善保护，不准擅自移动。同时在施工过程中必须认真进行施工测量复核工作，其复核结果应报送监理工程师复核确认后，方能进行后续相关工序的施工。

(3) 计量控制。

计量控制是保证工程项目质量的重要手段和方法，是施工项目开展质量管理的一项重要基础工作。施工过程中的计量工作，包括施工生产时的投料计量、施工测量、监测计量，以及对项目、产品或过程的测试、检验、分析计量等。计量控制的工作重点是：建立计量管理部门和配置计量人员；建立、健全和完善计量管理的规章制度；严格按规定有效控制计量器具的使用、保管、维修和检验；监督计量过程的实施，保证计量的准确。

(4) 工序施工质量控制。

施工过程是由一系列相互联系和制约的工序构成的，工序是人、材料、机械设备、施工方法和环境因素对工程质量起综合作用的过程，所以对施工过程的质量控制，必须以工序质量控制为基础和核心。工序施工质量控制，主要包括工序施工条件质量控制和工序施工效果质量控制。

① 工序施工条件是指从事工序活动的各生产要素质量及生产环境条件。工序施工条

件质量控制，就是控制工序活动的各种投入要素质量和环境条件质量。控制的依据主要是：设计质量标准、材料质量标准、机械设备技术性能标准、施工工艺标准及操作规程等。

② 工序施工效果主要反映工序产品的质量特征和特性指标。工序施工效果的质量控制，就是控制工序产品的质量特征和特性指标，以达到设计质量标准及施工质量验收标准的要求。

(5) 特殊过程的质量控制。

特殊过程是指该施工过程或工序施工质量不易或不能通过其后的检验和试验而得到充分验证的过程，或者万一发生质量事故难以挽救的施工对象。特殊过程的质量控制是施工阶段质量控制的重点，对在项目质量计划中界定的特殊过程，应设置工序质量控制点，抓住影响工序施工质量的主要因素进行强化控制。

质量控制点应选择那些保证质量难度大、对质量影响大或是发生质量问题时危害较大的对象进行设置。具体选择原则是：对工程质量形成过程产生直接影响的关键部位、工序及隐蔽工程；施工过程中的薄弱环节，或者质量不稳定的工序、部位或对象；对下道工序有较大影响的上道工序；采用新技术、新工艺、新材料的部位或环节；在施工上无把握的、施工条件困难的或技术难度大的工序或环节；用户反馈和过去有过返工的不良工序。

(6) 工程变更的控制。

工程变更的范围包括设计的变更、工程量的变动、施工时间的变更、施工合同文件的变更等。设计的变更的主要原因是投资者对投资规模的扩大或压缩，而需要重新设计，或是对已交付的设计图纸提出新的设计要求，需对原设计进行修改；工程量的变动是指对工程量清单中数量的增加或减少；施工时间的变更是指对已批准的承包单位施工计划中安排的施工时间或完成时间的变动；施工合同文件的变更包括施工图纸的变更、承包单位提出修改设计的合理化建议及其节约价值的分配导致的合同变更、由于不可抗力或双方事先未能预料而无法防止的事件发生而允许进行的合同变更。

工程变更的程序为：提出工程变更的申请→监理工程师审查工程变更→监理工程师与业主、承包商协商→监理工程师审批工程变更→编制变更文件→监理工程师发布变更指令。

3) 项目的事后质量控制

项目的事后质量控制主要是进行已完施工的成品保护、质量验收和不合格品的处理，以保证最终验收的建设工程质量。其具体内容包括以下几个方面。

(1) 已完施工成品保护。

所谓成品保护，一般是指在项目施工过程中，某些部位已经完成，而其他部位还在施工，在这种情况下，施工单位必须负责对已完成部分采取妥善的措施予以保护，以免因成品缺乏保护或保护不善而造成损伤或污染，影响工程的实体质量。

已完施工的成品保护问题和措施，在工程施工组织设计与计划阶段就应该从施工顺序上进行考虑，防止施工顺序不当或交叉作业造成相互干扰、污染和损坏，成品形成后可采取防护、覆盖、封闭、包裹等相应措施进行保护。

(2) 施工质量检查验收。

施工质量检查验收作为事后控制的途径，强调按照施工质量验收统一标准规定的质量等级划分，从施工作业工序开始，依次做好检验批、分项工程、分部工程及单位工程的施工质量验收。通过多层次的设防把关，严格验收，控制建筑工程项目的质量目标。

(3) 建筑工程项目竣工质量验收。

建筑工程项目竣工质量验收分为三个阶段，即竣工验收的准备阶段、初步验收和正式验收。

① 参与工程建设的各方应做好竣工验收的准备工作，包括建设单位、监理单位、施工单位、设计单位等。

② 当工程项目达到竣工验收条件后，施工单位在自检合格的基础上，填写工程竣工报验单，并将全部资料报送监理单位，申请竣工验收。经监理单位检查验收合格后，由总监理工程师签署工程竣工报验单，并向建设单位提出质量评估报告。

③ 当初步验收检查结果符合竣工验收要求时，监理工程师应将施工单位的竣工申请报告报送建设单位，建设单位着手组织勘察、设计、施工、监理等单位和其他方面的专家组成竣工验收小组，并制订验收方案。

5.2.4 建筑工程项目质量改进

1. 质量改进的基本规定

(1) 项目经理部应定期对项目质量状况进行检查、分析，并向组织提出质量报告，提出目前质量状况、发包人及其他相关方满意程度、产品要求的符合性及项目经理部的质量改进措施。

(2) 组织应对项目经理部进行检查、考核，定期进行内部审核，并将审核结果作为管理评审的输入，推动项目经理部的质量改进。

(3) 组织应了解发包人及其他相关方对质量的意见，并对质量管理体系进行审核，确定改进目标，提出相应措施并检查落实。

2. 质量改进的方法

(1) 坚持全面质量管理的 PDCA 循环方法。

随着质量管理的不断进行，原有的问题解决了，新的问题又产生了，问题不断产生而又不断被解决，如此循环下去，每一次循环都把质量管理活动推向一个新的高度。

(2) 坚持全面质量管理（TQC）的思想。

全面质量管理就是强调在企业或组织的最高管理者的质量方针的指引下，实行全方位、全过程和全员参与的质量管理。

① 全方位质量管理是指工程项目各管理主体所进行的工程项目质量管理的总称，其中包括工程质量和工作质量的全面管理。工作质量直接影响产品质量的形成，业主、监理单位、勘察单位、设计单位、施工总承包单位、施工分包单位、材料设备供应商等，任何一方、任何环节的怠慢疏忽或质量责任不到位，都会造成对工程项目质量的影响。

② 全过程质量管理是根据工程项目质量的形成规律，从源头抓起，强调全过程质量控制。

③ 全员参与质量管理是按照全面质量管理的思想，组织企业内部的各部门和各工作岗位均承担相应的质量职能，组织的最高管理者确定了质量方针和目标，就应组织和动员全体员工参与到实施质量方针的系统活动中去，发挥自己的角色作用。开展全员参与质量

管理的重要手段就是运用目标管理方法，将组织的质量总目标逐级进行分解，使之形成自上而下的质量目标分解体系和自下而上的质量目标保证体系，发挥组织系统内部每个工作岗位、部门或团队在实现质量总目标过程中的作用。

（3）运用先进的管理办法、专业技术和数理统计分析方法。

学习作业单

任务单元 5.2 学习作业单	
工作任务完成	根据任务单元 5.2 工作任务单的工作任务描述和要求，完成任务如下。
任务单元学习总结	（1）建筑工程项目质量管理过程中的各个环节。 （2）建筑工程项目质量管理过程中各个环节的内容。
任务单元学习体会	

任务单元 5.3　质量控制的数理统计分析方法

工作任务单

<table>
<tr><th colspan="2">任务单元 5.3 工作任务单</th></tr>
<tr><td>工作任务描述</td><td>施工现场制作混凝土预制构件，在检查的项目中发现不合格点 138 个，见下表所列。
<table>
<tr><th>不合格项目</th><th>不合格构件/件</th></tr>
<tr><td>表面有麻面</td><td>30</td></tr>
<tr><td>局部有露筋</td><td>15</td></tr>
<tr><td>振捣不密实</td><td>10</td></tr>
<tr><td>养护不良导致早期脱水</td><td>5</td></tr>
<tr><td>构件强度不足</td><td>78</td></tr>
<tr><td>合　计</td><td>138</td></tr>
</table>
</td></tr>
</table>

续表

任务单元 5.3 工作任务单	
工作任务要求	(1) 请绘制排列图。 (2) 利用排列图确定影响混凝土预制构件质量的主要因素、次要因素和一般因素。

数理统计就是用统计的方法，通过收集、整理质量数据，分析、发现质量问题，从而及时采取对策和措施，纠正和预防质量事故。

利用数理统计分析方法控制质量可以分为三个步骤，即统计调查和整理、统计分析及统计判断。

(1) 统计调查和整理。根据解决某方面质量问题的需要收集数据，将收集到的数据加以整理和归档，用统计表和统计图的方法，并借助于一些统计特征值(如平均数、标准差等)来表达这批数据所代表的客观对象的统计性质。

(2) 统计分析。对经过整理、归档的数据进行统计分析，研究其统计规律。

(3) 统计判断。根据统计分析的结果，对总体的现状或发展趋势做出具有科学根据的判断。

5.3.1 排列图法

1. 排列图法的概念

排列图又称主次因素排列图，其原理是按照出现各种质量问题的频数，按大小次序排列，寻找出造成质量问题的主要因素和次要因素，以便抓住关键，采取措施，加以解决。

排列图由两条纵坐标、一条横坐标、若干个矩形和一条曲线组成，如图 5.2 所示。图中左边的纵坐标表示频数，即影响调查对象质量的因素重复发生或出现的次数；横坐标表示影响质量的各种因素，按其影响程度的大小，由左至右依次排列；右边的纵坐标表示累计频率，即表示横坐标所示的各种质量影响因素发生的累计频率。

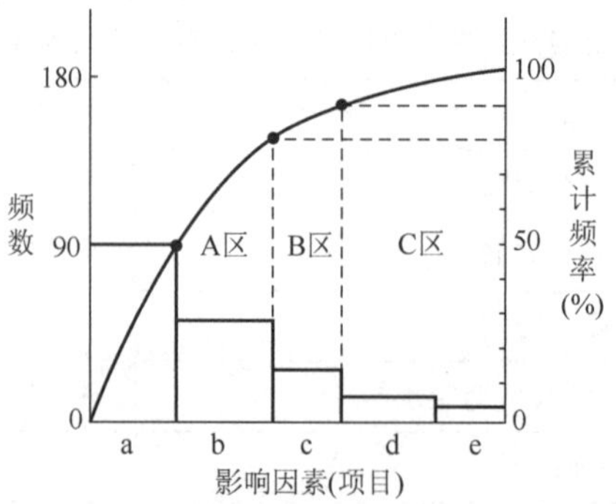

图 5.2 排列图

通常按累计频率划分为三个区：累计频率在0～80%以内的区称为A区，其所包含的质量因素是主要因素或关键项目，是应解决的重点问题；累计频率在80%～90%的区域为B区，其所包含的因素为次要因素；累计频率在90%～100%的区域为C区，为一般因素，一般不作为解决的重点。

2. 排列图的作图方法与步骤

下面结合实例说明排列图的作图方法与步骤。

应用案例5-1

某建筑工程对房间地坪质量不合格问题进行了调查，发现有80个房间起砂，调查结果统计见表5-1。试应用排列图法，找出地坪起砂的主要原因。

表5-1 不合格房间统计表

地坪起砂的原因	不合格的房间数	地坪起砂的原因	不合格的房间数
砂含量过大	16	水泥强度等级太低	2
砂粒径过细	45	砂浆终凝前压光不足	2
后期养护不良	5	其他	3
砂浆配合比不当	7		

【案例解析】

1. 整理数据

对表5-1中所列数据进行整理，将不合格的房间数按由大到小的顺序排列，以全部不合格点数为总数，计算各项的频数和累计频率，结果见表5-2。

表5-2 不合格房间频数及频率统计表

序号	地坪不合格的原因	频数	累计频数	累计频率/(%)
1	砂粒径过细	45	45	56.2
2	砂含量过大	16	61	76.2
3	砂浆配合比不当	7	68	85.0
4	后期养护不良	5	73	91.3
5	水泥强度等级太低	2	75	93.8
6	砂浆终凝前压光不足	2	77	96.2
7	其他	3	80	100

2. 画排列图

(1) 画横坐标。将横坐标按项目数等分，并按项目频数由大到小的顺序从左至右排列，本例中横坐标分为7等份。

(2) 画纵坐标。左侧的纵坐标表示项目不合格点数，即频数，右侧纵坐标表示累计频率。要求总频数对应累计频率。

(3) 画频率直方形。以频数为高画出各项目的直方形。

(4) 画累计频率曲线。从横坐标左端点开始，依次连接各项目直方形右边线及所对应的累计频率值的交点，得到的曲线即为累计频率曲线。地坪起砂原因排列图如图5.3所示。

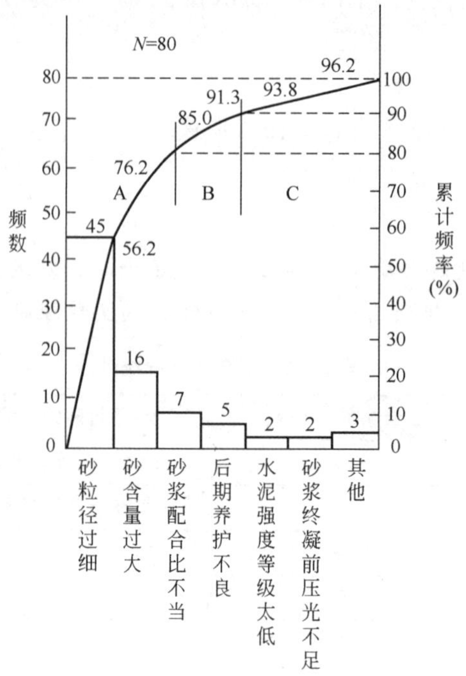

图5.3　地坪起砂原因排列图

3. 排列图的观察与分析

(1) 观察直方形，大致可看出各项目的影响程度。排列图中的每个直方形都表示一个质量问题或影响因素，影响程度与各直方形的高度成正比。

(2) 利用排列图法，确定主次因素。本例中A区(即主要因素)是砂粒径过细、砂含量过大；B区(即次要因素)是砂浆配合比不当、后期养护不良；C区(即一般因素)有水泥强度等级太低、砂浆终凝前压光不足及其他因素。综上分析，下一步应重点解决A区的质量问题。

5.3.2　统计调查表法

统计调查表法又称统计调查分析法，是利用专门设计的统计表对质量数据进行收集、整理和粗略分析质量状态的一种方法。

在质量控制活动中，利用统计调查表收集数据，简便灵活，便于整理，实用有效。统计调查表没有固定格式，可根据需要和具体情况来设计。常用的统计调查表有以下几种。

(1) 分项工程作业质量分布调查表。

(2) 不合格项目调查表。

(3) 不合格原因调查表。

(4) 施工质量检查评定用调查表。

表5-3是混凝土空心板外观质量问题调查表。

表 5-3　混凝土空心板外观质量问题调查表

产品名称	混凝土空心板		生产班组		
日生产总数	200 块	生产时间	年　月　日	检查时间	
检查方式	全数检查		检查员		
项目名称	检查记录			合计	
露筋	正𣥂			9	
蜂窝	正正一			11	
孔洞	丅			2	
裂缝	一			1	
其他	下			3	
总计				26	

应当指出，统计调查表在应用时往往同分层法结合起来，这样可以更好更快地找出问题的原因，以便采取改进的措施。

5.3.3 分层法

分层法又称分类法，是将调查收集的原始数据，根据不同的目的和要求，按某一性质进行分组和整理的分析方法。分层的结果是使数据各层间的差异突出地显示出来，层内的数据差异减少了。在此基础上再进行层间和层内的比较分析，可以更深入地发现和认识质量问题的原因。由于产品质量是多方面因素共同作用的结果，因而对同一批数据可以按不同性质分层，从不同角度来考虑，分析产品存在的质量问题和影响因素。

常用的分层标志有如下几种。

(1) 按操作班组或操作者分层。

(2) 按使用机械设备型号分层。

(3) 按操作方法分层。

(4) 按原材料供应单位、供应时间或等级分层。

(5) 按施工时间分层。

(6) 按检查手段、工作环境等分层。

应用案例 5-2

一个焊工班组有 A、B、C 三位工人实施焊接作业，共抽检 60 个焊接点，发现有 18 个点不合格，占总焊接点的 30%。采用分层法调查的统计数据见表 5-4。

表 5-4　分层法调查的统计数据

作业工人	抽检点数	不合格点数	个体不合格率	占不合格点总数百分率
A	20	2	10%	11%
B	20	4	20%	22%
C	20	12	60%	67%
合计	60	18	—	100%

通过表 5-4 分析可知：焊接点不合格的主要原因是作业工人 C 的焊接质量影响了总体的质量水平。

5.3.4 因果分析图法

1. 因果分析图法的概念

因果分析图法是利用因果分析图来系统整理和分析某个质量问题(结果)与其产生原因之间关系的有效工具。因果分析图也称特性要因图，又因其形状而常被称为树枝图或鱼刺图，如图 5.4 所示。

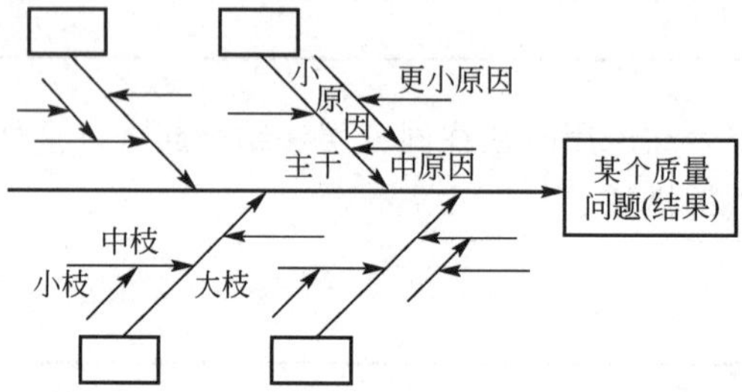

图 5.4 因果分析图的基本形式

由图 5.4 可看出，因果分析图由质量特性(即质量结果，指某个质量问题)、要因(产生质量问题的主要原因)、枝干(指一系列箭线表示的不同层次的原因)、主干(指较粗的直接指向质量结果的水平箭线)等组成。

2. 因果分析图的绘制

下面结合具体实例说明因果分析图的绘制方法和步骤。

应用案例 5-3

试绘制混凝土强度不足的因果分析图。

【案例解析】

因果分析图的绘制步骤与图中箭头方向恰恰相反，是从“结果”开始将原因逐层分解的，具体步骤如下。

(1) 明确质量问题与结果。本例分析的质量问题是“混凝土强度不足”，作图时首先由左至右画出一条水平主干线，箭头指向一个矩形框，框内注明研究的质量问题，即结果。

(2) 分析确定影响质量特性的大方面原因。一般来说，影响质量的因素涉及五大方面，即人、材料、机械设备、施工方法、环境因素等。另外，还可以按产品的生产过程进行分析。

(3) 将每种大原因进一步分解为中原因、小原因，直至分解的原因可以采取具体措施解决为止。

(4) 检查图中所列原因是否齐全，可以对初步分析结果广泛征求意见，并做必要的补充及修改。

(5) 选出影响大的关键因素，做出标记“Δ”，以便重点采取措施。图 5.5 所示为混凝土强度不足的因果分析图。

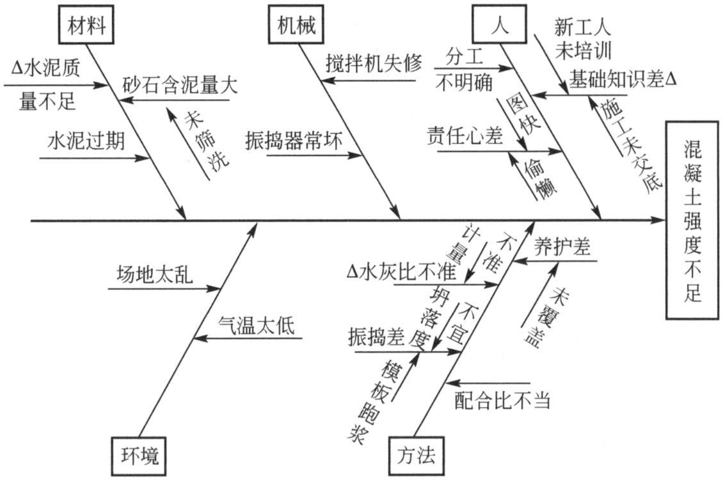

图 5.5 混凝土强度不足的因果分析图

3. 绘制和使用因果分析图时应注意的问题

(1) 集思广益。绘制时要求绘制者熟悉专业施工方法技术，调查、了解施工现场实际条件和操作的具体情况。要以各种形式广泛收集现场工人、班组长、质量检查员、工程技术人员的意见，集思广益，相互启发、相互补充，以使因果分析更加符合实际。

(2) 制定对策。绘制因果分析图不是目的，而是要根据图中所反映的主要原因，制定改进的措施和对策，限期解决问题，保证产品质量。

5.3.5 直方图法

直方图法即频数分布直方图法，它是将收集到的质量数据进行分组整理，绘制成频数分布直方图，用以描述质量分布状态的一种分析方法，又称质量分布图法。

1. 直方图法的主要用途

(1) 整理统计数据，了解数据分布的集中或离散状况，从中掌握质量的波动情况。

(2) 观察分析生产过程质量是否处于正常、稳定和受控状态及质量水平是否保持在公差允许的范围内。

2. 直方图的绘制方法

1) 收集整理数据

用随机采样的方法抽取数据，一般要求数据在 50 个以上，并按先后顺序排列。

应用案例 5-4

某建筑施工工地浇筑 C30 混凝土，为对其抗压强度进行质量分析，共收集了 50 份抗压强度试验报告单，数据整理结果见表 5-5。

表 5-5 数据整理结果 单位：N/mm^2

序号	混凝土抗压强度数据					最大值	最小值
1	39.8	37.7	33.8	31.5	36.1	39.8	**31.5**
2	37.2	38.0	33.1	39.0	36.0	39.0	33.1
3	35.8	35.2	31.8	37.1	34.0	37.1	31.8
4	39.9	34.3	33.2	40.4	41.2	41.2	33.2
5	39.2	35.4	34.4	38.1	40.3	40.3	34.4
6	42.3	37.5	35.5	39.3	37.3	42.3	35.5
7	35.9	42.4	41.8	36.3	36.2	42.4	35.9
8	46.2	37.6	38.3	39.7	38.0	**46.2**	37.6
9	36.4	38.3	42.4	38.2	38.0	42.4	36.4
10	44.4	42.0	37.9	38.4	39.5	44.4	37.9

2）计算极差 R

极差是一组测量数据中最大值与最小值之差。应用案例 5-4 的计算结果如下。

$$x_{max}=46.2N/mm^2$$

$$x_{min}=31.5N/mm^2$$

$$R=x_{max}-x_{min}=(46.2-31.5)N/mm^2=14.7N/mm^2$$

3）对数据分组

一批数据究竟分为几组，并无一定规则，一般采用表 5-6 的经验数值来确定。

表 5-6 数据分组参考表

数据个数(n)	组数(k)
50 以下	5～6
50～100	6～10
100～250	7～12
250 以上	10～20

4）计算组距

组距是组与组之间的差距。分组要恰当，如果分得太多，则画出的直方图呈锯齿状，从而看不出明显的规律；如果分得太少，则会掩盖组内数据变动的情况。组距 h 可按下式计算。

$$h=\frac{R}{k} \tag{5-1}$$

式中 R——极差；

k——组数。

应用案例 5-4 的计算结果为

$$h=\frac{R}{k}=\frac{14.7}{8}N/mm^2=1.84N/mm^2\approx2.0N/mm^2$$

5）计算组限 r_i

一般情况下，组限计算方法如下。

$$r_1 = x_{\min} - \frac{h}{2} \tag{5-2}$$

$$r_i = r_{i-1} + h \tag{5-3}$$

对正好处于组限值上的数据，其解决方法有两种：一种是规定每组上(或下)组限不计在该组内，而应计入相邻较高(或较低)组内；另一种是将组限较原始数据提高半个最小测量单位。

对应用案例 5-4，首先确定第一组下限：

$$r_1 = x_{\min} - \frac{h}{2} = \left(31.5 - \frac{2.0}{2}\right)\text{N/mm}^2 = 30.5\text{N/mm}^2$$

第一组上限：

$$r_2 = (30.5 + 2.0)\ \text{N/mm}^2 = 32.5\text{N/mm}^2$$

$$\text{第二组下限} = \text{第一组上限} = 32.5\text{N/mm}^2$$

$$\text{第二组上限} = (32.5 + 2.0)\text{N/mm}^2 = 34.5\text{N/mm}^2$$

依此类推，最高组限为 44.5～46.5N/mm^2，分组结果覆盖了全部数据。

6) 编制频数统计表

统计各组频数，频数总和应等于全部数据个数。应用案例 5-4 频数统计结果见表 5-7。

表 5-7 频数统计结果

组号	组限/(N/mm^2)	频数统计数	组号	组限/(N/mm^2)	频数统计数
1	30.5～32.5	2	5	38.5～40.5	9
2	32.5～34.5	6	6	40.5～42.5	5
3	34.5～36.5	10	7	42.5～44.5	2
4	36.5～38.5	15	8	44.5～46.5	1
合计					50

7) 绘制频数直方图

在频数直方图中，横坐标表示质量特性值，应用案例 5-4 中为混凝土抗压强度，并标出各组的组限值。根据表 5-7 可画出以组距为底、以频数为高的 k 个直方形，便得到混凝土抗压强度频数分布直方图，如图 5.6 所示。

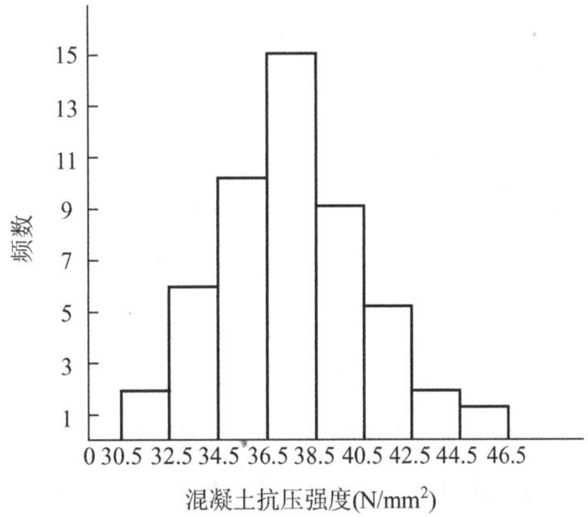

图 5.6 混凝土抗压强度频数分布直方图

3. 直方图的观察与分析

1) 观察直方图的形状，判断质量分布状态

作完直方图后，首先要认真观察直方图的整体形状，看其是否属于正常型直方图。正常型直方图就是中间高、两侧低、左右接近对称的图形，如图 5.7(a)所示。

出现非正常型直方图时，表明生产过程或收集数据作图有问题。这就要求进一步分析判断，找出原因，从而采取措施加以纠正。凡属非正常型直方图，其图形分布有各种不同缺陷，归纳起来一般有以下五种类型，如图 5.7 所示。

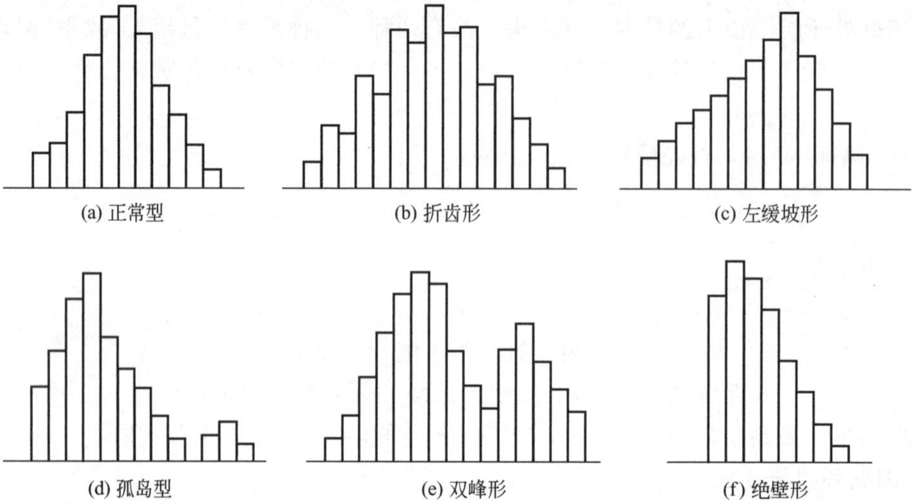

图 5.7　常见的直方图图形

(1) 折齿形[图 5.7(b)]，是由于分组组数不当或者组距确定不当产生的。

(2) 左(或右)缓坡形[图 5.7 (c)]，主要是由于操作中对上限(或下限)控制太严产生的。

(3) 孤岛形 [图 5.7(d)]，是由于原材料发生变化，或者临时由他人顶班作业产生的。

(4) 双峰形 [图 5.7(e)]，是由于用两种不同方法或两台设备或两组工人进行生产，然后把两方面数据混在一起整理产生的。

(5) 绝壁形 [图 5.7(f)]，是由于数据收集不正常，可能有意识地去掉下限以下的数据，或是在检测过程中存在某种人为因素产生的。

2) 将直方图与质量标准进行比较，判断实际生产过程能力

作出直方图后，一般先观察直方图形状、分析质量分布状态，再将正常型直方图与质量标准进行比较，从而判断实际生产过程能力。正常型直方图与质量标准相比较，一般有如图 5.8 所示六种情况。

(1) 如图 5.8(a)所示，B 在 T 中间，质量分布中心与质量标准中心 M 重合，实际数据分布与质量标准相比较两边还有一定余地。这样的生产过程质量是很理想的，说明生产过程处于正常的稳定状态。在这种情况下生产出来的产品可认为全都是合格品。

(2) 如图 5.8(b)所示，B 虽然落在 T 内，但质量分布中心与 T 的中心 M 不重合，偏向一边。这样生产状态一旦发生变化，就可能超出质量标准下限而出现不合格品。出现这种情况时，应迅速采取措施，使直方图移到中间来。

(3) 如图 5.8(c)所示，B 在 T 中间，且 B 的范围接近了 T 的范围，没有余地，生产过程一旦发生小的变化，产品的质量特性值就可能超出质量标准。出现这种情况时，必须立即采取措施，以缩小质量分布范围。

(4) 如图 5.8(d)所示，B 在 T 中间，但两边余地太大，说明加工过于精细，不经济。在这种情况下，可以对原材料、设备、工艺、操作等控制要求适当放宽些，有目的地使 B

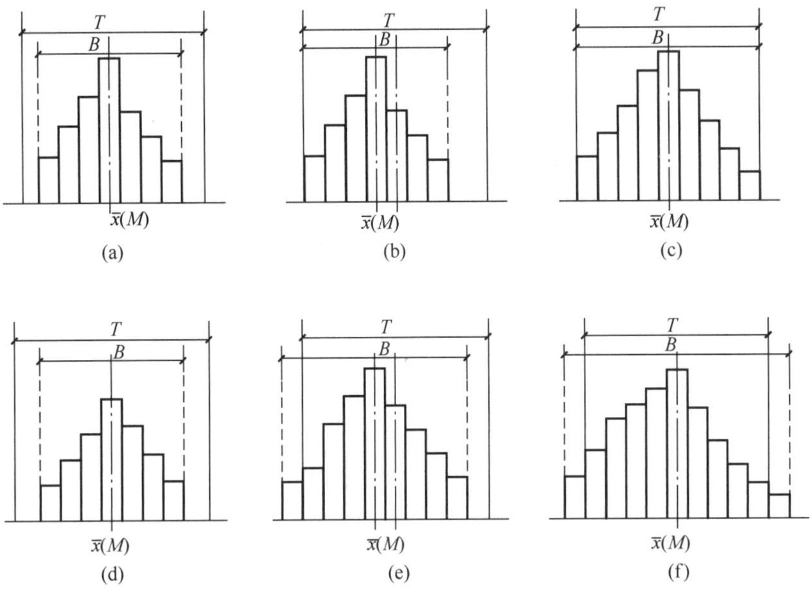

T—质量标准要求界限；B—实际质量特性分布范围。

图 5.8 实际质量分析与标准比较

扩大，从而降低成本。

(5) 如图 5.8(e)所示，质量分布范围 B 已超出标准下限之外，说明已出现不合格品。此时必须采取措施进行调整，使质量分布位于标准之内。

(6) 如图 5.8(f)所示，质量分布范围完全超出了质量标准上、下界限，散差太大，产生许多废品，说明过程能力不足，应提高过程能力，使质量分布范围 B 缩小。

5.3.6 控制图法

控制图又称管理图，它是用于分析和判断施工生产工序是否处于稳定状态所使用的一种带有控制界限的图形。它的主要作用是反映施工过程的运动状况，分析、监督、控制施工过程，对工程质量的形成过程进行预先控制。

1. 控制图的基本形式

控制图的基本形式如图 5.9 所示。控制图的横坐标为样本序号或抽样时间，纵坐标为被控制对象，即被控制的质量特性值。控制图上一般有三条线：在上面的一条虚线称为上控制界线，用符号 UCL 表示；在下面的一条虚线称为下控制界限，用符号 LCL 表示；中间的一条实线称为中心线，用符号 CL 表示。中心线标志着质量特性值分布的中心位置，上下控制界限标志着质量特性值的允许波动范围。

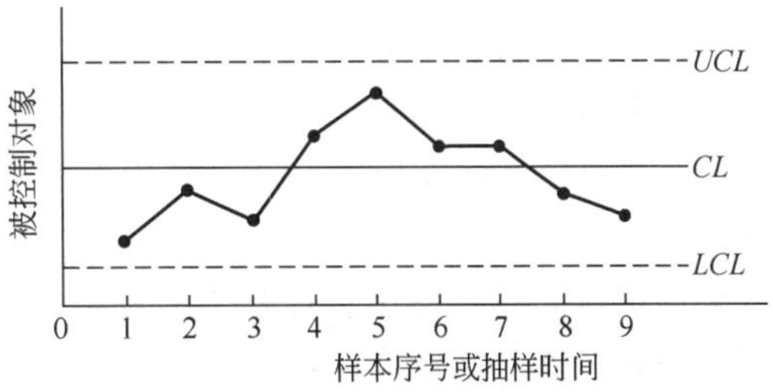

图 5.9 控制图的基本形式

在生产过程中通过抽样取得数据，把样本统计量描在图上来分析判断生产过程状态。

如果数据点随机散落在上、下控制界限内，则表明过程处于稳定状态，不会产生不合格品；如果数据点超出控制界限，或点排列有缺陷，则表明生产条件发生了异常变化，生产过程处于失控状态。

2. 控制图控制界限的确定

根据数理统计的原理，考虑经济原则，通常采用三倍标准偏差法来确定控制界限，即将中心线定在被控制对象的平均值上，以中心线为基准，向上、向下各量三倍被控制对象的标准偏差，即作为上、下控制界限，如图 5.10 所示。

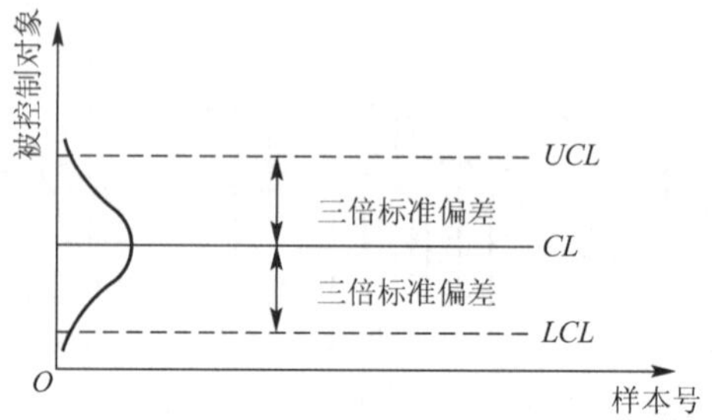

图 5.10 控制界限的确定

采用三倍标准偏差法是因为控制图是以正态分布为理论依据的。采用这种方法可以在最经济的条件下实现生产过程控制，保证产品质量。

在采用三倍标准偏差法确定控制界限时，其计算公式如下。

$$\begin{cases} \text{中心线 } CL=E(X) \\ \text{上控制界限 } UCL=E(X)+3D(X) \\ \text{下控制界限 } LCL=E(X)-3D(X) \end{cases} \tag{5-4}$$

式中 X——样本统计量，可取平均值、中位数、单值、极差、不合格数、不合格率缺陷数等；

$E(X)$——X 的平均值；

$D(X)$——X 的标准偏差。

3. 控制图的用途

控制图是用样本数据进行分析和判断生产过程是否处于稳定状态的有效工具。它的用途主要有以下两个。

(1) 过程分析，即分析生产过程是否稳定。因此，应随机连续收集数据，绘制控制图，观察数据点分布情况并判定生产过程状态。

(2) 过程控制，即控制生产过程质量状态。因此，要定时抽样取得数据，将其变为点描在图上，发现并及时消除生产过程中的失调现象，预防不合格品的产生。

前面讲述的排列图法、直方图法是质量控制的静态分析法，反映的是质量在某一段时间里的静止状态。然而产品都是在动态的生产过程中形成的，因此，在质量控制中单用静态分析法显然是不够的，还必须有动态分析法。只有动态分析法才能随时了解生产过程中质量的变化情况，及时采取措施，使生产处于稳定状态，起到预防出现废品的作用。控制图法就是典型的动态分析法。

控制图按用途可分为分析用控制图和管理用控制图。分析用控制图主要用来调查分析生产过程是否处于控制状态。绘制分析用控制图时，一般需连续抽取 20～25 组样本数据，计算控制界限。管理用控制图主要用来控制生产过程，使之经常保持在稳定状态下。

4. 控制图的观察与分析

绘制控制图的目的是分析判断生产过程是否处于稳定状态。这主要是通过对控制图上数据点的分布情况的观察与分析进行的。因为控制图上的数据点作为随机抽样的样本，可以反映出生产过程(总体)的质量分布状态。

当控制图同时满足点几乎全部落在控制界限内和控制界限内的点排列没有缺陷两个条件时，就可以认为生产过程基本上处于稳定状态。如果点的分布不满足其中任何一个条件，都应判断生产过程为异常。

1) 点几乎全部落在控制界线内

点几乎全部落在控制界线内，是指应符合以下三个要求。

(1) 连续 25 点以上处于控制界限内。

(2) 连续 35 点中仅有 1 点超出控制界限。

(3) 连续 100 点中不多于 2 点超出控制界限。

2) 控制界限内的点排列没有缺陷

控制界限内的点排列没有缺陷，是指点的排列是随机的，没有出现异常现象。这里的异常现象是指点排列出现了“链”“多次同侧”“趋势或倾向”“周期性变动”“点排列接近控制界限”等情况。

(1) 链（图 5.11)。链是指点连续出现在中心线一侧的现象。若出现 5 点链，应注意生产过程发展状况；若出现 6 点链，应开始调查原因；若出现 7 点链，应判定工序异常，需采取处理措施。

(2) 多次同侧（图 5.12)。多次同侧是指点在中心线一侧多次出现的现象，或称偏离。下列情况说明生产过程已出现异常：在连续 11 点中有 10 点在同侧；在连续 14 点中有 12 点在同侧；在连续 17 点中有 14 点在同侧；在连续 20 点中有 16 点在同侧。

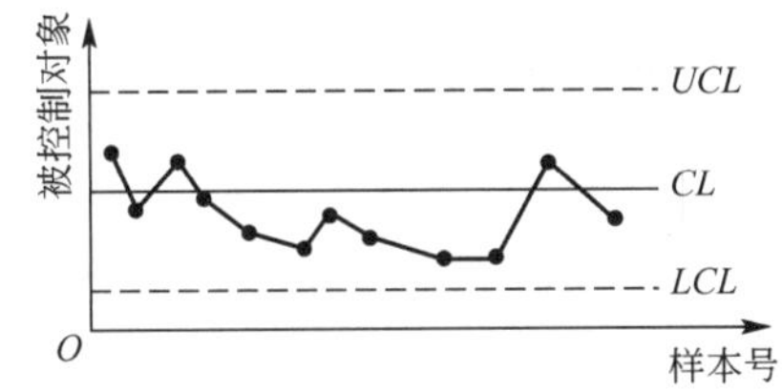

图 5.11 链

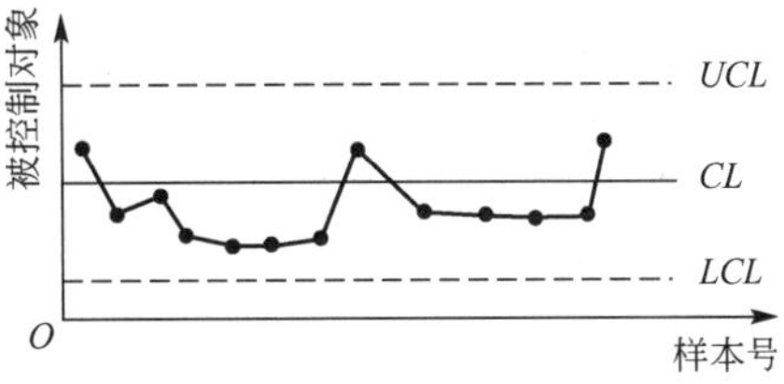

图 5.12 多次同侧

(3) 趋势或倾向（图 5.13)。趋势或倾向是指点连续上升或连续下降的现象。连续 7 点或 7 点以上上升或下降排列，就应判定生产过程有异常因素影响，要立即采取措施。

(4) 周期性变动（图 5.14)。周期性变动即点的排列显示周期性变化的现象。这样即使所有点都在控制界限内，也应认为生产过程为异常。

(5) 点排列接近控制界限（图 5.15)。点排列接近控制界限是指点落在了 $\mu\pm2\sigma$ 以外和 $\mu\pm3\sigma$ 以内。下列情况可判定为异常：连续 3 点至少有 2 点接近控制界限；连续 7 点至少有 3 点接近控制界限；连续 10 点至少有 4 点接近控制界限。

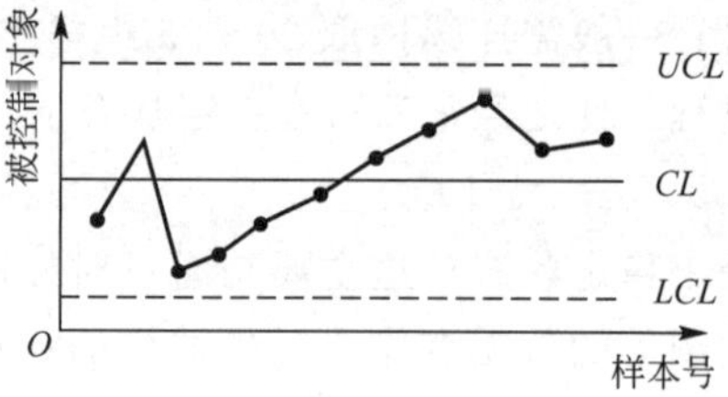

图 5.13 趋势或倾向

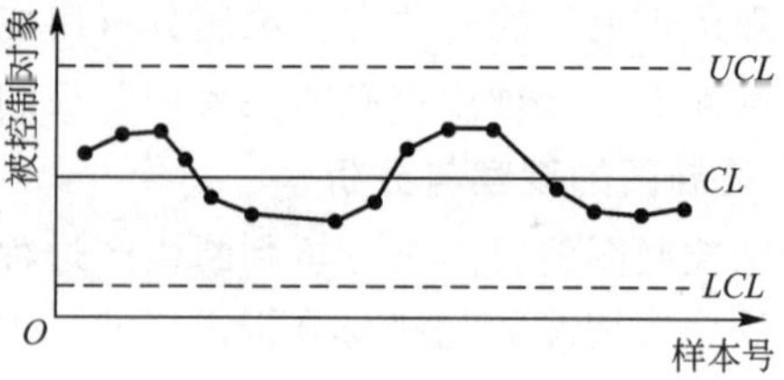

图 5.14 周期性变动

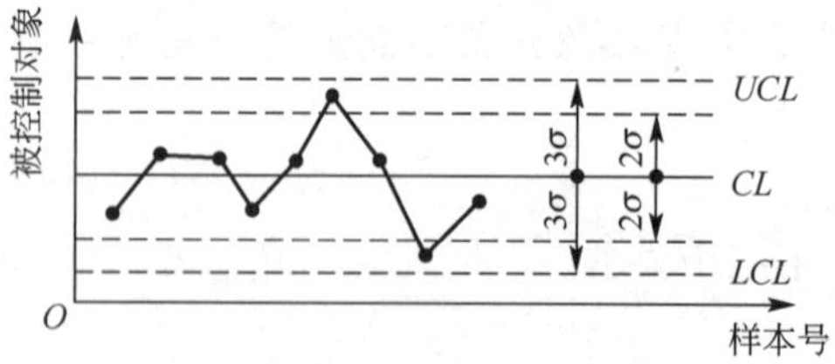

图 5.15 点排列接近控制界限

以上是分析用控制图判断生产过程是否正常的准则。如果生产过程处于稳定状态，则可将分析用控制图转为管理用控制图。分析用控制图是静态的，而管理用控制图是动态的。随着生产过程的进展，可将通过抽样取得的质量数据点描在图上，随时观察点的变化，一旦点落在控制界限外或界限上，即判断生产过程异常，点即使在控制界限内，也应随时观察其排列有无缺陷，以对生产过程正常与否做出判断。

5.3.7 相关图法

1. 相关图的定义

相关图又称散布图，在质量控制中是用来显示两种质量数据之间关系的一种图形。质量数据之间的关系多属相关关系，一般有三种类型：一是质量特性和影响因素之间的关系；二是质量特性和质量特性之间的关系；三是影响因素和影响因素之间的关系。

可以用 y 和 x 分别表示质量特性值和影响因素，通过绘制散布图，计算相关系数等，分析研究两个变量之间是否存在相关关系，以及这种关系的密切程度如何，进而对相关程度密切的两个变量，通过对其中一个变量的观察控制来估计控制另一个变量的数值，以达到保证产品质量的目的。这种统计分析方法称为相关图法。

2. 相关图的绘制方法

应用案例 5-5

试分析水灰比与混凝土抗压强度之间的关系。

【案例解析】

(1) 收集数据。

要成对地收集两种质量数据，数据不得过少。本案例中数据见表 5-8。

表 5-8 水灰比与混凝土抗压强度统计资料

序号	1	2	3	4	5	6	7	8
水灰比 x(W/C)	0.4	0.45	0.5	0.55	0.6	0.65	0.7	0.75
混凝土抗压强度 y/(N/mm^2)	36.3	35.3	28.2	24.0	23.0	20.6	18.4	15.0

(2) 绘制相关图。

在直角坐标系中，一般 x 轴用来代表原因的量或较易控制的量，本案例中表示水灰比；y 轴用来代表结果的量或不易控制的量，本案例中表示混凝土抗压强度。然后将数据在相应的坐标位置上描点，便得到混凝土抗压强度与水灰比相关图，如图 5.16 所示。

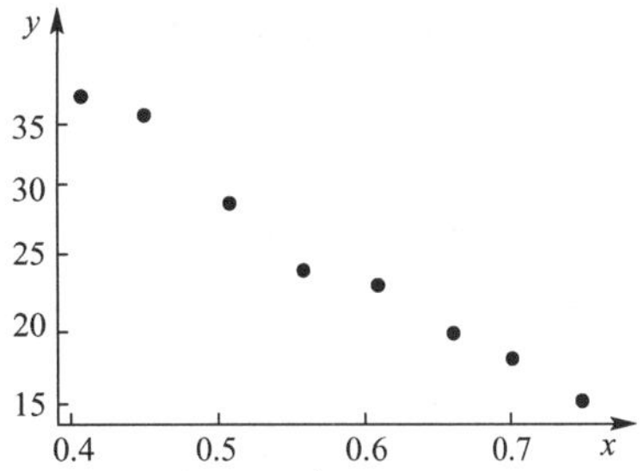

图 5.16 混凝土抗压强度与水灰比相关图

3. 相关图的观察与分析

相关图中点的集合，反映了两种数据之间的散布状况，根据散布状况我们可以分析两个变量之间的关系。相关图归纳起来有以下六种类型，如图 5.17 所示。

(1) 正相关 [图 5.17(a)]。散布点基本形成由左至右向上变化的一条直线带，即随 x 增加，y 值也相应增加，说明 x 与 y 有较强的制约关系。此时，可通过对 x 控制而有效控制 y 的变化。

(2) 弱正相关 [图 5.17(b)]。散布点形成向上较分散的直线带，随 x 值的增加，y 值也有增加趋势，但 x 与 y 的关系不如正相关明确。说明 y 除受 x 影响外，还受其他更重要因素的影响，需要进一步利用因果分析图法分析其他的影响因素。

(3) 不相关 [图 5.17(c)]。散布点形成一团或平行于 x 轴的直线带，说明 x 变化不会引起 y 的变化或其变化无规律，分析质量原因时可排除 x 因素。

(4) 负相关 [图 5.17(d)]。散布点形成由左向右向下的一条直线带，说明 x 对 y 的影响与正相关恰恰相反。

(5) 弱负相关 [图 5.17(e)]。散布点形成由左至右向下分布的较分散的直线带，说明 x 与 y 的相关关系较弱，且变化趋势相反，应考虑寻找影响 y 的其他更重要的因素。

(6) 非线性相关 [图 5.17(f)]。散布点呈一曲线带，即在一定范围内 x 增加，y 也增加；超过这个范围 x 增加，y 则有下降趋势，或改变变动的斜率呈曲线形态。

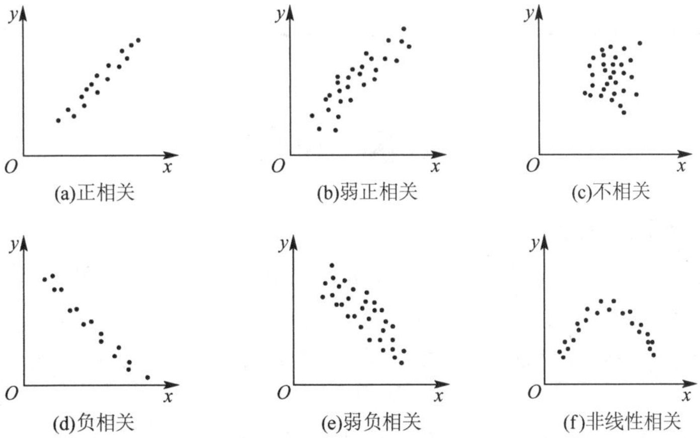

图 5.17 相关图的类型

从图 5.16 可以看出应用案例 5-5 中水灰比与混凝土抗压强度的关系属于负相关。初步结果是，在其他条件不变的情况下，混凝土抗压强度随着水灰比增大有逐渐降低的趋势。

学习作业单

<table>
<tr><th colspan="2">任务单元 5.3 学习作业单</th></tr>
<tr><td>工作任务完成</td><td>根据任务单元 5.3 工作任务单的工作任务描述和要求，完成任务如下。</td></tr>
<tr><td>任务单元学习总结</td><td>按照下表对质量控制的数理统计分析方法进行总结。
<table>
<tr><th>方法名称</th><th>主要用途</th><th>解决问题的步骤</th></tr>
<tr><td>排列图法</td><td></td><td></td></tr>
<tr><td>统计调查表法</td><td></td><td></td></tr>
<tr><td>分层法</td><td></td><td></td></tr>
<tr><td>因果分析图法</td><td></td><td></td></tr>
<tr><td>直方图法</td><td></td><td></td></tr>
<tr><td>控制图法</td><td></td><td></td></tr>
<tr><td>相关图法</td><td></td><td></td></tr>
</table>
</td></tr>
<tr><td>任务单元学习体会</td><td></td></tr>
</table>

模块小结

建筑工程项目质量管理的程序为：进行质量策划，确定质量目标；编制质量计划；实施质量计划，进行质量控制；总结项目质量管理工作，提出持续改进的要求。

质量控制中常用的统计方法有七种：排列图法、统计调查表法、分层法、因果分析图法、直方图法、控制图法和相关图法，这七种方法通常又称为质量管理的七种工具。

在学习过程中应注意理论联系实际，通过解析案例，初步掌握理论知识，训练建筑工程项目质量管理的扎实技能，提高实践能力。

思考与练习

一、单选题

1. 质量方针是指由组织的(　　)正式发布的、该组织总的质量宗旨和方向。

A. 项目经理　　B. 项目工程师　　C. 最高管理者　　D. 总经理

2. 质量控制是指为达到(　　)所采取的作业技术和活动。

A. 质量方针　　B. 质量目标　　C. 质量要求　　D. 体系有效运行

3.(　　)是进行建筑工程项目质量管理的基础。

A. 设计文件　　B. 合同文件　　C. 质量体系文件　D. 施工组织设计

4. 企业的质量管理工作是各级管理者的职责，但必须由(　　)领导。

A. 质检科　　B. 最高管理者　　C. 总工程师　　D. 管理者代表

5. PDCA 循环的含义为(　　)。

A. 计划—检查—实施—处置　　B. 计划—实施—检查—处置

C. 计划—检查—处置—实施　　D. 计划—处置—检查—实施

6. 建筑工程项目质量管理程序正确的是(　　)。其中各数字含义如下：①进行质量策划，确定质量目标；②实施质量计划，进行质量控制；③总结项目质量管理工作，提出持续改进的要求；④编制质量计划。

A. ①②③④　　B. ①③②④　　C. ①④②③　　D. ①③④②

7. 质量管理的计划职能，包括确定质量目标和(　　)两方面。

A. 开展质量活动　　B. 加强过程管理

C. 组织落实　　D. 规定实现质量目标的行动方案

8. 工程项目的施工过程由一系列相互关联和制约的工序构成，对施工过程的质量控制，必须以(　　)为基础和核心。

A. 工序操作检查　　B. 工序质量预控

C. 工序质量控制　　D. 隐蔽工程作业检查

9. 工序质量控制包括对(　　)的控制。

A. 施工工艺和操作规程　　B. 工序施工条件质量和工序施工效果质量

C. 施工人员行为　　D. 质量控制点

10. 特殊过程质量控制应以(　　)的控制为核心。

A. 质量控制点　　B. 施工预检　　C. 工序质量　　D. 隐蔽工程和中间验收

11. 采用排列图法时，通常按累计频率划分为三个区，累计频率在(　　)以内的区称为 A 区，其所包含的质量因素是主要因素或关键项目，是应解决的重点问题。

A. 0～70%　　B. 0～80%　　C. 0～90%　　D. 80%～90%

12. 在控制图中，上、下控制界限与中心线的距离为(　　)。

A. 一倍标准偏差　　B. 二倍标准偏差　　C. 三倍标准偏差　D. 四倍标准偏差

13. 图 5.18 所示的某控制图，具有(　　)排列的缺陷。

A. 链　　B. 多次同侧　　C. 趋势或倾向　　D. 周期性变动

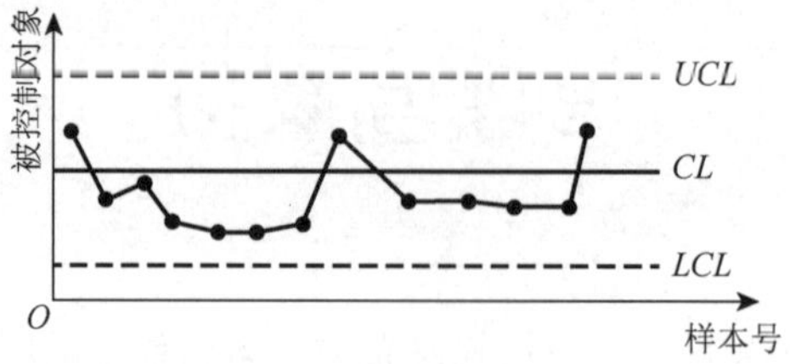

图 5.18　某控制图

14. 质量控制中采用因果分析图的目的在于(　　)。

A. 动态地分析工程中的质量问题　　B. 找出工程中存在的主要问题

C. 全面分析工程中的质量问题　　D. 找出影响工程质量问题的因素

15. 图 5.19 所示的相关图，表示 x 和 y 两个变量的关系为正相关的是(　　)。

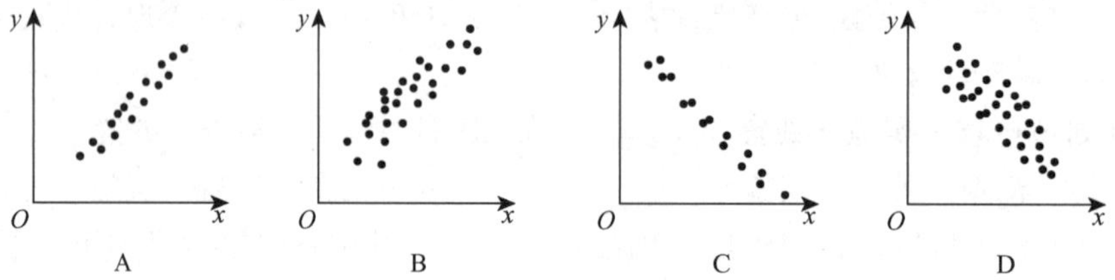

图 5.19　相关图

二、多选题

1. 以下(　　)属于建筑工程质量管理的特点。

A. 影响质量的因素多　　B. 质量波动大　　C. 质量隐蔽性

D. 终检的局限性　　E. 采用一般的方法检验即可

2. 以下(　　)属于在施工过程中对材料的控制。

A. 进入现场的工程材料必须有产品合格证或质量保证书、性能检测报告，并能符合设计标准要求

B. 凡需复试检测的建材必须复试合格才能使用

C. 严禁将易污染、易反应的材料混放，造成材性蜕变

D. 实行各类专业从业人员持证上岗制度

E. 注意设计、施工过程对材料、构配件、半成品的合理选用

3. 以下(　　)属于在施工过程中对施工方法的控制。

A. 进入现场的工程材料必须有产品合格证或质量保证书、性能检测报告，并能符合设计标准要求

B. 施工方案应随工程的进展而不断细化和深化

C. 在选择施工方案时，对主要的施工项目要事先拟订几个可行的方案，选出最佳方案

D. 实行各类专业从业人员持证上岗制度

E. 对主要项目、关键部位和难度较大的项目，制订方案时应充分考虑到可能发生的施工质量问题及处理方法

4. 环境因素的控制主要包括(　　)。

A. 进入现场的工程材料必须有产品合格证或质量保证书、性能检测报告，并能符合设计标准要求

B. 施工方案应随工程的进展而不断细化和深化

C. 现场自然环境条件

D. 施工质量管理环境

E. 施工作业环境

5. 以下(　　)属于建筑工程项目的事前质量控制。

A. 熟悉和审查施工图样，做好设计交底和图样会审

B. 编制施工项目管理实施规划并进行审查

C. 计量控制

D. 工程定位和标高基准的控制

E. 分包单位的选择和资质的审查

6. 以下(　　)属于建筑工程项目的事中质量控制。

A. 熟悉和审查施工图样，做好设计交底和图样会审

B. 进行技术交底　　C. 工序施工质量控制

D. 测量控制　　E. 分包单位的选择和资质的审查

7. 以下(　　)属于建筑工程项目的事后质量控制。

A. 对建设项目地点的自然条件、技术经济条件进行调查分析

B. 特殊过程的控制　　C. 已完施工成品保护

D. 施工质量检查验收　　E. 建筑工程项目竣工质量验收

8. 依照全面质量管理(TQC)的思想，建筑工程项目的质量管理应实行(　　)的措施。

A. 全心全意抓管理　　B. 全方位质量管理

C. 全过程质量管理　　D. 全面推行职业道德建设

E. 全员参与质量管理

9. 因果分析图主要由(　　)等所组成。

A. 影响调查对象质量的因素重复发生或出现的次数

B. 主干(指较粗的直接指向质量结果的水平箭线)

C. 质量特性(即质量结果，指某个质量问题)

D. 要因(产生质量问题的主要原因)

E. 枝干(指一系列箭线表示的不同层次的原因)

10. 以下(　　)属于控制图的用途。

A. 分析两个变量之间的关系

B. 寻找造成质量问题的主要因素和次要因素

C. 分析某个质量问题(结果)与其产生原因之间的关系

D. 过程分析，即分析生产过程是否稳定

E. 过程控制，即控制生产过程质量状态

模块5
在线答题

三、简答题

1. 解释质量管理的 PDCA 循环的含义。
2. 质量管理体系有效运行的要求有哪些?
3. 施工项目的事前、事中、事后质量控制包括哪些内容?
4. 简述全面质量管理的思想。
5. 简述因果分析图的绘制步骤。
6. 控制图的控制原理是什么?其控制界限是如何确定的?

四、实训题

某工地浇筑 C20 混凝土时，先后共抽样取得了 60 个混凝土抗压强度数据报告单(每个数据是 3 个试块抗压强度平均值)，整理后见表 5-9。试绘制混凝土强度频数分布直方图，并分析混凝土强度质量数据分布状态。

表 5-9 混凝土抗压强度数据表

序号	试块抗压强度数据/(N/mm^2)					
1	21.2	21.5	16.5	17.3	18.2	22.1
2	20.2	20.9	19.8	21.3	21.7	20.2
3	19.6	19.5	22.3	23.5	16.2	19.7
4	14.0	18.6	27.2	29.0	23.4	21.7
5	19.6	27.3	23.8	24.2	16.2	20.5
6	18.0	24.1	23.8	23.4	15.2	25.9
7	21.2	19.8	21.6	22.0	27.0	27.7
8	23.4	26.7	22.4	27.3	24.9	21.3
9	25.4	11.8	20.9	27.2	25.2	17.9
10	21.7	19.1	17.9	15.5	17.6	15.3

模块 6 建筑工程项目成本管理

能力目标

通过本模块的学习，学生要能够识别建筑工程项目成本的构成，认识到成本管理的重要性，掌握成本管理的内容，按程序来讲包括成本计划、成本控制、成本核算、成本分析与成本考核，并能针对一个建筑工程项目初步完成成本计划、成本控制、成本分析等环节。在教学过程中，本模块主要锻炼学生对事物全过程管理的能力、运用专业知识分析和解决问题的能力，培养严谨的工作态度。

知识目标

- 建筑工程项目成本管理
  - 建筑工程项目成本管理概述
    - 熟悉 | 建筑工程项目成本的概念及形式
    - 了解 | 建筑工程项目成本管理的概念
    - 掌握 | 建筑工程项目成本管理的内容
    - 熟悉 | 建筑工程项目成本管理的措施
  - 建筑工程项目成本计划
    - 了解 | 建筑工程项目成本计划的概念和重要性
    - 了解 | 目标成本
    - 熟悉 | 建筑工程项目目标成本的分解
    - 熟悉 | 建筑工程项目成本计划的编制依据和编制程序
    - 掌握 | 建筑工程项目成本计划的内容
    - 掌握 | 建筑工程项目成本计划编制的方法
  - 建筑工程项目成本控制
    - 了解 | 建筑工程项目成本控制的概念和依据
    - 熟悉 | 建筑工程项目成本控制实施的步骤
    - 掌握 | 建筑工程项目成本控制的对象和内容
    - 掌握 | 建筑工程项目成本控制的实施方法
    - 掌握 | 赢得值法在建筑工程项目成本控制中的应用
  - 建筑工程项目成本核算
    - 熟悉 | 建筑工程项目成本核算的对象
    - 了解 | 建筑工程项目成本核算的要求
    - 了解 | 建筑工程项目成本核算的过程
    - 了解 | 建筑工程项目成本会计的账表
  - 建筑工程项目成本分析与考核
    - 了解 | 建筑工程项目成本分析概要
    - 熟悉 | 建筑工程项目成本分析的依据
    - 掌握 | 建筑工程项目成本分析的基本方法
    - 了解 | 综合成本分析和专项成本分析
    - 了解 | 建筑工程项目成本考核

引例

太原景观桥工程项目成本管理

1. 工程概况

太原市长风文化岛跨汾河学府景观桥全长1054m，由下部桩基工程、主体钢结构工程、上部桥面装饰工程三大部分组成，主桥钢箱梁为分离式双箱梁截面，南北梁桥以DNA双螺旋造型交叉错落。该工程由中交一航局第四工程有限公司承建。

2. 管理重点与目标

该工程实施精细化管理，重点为安全质量控制，提高员工成本意识并节约施工成本，为公司创益增收，将工程效益控制在工程造价的10%以上。

3. 成本管理措施

1）招标优选钢结构加工厂，以确保质量、降低成本

2）优化施工方案，降低成本

在施工方案确定过程中，对于灌注桩钢筋连接、钢结构施工支架搭设、主桥钢结构吊装、主桥钢箱梁制作等方案均进行了多方案比选和优化，选定的方案既保证了质量、提高了效率，又降低了成本。

3）工艺革新，以缩短工期、降低成本

(1) 使用了桥梁钢墩柱预埋件基础调节托架，可以非常精确地控制预埋件的安装标高精度，有效地克服了由于施工过程引起的预埋件标高变化和基础沉降引起的标高误差。

(2) 在桥侧面装饰板安装过程中，量身打造了可移动小车式吊篮，其应用大大加快了侧面装饰板的施工进度，同时又未对其他交叉施工的工序造成影响。

(3) 吊装过程中引入了三维坐标体系控制。

4）落实精细化管理，降低成本

(1) 向管理要效益是贯穿工程始终的控制过程。在施工过程中严格精细化管理，要求每一位管理人员树立成本意识，工作要有效率和效益。

(2) 对工程的总体成本进行分析，结合现场实际找出工程中的利润增长点和成本控制关键，制定成本控制方案。如通过控制钢筋利用率及废料回收，获得效益4.5万元；通过控制机械利用率，获得效益16万元。

(3) 桥梁下部施工完成后，根据项目部的统一部署陆续进行人员调整，控制好项目的管理成本，共节省管理成本近70万元。

(4) 对合同外发生的工程量或产生的变更工程量，积极与监理、业主沟通形成现场签证和变更，共产生签证和变更610万元，产生效益92万元。

(5) 由项目经理、项目副经理、总工程师、财务部门、预算部门组成成本分析控制小组，按照公司要求每季度进行一次经济活动分析，每月定期开展成本控制会议，针对上月完成的产值和实际成本做全面分析，并制订下一步工作计划。

4. 管理成效

该工程在资金紧张、施工难度大的情况下，通过项目部领导的精心组织，最终如期完成，被评为“山西省建筑安全标准化工地”，且项目总盈利在10%以上，达到了预期目标。

引言

随着全球经济一体化进程的加快，建筑市场的竞争愈加激烈，“低成本竞争、高品质管理”日益成为建筑企业生存和发展的基本策略。因此，加强建筑工程项目成本管理是企业积累财富、增强竞争力的必由之路，实现建筑工程项目成本管理目标也是每个项目经理的首要责任和重要任务。

任务单元6.1　建筑工程项目成本管理概述

6.1.1　建筑工程项目成本的概念及形式

1. 建筑工程项目成本的概念

成本是指为进行某项生产经营活动所发生的全部费用。它是一种耗费，是耗费劳动(物化劳动和活劳动)的货币表现形式。

建筑工程项目成本(又称施工项目成本)是以施工项目作为成本核算对象，在施工过程中所耗费的生产资料转移价值和劳动者的必要劳动所创造的价值的货币形式，包括消耗的原材料、辅助材料、构配件等费用，周转材料的摊销费或租赁费，施工机械的使用费或租赁费，支付给生产工人的工资、奖金、工资性质的津贴等，以及进行施工组织与管理所发生的全部费用支出。

2. 建筑安装工程费用项目组成与成本的关系

如图6.1所示，目前我国的建筑安装工程费由人工费、材料费、施工机具使用费、措施费、企业管理费、规费、利润和税金组成。

建筑工程项目成本管理的对象是某一个具体的施工项目，仅对施工项目的成本进行核算，包括人工费、材料费、施工机具使用费、措施费，以及企业管理费中的施工现场管理费；企业成本是施工企业从事工程建设所花费的全部费用，既包括施工现场支出的施工费用和管理费用，也包括施工管理机构发生的管理费用。至于劳动者剩余劳动创造的价值(税金和利润)，其作为社会的纯收入，并未支付给劳动者，故而不构成成本。

企业下列支出不仅不得列入建筑工程项目成本，也不能列入企业成本，如购置和建造固定资产、无形资产和其他资产的支出，对外投资的支出，被没收的财物，支付的滞纳金、罚款、违约金、赔偿金，企业赞助，捐赠支出，等等。

在项目法施工的管理模式下，强调项目经理部的职能，对项目经理来说，成本管理的对象就是建筑工程项目成本。本书讨论的即为建筑工程项目成本。

3. 建筑工程项目成本的形式

在经济运行过程中，没有一种单一的成本概念能适用于各种不同的场合，不同的研究目的需要不同的成本概念。依据成本管理的需要，建筑工程项目成本的形式要求从不同的角度来考察。

1) 直接成本和间接成本

按照国家现行制度的规定，施工过程中所发生的各项费用支出均应计入建筑工程项目

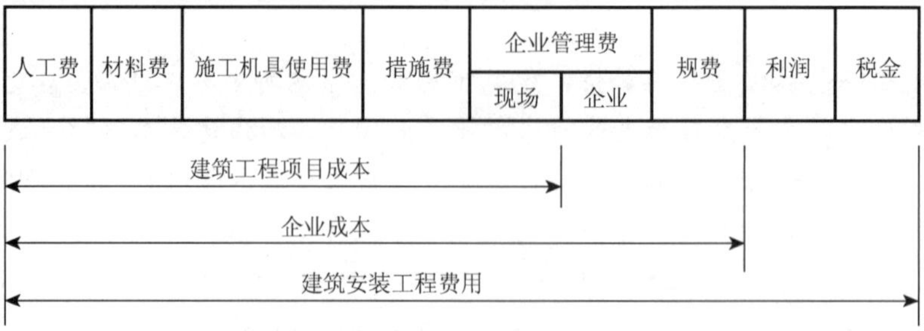

图 6.1　建筑安装工程费用项目组成及其与成本的关系

成本。建筑工程项目成本按性质可将其划分为直接成本和间接成本两部分。

(1) 直接成本。直接成本是指施工过程中耗费的构成工程实体或有助于工程实体形成的各项费用支出，是可以直接计入工程对象的费用，包括人工费、材料费、施工机具使用费和措施费。

(2) 间接成本。间接成本是指用于施工准备、组织和管理施工生产的全部费用的支出，是非直接用于也无法直接计入工程对象，但为进行工程施工所必须发生的费用，包括管理人员工资、办公费、差旅交通费等，即施工现场管理费。

成本如此分类，能正确反映工程成本的构成，考核各项生产费用的使用是否合理，便于找出降低成本的途径。

2) 预算成本、计划成本和实际成本

根据成本控制要求，建筑工程项目成本可分为预算成本、计划成本和实际成本。

(1) 预算成本。预算成本是指按照建筑安装工程实物量和国家或地区、企业制定的预算定额及取费标准计算的社会平均成本或企业平均成本，是以施工图预算为基础进行分析、预测、归集和计算来确定的，又称施工图预算成本。它是确定工程成本的基础，也是编制计划成本、评价实际成本的依据。

(2) 计划成本。计划成本是指在预算成本的基础上，根据企业自身的要求如内部承包合同的规定，结合施工项目的具体条件和为实施该项目的各项技术组织措施等情况，在实际成本发生前所预先计算的成本。计划成本反映了企业在计划期内应达到的成本水平，是成本管理的目标，又称目标成本。计划成本对于加强施工企业和项目经理部的经济核算、建立和健全建筑工程项目成本管理责任制、控制施工过程中的生产费用以及降低建筑工程项目成本，都具有十分重要的作用。

(3) 实际成本。实际成本是指施工项目在报告期内实际发生的各项生产费用支出的总和。实际成本与计划成本比较，可提示成本的节约或超支，考核企业的施工技术水平和技术组织措施的贯彻执行情况以及企业的经营效果。实际成本与预算成本比较，可以反映工程的盈亏情况。因此，计划成本和实际成本都反映了施工企业的成本水平，它与施工企业本身的生产技术水平、施工条件及生产管理水平相对应。

3) 固定成本和可变成本

按生产费用与工程量的关系，建筑工程项目成本可分为固定成本和可变成本。

(1) 固定成本。固定成本是指在一定期间和一定的工程量范围内，其发生的成本额不受工程量增减变动的影响而相对固定的成本，如折旧费、大修理费、管理人员工资、办公费等。这一成本是为了保持一定的生产管理条件而发生的，项目的固定成本每月基本相同，但是，当工程量超过一定范围需要增添机械设备或管理人员时，固定成本将会发生变动。此外，所谓固定是指其总额固定，而分配到单位工程量上的固定成本则是变动的。

（2）可变成本。可变成本是指发生总额随着工程量的增减变动而成比例变动的费用，如直接用于工程的材料费、实行计件工资制的人工费等。所谓可变也是指其总额可变，而分配到单位工程量上的可变成本则是不变的。

将施工过程中发生的全部费用划分为固定成本和可变成本，对于成本管理和成本决策具有重要作用。由于固定成本是维持生产能力必需的费用，要降低单位工程量的固定费用，就需从提高劳动生产率、增加总工程量数额并降低固定成本的绝对值入手；而要降低变动成本，就需从降低单位分项工程的消耗入手。

6.1.2 建筑工程项目成本管理的概念

建筑工程项目成本管理，就是指在保证工期和质量满足要求的情况下，采取相应的管理措施，包括组织措施、经济措施、技术措施、合同措施，把成本控制在计划范围内，并进一步寻求最大限度的成本节约。

建筑工程项目成本管理的重要性主要体现在以下几个方面。

（1）建筑工程项目成本管理是项目实现经济效益的内在基础。

（2）建筑工程项目成本管理是动态反映项目一切活动的最终水准。

（3）建筑工程项目成本管理是项目经济责任机制控制和监督的有效手段。

6.1.3 建筑工程项目成本管理的内容

建筑工程项目成本管理的内容包括成本预测、成本计划、成本控制、成本核算、成本分析和成本考核等。项目经理部在项目施工过程中对所发生的各种成本信息，通过有组织、系统地进行预测、计划、控制、核算和分析等工作，使工程项目系统内各种要素按照一定的目标运行，从而将工程项目的实际成本控制在预定的计划成本范围内。

1. 成本预测

成本预测是通过成本信息和工程项目的具体情况，并运用一定的专门方法，对未来的成本水平及其可能的发展趋势做出科学的估计，其实质就是在施工以前对成本进行核算。成本预测是项目成本决策与计划的依据。

2. 成本计划

成本计划是项目经理部对项目施工成本进行计划管理的工具。它是以货币形式编制工程项目在计划期内的生产费用、成本水平、成本降低率以及为降低成本所采取的主要措施和规划的书面方案，是建立项目成本管理责任制、开展成本控制和核算的基础。一般来说，一个成本计划应包括从开工到竣工所必需的施工成本，它是降低项目成本的指导文件，是设立目标成本的依据。

3. 成本控制

成本控制是指在施工过程中，对影响项目成本的各种因素加强管理，并采取各种有效措施，将施工中实际发生的各种消耗和支出严格控制在成本计划范围内，随时揭示并及时反馈，严格审查各项费用是否符合标准，计算实际成本和计划成本之间的差异并进行分析，消除施工中的损失和浪费现象，以及发现和总结先进经验。成本控制的目的是最终实现甚至超过预期的成本节约目标。成本控制应贯穿于工程项目从招投标阶段开始直到项目竣工验收的全过程，它是企业全面成本管理的重要环节。

4. 成本核算

成本核算是指对项目施工过程中所发生的各种费用和各种形式的项目成本的核算。成本核算包括两个基本环节：一是按照规定的成本开支范围对施工费用进行归集和分配，计算出施工费用的实际发生额；二是根据成本核算对象，采用适当的方法，计算出该工程项目的总成本和单位成本。成本核算所提供的各种成本信息，是成本预测、成本计划、成本控制、成本分析和成本考核等各个环节的依据。因此，加强项目成本核算工作，对降低项目成本、提高企业的经济效益有积极的作用。

5. 成本分析

成本分析是指在成本形成过程中，对项目成本进行的对比评价和剖析总结工作。它贯穿于项目成本管理的全过程，主要利用工程项目的成本核算资料(成本信息)，与计划成本、预算成本以及类似的工程项目的实际成本等进行比较，了解成本的变动情况，同时分析主要技术经济指标对成本的影响，系统地研究成本变动的因素，检查成本计划的合理性，并通过成本分析深入揭示成本变动的规律，寻找降低项目成本的途径，以便有效地进行成本控制。

6. 成本考核

成本考核是指在项目完成后，对项目成本形成中的各责任者，按项目成本目标责任制的有关规定，将成本的实际指标与计划、定额、预算进行对比和考核，评定项目成本计划的完成情况和各责任者的业绩，并以此给予相应的奖励和处罚。通过成本考核做到有奖有惩、赏罚分明，才能有效地调动企业的每一个员工在各自的岗位上努力完成目标成本的积极性，为降低项目成本和增加企业的积累做出自己的贡献。

综上所述，项目成本管理中每一个环节都是相互联系和相互作用的。成本预测是成本决策的前提；成本计划是成本决策所确定目标的具体化；成本控制则是对成本计划的实施进行监督，保证决策的成本目标实现；而成本核算是成本计划是否实现的最后检验，它所提供的成本信息又为下一个项目的成本预测和决策提供基础资料；成本分析的结果有助于提高成本控制的效果以及下一个成本计划的合理性；成本考核是实现成本目标责任制的保证和实现决策目标的重要手段。

6.1.4 建筑工程项目成本管理的措施

为了取得建筑工程项目成本管理的理想成效，应当从多方面采取措施实施管理，通常可以将这些措施归纳为组织措施、技术措施、经济措施和合同措施。

1. 组织措施

组织措施是从施工成本管理的组织方面采取的措施。施工成本控制是全员的活动，如实行项目经理责任制，落实施工成本管理的组织机构和人员，明确各级建筑工程项目成本管理人员的任务和职能分工、权力和责任。建筑工程项目成本管理不仅是专业成本管理人员的工作，也是各级项目管理人员应负的责任。

组织措施的另一方面是编制建筑工程项目成本控制工作计划，确定合理详细的工作流程。要做好施工采购规划，通过生产要素的优化配置、合理使用、动态管理，有效控制实际成本；加强施工定额管理和施工任务单管理，控制活劳动和物化劳动的消耗；加强施工调度，避免因施工计划不周和盲目调度造成窝工损失、机械利用率降低、物料积压等而使施工成本增加。成本控制工作只有建立在科学管理的基础之上，具备合理的管理体制、完善的规章制度、稳定的作业秩序、完整准确的信息传递，才能取得成效。组织措施是其他各类措施的前提和保障，而且一般不需要增加什么费用，运用得当可以收到良好的效果。

2. 技术措施

施工过程中降低成本的技术措施，包括：进行技术经济分析，确定最佳的施工方案；结合施工方法，进行材料使用的比选，在满足功能要求的前提下，通过代用、改变配合比、使用添加剂等方法降低材料消耗的费用；确定最合适的施工机械、设备使用方案；结合项目的施工组织设计及自然地理条件，降低材料的库存成本和运输成本；对先进施工技术的应用、新材料的运用、新开发机械设备的使用；等等。在实践中，也要避免仅从技术角度选定方案而忽视对其经济效果的分析论证。

技术措施不仅对解决建筑工程项目成本管理过程中的技术问题是不可缺少的，而且对纠正建筑工程项目成本管理目标偏差也有相当重要的作用。运用技术纠偏措施的关键，一是要能提出多个不同的技术方案，二是要对不同的技术方案进行技术经济分析。

3. 经济措施

经济措施是最易为人们所接受和采用的措施。管理人员应编制资金使用计划，确定、分解施工成本管理目标；对建筑工程项目成本管理目标进行风险分析，并制定防范性对策；对各种支出，应认真做好资金的使用计划，并在施工中严格控制各项开支；及时准确地记录、收集、整理、核算实际发生的成本；对各种变更，及时做好增减账，及时落实业主签证，及时结算工程款；通过偏差分析和未完工程预测，可发现一些潜在可能引起未完工程施工成本增加的问题，对这些问题应以主动控制为出发点，及时采取预防措施。由此可见，经济措施的运用绝不仅仅是财务人员的事情。

4. 合同措施

采用合同措施控制建筑工程项目成本，应贯穿整个合同周期，包括从合同谈判开始到合同终结的全过程。首先是选用合适的合同结构，对各种合同结构模式进行分析、比较，在合同谈判时，要争取选用适合于工程规模、性质和特点的合同结构模式。其次，在合同的条款中应仔细考虑一切影响成本和效益的因素，特别是潜在的风险因素；通过对引起成本变动的风险因素的识别和分析，采取必要的风险对策，如通过合理的方式增加承担风险的个体数量、降低损失发生的比例，并最终使这些策略反映在合同的具体条款中。在合同执行期间，合同管理的措施既要密切注视对方合同执行的情况，以寻求合同索赔的机会，同时也要密切关注自己履行合同的情况，以防止被对方索赔。

任务单元6.2　建筑工程项目成本计划

工作任务单

任务单元 6.2 工作任务单	
工作任务描述	某建筑工程项目需要编写成本计划，请协助项目经理完成任务。
工作任务要求	(1) 建筑工程项目成本计划的编制依据有哪些？ (2) 建筑工程项目成本计划的内容包括哪些？请设计所需要的表格。 (3) 建筑工程项目成本计划编制的方法有哪些？请结合实际情况考虑采用什么方法。 (4) 请查阅相关资料，对该工程项目草拟一份项目成本计划编写提纲与编写要求。

6.2.1　建筑工程项目成本计划的概念和重要性

成本计划，是在多种成本预测的基础上，经过分析、比较、论证、判断之后，以货币形式预先规定计划期内项目施工的耗费和成本所要达到的水平，并且确定各个成本项目比预计要达到的降低额和降低率，提出保证成本计划实施所需要的主要措施方案。

成本计划是建筑工程项目成本管理的一个重要环节，是实现降低项目成本任务的指导性文件，也是项目成本预测的继续。

编制成本计划的过程，既是动员项目经理部全体职工挖掘降低成本潜力的过程，也是检验施工技术质量管理、工期管理、物资消耗和劳动力消耗管理等效果的全过程。

成本计划的重要性，具体表现为以下几个方面。

(1) 它是对生产耗费进行控制、分析和考核的重要依据。

(2) 它是编制核算单位其他有关生产经营计划的基础。

(3) 它是国家编制国民经济计划的一项重要依据。

(4) 它是可以动员全体职工深入开展增产节约、降低产品成本的活动。

(5) 它是建立企业成本管理责任制、开展经济核算和控制生产费用的基础。

6.2.2　目标成本

所谓目标成本，即项目(或企业)对未来产品成本所规定的奋斗目标，它比已经达到的实际成本水平要低，但又是经过努力可以达到的。目标成本管理是现代化企业经营管理的重要组成部分，它是市场竞争的需要，是企业挖掘内部潜力、不断降低产品成本、提高企业整体工作质量的需要，是衡量企业实际成本节约或开支及考核企业在一定时期内成本管理水平高低的依据。

建筑工程项目成本管理实质上就是一种目标管理。建筑工程项目管理的最终目标是低成本、高质量、短工期，而低成本是这三大目标的核心和基础。目标成本有很多形式，可以是计划成本、定额成本或标准成本，它随成本计划编制方法的变化而变化。

一般而言，目标成本的计算公式如下。

$$项目的目标成本=预计结算收入-税金-项目的目标利润 \quad (6-1)$$

$$目标成本降低额=项目的预算成本-项目的目标成本 \quad (6-2)$$

$$目标成本降低率=\frac{目标成本降低额}{项目的预算成本} \quad (6-3)$$

6.2.3 建筑工程项目目标成本的分解

建筑工程项目目标成本分解的目的是使项目经理部的所有成员和各个单位、部门明确自己的成本责任，并按照分工去开展工作，以及将各分部分项工程成本控制目标和要求、各成本要素的控制目标和要求，落实到成本控制的责任者中。

项目经理部进行目标成本分解，方法有两种：一种是按工程成本项目分解，如图6.2所示；另一种是按项目组成分解，大中型工程项目通常是由若干单项工程构成的，而每个单项工程又包括多个单位工程，每个单位工程又由若干分部分项工程所构成，因此，首先要把项目总施工成本分解到单项工程和单位工程中去，再进一步分解到分部工程和分项工程中去，如图6.3所示。

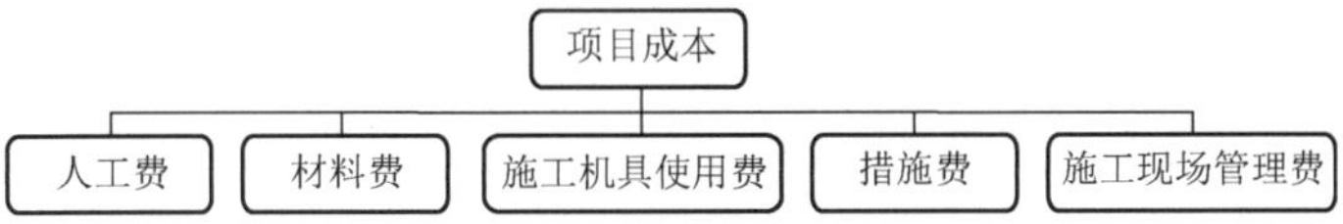

图6.2 按工程成本项目分解

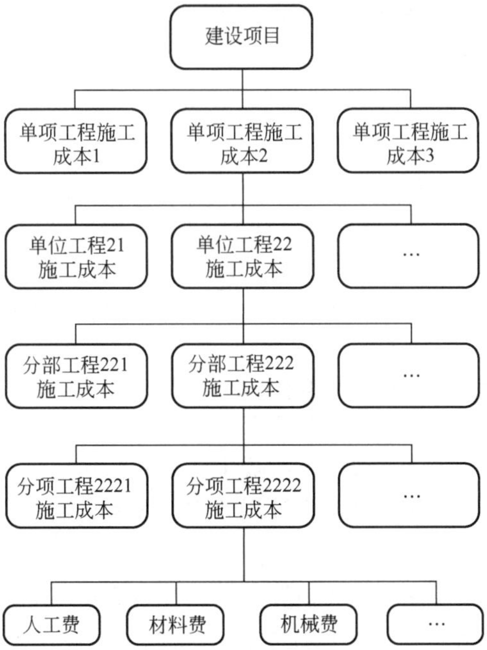

图6.3 按项目组成分解

在完成建筑工程项目目标成本分解之后，接下来就要具体地分析成本，编制分项工程的成本支出计划，从而得到详细的分项工程成本计划表，见表6-1。

表6-1 分项工程成本计划表

分项工程编码	工程内容	计量单位	工程数量	计划成本	本分项总计
(1)	(2)	(3)	(4)	(5)	(6)

6.2.4 建筑工程项目成本计划的编制依据和编制程序

1. 建筑工程项目成本计划的编制依据

建筑工程项目成本计划的编制依据有如下几个方面。

(1) 承包合同。承包合同除包括合同文本外，还包括招标文件、投标文件、设计文件等，合同中的工程内容、数量、规格、质量、工期和支付条款都将对工程的成本计划产生重要的影响，因此，承包方在签订合同前应进行认真的研究与分析，在正确履约的前提下降低工程成本。

(2) 项目管理实施规划。其中以工程项目施工组织设计文件为核心的项目实施技术方案与管理方案，是在充分调查和研究现场条件及有关法规条件的基础上制定的，不同实施条件下的技术方案和管理方案，将导致不同的工程成本。

(3) 可行性研究报告和相关设计文件。

(4) 已签订的分包合同(或估价书)。

(5) 生产要素价格信息，包括人工、材料、机械台班的市场价，企业颁布的材料指导价、企业内部机械台班价格、劳动力内部挂牌价格，周转设备内部租赁价格、摊销损耗标准，结构件外加工计划和合同，等等。

(6) 反映企业管理水平的消耗定额(企业施工定额)及类似工程的成本资料。

2. 建筑工程项目成本计划的编制程序

编制成本计划的程序，因项目的规模大小、管理要求不同而不同。大中型项目一般采用分级编制的方式，即先由各部门提出部门成本计划，再由项目经理部汇总编制全项目的成本计划；小型项目一般采用集中编制方式，即由项目经理部先编制各部门成本计划，再汇总编制全项目的成本计划。建筑工程项目成本计划编制程序如图6.4所示。

6.2.5 建筑工程项目成本计划的内容

建筑工程项目的成本计划，一般由直接成本计划和间接成本计划组成。如果项目设有附属生产单位，成本计划还包括产品成本计划和作业成本计划。

1. 直接成本计划

直接成本计划主要反映工程成本的预算价值、计划成本降低额和计划成本降低率。直接成本计划的具体内容包括总则、目标成本及核算原则、降低成本计划总表或总控制方案、对成本计划中的计划成本估算过程的说明、计划降低成本的途径分析等。

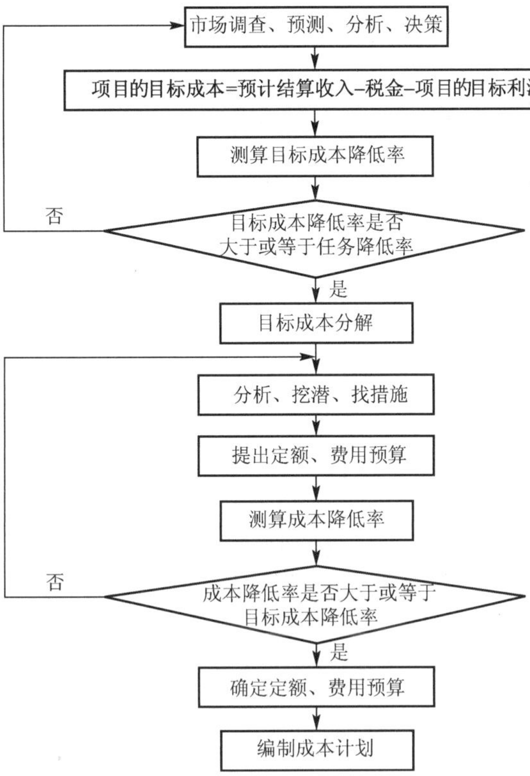

图 6.4 建筑工程项目成本计划编制程序

2. 间接成本计划

间接成本计划主要反映施工现场管理费用的计划数、预算收入数及降低额。间接成本计划应根据工程项目的成本核算期，以项目总收入费的管理费为基础，制订各部门费用的收支计划，汇总后作为工程项目的间接成本计划。在间接成本计划中，收入应与取费口径一致，支出应与会计核算中间接成本项目的内容一致。各部门应按照节约开支、压缩费用的原则，制订施工现场管理费用计划表，以保证计划的实施。

3. 项目成本计划表

1）项目成本计划任务表

项目成本计划任务表是主要反映项目预算成本、计划成本、计划成本降低额、计划成本降低率的文件，是落实成本降低任务的依据。其格式见表 6-2。

2）项目间接成本计划表

项目间接成本计划表主要指施工现场管理费计划表，其反映发生在项目经理部的各项施工管理费的预算收入、计划数和降低额。其格式见表 6-3。

3）项目技术组织措施表

项目技术组织措施表由项目经理部有关人员分别就应采取的技术组织措施预测它的经济效益，最后汇总编制而成。编制技术组织措施表是为了在不断采用新工艺、新技术的基础上提高施工技术水平，改善施工工艺过程，推广工业化和机械化施工方法，以及通过采纳合理化建议来达到降低成本的目的。其格式见表 6-4。

表 6-2　项目成本计划任务表

工程名称：　　工程项目：　　项目经理：　　日期：　　单位：

项　　目	预算成本	计划成本	计划成本降低额	计划成本降低率
1. 直接成本				
人工费				
材料费				
施工机具使用费				
措施费				
2. 间接成本				
施工现场管理费				
合计				

表 6-3　施工现场管理费计划表

项　　目	预算收入	计划数	降低额
1. 工作人员工资			
2. 生产工人辅助工资			
3. 工资附加费			
4. 办公费			
5. 差旅交通费			
6. 固定资产使用费			
7. 工具用具使用费			
8. 劳动保护费			
9. 检验试验费			
10. 工程保养费			
11. 财产保险费			
12. 取暖、水电费			
13. 排污费			
14. 其他			
15. 合计			

表 6-4　项目技术组织措施表

工程名称：　　日期：

项目经理：　　单位：

措施项目	措施内容	涉及对象			降低成本来源		成本降低额				
		实物名称	单价	数量	预算收入	计划开支	合计	人工费	材料费	施工机具使用费	措施费

4）项目降低成本计划表

项目降低成本计划表是根据企业下达给该项目的降低成本任务和该项目经理部自己确定的降低成本指标而制订的。它是编制项目成本计划任务表的重要依据，是由项目经理部有关业务和技术人员编制的。其根据是项目的总包和分包的分工、项目中的各有关部门提供的降低成本资料及技术组织措施计划。在编制项目降低成本计划表时，还应参照企业内外以往同类项目成本计划的实际执行情况。其格式见表 6－5。

表 6－5　项目降低成本计划表

工程名称：　　　　　　　　　　　　　　　　　　　　日期：

项目经理：　　　　　　　　　　　　　　　　　　　　单位：

分项工程名称	成本降低额					
	总计	直接成本				间接成本
		人工费	材料费	施工机具使用费	措施费	

6.2.6 建筑工程项目成本计划编制的方法

成本计划编制的核心是确定计划成本(目标成本)，通常以项目成本总降低额和降低率表示。成本计划中计划成本的编制方法通常有以下几种。

1. 施工预算法

施工预算法，是指以施工图中的工程实物量，套以施工工料消耗定额来计算工料消耗量，并进行工料汇总，然后统一以货币形式反映其施工生产耗费水平的方法。以施工工料消耗定额所计算出的施工生产耗费水平，基本上是一个不变的常数。一个建筑工程项目要实现较高的经济效益(提高降低成本的水平)，就必须在这个常数的基础上采取技术节约措施，来达到成本计划的目标成本水平。其计算公式为

施工预算法计划成本＝施工预算工料消耗费用－技术节约措施计划节约额　(6－4)

应用案例 6－1

某工程项目按照施工预算的工程量，套用施工工料消耗定额所计算消耗费用为 1280.98 万元，技术节约措施计划节约额为 45.64 万元。试计算计划成本。

【案例解析】

该工程项目计划成本＝(1280.98－45.64)万元＝1235.34 万元

施工图预算和施工预算的区别：施工图预算是以施工图为依据，按照预算定额和规定的取费标准以及图纸工程量计算出项目成本，反映为完成建筑工程项目建筑安装任务所需的直接成本和间接成本；它是招投标中计算标底的依据和评标的尺度，是控制项目成本支出、衡量成本节约或超支的标准，也是建筑工程项目考核经营成果的基础。施工预算是施工单位(各项目经理部)根据施工定额编制的、作为施工单位内部经济核算的依

据。施工图预算和施工预算对比的差额，实质上反映的是这两种定额——预算定额和施工定额所产生的差额，因此又称定额差。

2. 技术节约措施法

技术节约措施法，是指以工程项目计划采取的技术组织措施和节约措施所能取得的经济效果为项目成本降低额，然后求工程项目的计划成本的方法。其计算公式为

$$\text{工程项目的计划成本}=\text{工程项目的预算成本}-\text{计划成本降低额(技术节约措施计划节约额)} \tag{6-5}$$

$$\text{工程项目的计划成本降低率}=\frac{\text{计划成本降低额}}{\text{工程项目的预算成本}}\times 100\% \tag{6-6}$$

采用这种方法首先确定的是降低成本指标和降低成本技术节约措施，然后再编制成本计划。

应用案例 6-2

某工程项目造价为679.38万元，扣除企业管理费、计划利润及税金，经计算该工程项目的预算成本为557.08万元，该项目的计划成本降低额为37.03万元。试计算该工程项目的计划成本和计划成本降低率。

【案例解析】

该工程项目的计划成本=(557.08－37.03)万元=520.05万元

该工程项目的计划成本降低率=(37.03÷557.08)×100%≈6.65%

应用案例 6-3

某工程项目造价为2550.13万元，扣除计划利润、税金及企业管理费，经计算，该工程项目预算成本总额为2065.6万元，其中人工费为204.6万元、材料费为1613.2万元、施工机具使用费为122.4万元、措施费为31.2万元、施工现场管理费为94.2万元。项目部综合各部门做出该项目技术节约措施，各项成本降低指标分别为人工费0.29%、材料费1.93%、施工机具使用费3.76%、措施费1.60%、施工管理费14.44%。试计算该工程项目的计划成本降低额和计划成本，并编制该工程项目的成本计划表。

【案例解析】

该工程项目的计划成本、计划成本降低额、计划成本降低率的计算过程见表6-6。

表6-6　该工程项目的成本计划表

工程名称：　　　　项目经理：　　　　日期：　　　　单位：

项　目	预算成本/万元	计划成本/万元	计划成本降低额/万元	计划成本降低率/(%)
1. 直接成本	1971.4	1934.5	36.9	1.87
人工费	204.6	204	0.6	0.29
材料费	1613.2	1582	31.2	1.93
施工机具使用费	122.4	117.8	4.6	3.76
措施费	31.2	30.7	0.5	1.60

续表

项　目	预算成本/万元	计划成本/万元	计划成本降低额/万元	计划成本降低率/(%)
2. 间接成本	94.2	80.6	13.6	14.44
施工现场管理费	94.2	80.6	13.6	14.44
合　　计	2065.6	2015.1	50.5	2.44

该工程项目的计划成本=(2065.6−50.5)万元=2015.1万元

该工程项目的计划成本降低率=(50.5÷2065.6)×100%≈2.44%

3. 成本习性法

成本习性法是固定成本和变动成本在编制成本计划中的应用，主要按照成本习性，将成本分成固定成本和变动成本两类，以此计算计划成本。具体划分可采用如下的按费用分解的方法。

(1) 材料费。与产量有直接联系，属于变动成本。

(2) 人工费。在计时工资形式下，生产工人工资属于固定成本，因为不管生产任务完成与否，工资照发，与产量增减无直接联系。如果采用计件超额工资形式，其计件工资部分属于变动成本，奖金、效益工资和浮动工资部分，也应计入变动成本。

(3) 施工机具使用费。其中有些费用随产量增减而变动，如燃料费、动力费等，属变动成本；有些费用不随产量变动，如机械折旧费、大修理费、机修工和操作工的工资等，属于固定成本；此外还有机械的场外运输费和机械组装拆卸、替换配件、润滑擦拭等经常修理费，由于这部分费用不直接用于生产，也不随产量增减成正比例变动，而是在生产能力得到充分利用、产量增长时，所分摊的费用就少些，在产量下降时，所分摊的费用就要多些，所以这部分费用为介于固定成本和变动成本之间的半变动成本，可按一定比例划为固定成本和变动成本。

(4) 措施费。水、电、气等费用，以及现场发生的其他费用，多数与产量有联系，属于变动成本。

(5) 施工现场管理费。其中大部分在一定产量范围内与产量的增减没有直接联系，如工作人员工资、生产工人辅助工资、工资附加费、办公费、差旅交通费、固定资产使用费、职工教育经费、上级管理费等，基本上属于固定成本。检验试验费、外单位管理费等与产量增减有直接联系，则属于变动成本范围。此外，劳动保护费中的劳保服装费、防暑降温费、防寒用品费，劳动部门都有规定的领用标准和使用年限，基本上属于固定成本范围。技术安全措施费、保健费，大部分与产量有关，属于变动成本。工具用具使用费中，行政使用的家具费属于固定成本。工人领用工具，随管理制度不同而不同，有些企业对机修工、电工、钢筋工、车工、钳工、刨工的工具按定额配备，规定使用年限，定期以旧换新，属于固定成本；而对民工、木工、抹灰工、油漆工的工具采取定额人工数、定价包干，则又属于变动成本。

在成本按习性划分为固定成本和变动成本后，可用下式计算计划成本。

工程项目计划成本=项目变动成本总额+项目固定成本总额　　(6-7)

应用案例 6-4

某工程项目，经过分部分项测算，测得其变动成本总额为 1950.71 万元，固定成本总额为 234.11 万元。试计算其计划成本。

【案例解析】

该工程项目计划成本=(1950.71+234.11)万元=2184.82 万元

4. 按实计算法

按实计算法，就是工程项目经理部有关职能部门(人员)以该工程项目施工图预算的工料分析资料作为控制计划成本的依据，根据工程项目经理部执行施工定额的实际水平和要求，由各职能部门归口计算各项计划成本的方法。

(1) 人工费的计划成本，由项目管理班子的劳资部门(人员)计算，其计算公式为

人工费的计划成本=计划用工量×实际水平的工资率 (6-8)

式中，计划用工量=Σ(分项工程量×工日定额)。工日定额宜根据实际水平，考虑先进性，适当提高定额。

(2) 材料费的计划成本，由项目管理班子的材料部门(人员)计算，其计算公式为

材料费的计划成本=各种材料的计划用量×实际价格+工程用水的水费 (6-9)

(3) 施工机具使用费的计划成本，由项目管理班子的机械管理部门(人员)计算，其计算公式为

施工机具使用费的计划成本=机械计划台班数×规定单价+机械用电的电费 (6-10)

(4) 措施费的计划成本，由项目管理班子的施工生产部门和材料部门(人员)共同计算。计算内容包括现场二次搬运费、临时设施摊销费、生产工具用具使用费、工程定位复测费、工程点交费以及场地清理费等。

(5) 间接费用的计划成本，由工程项目经理部的财务成本人员计算。一般根据工程项目经理部内的计划职工平均人数，按历史成本的间接费用以及压缩费用的人均支出数进行测算。

学习作业单

任务单元 6.2 学习作业单	
工作任务完成	根据任务单元 6.2 工作任务单的工作任务描述和要求，完成任务如下。

续表

任务单元 6.2 学习作业单	
任务单元学习总结	（1）建筑工程项目成本计划的内容。 （2）建筑工程项目成本计划的编制方法。
任务单元学习体会	

任务单元 6.3 建筑工程项目成本控制

工作任务单

任务单元 6.3 工作任务单

工作任务描述

某工程项目有 2000m^2 缸砖面层地面施工任务，交由某分包商承担，计划于六个月内完成，计划的各工作项目单价和工作量见下表，该工程进行了三个月后，发现某些工作项目实际已完成的工作量及实际单价与原计划有偏差，数值如下。

工作项目名称	平整场地	室内夯填土	垫层	缸砖面砂浆结合	踢脚
单位	100m^2	100m^2	10m^2	100m^2	100m^2
计划工作量(三个月)	180	30	70	110	15
计划单价/(元/单位)	15	45	420	1500	1600
已完成工作量(三个月)	180	28	58	0	10
实际单价/(元/单位)	15	45	420	1700	1620

工作任务要求

（1）试计算并用表格法列出至第三个月末时各工作的计划工作预算费用(BCWS)、已完工作预算费用(BCWP)、已完工作实际费用(ACWP)，并分析费用局部偏差值、费用绩效指数 CPI、进度局部偏差值、进度绩效指数 SPI，以及费用累计偏差和进度累计偏差。

（2）用横道图法表明各项工作的进度，分析并在图上标明其偏差情况。

（3）用曲线法表明该项施工任务总的计划和实际进展情况，标明其费用及进度偏差情况(说明：各工作项目在三个月内均是按等速、等值进行的)。

6.3.1 建筑工程项目成本控制的概念和依据

1. 成本控制的概念

成本控制，是指项目经理部在项目成本形成的过程中，为控制人、材、机消耗和费用支出，降低工程成本，达到预期的成本目标，所进行的一系列活动。

成本控制是在成本发生和形成的过程中，对成本进行的监督检查。成本的发生和形成是一个动态的过程，这就决定了成本的控制也应该是一个动态的过程，因此，也可称成本控制为成本的过程控制。

成本控制的重要性，具体可表现为以下方面。

(1) 监督工程收支，实现计划利润。

(2) 做好盈亏预测，指导工程实施。

(3) 分析收支情况，调整资金流动。

(4) 积累资料，指导今后投标。

2. 成本控制的依据

(1) 承包合同文件。成本控制要以工程承包合同为依据，围绕降低工程成本这个目标，从预算收入和实际成本两个方面，努力挖掘增收节支潜力，以求获得最大的经济效益。

(2) 成本计划。成本计划是根据工程项目的具体情况制定的施工成本控制方案，既包括预定的具体的成本控制目标，又包括实现成本控制目标的措施和规划，是成本控制的指导性文件。

(3) 进度报告。进度报告提供了每一时刻工程实际完成量、工程施工成本实际支付情况等重要信息。成本控制工作正是通过实际情况与成本计划相比较，找出二者之间的差别，分析偏差产生的原因，从而采取措施改进以后的工作。此外，进度报告还有助于管理者及时发现工程实施中存在的隐患，并在事态还未造成重大损失之前采取有效措施，以尽量避免损失。

(4) 工程变更与索赔资料。在项目实施过程中，由于各方面原因，工程变更是很难避免的。工程变更一般包括设计变更、进度计划变更、施工条件变更、技术规范与标准变更、施工次序变更、工程数量变更等。一旦出现工程变更，工程量、工期、成本都必将发生变化，从而使得成本控制工作变得更加复杂和困难。因此，项目成本管理人员应当通过对变更要求当中各类数据的计算、分析，随时掌握变更情况，包括已经发生的工程量、将要发生的工程量、工期是否拖延、支付情况等重要信息，判断变更形态以及变更可能带来的索赔额度等。

除了上述几种成本控制工作的主要依据外，相关施工组织设计、分包合同等也都是成本控制的依据。

6.3.2 建筑工程项目成本控制实施的步骤

在确定了成本计划之后，必须定期地进行成本计划值与实际值的比较，当实际值偏离计划值时，应分析产生偏差的原因，采取适当的纠偏措施，以确保成本控制目标的实现。其实施步骤如下。

(1) 比较。按照某种确定的方式，将成本计划值与实际值逐项进行比较，以发现成本是否已超支。

(2) 分析。在比较的基础上，对比较的结果进行分析，以确定偏差的严重性及偏差产生的原因。这是成本控制工作的核心，其主要目的在于找出产生偏差的原因，从而采取具有针对性的措施，减少或避免相同原因的事件再次发生，或减少由此造成的损失。

(3) 预测。根据项目实施情况，估算整个项目完成时的成本。预测的目的在于为决策提供支持。

(4) 纠偏。当工程项目的实际成本出现偏差时，应当根据工程的具体情况、偏差分析和预测的结果，采取适当的措施，以期达到使成本偏差尽可能小的目的。纠偏是成本控制中最具实质性的一步，只有通过纠偏，才能最终达到有效控制成本的目的。

(5) 检查。检查指对工程的进展进行跟踪和检查，及时了解工程进展状况以及纠偏措施的执行情况和效果，为今后的工作积累经验。

6.3.3 建筑工程项目成本控制的对象和内容

1. 成本控制的对象

(1) 以项目成本形成的过程作为成本控制的对象。根据对项目成本实行全面、全过程控制的要求，成本控制的对象具体包括工程投标阶段的成本控制、施工准备阶段的成本控制、施工阶段的成本控制、竣工验收阶段的成本控制。

(2) 以项目的职能部门、施工队和生产班组作为成本控制的对象。成本控制的具体内容是日常发生的各种费用和损失。项目的职能部门、施工队和生产班组还应对自己承担的责任成本进行自我控制，这是最直接、最有效的成本控制。

(3) 以分部分项工程作为成本控制的对象。项目应该根据分部分项工程的实物量，参照施工预算定额，联系项目管理的技术素质、业务素质和技术组织措施的节约计划，编制包括工、料、机消耗数量以及单价、金额在内的施工预算，作为对分部分项工程成本进行控制的依据。

(4) 以对外经济合同作为成本控制的对象。

2. 成本控制的内容

1) 工程投标阶段

中标以后，应根据项目的建设规模，组建与之相适应的项目经理部，同时以标书为依据确定项目的成本目标，并下达给项目经理部。

2) 施工准备阶段

根据设计图纸和有关技术资料，对施工方法、施工顺序、作业组织形式、机械设备选型、技术组织措施等进行认真的研究分析，并运用价值工程原理，制定出科学先进、经济合理的施工方案。

3) 施工阶段

(1) 将施工任务单和限额领料单的结算资料与施工预算进行核对，计算分部分项工程的成本差异，分析差异产生的原因，并采取有效的纠偏措施。

(2) 做好月度成本原始资料的收集和整理，正确计算月度成本，实行责任成本核算。

(3) 经常检查对外经济合同的履约情况，为顺利施工提供物质保证。定期检查各责任部门和责任者的成本控制情况。

4) 竣工验收阶段

(1) 重视竣工验收工作，以顺利交付使用。在验收前，要准备好验收所需要的各种书面资料(包括竣工图)送甲方备查；对验收中甲方提出的意见，应根据设计要求和合同内容认真处理，如果涉及费用，应请甲方签证，列入工程结算。

(2) 及时办理工程结算。

(3) 在工程保修期间，应由项目经理指定保修工作的责任者，并责成保修工作的责任者根据实际情况提出保修计划(包括费用计划)，以此作为控制保修费用的依据。

6.3.4 建筑工程项目成本控制的实施方法

1. 以成本目标控制成本支出

以成本目标控制成本支出，是指通过确定成本目标并按成本计划进行施工、资源配置，对施工现场发生的各种成本费用进行有效控制。其具体方法如下。

1) 人工费的控制

人工费的控制实行“量价分离”的原则，将作业用工及零星用工按定额工日的一定比例综合确定用工数量与单价，通过劳务合同进行控制。

2) 材料费的控制

材料费的控制同样是按照“量价分离”的原则，控制材料用量和材料价格。

(1) 首先是材料用量的控制。在保证符合设计要求和质量标准的前提下，应合理使用材料，通过材料需用量计划、定额管理、计量管理等手段有效控制材料物资的消耗，具体方法如下。

① 材料需用量计划的编制实行适时性、完整性、准确性控制。在工程项目施工过程中，每月应根据施工进度计划，编制材料需用量计划。适时性是指材料需用量计划的提出和进场要适时；完整性是指材料需用量计划的材料品种必须齐全，材料的型号、规格、性能、质量要求等要明确；准确性是指材料需用量的计算要准确，绝不能粗估冒算。材料需用量计划应包括材料需用量和材料供应量。材料需用量计划应包括两个月工程施工的材料用量。

② 材料领用控制。材料领用控制是通过实行限额领料制度来控制的。限额领料制度可采用定额控制和指标控制。定额控制指对于有消耗定额的材料，以消耗定额为依据，实行限额发料制度；指标控制指对于没有消耗定额的材料，实行计划管理和按指标控制。

③ 材料计量控制。准确做好材料物资的收发计量检查和投料计量检查。计量器具要按期检验、校正，必须受控；计量过程必须受控；计量方法必须全面、准确并受控。

④ 工序施工质量控制。工程施工前道工序的施工质量往往影响后道工序的材料消耗量。从每个工序的施工来讲，应时时受控，一次合格，避免返修而增加材料消耗。

(2) 其次是材料价格的控制。材料价格主要由材料采购部门控制。由于材料价格是由买价、运杂费、运输中的合理损耗等组成，因此控制材料价格，主要是通过掌握市场信息，应用招标和询价等方式控制材料、设备的采购价格。

建筑工程项目的材料物资，包括构成工程实体的主要材料和结构件，以及有助于工程实体形成的周转使用材料和低值易耗品。从价值角度来看，材料物资的价值，占建筑安装工程造价的60%～70%，甚至70%以上，其重要程度自然是不言而喻的。材料物资的供应渠道和管理方式各不相同，控制的内容和方法也有所不同。

3）施工机具使用费的控制

合理选择、合理使用施工机械设备对成本控制具有十分重要的意义，尤其是高层建筑施工。据某些工程实例统计，在高层建筑地面以上部分的总费用中，垂直运输机械费用占6%～10%。由于不同的起重运输机械有不同的用途和特点，因此在选择起重运输机械时，首先应根据工程特点和施工条件确定采取何种起重运输机械的组合方式。

施工机具使用费主要由台班数量和台班单价两方面决定，为有效控制施工机具使用费的支出，主要从以下几个方面进行控制。

（1）合理安排施工生产，加强设备租赁计划管理，减少因安排不当引起的设备闲置。

（2）加强机械设备的调度工作，尽量避免窝工，提高现场设备利用率。

（3）加强现场设备的维修保养，避免因不正确使用造成机械设备的停置。

（4）做好机上人员与辅助生产人员的协调与配合，提高施工机械台班产量。

4）施工分包费用的控制

分包工程价格的高低，必然对项目经理部的成本产生一定的影响。因此，成本控制的重要工作之一是对分包价格的控制。项目经理部应在确定施工方案的初期确定需要分包的工程范围。决定分包范围的因素主要是施工项目的专业性和项目规模。对分包费用的控制，主要是要做好分包工程的询价、订立平等互利的分包合同、建立稳定的分包关系网络、加强施工验收和分包结算等工作。

2. 以施工方案控制资源消耗

资源消耗数量的货币表现大部分是成本费用。因此，资源消耗的减少，就等于成本费用的节约；控制了资源消耗，也就是控制了成本费用。

以施工方案控制资源消耗的实施步骤和方法如下。

（1）在工程项目开工前，根据施工图纸和工程现场的实际情况，制定施工方案。

（2）组织实施。施工方案是进行工程施工的指导性文件，有步骤、有条理地按施工方案组织施工，可以合理配置人力和机械，可以有计划地组织物资进场，从而做到均衡施工。

（3）采用价值工程，优化施工方案。价值工程又称价值分析，是一门技术与经济相结合的现代化管理科学，应用价值工程，即研究在提高功能的同时不增加成本，或在降低成本的同时不影响功能，把提高功能和降低成本统一在最佳方案中。

6.3.5 赢得值法在建筑工程项目成本控制中的应用

赢得值法(Earned Value Management ，EVM)作为一项先进的项目管理技术，最初是美国国防部于1967年首次确立的。到目前为止，国际上先进的工程公司已普遍采用赢得值法进行工程项目的费用、进度综合分析控制。赢得值法也称挣值法，是通过分析项目实际完成情况与计划完成情况的差异，判断项目费用、进度是否存在偏差的一种方法。用赢得值法进行费用、进度综合分析控制，基本参数有三项，即已完工作预算费用、计划工作预算费用和已完工作实际费用。

1. 赢得值法的三个基本参数

1）已完工作预算费用（BCWP）

已完工作预算费用（BCWP），是指在某一时间已经完成的工作(或部分工作)，以批准认可的预算为标准所需要的资金总额，由于业主正是根据这个值为承包人完成的工作量支付相应的费用，也就是承包人获得(挣得)的金额，故称赢得值或挣值。其计算公式为

$$\text{BCWP}=\text{已完成工作量}\times\text{预算(计划)单价} \tag{6-11}$$

2）计划工作预算费用（BCWS）

计划工作预算费用（BCWS），即根据进度计划，在某一时间应当完成的工作(或部分工作)，以预算为标准所需要的资金总额，一般来说，除非合同有变更，BCWS在工程实施过程中应保持不变。其计算公式为

$$\text{BCWS}=\text{计划工作量}\times\text{预算(计划)单价} \tag{6-12}$$

3）已完工作实际费用（ACWP）

已完工作实际费用（ACWP），即到某一时刻为止，已完成的工作(或部分工作)所实际花费的总金额。其计算公式为

$$\text{ACWP}=\text{已完成工作量}\times\text{实际单价} \tag{6-13}$$

2. 赢得值法的四个评价指标

在上述三个基本参数的基础上，可以确定赢得值法的四个评价指标，它们也都是时间的函数。

1）费用偏差（CV）

$$\text{CV}=\text{BCWP}-\text{ACWP} \tag{6-14}$$

当CV为负值时，即表示项目运行超出预算费用；当CV为正值时，表示项目运行节支，实际费用没有超出预算费用：当CV为零时，表示实际费用等于预算费用。

2）进度偏差（SV）

$$\text{SV}=\text{BCWP}-\text{BCWS} \tag{6-15}$$

当SV为负值时，表示进度延误，即实际进度落后于计划进度；当SV为正值时，表示进度提前，即实际进度快于计划进度；当SV为零时，表示实际进度等于计划进度。

3）费用绩效指数（CPI）

$$\text{CPI}=\text{BCWP}/\text{ACWP} \tag{6-16}$$

当CPI<1时，表示超支，即实际费用高于预算费用；当CPI>1时，表示节支，即实际费用低于预算费用；当CPI=1时，表示实际费用等于预算费用。

4）进度绩效指数（SPI）

$$\text{SPI}=\text{BCWP}/\text{BCWS} \tag{6-17}$$

当SPI<1时，表示进度延误，即实际进度落后于计划进度；当SPI>1时，表示进度提前，即实际进度快于计划进度；当SPI=1时，表示实际进度等于计划进度。

费用(进度)偏差反映的是绝对偏差，结果直观，有助于管理人员了解项目费用出现偏

差的绝对数额，并依次采取一定措施，制订或调整费用支出计划和资金筹措计划。但是，绝对偏差有其不容忽视的局限性。如同样是 10 万元的费用偏差，对于总费用 1000 万元的项目和总费用 1 亿元的项目而言，其严重性显然是不同的。因此，费用(进度)偏差仅适合于对同一项目做偏差分析。费用(进度)绩效指数反映的是相对偏差，它不受项目层次的限制，也不受项目实施时间的限制，因而在同一项目和不同项目比较中均可采用。

在项目的费用、进度综合控制中引入赢得值法，可以克服过去进度、费用分开控制的缺点，即过去当我们发现费用超支时，很难立即知道是由于费用超出预算，还是由于进度提前；相反，当我们发现费用低于预算时，也很难立即知道是由于费用节省，还是由于进度拖延。而引入赢得值法即可定量地判断进度、费用的执行效果。

3. 偏差分析的表达方法

偏差分析可以采用不同的表达方法，常用的有横道图法、表格法和曲线法。下面主要介绍横道图法。

用横道图法进行费用和进度偏差分析，是用不同的横道标记 BCWP、BCWS 和 ACWP，横道的长度与其金额成正比，如图 6.5 所示。

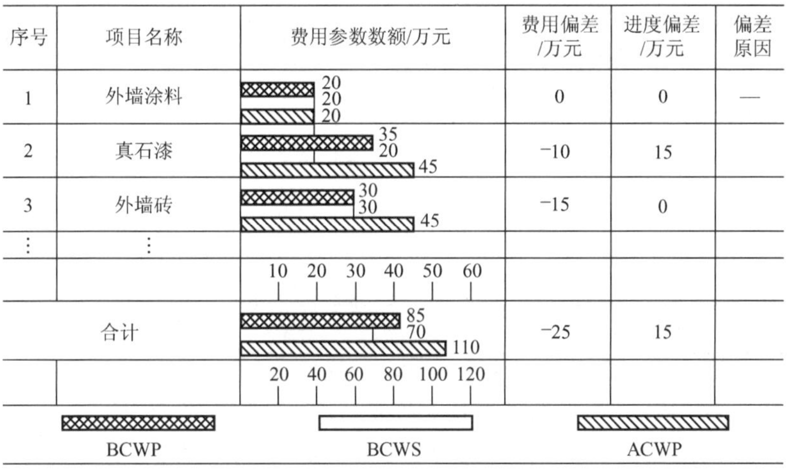

图 6.5 费用偏差分析的横道图

横道图法具有形象、直观等优点，它能够准确表达出费用和进度的绝对偏差，而且能够明显看出偏差的严重性。但这种方法反映的信息量少，一般在项目的较高管理层中应用。

应用案例 6-5

某工程公司承接一项办公楼装修改造工程，合同总价 1420 万元，总工期 6 个月，前 5 个月完成费用情况见表 6-7。

(1) 计算各月的 BCWP 及 5 个月的 BCWP。

(2) 计算 5 个月的 BCWS 及 ACWP。

(3) 计算 5 个月的 CV、SV，并分析成本和进度状况。

(4) 计算 5 个月的 CPI 及 SPI，并分析成本和进度状况。

表 6-7 检查记录表

月 份	BCWS/万元	已经完成工作量/(%)	ACWP/万元	BCWP/万元
1	100	96	105	
2	140	100	125	
3	160	110	170	
4	220	105	230	
5	200	102	195	

【案例解析】

(1) 各月的 BCWP 计算结果见表 6-8。

表 6-8 费用计算

①月 份	②BCWS/万元	③已经完成工作量/(%)	④ACWP/万元	⑤BCWP/万元 ⑤=②×③
1	100	96	105	96
2	140	100	125	140
3	160	110	170	176
4	220	105	230	231
5	200	102	195	204
合计	820	—	825	847

显然 BCWP=BCWS×已经完成工作量的百分比。5 个月的 BCWP 合计为 847 万元。

(2) 从表 6-8 中可见，5 个月的 BCWS 为 820 万元，5 个月的 ACWP 为 825 万元。

(3) 5 个月的 CV 为

$$CV=BCWP-ACWP=(847-825)\text{万元}=22\text{万元}$$

由于 CV 为正，说明费用节约。

5 个月的 SV 为

$$SV=BCWP-BCWS=(847-820)\text{万元}=27\text{万元}$$

由于 SV 为正，说明进度提前。

(4) CPI=BCWP/ACWP=847/825≈1.0267，由于 CPI>1，说明费用节约。

SPI=BCWP/BCWS=847/820≈1.0329，由于 SPI>1，说明进度提前。

4. 分析与建议

经过对比分析，发现某一方面已经出现费用超支或预计最终将会出现费用超支，则应将它提出，做进一步的原因分析。原因分析是费用责任分析和提出费用控制措施的基础，费用超支的原因一般如下。

(1) 宏观因素，如总工期延拖、物价上涨、工作量大幅度增加等。

(2) 微观因素，如分项工程效率低、协调不好、局部返工等。

(3) 内部原因，如管理失误、不协调、采购了劣质材料、工人培训不充分、材料消耗增加、出现事故、返工等。

(4) 外部原因，如上级或业主的干扰、设计的修改、阴雨天气、其他风险等。

(5) 其技术、经济、管理、合同等方面的原因。

原因分析可以采用因果关系分析图进行定性分析，在此基础上又可以利用因素差异分析法进行定量分析。

当发现费用超支时，人们常常通过其他手段，在其他工作上节约开支，这往往会损害工程，包括工程质量和工期目标，甚至有时贸然采取措施、主观上企图降低成本，但最终却导致更大的费用超支。表 6－9 为赢得值法参数分析与对应措施表。

表 6－9　赢得值法参数分析与对应措施表

图　　型	三参数关系	分　　析	措　　施
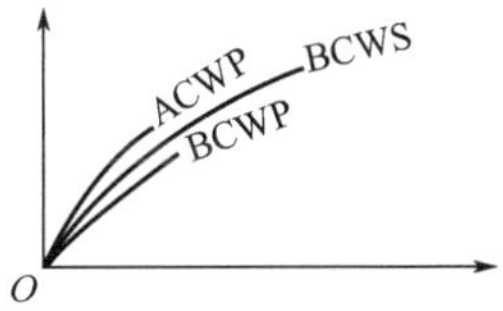	ACWP＞BCWS＞BCWP，SV＜0，CV＜0	效率低、进度较慢、投入超前	用工作效率高的人员更换一批工作效率低的人员
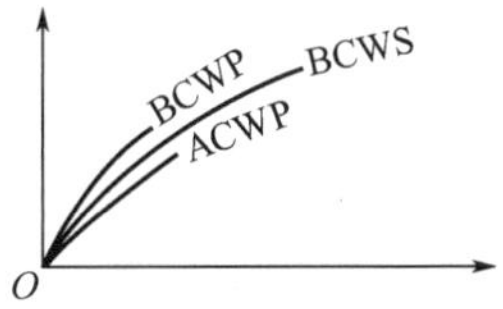	BCWP＞BCWS＞ACWP，SV＞0，CV＞0	效率高、进度较快、投入延后	若偏离不大，维持现状
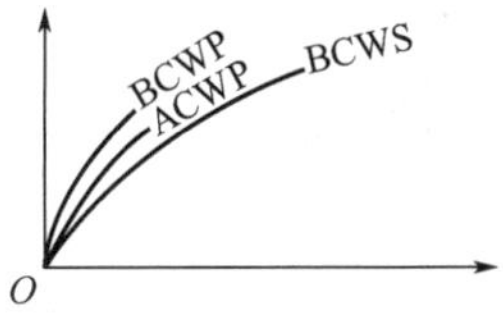	BCWP＞ACWP＞BCWS，SV＞0，CV＞0	效率较高、进度快、投入超前	抽出部分人员，放慢进度
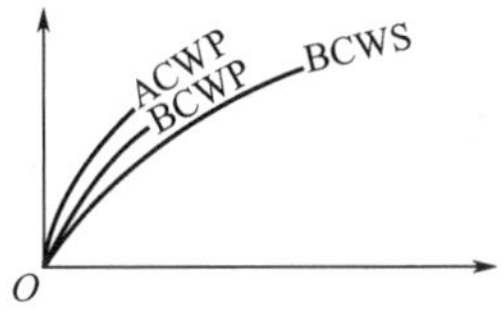	ACWP＞BCWP＞BCWS，SV＞0，CV＜0	效率较低、进度较快、投入超前	抽出部分人员，增加少量骨干人员
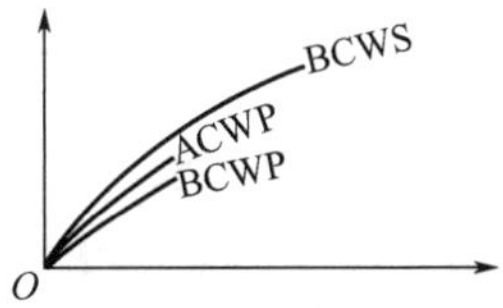	BCWS＞ACWP＞BCWP，SV＜0，CV＜0	效率较低、进度慢、投入延后	增加高效人员投入
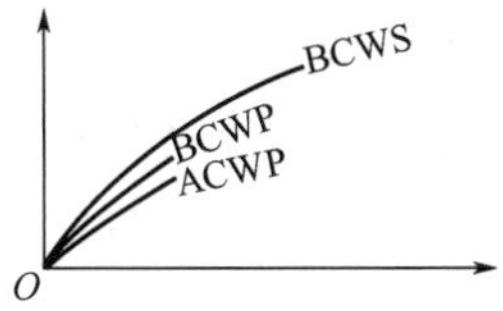	BCWS＞BCWP＞ACWP，SV＜0，CV＞0	效率较高、进度较慢、投入延后	迅速增加人员投入

学习作业单

任务单元 6.3 学习作业单	
工作任务完成	根据任务单元 6.3 工作任务单的工作任务描述和要求，完成任务如下。
任务单元学习总结	(1) 建筑工程项目成本控制的步骤、对象和内容。 (2) 赢得值法的三个基本参数、四个评价指标、偏差分析方法、项目成本与进度的综合分析及建议。
任务单元学习体会	

任务单元 6.4　建筑工程项目成本核算

成本核算是建筑工程项目成本管理中最基本的职能，离开了成本核算，就谈不上成本管理，也就谈不上其他职能的发挥。成本核算在建筑工程项目成本管理中的重要性体现在两个方面：第一，它是建筑工程项目进行成本预测、制订成本计划和实行成本控制所需信息的重要来源；第二，它是建筑工程项目进行成本分析和成本考核的基本依据。

6.4.1　建筑工程项目成本核算的对象

成本核算的对象是指在计算工程成本中确定的归集和分配生产费用的具体对象，即生产费用承担的客体。确定成本核算的对象，是设立工程成本明细分类账户、归集和分配生产费用以及正确计算工程成本的前提。

成本核算的对象主要根据企业生产的特点与成本管理上的要求确定。由于建筑产品的多样性和设计、施工的单件性，在编制施工图预算、制订成本计划以及与建设单位结算工程价款时，都是以单位工程为对象。因此，按照财务制度规定，在成本核算时，项目成本一般应以独立编制施工图预算的单位工程为成本核算对象，但也可以按照承包工程项目的规模、工期、结构类型、施工组织和现场情况等，结合成本管理要求，灵活划分成本核算对象。一般说来有以下几种划分成本核算对象的方法。

(1) 一个单位工程由几个施工单位共同施工时，各施工单位都应以同一单位工程作为成本核算对象，各自核算自行完成的部分。

(2) 规模大、工期长的单位工程，可以将工程划分为若干部位，以分部位的工程作为成本核算对象。

(3) 同一建设项目，由同一施工单位施工，并在同一地点施工，则将属于同一建设项目的各个单位工程合并作为一个成本核算对象。

(4) 改建、扩建的零星工程，可根据实际情况和管理需要，以一个单项工程作为成本核算的对象，或将同一施工地点的若干个工程量较少的单项工程合并作为一个成本核算的对象。

6.4.2 建筑工程项目成本核算的要求

成本核算的基本要求如下。

(1) 项目经理部应根据财务制度和会计制度的有关规定，建立成本核算制，明确成本核算的原则、范围、程序、方法、内容、责任及要求，并设置核算台账，记录原始数据。

(2) 项目经理部应按照规定的时间间隔进行成本核算。

(3) 成本核算应坚持“三同步”原则。所谓“三同步”，是指统计核算、业务核算、会计核算三者同步进行。统计核算即产值统计，业务核算即人力资源和物质资源的消耗统计，会计核算即成本会计核算。根据项目形成的规律，这三者之间必然存在同步关系，即完成多少产值、消耗多少资源、发生多少成本，三者应该同步，否则项目成本就会出现盈亏异常情况。

(4) 建立以单位工程为对象的项目生产成本核算体系。因为单位工程是施工企业的最终产品(成品)，可独立考核。

(5) 项目经理部应编制定期成本报告。

6.4.3 建筑工程项目成本核算的过程

成本核算的过程，实际上也是各成本项目的归集和分配的过程。成本的归集是指通过一定的会计制度，以有序的方式进行成本数据的搜集和汇总；而成本的分配是指将归集的间接成本分配给成本对象的过程，也称间接成本的分摊或分派。

工程直接费在计算工程造价时可按定额和单位估价表直接列入，但是在项目较多的单位工程施工情况下，实际发生时却有相当一部分的费用也需要通过分配方法计入。间接成本一般按一定标准分配计入成本核算对象——单位工程。成本核算的内容如下。

(1) 人工费的归集和分配。

(2) 材料费的归集和分配。

(3) 周转材料的归集和分配。

(4) 结构件的归集和分配。

(5) 施工机具使用费的归集和分配。

(6) 施工措施费的归集和分配。

(7) 施工间接费的归集和分配。

(8) 分包工程成本的归集和分配。

6.4.4 建筑工程项目成本会计的账表

项目经理部应根据会计制度的要求，设立核算必要的账户，进行规范的核算：首先应建立三本账，即三账；再由三账编制施工项目成本的会计报表，即四表。

1) 三账

三账包括工程施工账、其他直接费账和施工间接费账。

(1) 工程施工账：用于核算工程项目进行建筑安装工程施工所发生的各项费用支出，以组成工程项目成本的成本项目设专栏记载。

工程施工账按照成本核算对象核算的要求，又分为单位工程成本明细账和工程项目成本明细账。

(2) 其他直接费账：先以其他直接费费用项目设专栏记载，月终再分配计入受益单位工程的成本。

(3) 施工间接费账：用于核算项目经理部为组织和管理施工生产活动所发生的各项费用支出，以项目经理部为单位设账，按间接成本费用项目设专栏记载，月终再按一定的分配标准计入受益单位工程的成本。

2) 四表

四表包括在建工程成本明细表、竣工工程成本明细表、施工间接费表和工程项目成本表。

(1) 在建工程成本明细表：要求分单位工程列示，以组成单位工程成本项目的三账汇总形成报表，账表相符，按月填表。

(2) 竣工工程成本明细表：要求在竣工点交后，以单位工程列示，实际成本账表相符，按月填表。

(3) 施工间接费表：要求按成本核算对象的间接成本费用项目列示，账表相符，按月填表。

(4) 工程项目成本表：该报表属于工程项目成本的综合汇总表，表中除按成本项目列示外，还增加了工程成本合计、工程结算成本合计、分建成本、工程结算其他收入和工程结算成本总计等项。它综合了前三个报表，汇总反映项目成本。

任务单元6.5 建筑工程项目成本分析与考核

工作任务单

任务单元 6.5 工作任务单

工作任务描述

某项目经理部承接了一栋框架结构办公楼，墙体采用焦渣空心砌块砌筑。目标成本为 241570 元，实际成本为 258825 元，比目标成本超支 17255 元，有关对比数据见下表。

项目	目标值	实际值	差额
砌筑量/千块	850	875	+25
单价/(元/千块)	280	290	+10
损耗率/(%)	1.5	2	+0.5
成本/元	241570	258825	+17255

工作任务要求

用因素分析法分析砌筑量、单价、损耗率等的变动对实际成本的影响程度。

6.5.1 建筑工程项目成本分析概要

1. 成本分析的概念

成本分析，就是根据会计核算、业务核算和统计核算提供的资料，对项目成本的形成过程和影响成本升降的因素进行分析，以寻求进一步降低项目成本的途径(包括项目成本中的有利偏差的挖潜和不利偏差的纠正)；另外，通过成本分析，可从账簿、报表反映的成本现象看清成本的实质，从而增强项目成本的透明度和可控性，为加强成本控制、实现项目成本目标创造条件。由此可见，成本分析也是降低项目成本、提高项目经济效益的重要手段之一。

2. 成本分析的作用

(1) 有助于恰当评价成本计划的执行结果。

(2) 揭示成本节约和超支的原因，进一步提高企业管理水平。

(3) 寻求进一步降低成本的途径和方法，不断提高企业的经济效益。

3. 成本分析的方法和内容

1) 成本分析的方法

一般来说，项目成本分析主要包括以下三种方法。

(1) 随着项目施工的进展而进行的成本分析。

① 分部分项工程成本分析。

② 月(季)度成本分析。

③ 年度成本分析。

④ 竣工成本分析。

(2) 按成本项目进行的成本分析。

① 人工费分析。

② 材料费分析。

③ 施工机具使用费分析。

④ 措施费分析。

⑤ 间接成本分析。

(3) 针对特定问题和与成本有关事项的分析。

① 成本盈亏异常分析。

② 工期成本分析。

③ 资金成本分析。

④ 质量成本分析。

⑤ 技术组织措施、节约效果分析。

⑥ 其他有利因素和不利因素对成本影响的分析。

2) 成本分析的内容

成本分析的内容，主要包括以下几个方面。

(1) 人工费用水平的合理性。

(2) 材料、能源利用效果。

(3) 机械设备的利用效果。

(4) 施工质量水平的高低。

(5) 其他影响项目成本变动的因素。

6.5.2 建筑工程项目成本分析的依据

1. 会计核算

会计核算主要是价值核算。会计是对一定单位的经济业务进行计量、记录、分析和检查，做出预测、参与决策、实行监督，旨在实现最优经济效益的一种管理活动。由于会计核算具有连续性、系统性、综合性等特点，所以是成本分析的重要依据。

2. 业务核算

业务核算是各业务部门根据业务工作的需要而建立的核算制度，它包括原始记录和计算登记表，如单位工程及分部分项工程进度登记，质量登记，工效、定额计算登记，物资消耗定额记录，测试记录，等等。业务核算的范围比会计核算、统计核算要广，会计核算和统计核算一般是对已经发生的经济活动进行核算，而业务核算不但可以针对已经发生的经济活动进行核算，而且可以对尚未发生或正在发生的经济活动进行核算，看是否可以做，是否有经济效果。它的特点是对个别的经济业务进行单项核算。业务核算的目的在于迅速取得资料，在经济活动中及时采取措施进行调整。

3. 统计核算

统计核算是利用会计核算资料和业务核算资料，把企业生产经营活动客观现状的大量数据按统计方法加以系统整理，表明其规律性。它的计量尺度比会计核算宽，可以用货币计量，也可以用实物或劳动量计量。它通过全面调查和抽样调查等特有的方法，不仅能提供绝对数指标，还能提供相对数和平均数指标；既可以计算当前的实际水平，确定变动速度，也可以预测发展的趋势。

6.5.3 建筑工程项目成本分析的基本方法

成本分析的基本方法，包括比较法、因素分析法、差额计算法和比率法等。

1. 比较法

比较法又称指标对比分析法，就是通过技术经济指标的对比，检查目标的完成情况，分析产生差异的原因，进而挖掘内部潜力的方法。这种方法具有通俗易懂、简单易行、便于掌握的特点，因而得到了广泛的应用，但在应用时必须注意各技术经济指标的可比性。比较法的应用，通常有以下三种形式。

（1）将实际指标与目标指标对比。

（2）将本期实际指标与上期实际指标对比。

（3）与本行业平均水平、先进水平对比。

应用案例 6-6

某教学楼施工项目2021年度节约钢筋的目标为60万元，实际节约65万元；2020年节约50万元，本企业先进水平节约80万元。根据上述资料编制分析表，具体见表6-10。

表6-10 实际指标与目标指标、上期指标、先进水平对比表 单位：万元

指标	2021年计划值	2020年实际值	企业先进水平	2021年实际值	差异值		
					2021年与计划比	2021年与2020年比	2021年与先进水平比
钢筋节约额	60	50	80	65	5	15	−15

从表6-10中可以很清楚地看出：实际指标与目标指标对比节支5万元，本期实际指标与上期实际指标对比节支15万元，说明施工项目管理水平有了一定提高；但与本企业先进水平对比仍存在差距，说明应采取措施进一步提高管理水平。

2. 因素分析法

因素分析法又称连环置换法，这种方法可用来分析各种因素对成本的影响程度。在进行分析时，首先要假定众多因素中的一个因素发生了变化，而其他因素不变，然后逐个替换，分别比较其计算结果，以确定各个因素的变化对成本的影响程度。因素分析法的计算步骤如下。

(1) 确定分析对象，并计算出实际值与目标值的差异。

(2) 确定该指标是由哪几个因素组成的，并按其相互关系进行排序(排序规则是：先实物量，后价值量；先绝对值，后相对值)。

(3) 以目标值为基础，将各因素的目标值相乘，作为分析替代的基数。

(4) 将各个因素的实际值按照上面的排列顺序进行替换计算，并将替换后的实际值保留下来。

(5) 将每次替换计算所得的结果与前一次的计算结果相比较，两者的差异即为该因素对成本的影响程度。

(6) 各个因素的影响程度之和，应与分析对象的总差异相等。

因素分析法是把项目成本综合指标分解为各个相关联的原始因素，以确定指标变动的各因素的影响程度。它可以衡量各项因素影响程度的大小，以查明原因，改进措施，降低成本。

应用案例 6-7

某商品混凝土目标成本为748800元，实际成本为804636元，实际成本比目标成本增加了55836元，资料见表6-11。试用因素分析法进行分析处理。

表6-11 某商品混凝土目标成本与实际成本对比表

项目	单位	目标值	实际值	差额
产量	m^3	900	930	+30
单价	元/m^3	800	840	+40
损耗率	%	4	3	−1
成本	元	748800	804636	+55836

【案例解析】

分析成本增加的原因如下。

(1) 分析对象是该商品混凝土的成本，实际成本与目标成本的差额为55836元，该指标是由产量、单价、损耗率三个因素组成的，其排序见表6-11。

(2) 以目标值748800元[=(900×800×1.04)元]为分析替代的基础。

第一次替代产量因素，以930m^3替代900m^3，可得

$$(930\times800\times1.04)元=773760元$$

第二次替代单价因素，以840元替代800元，并保留上次替代后的值，可得

$$(930\times840\times1.04)元=812448元$$

第三次替代损耗率因素，以1.03替代1.04，并保留上两次替代后的值，可得

$$(930\times840\times1.03)元=804636元$$

(3) 计算差额：

第一次替代与目标值的差额=(773760−748800)元=24960元

第二次替代与第一次替代的差额=(812448−773760)元=38688元

第三次替代与第二次替代的差额=(804636−812448)元=−7812元

(4) 由以上结果可知，产量增加使成本增加了 24960 元，单价提高使成本增加了 38688 元，而损耗率下降使成本减少了 7812 元。

(5) 各因素的影响程度之和＝(24960＋38688－7812)元＝55836 元，跟实际成本与目标成本的总差额相等。

为了使用方便，企业也可以通过运用因素分析表来求出各因素变动对实际成本的影响程度，其具体形式见表 6－12。

表 6－12　某商品混凝土成本变动因素分析表

顺　　序	连环替代计算值/元	差额/元	因　素　分　析
目标值	900×800×1.04	—	—
第一次替代	930×800×1.04	＋24960	由于产量增加 $30m^3$，成本增加 24960 元
第二次替代	930×840×1.04	＋38688	由于单价提高 40 元，成本增加 38688 元
第三次替代	930×840×1.03	－7812	由于损耗率下降 1%，成本减少 7812 元
合计	24960＋38688－7812＝55836	＋55836	—

注意：因素分析法在计算时，各个因素的排列顺序是固定不变的。

3. 差额计算法

差额计算法是因素分析法的一种简化形式，它利用各个因素的目标值与实际值的差额来计算其对成本的影响程度。

应用案例 6－8

某工程项目某月的实际成本降低额比目标值提高了 3.1 万元。根据表 6－13 所列资料，试应用差额计算法分析预算成本和成本降低率对成本降低额的影响程度。

表 6－13　降低成本目标与实际对比表

项　　目	单　　位	目标值	实际值	差　　额
预算成本	万元	400	420	＋20
成本降低率	%	5	5.5	＋0.5
成本降低额	万元	20	23.1	＋3.1

【案例解析】

(1) 预算成本增加对成本降低额的影响程度为

$$(420-400)\text{万元}\times 5\%=1\text{ 万元}$$

(2) 成本降低率提高对成本降低额的影响程度为

$$(5.5\%-5\%)\times 420\text{ 万元}=2.1\text{ 万元}$$

以上两项合计为(1＋2.1)万元＝3.1 万元。

4. 比率法

比率法是指用两个以上指标的比例进行分析的方法。它的基本特点是：先把对比分析的数值变成相对数，再观察其相互之间的关系。

常用的比率法有以下几种。

(1) 相关比率法。由于项目经济活动的各个方面是相互联系、相互依存又相互影响的，因而可以将两个性质不同而又相关的指标加以对比，求出比率，并以此来考察经营成果的好坏。

(2) 构成比率法，又称比重分析法或结构对比分析法。通过构成比率，可以考察成本总量的构成情况及各成本项目占成本总量的比重，同时也可看出量、本、利的比例关系(即预算成本、实际成本与降低成本的比例关系)，从而为寻求降低成本的途径指明方向。采用构成比率法时，一般要使用成本构成比例分析表，其实例见表 6-14。

表 6-14　成本构成比例分析表　　单位：万元

成本项目	预算成本		实际成本		降低成本		
	金额	比例/(%)	金额	比例/(%)	金额	占本项/(%)	占总量/(%)
一、直接成本	1441.27	93.86	1313.08	94.11	128.19	8.89	8.35
1. 人工费	104.60	6.81	105.70	7.58	−1.10	−1.05	−0.07
2. 材料费	1213.20	79.01	1079.63	77.38	133.57	11.01	8.70
3. 施工机具使用费	82.20	5.35	89.65	6.43	−7.45	−9.06	−0.49
4. 措施费	41.27	2.69	38.10	2.73	3.17	7.68	0.21
二、间接成本	94.26	6.14	82.20	5.89	12.06	12.79	0.79
成本总量	1535.53	100.00	1395.28	100.00	140.25	9.13	9.13
量本利比例/(%)	100.00	—	90.87	—	9.13	—	—

(3) 动态比率法。就是将同类指标不同时期的数值进行对比，求出比率，用以分析该项指标的发展方向和发展速度。动态比率法的计算通常采用基期指数和环比指数两种方法。采用动态比率法时，一般要使用指标动态比较表，其实例见表 6-15。

表 6-15　指标动态比较表

指　　标	第一季度	第二季度	第三季度	第四季度
降低成本/万元	82.10	85.82	92.32	98.30
基期指数/(%)(一季度=100)	—	104.53	112.45	119.73
环比指数/(%)(上一季度=100)	—	104.53	107.57	106.48

6.5.4 综合成本分析和专项成本分析

1. 综合成本分析

所谓综合成本，是指涉及多种生产要素并受多种因素影响的成本费用，如分部分项工程成本、月(季)度成本、年度成本、竣工成本等。由于这些成本都是随着项目施工的进展而逐步形成的，与生产经营有着密切的关系，因此做好上述成本的分析工作，将促进项目的生产经营管理，提高项目的经济效益。

1）分部分项工程成本分析

分部分项工程成本分析是项目成本分析的基础。分部分项工程成本分析的对象为已完成分部分项工程，分析的方法是：进行预算成本、目标成本和实际成本的“三算”对比，分别计算实际偏差和目标偏差，分析偏差产生的原因，为今后的分部分项工程成本寻求节约途径。

分部分项工程成本分析的资料来源如下：预算成本来自投标报价成本，目标成本来自施工预算，实际成本来自施工任务单的实际工程量、实耗人工和限额领料单的实耗材料。

施工项目包括很多分部分项工程，不可能也没有必要对每一个分部分项工程进行成本分析。但是，那些主要分部分项工程必须进行成本分析，而且要做到从开工到竣工进行系统的成本分析。这是一项很有意义的工作，因为通过对主要分部分项工程成本的系统分析，可以基本了解项目成本形成的全过程，为竣工成本分析和今后的项目成本管理提供宝贵的参考资料。

2）月(季)度成本分析

月(季)度成本分析，是项目定期的、经常性的中间成本分析。对于具有一次性特点的施工项目来说，有着特别重要的意义。因为通过月(季)度成本分析，可以及时发现问题，以便按照成本目标指定的方向进行监督和控制，保证项目成本目标的实现。

月(季)度成本分析的依据是当月(季)的成本报表。分析的方法通常有以下几种。

(1) 做实际成本与预算成本的对比。

(2) 做实际成本与目标成本的对比。

(3) 通过对各成本项目的成本分析，可以了解成本总量的构成比例和成本管理的薄弱环节。

(4) 通过主要技术经济指标实际值与目标值的对比，分析产量、工期、质量、主材节约率、机械利用率等对成本的影响。

(5) 通过对技术组织措施执行效果的分析，寻求更加有效的节约途径。

(6) 分析其他有利条件和不利条件对成本的影响。

3）年度成本分析

企业成本要求一年结算一次，不得将本年成本转入下一年度。而项目成本则以项目的寿命周期为结算期，要求从开工、竣工到保修期结束连续计算，最后结算出成本总量及其盈亏。由于项目的施工周期一般较长，除进行月(季)度成本核算和分析外，还要进行年度成本的核算和分析。这不仅是为了满足企业汇编年度成本报表的需要，同时也是项目成本管理的需要。因为通过年度成本的综合分析，可以总结一年来成本管理的成绩和不足，为今后的项目成本管理提供经验和教训，从而对项目成本进行更有效的管理。

年度成本分析的依据是年度成本报表。年度成本分析的内容，除了月(季)度成本分析的六个方面以外，重点是针对下一年度的施工进展情况规划切实可行的成本管理措施，以保证项目成本目标的实现。

4）竣工成本的综合分析

凡是有几个单位工程而且是单独进行成本核算(作为成本核算对象)的施工项目，其竣工成本分析应以各单位工程竣工成本分析资料为基础，再加上项目经理部的经营效益(如资金调度、对外分包等所产生的效益)进行综合分析。如果施工项目只有一个成本核算对象(单位工程)，就以该成本核算对象的竣工成本资料作为成本分析的依据。

单位工程竣工成本分析，应包括以下三方面的内容。

(1) 竣工成本分析。

(2) 主要资源节超对比分析。

(3) 主要技术节约措施及经济效果分析。

通过以上分析，可以全面了解单位工程的成本构成和降低成本的来源，对今后同类工程的成本管理有一定的参考价值。

2. 专项成本分析

1) 成本盈亏异常分析

检查成本盈亏异常的原因，应从经济核算的“三同步”入手。因为，项目经济核算的基本规律是：在完成多少产值、消耗多少资源、发生多少成本之间，有着必然的同步关系。如果违背这个规律，就会发生成本的盈亏异常。

2) 工期成本分析

工期成本分析，就是计划工期成本与实际工期成本的比较分析。

3) 资金成本分析

资金与成本的关系，就是工程收入与成本支出的关系。根据工程成本核算的特点，工程收入与成本支出有很强的配比性。在一般情况下，都希望工程收入越多越好，成本支出越少越好。

4) 技术组织措施执行效果分析

技术组织措施必须与工程项目的工程特点相结合，技术组织措施有很强的针对性和适应性(当然也有各工程项目通用的技术组织措施)。节约效果一般按下式计算。

$$节约效果=措施前的成本-措施后的成本 \tag{6-18}$$

对节约效果的分析，需要联系措施的内容和执行过程来进行。

5) 其他有利因素和不利因素对成本影响的分析 (略)

6.5.5 建筑工程项目成本考核

1. 成本考核的概念

成本考核，是指对成本目标(降低成本目标)完成情况和成本管理工作业绩两方面的考核。这两方面的考核，都属于企业对项目经理部成本监督的范畴。应该说，成本降低水平与成本管理工作之间有着必然的联系，又受偶然因素的影响，但都是对项目成本评价的一个方面，都是企业对项目成本进行考核和奖罚的依据。

施工项目的成本考核，特别要强调施工过程中的中间考核，这对具有一次性特点的施工项目来说尤其重要。

2. 成本考核的内容

1) 企业对项目经理考核的内容

(1) 项目成本目标和阶段成本目标的完成情况。

(2) 建立以项目经理为核心的成本管理责任制的落实情况。

(3) 成本计划的编制和落实情况。

(4) 对各部门、各作业队和班组责任成本的检查和考核情况。

(5) 在成本管理中贯彻责、权、利相结合原则的执行情况。

2) 项目经理对所属各部门、各作业队和班组考核的内容

(1) 对各部门的考核内容：本部门、本岗位责任成本的完成情况，本部门、本岗位成本管理责任的执行情况。

(2) 对各作业队的考核内容：对劳务合同规定的承包范围和承包内容的执行情况，劳务合同以外的补充收费情况，对班组施工任务单的管理情况以及班组完成施工任务后的考核情况。

(3) 对班组的考核内容(平时由作业队考核)：以分部分项工程成本作为班组的责任成本；以施工任务单和限额领料单的结算资料为依据，与施工预算进行对比，考核班组责任成本的完成情况。

学习作业单

任务单元 6.5 学习作业单	
工作任务完成	根据任务单元 6.5 工作任务单的工作任务描述和要求，完成任务如下。
任务单元学习总结	(1) 因素分析法的作用与分析步骤。 (2) 建筑工程项目成本分析的基本方法。
任务单元学习体会	

模块小结

建筑工程项目成本管理的内容依次涉及成本预测、成本计划、成本控制、成本核算、成本分析、成本考核六个环节，各个环节是相互联系和相互作用的。

在学习过程中，应注意理论联系实际，通过解析案例初步掌握理论知识和基本技能，同时还要建立起“以人为本，全员参与”的全面成本管理思想。成本管理工作是一个系统工程，是项目管理的核心工作，只有把每个员工的积极性都调动起来，做到人人有责有目标，将每一项管理职能、各个要素均纳入成本管理轨道，才能提高企业成本管理的水平。

思考与练习

一、单选题

1. 建筑工程施工项目成本不包含(　　)费用。

A. 人工费　　B. 材料费　　C. 施工现场管理费　　D. 企业管理费

2. 根据费用是否可以直接计入工程对象，建筑工程项目成本可划分为(　　)。

A. 直接成本和间接成本　　B. 固定成本和可变成本

C. 预算成本和计划成本　　D. 计划成本和实际成本

3. 按生产费用与工程量的关系，建筑工程项目成本可划分为(　　)。

A. 直接成本和间接成本　　B. 固定成本和可变成本

C. 预算成本和计划成本　　D. 计划成本和实际成本

4. 建筑工程项目成本管理的内容依次为(　　)。

A. 成本计划→成本预测→成本控制→成本核算→成本分析→成本考核

B. 成本预测→成本计划→成本控制→成本核算→成本分析→成本考核

C. 成本预测→成本计划→成本控制→成本考核→成本分析→成本核算

D. 成本预测→成本分析→成本计划→成本控制→成本核算→成本考核

5. 某建筑工程项目进行成本管理，采取了多项措施，其中实行项目经理责任制、编制工作流程等措施属于成本管理的(　　)。

A. 组织措施　　B. 技术措施　　C. 经济措施　　D. 合同措施

6. 下列属于建筑工程项目成本管理经济措施的是(　　)。

A. 进行技术经济分析，确定最佳的施工方案

B. 通过生产要素的优化配置、合理使用、动态管理，控制实际成本

C. 密切注视对方合同执行的情况，以寻求合同索赔的机会

D. 对建筑工程项目成本管理目标进行分析，并制定防范性对策

7. 某建筑工程项目按照施工预算的工程量，套用施工工料消耗定额，所计算的消耗费用为2890.98万元，技术节约措施计划节约额为56.64万元，则计划成本为(　　)。

A. 2834.34万元　　B. 2890.98万元　　C. 56.64万元　　D. 2947.62万元

8. 某建筑工程项目造价1038.42万元，其中规费、企业管理费、利润及税金为194.35万元，该项目的技术节约措施节约额为54.89万元，则计划成本降低率为(　　)。

A. 789.18万元　　B. 6.50%　　C. 5.29%　　D. 7.12%

9. 建筑工程项目成本控制实施的步骤为(　　)。

A. 预测→分析→比较→纠偏→检查　　B. 预测→分析→比较→检查→纠偏

C. 检查→比较→分析→预测→纠偏　　D. 比较→分析→预测→纠偏→检查

10. 建筑工程项目成本控制的实施方法中，材料费控制的原则是(　　)。

A. 定量定价　　B. 放量定价　　C. 定量放价　　D. 量价分离

11. 施工机具使用费主要由台班数量和(　　)两方面决定。

A. 台班效率　　B. 台班时间　　C. 台班单价　　D. 操作人员

12. 赢得值法作为一项先进的项目管理技术，可以用来综合分析和控制工程项目的(　　)。

A. 质量和费用　　B. 安全和进度　　C. 费用和质量　　D. 进度和费用

13. 在赢得值法计算过程中，成本偏差的计算公式为(　　)。

A. 已完工作预算成本－计划工作预算成本

B. 计划工作预算成本－已完工作实际成本

C. 已完工作预算成本－已完工作实际成本

D. 已完工作实际成本－计划工作预算成本

14. 对某建筑工程项目采用赢得值法进行分析，发现其效率低、进度较慢、投入超前，则下列参数关系表达正确的是(　　)。

A. ACWP>BCWS>BCWP　　B. BCWS>BCWP>ACWP

C. BCWS>ACWP>BCWP　　D. ACWP>BCWP>BCWS

15. 施工成本管理过程中，进行施工项目总成本和单位成本计算、确定施工费用实际发生额的工作属于(　　)。

A. 成本分析　　B. 成本考核　　C. 成本核算　　D. 成本控制

16. 建筑工程项目成本核算中，一般以(　　)为成本核算对象，但也可以按照承包工程项目的规模、工期、结构类型、施工组织和现场情况等，结合成本管理要求，灵活划分成本核算对象。

A. 群体工程　　B. 单位工程　　C. 分部工程　　D. 分项工程

17. 建筑工程项目成本的核算过程，实际上也是各成本项目(　　)的过程。

A. 控制　　B. 分析　　C. 考核　　D. 归集和分配

18. 建筑工程项目成本分析是对(　　)的过程和结果进行分析，也是对成本升降的因素进行分析，为加强成本控制创造有利条件。

A. 成本预测　　B. 成本计划　　C. 成本控制　　D. 成本核算

19. 建筑工程项目成本分析的基本方法中，通过技术经济指标的对比，检查目标的完成情况，分析产生差异的原因，进而挖掘内部潜力的方法是(　　)。

A. 比较法　　B. 因素分析法　　C. 差额计算法　　D. 比率法

20. 建筑工程项目成本分析方法中，(　　)可以分析各种因素对成本形成的影响。

A. 比较法　　B. 因素分析法　　C. 差额计算法　　D. 比率法

21. 在因素分析法中，影响成本变化的几个因素按其相互关系进行排序，一般排序规则是(　　)。

A. 先绝对值，后相对值；先实物量，后价值量

B. 先价值量，后实物量；先相对值，后绝对值

C. 先实物量，后价值量；先相对值，后绝对值

D. 先实物量，后价值量；先绝对值，后相对值

22. 某建筑工程项目运用因素分析法对钢筋的成本进行分析，影响因素包括损耗率、消耗量及单价，则进行分析替代的顺序是(　　)。

A. 损耗率→消耗量→单价　　B. 消耗量→损耗率→单价

C. 单价→消耗量→损耗率　　D. 消耗量→单价→损耗率

23. 根据表6-16的资料，某建筑工程工程项目某月的实际成本降低额比目标值提高了3.1万元，则预算成本增加对成本降低额的影响程度为(　　)。

表 6-16　降低成本目标与实际对比表

项　目	单位	目标值	实际值	差　额
预算成本	万元	400	420	+20
成本降低率	%	5	5.5	+0.5
成本降低额	万元	20	23.1	+3.1

A 1 万元　　B. 2.1 万元　　C. 3.1 万元　　D. 106.48 万元

24. 已知第一季度至第四季度的成本降低额分别为 92.10 万元、95.82 万元、102.32 万元和 108.30 万元，以第一季度作为基期，则第四季度的基期指数为(　　)%。

A. 104.04　　B. 111.10　　C. 117.59　　D. 105.84

25. 已知第一季度至第四季度的成本降低额分别为 92.10 万元、95.82 万元、102.32 万元和 108.30 万元，则第四季度的环比指数为(　　)%。

A. 104.04　　B. 106.78　　C. 105.84　　D. 117.59

二、多选题

1. 以下(　　)属于建筑工程施工项目成本。

A. 材料费　　B. 利润　　C. 人工费　　D. 现场管理费　　E. 企业管理费

2. 以下(　　)属于建筑工程施工项目直接成本。

A. 材料费　　B. 人工费　　C. 企业管理费

D. 现场管理人员工资　　E. 施工机具使用费

3. 以下(　　)属于建筑工程施工项目间接成本。

A. 人工费　　B. 企业财务费　　C. 现场管理人员办公费

D. 现场管理人员工资　　E. 现场管理人员差旅交通费

4. 以下(　　)属于建筑工程项目成本管理的技术措施。

A. 编制施工成本控制工作计划，确定合理详细的工作流程

B. 进行技术经济分析，确定最佳的施工方案

C. 进行材料使用的比选，在满足功能要求的前提下，降低材料消耗的费用

D. 对各种变更，及时做好增减账，及时落实业主签证，及时结算工程款

E. 确定最合适的施工机械、设备使用方案

5. 以下(　　)属于建筑工程项目成本管理的合同措施。

A. 选用合适的合同结构

B. 进行技术经济分析，确定最佳的施工方案

C. 在合同的条款中应仔细考虑一切影响成本和效益的因素，特别是潜在的风险因素

D. 采取必要的风险对策，并最终使这些策略反映在合同的具体条款中

E. 密切注视对方合同执行的情况，以寻求合同索赔的机会

6. 以下(　　)属于建筑工程项目成本计划编制的方法。

A. 施工预算法　　B. 技术节约措施法　　C. 成本习性法

D. 按实计算法　　E. 赢得值(挣值)法

7. 建筑工程项目成本控制的依据有(　　)。

A. 施工合同　B. 进度报告　C. 成本计划　D. 工程变更　E. 汇率变化

8. 建筑工程项目人工费的控制，主要是控制(　　)。

A. 用工数量　B. 用工定额　C. 用工数量标准

D. 人工单价　E. 人工价格指数

9. 若需采用赢得值法对不同的建筑工程项目做费用和进度比较，适宜采用的评价指标有(　　)。

A. 费用偏差　B. 进度偏差　C. 费用绩效指数

D. 进度绩效指数　E. 项目完工预算

10. 以下(　　)属于材料用量的控制方法。

A. 加强现场设备的维修保养，避免因不正确使用造成机械设备的停置

B. 材料需用量计划的编制适时性、完整性、准确性控制

C. 材料领用控制　D. 材料计量控制　E. 工序施工质量控制

11. 按赢得值法进行费用、进度综合分析控制，基本参数包括(　　)。

A. 费用偏差　B. 进度偏差　C. 计划工作预算费用

D. 已完工作实际费用　E. 已完工作预算费用

12. 建筑工程项目成本分析的依据有(　　)。

A. 会计核算　B. 业务核算　C. 统计核算　D. 成本核算　E. 单项核算

13. 建筑工程项目成本分析的基本方法包括(　　)等。

A. 比较法　B. 赢得值法　C. 因素分析法　D. 差额计算法　E. 比率法

14. 建筑工程项目成本考核是指在项目完成后，对项目成本形成中的各责任者，按项目成本目标责任制的有关规定，将成本的实际指标与(　　)进行对比和考核，评定项目成本计划的完成情况和各责任者的业绩，并以此给以相应的奖励和处罚。

A. 初步预测　B. 定额　C. 成本计划

D. 成本核算　E. 工程预算

模块6
在线答题

三、简答题

1. 简述建筑工程项目成本费用的构成。

2. 简述建筑工程项目成本管理的内容及其相互之间的关系。

3. 建筑工程项目成本计划的内容包括哪些？

4. 建筑工程项目成本控制的实施步骤是什么？

5. 赢得值法的优势有哪些？

6. 建筑工程项目成本考核有什么意义？

四、案例分析

1. 某建筑工程项目计划工期为 4 年，预算总成本为 800 万元。在项目的实施过程中，通过对成本的核算和有关成本与进度的记录得知，开工后第二年年末的实际情况是：实际成本发生额为 200 万元，实际完成工作的预算成本额为 100 万元；而结合进度计划，当工期过半时，项目的计划工作预算费用应该为 400 万元。

(1) 试采用赢得值法计算三个基本参数和四个评价指标。

(2) 结合评价指标，对该项目的成本、进度进行综合分析，并提出相应的措施。

2. 某工程浇筑一层结构商品混凝土，成本目标为645840元，实际成本为714305元，比成本目标增加68465元。试根据表6-17的资料，用因素分析法(连环置换法)分析其成本增加的原因。

表6-17 某商品混凝土成本目标与实际成本对比表

项目	计划值	实际值	差额
产量/m^3	900	950	+50
单价/元	690	730	+40
损耗率/(%)	4	3	-1
成本/元	645840	714305	+68465

模块7 建筑工程项目安全生产、绿色施工与环境管理

能力目标

通过本模块的学习，学生要能够认识到建筑工程项目安全生产、绿色施工与环境管理的重要性，具有安全第一、预防为主、绿色施工、保护环境的强烈意识。在建筑工程项目安全生产管理过程中，能够独立或辅助完成以下工作：识别危险源并进行风险评价，编制安全生产管理计划，并进行实施和检查，控制安全生产隐患，处理安全生产事故。在建筑工程项目绿色施工与环境管理过程中，能够按照有关要求选用绿色施工技术、制定环境管理措施并实施。

知识目标

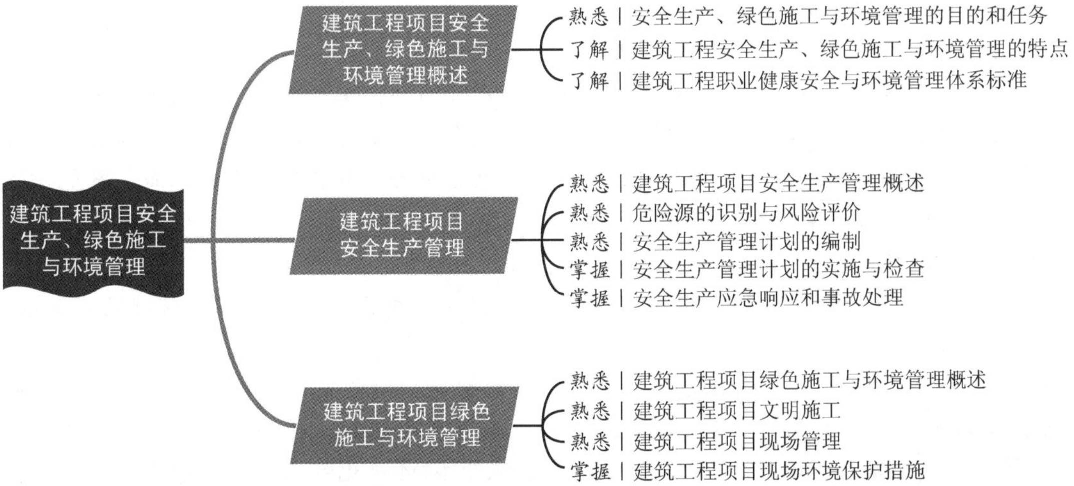

引 例

西安丝路国际会议中心建设项目绿色建造

1. 项目概况

西安丝路国际会议中心位于西安市浐灞生态区，建筑面积为207112m^2（该工程地下一层、地上三层，地下为混凝土结构、地上为钢结构），是西北地区最大的会议场馆。它承办了丝绸之路国际博览会及欧亚经济论坛等，是提升西安城市形象、加快西安国际化进程的有力支撑。该项目获得工程建设项目绿色建造施工水平评价“三星项目”称号。

2. 绿色设计

(1) 曲面幕墙采用吊挂式设计理念，将幕墙玻璃悬挂于桁架吊柱之上，实现了钢结构吊柱与幕墙龙骨融合的效果。四面通透的大玻璃幕墙，采用TP12Low－E＋16Ar＋TP12中空Low－E超白钢化玻璃，不仅为室内提供了更舒适的自然光环境，也大幅节约了建筑能耗。

(2) 地下结构为“钢筋混凝土框架”体系，地上结构为“钢框架支撑结构柱＋正交主桁架”体系。地上与地下通过526个隔震支座形成的隔震层连接，巨型隔震层的设计，既减少了钢结构的用钢量，又保证了结构在大震情况下的安全、可靠。

(3) 工程设有太阳能热水系统。在屋面设置了面积为600m^{2}的太阳能集热器，经各系统的预热罐换热后再经供热罐与锅炉热水换热后供给。

(4) 项目屋面雨水经初期弃流后收集至模块装配式雨水收集池，雨水经过滤器过滤处理并消毒后作为回用水用于室外绿化及景观用水。景观水体利用雨水的补水量大于其水体蒸发量的60%。此外，采用生态水处理技术保障了水体的水质。

(5) 应用建筑能耗监测系统、智能照明系统、太阳能热水组和Low－E中空玻璃等多项节能措施，获得二星级绿色建筑设计标识。

3. 绿色施工

(1) 设置扬尘监测与自动喷淋系统；洒水车定时洒水；裸土覆盖；渣土车密闭；切割机设置防尘罩；现场道路硬化；现场出入口设置洗车台；室内垃圾采用垂直运输系统；厨房采用甲醇清洁能源；现场设有焊烟收集装置；大厅地面采用水磨石块材地面，避免传统水磨石工艺的水土污染问题；采用定向灯罩，避免夜间焊接施工；采用低噪声设备，设置降噪棚，对现场每天进行噪声监测。

(2) 办公生活区设施全部装配化，现场临时设施定型化，现场采用可周转板房基础，有效减少损耗。

《绿色建造技术导则（试行）》

(3) 优化钢筋下料，集中加工配送；钢筋采用直螺纹套筒连接，余料加工马凳筋，提高钢筋利用率；采用预拌混凝土，砌体采用预拌砂浆；砌体、精装石材均进行排版优化；采用BIM优化机电管线，对管材短节进行接长，减少材料浪费；采用方圆扣、承插型键槽式钢管支撑架体系，拼拆快速，提高使用周转率。

(4) 进行短木方接长；回收混凝土余料、粉碎混凝土废料，用来制作预制块等小型构件；用模板窄板作踏步护角及临电防护；用包装箱保护地面石材。

(5) 科学规划用水线路，采用雨水收集循环系统，提高水资源利用率；采用节水型器具，临时用水采用自动加压变频系统；混凝土采用薄膜及养护液养护，减少水资源浪费。

(6) 施工现场张贴节能宣传标语，选择环保耗能小的设备，办公区采用节能灯具、太阳能路灯、变频空调及空气能热水器，生活区采用36V低压供电、LED照明，有效节约电能。

(7) 采用BIM对不同施工阶段的场地进行规划，无人机航拍进行现场管理，边缘空地进行绿化及种植蔬菜，现场道路永临结合，设置移动厕所，减少占地。

《绿色建筑评价标准》

《建筑工程绿色施工规范》

《建筑工程绿色施工评价标准》

引言

党的二十大报告提出，积极稳妥推进碳达峰碳中和，实现碳达峰碳中和是一场广泛而深刻的经济社会系统性变革。近年来，中国制造、中国创造、中国建造共同发力，继续改变着中国的面貌。建筑业是国民经济的支柱产业，为我国经济社会发展和民生改善做出了重要贡献，但同时，建筑业仍然存在资源消耗大、污染排放高、建造方式粗放等问题，与“创新、协调、绿色、开放、共享”的新发展理念要求还存在一定差距。在2020年联合国大会上，中国承诺力争在2030年前实现碳达峰，2060年前实现碳中和。为推动建筑业的转型升级和绿色发展，进一步规范和指导绿色建造试点工作，中华人民共和国住房和城乡建设部发布了《绿色建造技术导则（试行）》，提出绿色建造全过程关键技术要点，引导绿色建造技术方向。上述引例在绿色设计、绿色施工等方面技术先进，具有推广意义。

任务单元7.1 建筑工程项目安全生产、绿色施工与环境管理概述

世界经济的快速增长和科学技术的发展给人类带来了一系列问题。市场竞争日益加剧，在这样的情况下，人们往往专注于追求低成本、高利润，而忽视了劳动者的劳动条件和环境的改善，甚至以牺牲劳动者的职业健康安全和破坏人类赖以生存的自然环境为代价；生产事故和劳动疾病有增无减，特别是发展中国家和发达国家尤为严重；资源的过度开发和利用以及由此产生的废物使人类面临着巨大的挑战。因此，在建设工程生产过程中，要加强安全生产、绿色施工与环境管理。施工方在工程建设中除了对工程项目的施工成本、施工进度和施工质量进行严格管理外，还必须对安全生产、绿色施工与环境进行管理。

7.1.1 安全生产、绿色施工与环境管理的目的和任务

1. 安全生产、绿色施工与环境管理的目的

安全生产管理的目的是防止和减少生产安全事故，保护产品生产者的健康与安全，保

障人民群众的生命和财产免受损失。控制影响工作场所内所有人员健康和安全的条件和因素，考虑和避免因管理不当对员工的健康和安全造成的危害，是安全生产管理的有效手段和措施。

绿色施工与环境管理的目的是节约资源，保护环境，减少排放，使社会的经济发展与人类的生存环境相协调。采用绿色施工技术，制定绿色施工措施，提高绿色施工效果，控制施工现场的各种粉尘、废水、废气、固体废物以及噪声、振动对环境的污染和危害，是绿色施工与环境管理的有效手段和措施。

2. 安全生产、绿色施工与环境管理的任务

安全生产、绿色施工与环境管理的任务是：建筑生产组织(企业)根据自身的实际情况制定方针，并为实施、实现、评审和保持(持续改进)方针来建立组织机构、策划活动、明确职责、遵守有关法律法规和惯例、编制程序控制文件，实行过程控制并提供人员、设备、资金和信息资源，保证安全生产、绿色施工环境管理任务的完成。对于安全生产、绿色施工与环境密切相关的任务，可一同完成。表 7－1 给出了实现安全生产、绿色施工与环境方针的 14 个方面的管理任务。

表 7－1　安全生产、绿色施工与环境管理的任务

类别	组织机构	计划活动	职　责	惯　例（法律法规）	程序文件	过　程	资　源
安全生产方针							
绿色施工与环境方针							

7.1.2 建筑工程安全生产、绿色施工与环境管理的特点

建筑产品及其生产与工业产品不同，其特殊性决定了建筑工程安全生产、绿色施工与环境管理的特点，主要包括以下几个特点。

(1) 建筑产品的固定性，这决定了施工的流动性，而且施工生产露天作业和高空作业多，手工作业和湿作业多，对施工人员的职业健康安全影响较大，环境污染因素多，从而导致施工现场的安全生产、绿色施工与环境管理比较复杂。

(2) 建筑产品的单件性，使施工作业形式多样化，从而决定了安全生产、绿色施工与环境管理的多样性。

(3) 建筑工程市场在供大于求的情况下，业主经常会压低标价，造成施工单位对安全生产、绿色施工与环境管理费用投入的减少，不符合安全生产、绿色施工与环境管理有关规定的现象时有发生。

(4) 项目施工涉及的内部专业多、外界单位广、综合性强，这就要求施工方做到各专业之间、单位之间互相配合，共同注意施工过程中接口部分的安全生产、绿色施工与环境管理的协调性。

(5) 施工作业人员文化素质低，并处在动态调整的不稳定状态中，从而给施工现场的安全生产、绿色施工与环境管理带来很多不利因素。

7.1.3 建筑工程职业健康安全与环境管理体系标准

建立、实施和保持质量、职业健康安全与环境三项国际通行的管理体系认证，是现代企业管理的一个重要标志。随着我国加入国际贸易组织(WTO)，企业越来越关注现代化管理，积极地进行质量、职业健康安全与环境管理体系的认证工作。企业实施并通过国际通行的认证标准，将为企业增强国际市场竞争能力、提高企业经济效益和社会效益带来巨大影响。下面主要介绍建筑工程职业健康安全与环境管理体系标准。

1. 建筑工程职业健康安全管理体系标准

1)《职业健康安全管理体系　要求及使用指南》(GB/T 45001—2020) 体系标准构成

2020 年 3 月 6 日，我国颁布了国家标准《职业健康安全管理体系　要求及使用指南》(GB/T 45001—2020)，代替了 2011 年版的《职业健康安全管理体系》(GB/T 28000) 系列标准，并于 2020 年 3 月 6 日正式实施。

《职业健康安全管理体系　要求及使用指南》(GB/T 45001—2020) 的制定是为了满足职业健康安全管理体系评价和认证的需要，其等同于国际上通行的《职业健康安全管理体系使用指南要求》(ISO 45001：2018) 标准。由于很多国家和国际组织把职业健康安全与贸易挂钩，形成贸易壁垒，因此贯彻执行职业健康安全管理标准将有助于消除贸易壁垒，从而为参与国际市场竞争创造必备的条件。

《职业健康安全管理体系　要求及使用指南》(GB/T 45001—2020) 共有 10 章内容，分别为范围、规范性引用文件、术语与定义、组织所处的环境、领导作用和工作人员参与、策划、支持、运行、绩效评价、改进。

2) 职业健康安全管理体系标准的特点

职业健康安全管理体系是各类组织总体管理体系的一部分。目前，《职业健康安全管理体系　要求及使用指南》(GB/T 45001—2020) 标准作为推荐性标准被各类组织普遍采用，适用于各行各业、任何类型和规模的组织建立职业健康安全管理体系，并作为其认证的依据。其特点体现在以下几个方面。

(1) 标准的结构系统采用 PDCA 循环管理模式，即标准由“领导作用—策划—支持和运行—绩效评价—改进”五大要素构成，采用 PDCA 动态循环、不断上升的螺旋式运行模式，体现了持续改进的动态管理思想。

(2) 标准规定了职业健康安全管理体系的要求，并给出了其使用指南，以使组织能够通过防止与工作相关的伤害和健康损害以及主动改进其职业健康安全绩效来提供安全和健康的工作场所。

(3) 标准有助于组织实现其职业健康安全管理体系的预期结果。依照组织的职业健康安全方针，其职业健康安全管理体系的预期结果包括以下几个方面。

① 持续改进职业健康安全绩效。

② 满足法律法规要求和其他要求。

③ 实现职业健康安全目标。

(4) 标准适用于任何规模、类型和活动的组织。它适用于组织控制下的职业健康安全风险，这些风险必须考虑诸如组织运行所处环境、组织工作人员和其他相关方的需求和期望等因素。

(5) 实施符合本标准的职业健康安全管理体系，能使组织管理其职业健康安全风险并提升其职业健康安全绩效。职业健康安全管理体系可有助于组织满足法律法规要求和其他要求。

(6) 标准的内容全面、充实、可操作性强，为组织提供了一套科学、有效的职业健康安全管理手段，不仅要求组织强化安全管理，完善组织安全生产的自我约束机制，而且要求组织提升社会责任感和对社会的关注度，形成良好的社会形象。

(7) 实施职业健康安全管理体系标准，组织必须对全体员工进行系统的安全培训，强化全体员工的安全意识，以增强劳动者的身心健康，提高劳动者的劳动效率，从而为组织创造更大的经济效益。

(8) 标准具有与其他管理体系的兼容性。为满足组织整合质量、职业健康安全与环境管理体系的需要，《职业健康安全管理体系　要求及使用指南》(GB/T 45001—2020) 标准考虑了与《质量管理体系　要求》(GB/T 19001—2016)、《环境管理体系　要求及使用指南》(GB/T 24001—2016) 标准的兼容性。

2. 建筑工程环境管理体系标准

1)《环境管理体系》(GB/T 24000) 系列标准构成

IS0 14000 环境管理体系标准是 ISO (国际标准化组织) 在总结了世界各国的环境管理标准化成果，并具体参考了英国的 BS 7750 标准后，于 1996 年年底正式推出的一整套环境管理标准。其目的是支持环境保护和污染预防，协调它们与社会需求和经济需求的关系，指导各类组织取得并表现出良好的环境行为。ISO 14000 环境管理体系标准，被我国等同采用。

2016 年 10 月 13 日我国颁布了新的《环境管理体系　要求及使用指南》(CB/T 24001—2016)，等同采用 ISO 14001：2015；2017 年 12 月 29 日发布了《环境管理体系　通用实施指南》(GB/T 24004—2017)，等同采用 ISO 14004：2016。标准的制定是为了满足环境管理体系评价和认证的需要。

《环境管理体系　要求及使用指南》(CB/T 24001—2016) 共有 10 章内容，分别为范围、规范性引用文件、术语与定义、组织所处的环境、领导作用、策划、支持、运行、绩效评价、改进。

2)《环境管理体系》(GB/T 24000) 系列标准的特点

《环境管理体系》(GB/T 24000) 系列标准作为推荐性标准被各类组织普遍采用，适用于各行各业、任何类型和规模的组织用于建立组织的环境管理体系，并作为其认证的依据。其特点体现在以下几个方面。

(1) 标准在市场经济驱动的前提下，以促进各类组织提高环境管理水平、实现环境目标为目的。

(2) 环境管理体系的结构系统，采用的是 PDCA 动态循环、不断上升的螺旋式管理运行模式，在“策划—支持和运行—绩效评价—改进”四大要素构成的动态循环过程基础上，结合环境管理特点，考虑组织所处环境、内外部问题、相关方需求及期望等因素，形成完整的持续改进动态管理体系。该模式为环境管理体系提供了一套系统化的方法，指导组织合理有效地推行其环境管理工作。

(3) 标准着重强调与环境污染预防、环境保护等法律法规的符合性。

(4) 标准注重体系的科学性、完整性和灵活性。

(5) 标准具有与其他管理体系的兼容性。为满足组织整合质量、职业健康安全和环境管理体系的需要，《环境管理体系》(GB/T 24000) 系列标准考虑了与《质量管理体系 要求》(GB/T 19001—2016)、《职业健康安全管理体系 要求及使用指南》(GB/T 45001—2020) 标准的兼容性。

3) 环境管理体系标准的应用原则

(1) 标准的实施强调自愿性原则，并不改变组织的法律责任。

(2) 有效的环境管理需建立并实施结构化的管理体系。

(3) 标准着眼于采用系统的管理措施。

(4) 环境管理体系不必成为独立的管理系统，而应纳入组织整个管理体系中。

(5) 实施环境管理体系标准的关键是坚持持续改进和环境污染预防。

(6) 有效地实施环境管理体系标准，必须有组织最高管理者的承诺和责任以及全员的参与。

总之，《环境管理体系》(GB/T 24000) 系列标准的实施，可以规范所有组织的环境行为，降低环境风险和法律风险，最大限度地节约能源和资源，从而减少人类活动对环境造成的不利影响，维持和改善人类生存和发展的环境，有利于实现经济可持续发展和环境管理现代化的需要。

任务单元 7.2 建筑工程项目安全生产管理

党的二十大报告提出，我们要坚持以人民安全为宗旨，把保障人民健康放在优先发展的战略位置。企业应遵照《建设工程安全生产管理条例》《职业健康安全管理体系 要求及使用指南》(GB/T 45001—2020) 和《建设工程项目管理规范》(GB/T 50326—2017) 的要求，坚持"安全第一、预防为主、综合治理"的方针，加大安全生产投入，满足本质安全要求。项目经理应负责工程项目安全生产的全面管理工作。由于安全工作的专业性，各级安全管理人员应通过相应的资格考试，持证上岗。

7.2.1 建筑工程项目安全生产管理概述

1. 建筑工程项目安全生产管理内容

建筑工程项目安全生产管理包括以下内容。

(1) 安全生产组织管理。

(2) 安全生产制度管理。

(3) 施工人员操作规范化管理。

(4) 安全生产技术管理。

(5) 施工现场安全生产设施管理。

2. 建筑工程项目安全生产管理程序

建筑工程项目安全生产管理应遵循以下程序。

(1) 识别并评价危险源及风险。

(2) 编制安全生产管理计划。

(3) 安全生产管理计划的实施与检查。

(4) 安全生产应急响应与事故处理

(5) 安全生产管理评价。

7.2.2 危险源的识别与风险评价

1. 危险源的概念

危险源是可能导致人身伤害或疾病、财产损失、工作环境破坏或这些情况组合的危险因素和有害因素。危险因素是强调突发性和瞬间作用的因素，有害因素则强调是在一定时期内有慢性损害和累积作用的因素。

危险源是安全生产控制的主要对象。

2. 危险源的辨识

1) 危险源辨识的方法

(1) 专家调查法。专家调查法是向有经验的专家咨询、调查、辨识、分析和评价危险源的一类方法。其优点是简便、易行，缺点是受专家的知识、经验和占有资料的限制，可能出现遗漏。常用的专家调查法有头脑风暴法和德尔菲法。

① 头脑风暴法是通过专家创造性的思考，产生大量的观点、问题和议题的方法。其特点是多人讨论，集思广益，可以弥补个人判断的不足，常采取专家会议的方式来相互启发、交换意见，使危险、有害因素的辨识更加细致、具体。

② 德尔菲法是采用背对背的方式对专家进行调查的方法。其特点是避免了集体讨论中的从众性倾向，更能代表专家的真实意见。要求对调查的各种意见进行汇总、统计、处理，再反馈给专家，反复征求意见。

(2) 安全检查表法。安全检查表实际上就是实施安全检查和诊断项目的明细表。安全检查表法是运用已编制好的安全检查表，进行系统的安全检查，以辨识工程项目存在的危险源。安全检查表的内容一般包括分类项目、检查内容及要求、检查以后的处理意见等，可以用“是”“否”做回答或用“√”“×”符号做标记，同时注明检查日期，并由检查人员和被检单位同时签字。

安全检查表法的优点是简单易懂、容易掌握，可以事先组织专家编制检查项目，使安全检查做到系统化、完整化。其缺点是一般只能做出定性评价。

2) 施工过程中危险因素的分析

施工过程中危险因素一般存在于以下几个方面。

(1) 安全防护工作，如脚手架作业防护、基坑开挖防护、洞口防护、临边防护、高空作业防护、模板防护、起重机械及其他施工机械设备防护。

(2) 关键工序和特殊工序防护，如洞内作业、潮湿环境作业、桩基人工挖孔、易燃和易爆品、防尘、防触电的防护。

（3）特殊工种防护，如电工、电焊工、架子工、爆破工、机械工、起重工、机械司机等，除一般安全教育外，还要进行专业安全技能的培训，经考试合格持证后方可上岗。

（4）临时用电的安全系统防护，如用电总体布置、变压器周围防护和各施工阶段的临时用电（电闸箱、电路、施工机具用电等）布置。

（5）消防保卫工作的安全系统管理，如临时消防用水、临时消防管道、消防灭火器材的布置等。

3. 风险评价方法

风险评价是评估危险源所带来的风险大小及确定风险是否可容许的全过程。一般根据评价结果对风险进行分级，按不同级别的风险有针对性地采取风险控制措施。下面介绍一种常用的风险评价方法。

这种方法是将安全风险的大小(R)用事故发生的可能性(p)与发生事故后果的严重程度(f)的乘积来衡量，即$R=pf$。根据计算结果，按表7－2对风险进行分级。其中Ⅰ级为可忽略风险，Ⅱ级为可容许风险，Ⅲ级为中度风险，Ⅳ级为重大风险，Ⅴ级为不容许风险。

表7－2 风险级别表

可能性(p)	后果(f)		
	轻度损失(轻微伤害)	中度损失(伤害)	重大损失(严重伤害)
很　大	Ⅲ	Ⅳ	Ⅴ
中　等	Ⅱ	Ⅲ	Ⅳ
极　小	Ⅰ	Ⅱ	Ⅲ

4. 风险的控制策略

不同的工程项目应根据不同的条件和不同的风险量选择适合的控制策略，具体见表7－3。

表7－3 风险控制策略

风　险	措　施
可忽略风险	不采取措施且不必保留文件记录
可容许风险	不需要采取另外的控制措施，应考虑投资效果更佳的解决方案或不增加额外成本的改进措施，需要通过监视来确保控制措施得以维持
中度风险	应努力降低风险，同时应仔细测定并限定预防成本，并在规定的时间期限内实施降低风险的措施。在中度风险与严重伤害后果相关的场合，必须进一步评价，以便更准确地确定伤害的可能性，以及确定是否需要改进控制措施
重大风险	直至风险降低后才能开始工作。有时为降低风险必须配给大量的资源。当风险涉及正在进行中的工作时，就应采取应急措施
不容许风险	只有当风险已经降低时，才能开始或继续工作。如果无限的资源投入也不能降低风险，就必须禁止工作

7.2.3 安全生产管理计划的编制

安全生产管理计划应在项目管理实施规划中由项目经理主持编制，经有关部门批准后，由专职安全管理员进行现场监督实施。

1. 安全生产管理计划的编制依据

安全生产管理计划的编制是依据以下几方面的情况来进行的。

(1) 国家安全生产法规、条例、规程、政策及企业有关的安全生产规章制度。

(2) 在安全生产检查中发现的但尚未解决的问题。

(3) 造成工伤事故与职业病的主要设备与技术原因，应采取的有效防范措施。

(4) 生产发展需要所采取的安全技术与工业卫生技术措施。

(5) 安全技术革新项目和职工提出的合理化建议项目。

2. 安全生产管理计划的编制内容

安全生产管理计划的编制，应根据工程特点、施工方法、施工程序、安全生产法规和标准的要求，采取可靠的技术措施，消除安全隐患，保证施工安全。项目安全生产管理计划应满足事故预防的管理要求，其内容可根据项目运行实际情况增减，并应符合下列规定：针对项目危险源和不利环境因素进行辨识与评估的结果，确定对策和控制方案；对危险性较大的分部分项工程编制专项施工方案；对分包人的项目安全生产管理、教育和培训提出要求；对项目安全生产交底、有关分包人制定的项目安全生产方案制订控制的措施；有应急准备与救援预案。

3. 建筑工程施工安全技术措施简介

建筑工程结构复杂多变，工程施工涉及的专业和工种很多，安全生产管理的内容很广泛。但归结起来，建筑工程施工安全技术措施可以分为一般工程施工安全技术措施、特殊工程施工安全技术措施、季节性施工安全技术措施等。

1) 一般工程施工安全技术措施

一般工程是指结构共性较多的工程，其施工生产作业既有共性，也有不同之处。由于施工条件、环境等不同，同类工程的不同之处在共性措施中无法解决，因此应根据相关法规，结合以往的施工经验与教训，制定施工安全技术措施。一般工程施工安全技术措施主要包括以下方面。

(1) 土石方开挖工程，应根据开挖深度和土质类别，选择开挖方法，确保边坡稳定，或采取支护结构措施，防止边坡滑动和塌方。

(2) 脚手架、吊篮等的选用及设计搭设方案和安全防护措施。

(3) 高处作业的上下安全通道。

(4) 安全网(平网、立网)的设置要求和范围。

(5) 对施工电梯、井架(龙门架)等垂直运输设备的位置搭设要求，以及稳定性、安全装置等的要求。

(6) 施工洞口的防护方法和主体交叉施工作业区的隔离措施。

(7) 场内运输道路及人行通道的布置。

(8) 编制临时用电的施工组织设计和绘制临时用电图纸，在建工程(包括脚手架具)的外侧边缘与外电架空线路的间距达到最小安全距离所采取的防护措施。

(9) 防火、防毒、防爆、防雷等安全措施。

(10) 在建工程与周围人行通道及民房的防护隔离设置。

(11) 起重机回转半径达到项目现场范围以外的，要设置安全隔离设施。

2) 特殊工程施工安全技术措施

结构比较复杂、技术含量高的工程称为特殊工程。对于特殊工程，应编制单项安全技术措施。例如，对爆破、大型吊装、沉箱、沉井、烟囱、水塔、特殊架设作业、高层脚手架、井架和拆除工程必须制定专项施工安全技术措施，并注明设计依据，做到有计算、有详图、有文字说明。

3) 季节性施工安全技术措施

季节性施工安全技术措施是考虑不同季节的气候条件对施工生产带来的不安全因素和可能造成的各种突发性事件，从技术上、管理上采取的各种预防措施。一般工程施工方案中的安全技术措施中，都需要编制季节施工安全技术措施。对危险性大、高温期长的建筑工程，应单独编制季节性施工安全技术措施。各季节性施工安全技术措施的主要内容如下。

(1) 夏季气候炎热，高温时间持续较长，主要是做好防暑降温工作，避免员工中暑和因长时间暴晒引发的职业病。

(2) 雨季作业，主要做好防触电、防雷击、防水淹泡、防塌方、防台风和防洪等工作。

(3) 冬季作业，主要做好防冻、防风、防火、防滑、防煤气中毒等工作。

7.2.4 安全生产管理计划的实施与检查

1. 设置安全生产管理机构

1) 公司安全生产管理机构的设置

公司应设置以法定代表人为第一责任人的安全生产管理机构，并根据企业的施工规模及职工人数设置专门的安全生产管理机构部门，并配备专职安全管理人员。

2) 项目经理部安全生产管理机构的设置

项目经理部是施工现场第一线管理机构，应根据工程特点和规模，设置以项目经理为第一责任人的安全管理领导小组，其成员由项目经理、技术负责人、专职安全管理人员、工长及各工种班组长组成。安全管理领导小组及管理人员应当恪尽职守、依法履行职责。

3) 施工班组安全生产管理

施工班组要设置不脱产的兼职安全员，协助班组长搞好班组的安全生产管理。班组要坚持班前班后岗位安全检查、安全值日和安全日活动制度，并认真做好班组的安全记录。

施工企业负责人、项目经理、专职安全管理人员都必须进行安全教育培训并持证上岗。

2. 建立安全生产责任制

安全生产责任制是最基本的安全管理制度，是所有安全生产管理制度的核心。建立安全生产责任制是建筑工程项目安全生产管理计划实施的重要保证。在安全生产责任制中，企业对项目经理部及其各职能部门、各成员规定了他们对安全生产应负的责任，主要内容如下。

(1) 项目相关人员的安全职责，包括项目经理、技术负责人、专职安全管理人员、工长及各工种班组长、施工员、安全员等项目各类人员的安全责任。

(2) 对各职能部门安全生产责任制的执行情况制定检查和考核办法，并按规定期限进行考核，对考核结果及兑现情况应有记录。

(3) 明确总分包的安全生产责任。实行总承包的由总承包单位负责，分包单位向总承包单位负责，服从总承包单位对施工现场的安全管理，分包单位在其分包范围内建立施工现场安全生产管理制度，并组织实施。

(4) 项目的主要工种应有相应的安全技术操作规程，一般应包括砌筑、拌灰、混凝土、木作、钢筋、机械、电气焊、起重、信号指挥、塔式起重机司机、架子、水暖、油漆等工种，特殊作业应另行补充。应将安全技术操作规程列为日常安全活动和安全教育的主要内容，并应悬挂在操作岗位前。

(5) 施工现场应按工程项目大小配备专职安全管理人员。建筑工程可按建筑面积1万平方米以下的工地至少设1名专职安全管理人员，1万平方米以上的工地设2～3名专职安全管理人员，5万平方米以上的大型工地按不同专业组成安全管理组进行安全监督检查。

3. 进行安全生产教育

安全是施工生产赖以正常进行的前提，安全生产教育又是安全生产管理工作的重要环节，是提高全体员工安全生产素质、安全管理水平，从而防止事故、实现安全生产的重要手段。安全生产教育的要求如下。

(1) 广泛开展安全生产的宣传教育，使全体员工真正认识到安全生产的重要性和必要性，懂得安全生产和文明施工的科学知识，牢固树立“安全第一”的思想，自觉遵守各项安全生产法律法规和规章制度。

(2) 安全生产教育的内容应该包括思想教育、知识教育、技能教育和法制教育。

(3) 安全生产教育的对象包括：企业负责人、项目经理、技术负责人、项目基层管理人员、专（兼）职安全管理人员、分包负责人、分包队伍管理人员、特种操作人员、操作工人。

(4) 新工人必须进行公司、项目、作业班组三级安全教育；电工、电焊工、架子工、司炉工、爆破工、机操工、起重工、机械司机、机动车辆司机等特殊工种工人，除一般安全教育外，还要经过专业安全技能培训，经考试合格持证后，方可独立操作；转换施工现场的工人必须进行转场安全教育；采用新技术、新工艺、新设备施工和调换工作岗位的工人必须进行安全培训。

(5) 建立经常性的安全生产教育考核制度，考核成绩要记入员工档案。

4. 进行安全技术交底

安全技术交底是指导工人安全施工的技术措施，是建筑工程项目安全技术方案的具体落实。安全技术交底是在工程施工前，项目部的技术人员向施工班组和作业人员进行有关工程安全施工的详细说明，并由双方签字确认。安全技术交底一般由技术管理人员根据分部分项工程的实际情况、特点和危险因素编写，是操作者的法令性文件，因而要具体、明确、针对性强，不得用施工现场的安全纪律等制度代替。

1）安全技术交底的基本要求

（1）安全技术交底应优先采用新的安全技术措施。

（2）在工程开工前，应将工程概况、施工方法、安全技术措施等情况，向工地负责人、工长及全体作业人员进行交底。

（3）每天工作前，工长应向班组长进行安全技术交底，班组长对作业人员进行有关施工要求、作业环境等方面的安全技术交底。

（4）有两个以上施工队或工种配合施工时，要根据工程进度情况定期或不定期地向有关施工队或班组进行交叉作业施工的安全技术交底。

（5）安全技术交底应一式两份，交底人与接底人各持一份，记录交底的时间、内容，双方签字后生效。

（6）安全技术交底书要按单位工程归放在一起，以备查验。

2）安全技术交底的主要内容

（1）建设工程项目、单项工程和分部分项工程的概况、施工特点及安全要求。

（2）确保安全的关键环节、危险部位、安全控制点，以及采取相应的技术、安全和管理措施。

（3）做好“四口”“五临边”的防护设施。其中“四口”为通道口、楼梯口、电梯井口、预留洞口；“五临边”为未安装栏杆的阳台周边、无外架防护的屋面周边、框架工程的楼层周边、卸料平台的外侧边及上下跑道和斜道的两侧边。

（4）项目管理人员应做好的安全管理事项和作业人员应注意的安全防范事项。

（5）各级管理人员应遵守的安全标准、安全操作规程及注意事项。

（6）出现异常征兆、事态或发生事故的应急救援措施。

5. 进行安全检查

工程项目安全检查是安全生产管理的一项重要内容，其目的是消除隐患、防止事故、改善劳动条件及提高员工的安全意识。通过安全检查，可以及时发现工程中的危险因素，以便有计划地采取措施，保证安全生产。

1）安全检查的内容

在工程施工的不同阶段，安全检查的具体内容有所不同，但都应该包括以下几个方面。

（1）查思想。主要检查各级领导和职工对安全生产工作的认识。

（2）查管理。主要检查工程项目的安全管理是否有效，包括安全组织机构、安全技术措施计划、安全保证措施、安全教育、持证上岗、安全生产责任制、安全技术交底、安全设施、安全标识、操作规程、违规行为、安全记录等。

（3）查隐患。主要检查作业现场是否符合安全生产的要求。

（4）查整改。主要检查对过去提出问题的整改情况。

（5）查事故处理。对安全事故的处理应达到查明事故原因、明确责任并对责任者做出处理、明确和落实整改措施等要求，同时还应检查对伤亡事故是否及时报告、认真调查、严肃处理。

安全检查的重点为是否违章指挥和违章作业。安全检查后应编制检查报告，说明已达标项目、未达标项目、存在问题、原因分析、纠正和预防措施。

2）安全检查的形式

安全检查的形式多样，通常有经常性检查、定期和不定期检查、专业性检查、季节性检查、节假日前后检查、上级检查、班组自检和互检、交接检查及复工检查等。

3）安全检查的方法

随着安全管理科学化、标准化、规范化的发展，目前安全检查基本上都采用安全检查表法和一般检查方法，进行定性、定量的安全评价。

(1) 安全检查表法是一种初步定性分析的方法，它通过事先拟定的安全检查明细表或清单，对安全生产进行初步的诊断和控制。

(2) 安全检查一般方法，主要是通过看、听、嗅、问、查、测、验、析等手段进行检查。

7.2.5 安全生产应急响应和事故处理

1. 安全生产应急准备与响应

项目经理部应识别可能的紧急情况和突发过程的风险因素，编制项目安全生产应急准备与响应预案。安全生产应急准备与响应预案应包括下列内容。

(1) 应急目标、应急指挥和组织机构。

(2) 突发过程的风险因素及评估。

(3) 应急响应程序和措施。

(4) 应急准备与响应能力测试。

(5) 需要准备的相关资源。

其中的应急措施具体包括：施工场内应急计划、事故应急处理程序和措施；施工场外应急计划、向外报警程序及方式；设置安全装置、报警装置、疏散口装置、避难场所等；有足够数量并符合规格的安全进出通道；有急救设备（担架、氧气瓶、防护用品、冲洗设施等）；设置通信联络与报警系统；与应急服务机构（医院、消防等）建立联系渠道。

项目经理部应对应急预案进行专项演练，对其有效性和可操作性实施评价并修改完善。

2. 安全隐患的控制

1）安全隐患的概念

安全隐患是指可能导致安全事故的缺陷和问题，包括安全设施、过程和行为等诸方面的缺陷问题。因此，对检查和检验中发现的事故隐患，应采取必要的措施及时处理和化解，以确保不合格设施不使用、不合格过程不通过、不安全行为不放过，防止安全事故的发生。

2）安全隐患的分类

(1) 按危害程度分类：可分为一般隐患(危险性较小，事故影响或损失较小的隐患)，重大隐患(危险性较大，事故影响或损失较大的隐患)和特别重大隐患(危险性大，事故影响或损失大的隐患，如发生事故可能造成死亡10人以上，或直接经济损失500万元以上的隐患)。

(2) 按危害类型分类：可分为火灾隐患、爆炸隐患、危房隐患、坍塌和倒塌隐患、滑坡隐患、交通隐患、泄漏隐患和中毒隐患。

(3) 按表现形式分类：可分为人的隐患(认识隐患和行为隐患)、机的状态隐患、环境隐患和管理隐患。

3) 安全隐患的控制要求

项目经理部对各类事故隐患应确定相应的处理部门和人员，规定其职责和权限，要求一般问题当天解决，重大问题限期解决。根据隐患的危害程度提出相应的处理方式，进行整改，整改应达到“五定”要求，即定整改责任人、定整改措施、定整改完成时间、定整改完成人、定整改验收人，只有当险情排除并采取了可靠措施后方可恢复使用或施工。

3. 安全事故的分类

事故是指人们在进行有目的的活动过程中，发生了违背人们意愿的不幸事件，使其有目的的行动暂时或永久地停止。事故可能造成人员的死亡、疾病、伤害、损坏、财产损失或其他损失。

安全事故分为两大类型，即职业伤害事故与职业病。职业伤害事故是指因生产过程及工作原因或与其相关的其他原因造成的伤亡事故；职业病是指因从事接触有毒有害物质或不良环境的工作而造成的急慢性疾病。

1) 按事故类别分类

根据《企业职工伤亡事故分类标准》(GB 6441—1986)规定，将事故类别划分为20类，其中与建筑工程密切相关的有11类：物体打击、车辆伤害、机械伤害、起重伤害、触电、灼烫、火灾、高处坠落、坍塌、中毒和窒息、其他伤害。

2) 按事故后果严重程度分类

根据《生产安全事故报告和调查处理条例》(国务院令第493号)，按照事故造成的人员伤亡或者直接经济损失，事故一般分为以下四个等级。

(1) 特别重大事故。指造成30人以上死亡，或者100人以上重伤(包括急性工业中毒，下同)，或者1亿元以上直接经济损失的事故。

(2) 重大事故。指造成10人以上30人以下死亡，或者50人以上100人以下重伤，或者5000万元以上1亿元以下直接经济损失的事故。

(3) 较大事故。指造成3人以上10人以下死亡，或者10人以上50人以下重伤，或者1000万元以上5000万元以下直接经济损失的事故。

(4) 一般事故。指造成3人以下死亡，或者10人以下重伤，或者1000万元以下直接经济损失的事故。

4. 安全事故的处理原则

根据国家法律法规的要求，施工项目一旦发生安全事故，在进行事故处理时必须实施“四不放过”的原则，即事故原因不清楚不放过，事故责任者和员工没有受到教育不放过，事故责任者没有处理不放过，没有制定防范措施不放过。

5. 安全事故的处理程序

根据《生产安全事故报告和调查处理条例》(国务院令第493号)，安全事故的处理程序如下。

1）事故报告

事故发生后，事故现场有关人员应当立即向本单位负责人报告；单位负责人接到报告后，应当于1小时内向事故发生地县级以上人民政府安全生产监督管理部门和负有安全生产监督管理职责的有关部门报告。情况紧急时，事故现场有关人员可以直接向事故发生地县级以上人民政府安全生产监督管理部门和负有安全生产监督管理职责的有关部门报告。安全生产监督管理部门和负有安全生产监督管理职责的有关部门接到事故报告后，应当依照有关规定上报事故情况，并通知公安机关、劳动保障行政部门、工会和人民检察院，同时报告本级人民政府。国务院安全生产监督管理部门和负有安全生产监督管理职责的有关部门以及省级人民政府接到发生特别重大事故、重大事故的报告后，应当立即报告国务院。

报告事故应当包括下列内容：事故发生单位概况；事故发生的时间、地点以及事故现场情况；事故的简要经过；事故已经造成或者可能造成的伤亡人数(包括下落不明的人数)和初步估计的直接经济损失；已经采取的措施；其他应当报告的情况。

事故发生单位负责人接到事故报告后，应当立即启动事故相应应急预案，或者采取有效措施，组织抢救，防止事故扩大，减少人员伤亡和财产损失。事故发生地有关地方人民政府、安全生产监督管理部门和负有安全生产监督管理职责的有关部门接到事故报告后，其负责人应当立即赶赴事故现场，组织事故救援。事故发生后，有关单位和人员应当妥善保护事故现场以及相关证据，任何单位和个人不得破坏事故现场、毁灭相关证据。事故发生地公安机关根据事故的情况，对涉嫌犯罪的，应当依法立案侦查，采取强制措施和侦查措施，犯罪嫌疑人逃匿的，公安机关应当迅速追捕归案。安全生产监督管理部门和负有安全生产监督管理职责的有关部门应当建立值班制度，并向社会公布值班电话，受理事故报告和举报。

2）事故调查

特别重大事故由国务院或者国务院授权有关部门组织事故调查组进行调查。重大事故、较大事故、一般事故分别由事故发生地省级人民政府、设区的市级人民政府、县级人民政府负责调查。省级人民政府、设区的市级人民政府、县级人民政府可以直接组织事故调查组进行调查，也可以授权或者委托有关部门组织事故调查组进行调查。未造成人员伤亡的一般事故，县级人民政府也可以委托事故发生单位组织事故调查组进行调查。

事故调查组的组成应当遵循精简、效能的原则。根据事故的具体情况，事故调查组由有关人民政府、安全生产监督管理部门、负有安全生产监督管理职责的有关部门、监察机关、公安机关以及工会派人组成，并应当邀请人民检察院派人参加。事故调查组可以聘请有关专家参与调查。

事故调查组应当自事故发生之日起60日内提交事故调查报告；特殊情况下，经负责事故调查的人民政府批准，提交事故调查报告的期限可以适当延长，但延长的期限最长不超过60日。事故调查报告应当包括下列内容：事故发生单位概况；事故发生经过和事故救援情况；事故造成的人员伤亡和直接经济损失；事故发生的原因和事故性质；事故责任的认定以及对事故责任者的处理建议；事故防范和整改措施。

3）事故处理

重大事故、较大事故、一般事故，负责事故调查的人民政府应当自收到事故调查报告之日起15日内做出批复；特别重大事故，30日内做出批复，特殊情况下，批复时间可以适当延长，但延长的时间最长不超过30日。

有关机关应当按照人民政府的批复，依照法律、行政法规规定的权限和程序，对事故发生单位和有关人员进行行政处罚，对负有事故责任的国家工作人员进行处分。事故发生单位应当按照负责事故调查的人民政府的批复，对本单位负有事故责任的人员进行处理。负有事故责任的人员涉嫌犯罪的，依法追究刑事责任。

4）法律责任

事故发生单位主要负责人有下列行为之一的，处上一年年收入40%～80%的罚款；属于国家工作人员的，并依法给予处分；构成犯罪的，依法追究刑事责任。

（1）不立即组织事故抢救的。

（2）迟报或者漏报事故的。

（3）在事故调查处理期间擅离职守的。

事故发生单位及其有关人员有下列行为之一的，对事故发生单位处100万元以上500万元以下的罚款；对主要负责人、直接负责的主管人员和其他直接责任人员处上一年年收入60%～100%的罚款；属于国家工作人员的，并依法给予处分；构成违反治安管理行为的，由公安机关依法给予治安管理处罚；构成犯罪的，依法追究刑事责任。

（1）谎报或者瞒报事故的。

（2）伪造或者故意破坏事故现场的。

（3）转移、隐匿资金、财产，或者销毁有关证据、资料的。

（4）拒绝接受调查或者拒绝提供有关情况和资料的。

（5）在事故调查中作伪证或者指使他人作伪证的。

（6）事故发生后逃匿的。

事故发生单位对事故发生负有责任的，依照下列规定处以罚款。

（1）发生一般事故的，处10万元以上20万元以下的罚款。

（2）发生较大事故的，处20万元以上50万元以下的罚款。

（3）发生重大事故的，处50万元以上200万元以下的罚款。

（4）发生特别重大事故的，处200万元以上500万元以下的罚款。

事故发生单位主要负责人未依法履行安全生产管理职责，导致事故发生的，依照下列规定处以罚款；属于国家工作人员的，并依法给予处分；构成犯罪的，依法追究刑事责任。

（1）发生一般事故的，处上一年年收入30%的罚款。

（2）发生较大事故的，处上一年年收入40%的罚款。

（3）发生重大事故的，处上一年年收入60%的罚款。

（4）发生特别重大事故的，处上一年年收入80%的罚款。

事故发生单位对事故发生负有责任的，由有关部门依法暂扣或者吊销其有关证照；对事故发生单位负有事故责任的有关人员，依法暂停或者撤销其与安全生产有关的执业资格、岗位证书；事故发生单位主要负责人受到刑事处罚或者撤职处分的，自刑罚执行完毕或者受处分之日起，5年内不得担任任何生产经营单位的主要负责人。

任务单元7.3　建筑工程项目绿色施工与环境管理

党的二十大报告提出，加快发展方式绿色转型，推动经济社会发展绿色化、低碳化是实现高质量发展的关键环节。企业应按照《绿色建造技术导则（试行）》和《建筑工程绿色施工规范》（GB/T 50905—2014）的要求进行绿色施工，应按照《环境管理体系　要求及使用指南》（GB/T 24001—2016）的要求建立并持续改进环境管理体系。

7.3.1　建筑工程项目绿色施工与环境管理概述

项目经理部应建立绿色施工与环境管理制度，确定绿色施工与环境管理的责任部门，明确管理内容和考核要求；应制定绿色施工与环境管理目标，实施环境影响评价，配置相关资源，落实绿色施工与环境管理措施；项目管理过程应优先选用绿色技术、建材、机具和施工方法，应采取环境保护措施，控制施工现场的环境影响，预防环境污染。

1. 建筑工程项目绿色施工的要求

项目经理部应实施下列绿色施工活动。

（1）选用符合绿色施工要求的绿色技术、建材和机具，实施节能降耗措施。

（2）进行节约土地的施工平面布置。

（3）确定节约水资源的施工方法。

（4）确定降低材料消耗的施工措施。

（5）确定施工现场固体废物的回收利用和处置措施。

（6）确保施工产生的粉尘、污水、废气、噪声、光污染的控制效果。

2. 建筑工程项目环境管理的要求

（1）工程施工方案和专项措施应保证施工现场及周边环境安全、文明，减少噪声污染、光污染、水污染及大气污染，杜绝重大污染事件的发生。

（2）在施工过程中应进行垃圾分类，实现固体废物的循环利用，设专人按规定处置有毒有害物质，禁止将有毒有害废物用于现场回填或混入建筑垃圾中外运。

（3）按照分区划块原则，规范施工污染排放和资源消耗管理，进行定期检查或测量，实施预控和纠偏措施，保持现场良好的作业环境和卫生条件。

（4）针对施工污染源或污染因素，进行环境风险分析，制定环境污染应急预案，预防可能出现的非预期损害；在发生环境事故时，进行应急响应以消除或减少污染，隔离污染源并采取相应措施防止二次污染。

7.3.2　建筑工程项目文明施工

文明施工是指保持施工场地整洁、卫生，施工组织科学，施工程序合理的一种施工活动。实现文明施工，不仅要着重做好现场的场容管理工作，而且要相应做好现场材料、机械、安全、技术、保卫、消防和生活卫生等方面的管理工作。一个工地的文明施工水平是该工地乃至所在企业各项管理工作水平的综合体现。

文明施工应包括以下工作。

(1) 进行现场文化建设。

(2) 规范场容，保持作业环境整洁卫生。

(3) 创造有序生产施工的条件。

(4) 减少对居民和环境的不利影响。

项目经理部应对现场人员进行教育培训，提高其文明意识和素质，并按照文明施工标准定期进行考核、评定和总结。

文明施工是环境管理的一部分，由于施工现场的特殊性和各地对建筑业文明施工的重视程度，各地对施工现场文明施工的要求也不尽一致。项目经理部在进行文明施工管理时，应按照当地的要求进行。文明施工管理应与当地的社区文化、民族特点及风土人情有机结合，树立项目管理良好的社会形象。

7.3.3 建筑工程项目现场管理

建筑工程项目现场管理应遵守以下基本规定。

(1) 项目经理部应在施工前了解经过施工现场的地下管线，标出位置，并加以保护。施工时发现文物、古迹、爆炸物、电缆等，应当停止施工，保护现场，及时向有关部门报告，并按照规定处理。

(2) 当施工中需要停水、停电、封路而影响环境时，应经有关部门批准，事先告示。在行人、车辆通过的地方施工，应当设置沟、井、坎、洞覆盖物和标志。

(3) 项目经理部应对施工现场的环境因素进行分析，对于可能产生的污水、废气、噪声、固体废物等污染源采取措施，进行控制。

(4) 建筑垃圾和渣土应堆放在指定地点，定期进行清理。装载建筑材料、垃圾或渣土的运输机械，应采取防止尘土飞扬、洒落或流溢的有效措施。施工现场应根据需要设置机动车辆冲洗设施，冲洗污水应进行处理。

(5) 除有符合规定的装置外，不得在施工现场熔化沥青和焚烧油毡、油漆，也不得焚烧其他可产生有毒有害烟尘和恶臭气味的废物。项目经理部应按规定有效地处理有毒有害物质。禁止将有毒有害废物现场回填。

(6) 施工现场的场容管理，应符合施工平面图设计的合理安排和物料器具定位管理标准化的要求。

(7) 项目经理部应依据施工条件，按照施工总平面图、施工方案和施工进度计划的要求，认真进行所负责区域的施工平面图的规划、设计、布置、使用和管理。

(8) 现场的主要机械设备、脚手架、密封式安全网与围挡、模具、施工临时道路、各种管线、施工材料制品堆场及仓库、土方及建筑垃圾堆放区、变配电间、消火栓、警卫室，以及现场的办公、生产和生活临时设施等的布置，均应符合施工平面图的要求。

(9) 现场入口处的醒目位置，应公示以下内容：工程概况、安全纪律、防火须知、安全生产与文明施工规定、施工平面图、项目经理部组织机构图及主要管理人员名单。

(10) 施工现场周边应按当地有关要求设置围挡和相关的安全预防设施。危险品仓库附近应有明显标志及围挡设施。

(11) 施工现场应设置畅通的排水沟渠系统，保持场地道路的干燥坚实。施工现场的泥浆和污水未经处理不得直接排放。地面宜做硬化处理。有条件时，可对施工现场进行绿化布置。

7.3.4 建筑工程项目施工现场环境保护措施

1. 施工现场水污染的处理

(1) 搅拌机前台、混凝土输送泵及运输车辆清洗处应设置沉淀池，废水经二次沉淀后方可排入市政排水管网或回收用于洒水降尘。

(2) 施工现场现制水磨石作业产生的污水，禁止随地排放。作业时要严格控制污水流向，在合理位置设置沉淀池，经沉淀后方可排入市政污水管网。

(3) 对于施工现场气焊用的乙炔发生罐产生的污水，严禁随地倾倒，要求使用专用容器集中存放，并倒入沉淀池处理，以免污染环境。

(4) 现场要设置专用的油漆油料库，并对库房地面做防渗处理，储存、使用及保管要采取措施和专人负责，防止油料泄漏而污染土壤水体。

(5) 施工现场的临时食堂，用餐人数在100人以上的，应设置简易有效的隔油池，使产生的污水经过隔油池后再排入市政污水管网。

(6) 禁止将有毒有害废物用作土方回填，以免污染地下水和环境。

2. 施工现场噪声污染的处理

(1) 施工现场的搅拌机、固定式混凝土输送泵、电锯、大型空气压缩机等强噪声机械设备应搭设封闭式机械棚，并尽可能离居民区远一些设置，以减少强噪声的污染。

(2) 尽量选用低噪声或备有消声降噪设备的机械。

(3) 凡在居民密集区进行强噪声施工作业时，要严格控制施工作业时间，晚间作业不超过22时，早晨作业不早于6时。特殊情况下需昼夜施工时，应尽量采取降噪措施，并会同建设单位做好周围居民的工作，同时报工地所在地的环保部门备案后方可施工。

(4) 施工现场要严格控制人为的大声喧哗，增强施工人员防噪声扰民的自觉意识。

(5) 加强施工现场环境噪声的长期监测，要有专人监测管理，并做好记录。凡超过《建筑施工场界环境噪声排放标准》(GB 12523—2011)限值的，要及时进行调整，以达到施工噪声不扰民的目的。

3. 施工现场空气污染的处理

(1) 施工现场外围设置的围挡不得低于1.8m，以避免或减少污染物向外扩散。

(2) 施工现场的主要运输道路必须进行硬化处理。现场应采取覆盖、固化、绿化、洒水等有效措施，做到不泥泞、不扬尘。

(3) 对现场有毒有害气体的产生和排放，必须采取有效措施进行严格控制。

(4) 对于多层或高层建筑物内的施工垃圾，应采用封闭的专用垃圾道或容器吊运，严禁随意凌空抛洒造成扬尘。现场还应设置密闭式垃圾站，施工垃圾和生活垃圾应分类存放。施工垃圾要及时清运，清运时应尽量洒水或覆盖，以减少扬尘。

(5) 拆除旧建筑物、构筑物时，应配合洒水，减少扬尘污染。

(6) 水泥和其他易飞扬的细颗粒散体材料应密闭存放，使用过程中应采取有效的措施防止扬尘。

(7) 对于土方、渣土的运输，必须采取封盖措施。现场出入口处应设置冲洗车辆的设施，出场时必须将车辆清洗干净，不得将泥沙带出现场。

(8) 在城区内施工，应使用商品混凝土，从而减少搅拌扬尘；在城区外施工，混凝土搅拌站应搭设封闭的搅拌棚，搅拌机上应设置喷淋装置方可施工。

(9) 对于现场内的锅炉、茶炉、大灶等，必须设置消烟除尘设备。

(10) 在城区、郊区城镇和居民稠密区、风景旅游区、疗养区及国家规定的文物保护区内施工的工程，严禁使用敞口锅熬制沥青，而要使用密闭和带有烟尘处理装置的加热设备。

4. 施工现场固体废物的处理

(1) 物理处理：压实浓缩、破碎、分选、脱水干燥等，减少废物的最终处置量，减少对环境的污染。

(2) 化学处理：氧化还原、中和、化学浸出等。这种方法能破坏固体废物中的有害成分，从而达到无害化，或将其转化成适于进一步处理、处置的形态。

(3) 生物处理：好氧处理、厌氧处理等。

(4) 热处理：焚烧、热解、焙烧、烧结等。

(5) 固化处理：利用水泥、沥青等胶结材料，将松散的废物胶结包裹起来，减少有害物质从废物中向外迁移、扩散。

(6) 回收利用和循环再造：将拆建物料作为建筑材料回收利用；将可用的废弃金属、沥青等物料循环再造。

(7) 填埋：将经过无害化、减量化处理的废物残渣集中到填埋场进行处置。禁止将有毒有害废物现场填埋，填埋场应利用天然或人工屏障，并注意保证废物的稳定性和长期安全性。

模块小结

本模块要求学生深刻认识到在建筑工程项目管理中，安全生产、绿色施工与环境管理的重要意义，建立、实施和保持环境与职业健康安全管理体系认证已经是现代企业管理的一个重要标志。

在熟悉安全生产管理的内容和程序的基础上，掌握安全生产管理计划的编制、实施与检查，安全生产应急响应和安全事故处理等内容。

在熟悉绿色施工与环境管理的要求的基础上，掌握施工现场文明施工、现场管理、环境保护措施等内容。

学生在学习过程中，应注意理论联系实际，通过解析案例，初步掌握理论知识，提高实践动手能力。

思考与练习

一、单选题

1.(　　)是安全生产控制的主要对象。

A. 危险源　　B. 环境　　C. 安全管理制度　　D. 施工现场

2. 安全检查表法的缺点是(　　)。

A. 复杂难懂，不易掌握　　B. 只能做出一些定性的评价

C. 不能事先组织专家编制检查项目　　D. 不能使安全检查做到系统化、完整化

3. 安全技术措施计划的实施不包括(　　)。

A. 安全生产教育　　B. 安全生产责任制

C. 安全技术交底　　D. 安全生产管理评价

4. 以下(　　)事故与建筑工程密切相关。

A. 物体打击、机械伤害、起重伤害、高处坠落

B. 淹溺、灼烫、火灾

C. 瓦斯爆炸、锅炉爆炸、容器爆炸

D. 透水、放炮、火药爆炸

5. 根据《生产安全事故报告和调查处理条例》(国务院令第493号)，按照事故造成的人员伤亡或者直接经济损失，事故一般分为(　　)。

A. 特别重大事故、重大事故、较大事故、一般事故

B. 轻伤事故、重伤事故、死亡事故、重大伤亡事故、特大伤亡事故、特别重大伤亡事故

C. 一级重大事故、二级重大事故、三级重大事故、四级重大事故

D. 特别重大事故、重大事故、较大事故、一般事故、轻微事故

6. 安全事故的处理程序为(　　)。

A. 事故报告，事故处理，事故调查，追究法律责任

B. 事故调查，事故报告，事故处理，追究法律责任

C. 事故调查，事故处理，事故报告，追究法律责任

D. 事故报告，事故调查，事故处理，追究法律责任

7. 施工现场外围设置的围挡不得低于(　　)。

A. 1.8m　　B. 2.5m　　C. 3.2m　　D. 2.7m

二、多选题

1. 建筑工程项目绿色施工与环境管理的目的是(　　)。

A. 防止和减少生产安全事故

B. 节约资源，保护环境，减少排放，使社会的经济发展与人类的生存环境相协调

C. 采用绿色施工技术、制定绿色施工措施、提高绿色施工效果

D. 控制作业现场的各种粉尘、废水、废气、固体废物，以及噪声、振动对环境的污染和危害

E. 考虑和避免因管理不当对员工的健康和安全造成的危害

2. 建筑工程安全生产、绿色施工与环境管理的特点是（　　）。

A. 施工现场的安全生产、绿色施工与环境管理比较复杂

B. 建筑产品的单件性决定了安全生产、绿色施工与环境管理的多样性

C. 施工单位对安全生产、绿色施工与环境管理费用投入减少

D. 各专业、单位之间互相配合，要注意接口部分安全生产、绿色施工与环境管理的协调性

E. 目前我国施工作业人员文化素质高，这是安全生产、绿色施工与环境管理的有利因素

3. 建立、实施和保持质量、职业健康安全与环境三项国际通行的管理体系认证是现代企业管理的一个重要标志。以下（　　）是我国质量、职业健康安全与环境管理体系认证的标准。

A.《绿色建造技术导则（试行）》

B.《质量管理体系　要求》(GB/T 19001—2016)

C.《建筑工程绿色施工规范》(GB/T 50905—2014)

D.《职业健康安全管理体系　要求及使用指南》(GB/T 45001—2020)

E.《环境管理体系　要求及使用指南》(GB/T 24001—2016)

4. 安全隐患整改应达到“五定”要求，“五定”是指（　　）。

A. 定整改责任人　　B. 定整改措施、定整改完成时间

C. 定整改监督人　　D. 定整改完成人

E. 定整改验收人

5. 安全技术交底的主要内容包括（　　）。

A. 本工程项目的施工特点及安全要求

B. 确保安全的关键环节、危险部位、安全控制点，以及采取相应的技术、安全和管理措施

C. 做好“四口”“五临边”的防护设施

D. 施工方案及施工方法

E. 出现异常征兆、事态或发生事故的应急救援措施

6. 安全检查的内容有（　　）。

A. 查思想　　B. 查管理

C. 查作风　　D. 查整改

E. 查事故处理

7. 安全事故的处理原则是（　　）。

A. 事故原因不清楚不放过　　B. 事故责任者和员工没有受到教育不放过

C. 事故责任者没有处理不放过　　D. 事故主要责任者不开除不放过

E. 没有制定防范措施不放过

8. 以下（　　）属于绿色施工的内容。

A. 综合考虑安全耐久、节能减排、易于建造等因素，择优选择建筑形体和结构体系

B. 确定节约水资源的施工方法

C. 确定降低材料消耗的施工措施

D. 确定施工现场固体废物的回收利用和处置措施

E. 进行节约土地的施工平面布置

9. 文明施工主要包括(　　)工作。

A. 保证职工的安全和身体健康　　B. 进行现场文化建设

C. 规范场容，保持作业环境整洁卫生　　D. 创造有序生产施工的条件

E. 减少对居民和环境的不利影响

10. 建筑工程项目施工现场环境保护包括(　　)污染的处理。

A. 水　　B. 噪声　　C. 空气

D. 固体废物　　E. 组织混乱

模块7
在线答题

11. 下列属于固体废物的主要处理方法有(　　)。

A. 回收利用　　B. 减量处理　　C. 固化技术

D. 焚烧技术和填埋　　E. 不能焚烧只能填埋

12. 施工现场噪声污染的处理措施有(　　)。

A. 声源控制及传播途径的控制　　B. 接收者的防护

C. 严格控制人为噪声　　D. 控制强噪声作业时间

E. 坚决杜绝强噪声源

三、简答题

1. 简述安全生产、绿色施工与环境管理的目的。

2. 简述建筑工程安全生产、绿色施工与环境管理的特点。

3. 什么叫危险源？危险源辨识的方法有哪些？施工过程中危险因素一般存在于哪些方面？

4. 一般工程施工安全技术措施主要包括哪几个方面？

5. 什么是三级安全教育？

6. 施工现场中的“四口”“五临边”是指什么？

7. 安全事故的处理原则是什么？简述其处理程序。

四、案例分析

1. 某15层商住楼，总建筑面积38700.8m²，建筑高度50.55m，采用全现浇钢筋混凝土剪力墙结构，桩箱复合基础。通过公开招标，建设单位与某市建筑集团公司三公司签订了施工合同。工程于2020年5月开工。在土方施工阶段，分包回填土施工任务的某施工队采用装载机铲土，在向基础边倒土时，将一名正在⑩轴检查质量的质检员撞倒，质检员被送往附近医院经抢救无效死亡。经调查，装载机司机未经培训，无操作证并且当时现场没有指挥人员，暴露出该项目经理部安全管理工作的混乱。

问题：

(1) 安全生产管理计划的内容包括哪些？

(2) 请简要分析造成这起机械伤害事故的原因。

2. 某商务大厦工程，建筑面积约45350m²，钢筋混凝土框架-剪力墙结构，桩箱复合基础。由某建筑集团一公司中标承建。2020年9月26日，根据管理人员安排，农民工李

某等4人使用井字架高车自地面往5层运内墙板，当4人抬一块内墙板刚刚放置在井字架高车的吊篮上时，上方突然掉下一扇钢筋焊制的防护门，将农民工李某砸倒，李某被送往医院经抢救无效后死亡。

经调查，焊工王某、林某2人正在8层焊接防护门，防护门摆放在安装位置上后，王某本应用手扶持防护门等待焊接，但在未焊接也未采取固定措施的情况下王某便将手松开，导致防护门坠落，砸到正在下方作业的农民工李某。经调查，施工单位安全生产责任制的落实不力，工人违反安全技术操作规程；安全教育不到位，安全技术交底不细致；各专业之间协调配合有漏洞，全局安全意识差，交叉作业的防护不到位。

问题：

(1) 本工程中的事故可定为哪种等级的事故？依据是什么？

(2) 简要分析造成这起物体打击事故的原因。

(3) 建筑工程施工安全技术交底应包括哪些主要内容？

(4) 作为该项目的项目经理，在事故发生后应如何进行处置？

模块 8 建筑工程项目管理规划

能力目标

通过本模块的学习，学生要在掌握相应知识的基础上，通过实践训练，具备编制建筑工程项目管理规划文件或施工组织设计文件的初步能力。

知识目标

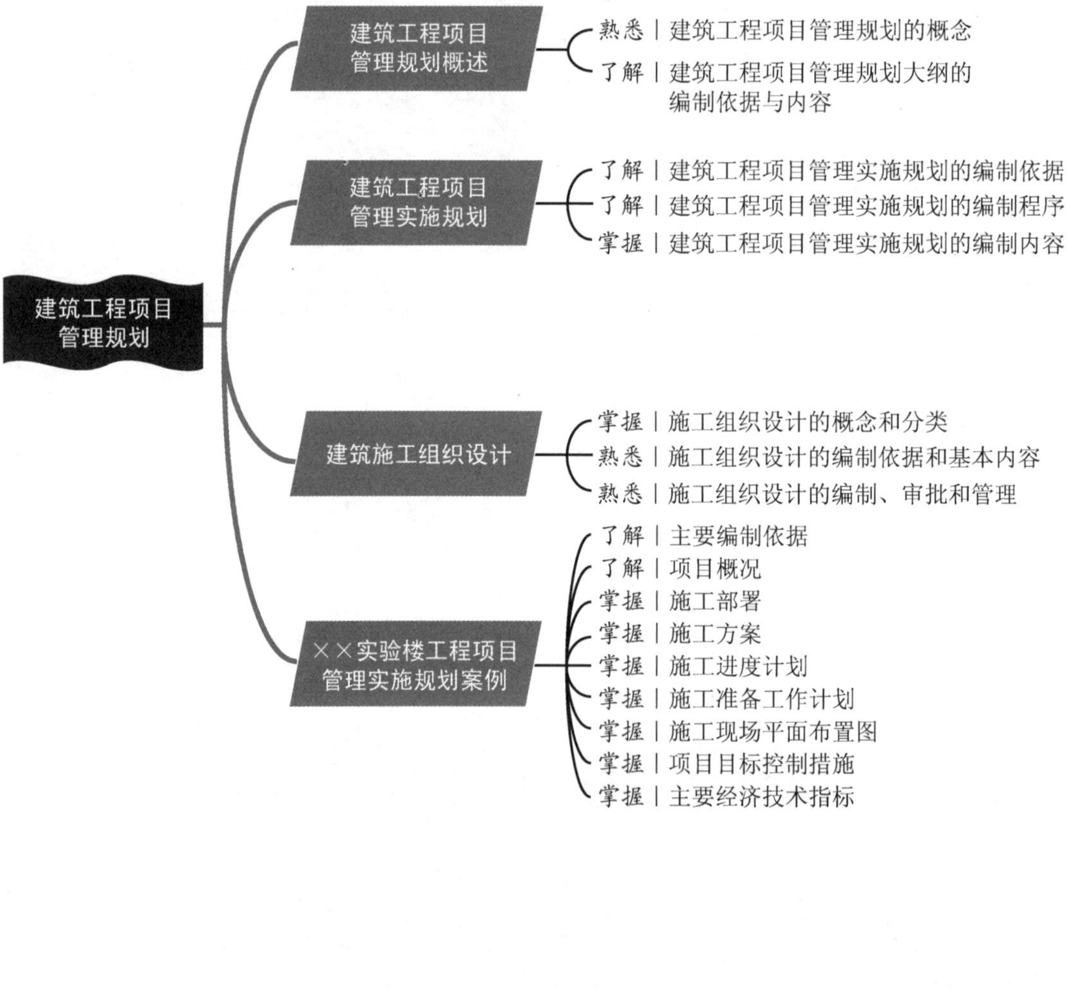

引例

空客A320总装线项目管理规划

1. 项目概况

天津空客A320系列飞机中国总装线项目位于天津滨海新区，是我国引进的第一条大型飞机生产线项目，由19个单体项目组成；厂区占地面积约590000m^2，总建筑面积114065m^2，全部为钢结构厂房，工程施工难度大，施工质量标准高于国内工业建筑要求；建成后成为天津的工业标志性建筑，由天津市建工工程总承包有限公司承建。

2. 管理总目标及管理难点

该项目确定的管理总目标是争创鲁班奖；管理难点有四项，即基础施工、地下室施工、主体施工和地面施工，每一项管理难点都确定了具体的管理目标。

3. 管理过程与方法

1）项目管理实施规划

(1) 项目组织规划。以公司的相关规定为依托，该项目建立了矩阵式管理组织，组建了高水平的项目经理部。项目经理部与公司签订了《项目管理目标责任书》，明确了企业管理层、项目管理层与劳务作业层之间的关系，确定了项目管理的各项要求及项目经理的责任、权利和义务。为了顺利完成各项施工目标，项目经理部根据《项目管理规划大纲》《施工合同》及《项目管理目标责任书》，针对项目实际，编制了操作性强的《项目管理实施规划》及《总施工方案》。为了保证工程高速有序进行，项目经理部还制定了22项管理制度。

(2) 项目范围管理与责任规划。根据本项目的具体特点，按公司管理文件的相关规定，制定了《空客A320工程项目经理责任书》，项目经理与项目管理人员也签订了《岗位责任合同》，对各岗位的职责、权限做了明确规定，做到了管理范围明确、责任到人，可以定期、定量考核。

(3) 项目风险管理规划。项目管理人员进行了风险识别，针对项目中存在的风险制定了相应预案，运用风险规避、转移、缓解、自留等手段，尽量降低由这些风险所造成的损失，并建立风险数据库，将确实发生的风险归档和评估，不断积累，及时更新。

(4) 项目管理措施规划。对于四项管理难点，制定了切实可行的技术与组织措施。

2）项目管理实施规划的贯彻

在施工过程中，严格贯彻项目管理实施规划。

4. 管理成效

该项目全部实现了管理总目标和各分项目标，获得了“鲁班奖”，主体工程获得了天津市建设工程“结构海河杯”奖，还被评为天津市“市级文明工地”，成本降低率达到了1.4%，安全合格率达100%，向国家申请了五项专利，编制了六项新的施工工法。

引言

建筑工程项目管理本身是一个复杂的系统工程，需要全方位、全过程进行资源的有效配置、整合和管理。因此，加强建筑工程项目管理规划很有必要。建筑工程项目管理规划涵盖了项目管理的方方面面，使项目在实施过程的各阶段管理和局部管理衔接紧密，资源分配合理，更好地保证了项目能够按计划有序实施及平稳运行。上述引例中，项目经理部高度重视工程的项目管理实施规划，并在实施过程中很好地落实，为该项目荣获鲁班奖奠定了基础。

任务单元 8.1 建筑工程项目管理规划概述

8.1.1 建筑工程项目管理规划的概念

建筑工程项目管理规划是对工程项目全过程中的各种管理职能、管理过程及管理要素所做出的完整而全面的总体计划。作为指导项目管理工作的纲领性文件，建筑工程项目管理规划应对项目管理的目标、依据、内容、组织、资源、方法、程序和控制措施进行确定。建筑工程项目管理规划包括建筑工程项目管理规划大纲和建筑工程项目管理实施规划两大类。

建筑工程项目管理规划大纲，是由企业管理层在投标阶段编制的旨在作为投标依据、满足招标文件要求及签订合同要求的文件。建筑工程项目管理规划大纲作为投标人的项目管理总体构想或项目管理宏观方案，具有战略性、全局性和宏观性，显示投标人的技术和管理方案的可行性与先进性，其作用是指导项目投标和签订施工合同。

建筑工程项目管理实施规划，是在开工之前由项目经理主持编制的旨在指导施工项目实施阶段管理的文件。

建筑工程项目管理规划大纲和建筑工程项目管理实施规划的关系是：前者是后者的编制依据，后者是前者的延续、深化和具体化。二者的区别见表 8-1。

表 8-1 两种建筑工程项目管理规划的区别

种类	编制时间	编制者	主要特征	服务范围	追求主要目标
建筑工程项目管理规划大纲	投标书编制	企业管理层	规划性	投标与签约	中标和经济效益
建筑工程项目管理实施规划	签约后开工前	项目管理层	作业性	施工准备至验收	施工效率和效益

8.1.2 建筑工程项目管理规划大纲的编制依据与内容

1. 建筑工程项目管理规划大纲的编制依据

建筑工程项目管理规划大纲需要依靠企业管理层的智慧与经验，取得充分依据，发挥综合优势进行编制。其编制依据如下。

(1) 可行性研究报告。

(2) 招标文件及发包人对招标文件的解释。

(3) 企业管理层对招标文件的分析研究结果。

(4) 工程现场环境情况的调查结果。

(5) 发包人提供的信息和资料。

(6) 有关该工程投标的竞争信息。

(7) 企业法定代表人的投标决策意见。

(8) 相关法律、法规和标准。

(9) 类似项目经验资料。

2. 建筑工程项目管理规划大纲的内容

《建设工程项目管理规范》(GB/T 50326—2017)规定，建筑工程项目管理规划大纲宜包括下列内容，企业可根据需要在其中选定。

《建设工程项目管理规范》

(1) 项目概况。

(2) 项目范围管理。

(3) 项目管理目标。

(4) 项目管理组织。

(5) 项目采购与投标管理。

(6) 项目进度管理。

(7) 项目质量管理。

(8) 项目成本管理。

(9) 项目安全生产管理。

(10) 项目绿色施工与环境管理。

(11) 项目资源管理。

(12) 项目信息管理。

(13) 项目沟通与相关方管理。

(14) 项目风险管理。

(15) 项目收尾管理。

任务单元 8.2 建筑工程项目管理实施规划

建筑工程项目管理实施规划作为项目经理部实施项目管理的依据，必须由项目经理组织项目经理部成员在工程开工之前编制完成。

8.2.1 建筑工程项目管理实施规划的编制依据

建筑工程项目管理实施规划的编制依据可包括下列内容。

(1) 适用的法律、法规和标准。

(2) 项目合同及相关要求。

(3) 建筑工程项目管理规划大纲。

(4) 项目设计文件。

(5) 工程情况与特点。

(6) 项目资源和条件。

(7) 有价值的历史数据。

(8) 项目团队的能力和水平。

8.2.2 建筑工程项目管理实施规划的编制程序

编制建筑工程项目管理实施规划应遵循下列程序。

了解相关方的要求→分析项目具体特点和环境条件→熟悉相关的法规和文件→实施编制活动→履行报批手续。

8.2.3 建筑工程项目管理实施规划的编制内容

建筑工程项目管理实施规划应以建筑工程项目管理规划大纲的总体构想和决策意图为指导，具体规定各项管理业务的目标要求、职责分工和管理方法，把履行合同和落实项目管理目标责任书的任务，贯彻在实施规划中，是项目管理人员的行为指南。建筑工程项目管理实施规划应包括下列内容（编制时可以根据建筑工程项目的性质、规模、结构特点、技术复杂难易程度和施工条件等进行选择）。

(1) 项目概况。

(2) 项目总体工作安排。

(3) 组织方案。

(4) 施工方案。

(5) 进度计划。

(6) 质量计划。

(7) 成本计划。

(8) 安全生产计划。

(9) 绿色施工与环境管理计划。

(10) 资源需求与采购计划。

(11) 信息管理计划。

(12) 沟通管理计划。

(13) 风险管理计划。

(14) 项目收尾计划。

(15) 施工现场平面布置图。

(16) 项目目标控制措施。

(17) 技术经济指标。

1. 项目概况

项目概况主要包括工程建设概况、工程建设地点及环境特征、建筑及结构设计概况、施工条件和工程施工特点分析五方面的内容。

1) 工程建设概况

工程建设概况主要介绍拟建工程的建设单位、工程名称、性质、用途和建设目的，资金来源及工程造价，开工、竣工日期，设计单位、施工单位、监理单位，施工图纸情况，施工合同情况，上级有关文件或要求，以及组织施工的指导思想，等等。

2）工程建设地点及环境特征

工程建设地点及环境特征主要介绍拟建工程的地理位置、地形、地貌、地质、水文、气温、冬雨期时间、主导风向、风力和抗震设防烈度等。

3）建筑及结构设计概况

建筑及结构设计概况主要根据施工图纸，结合调查资料，简练概括工程全貌，综合分析，突出重点问题。对新结构、新材料、新技术、新工艺及施工的难点做重点说明。

建筑设计概况主要介绍拟建工程的建筑面积、平面形状和平面组合情况、层数、层高、总高、总长、总宽等尺寸及室内外装修情况。

结构设计概况主要介绍基础的形式、埋置的深度，设备基础的形式，主体结构的类型，墙、柱、梁、板的材料及截面尺寸，预制构件的类型及安装位置，楼梯的构造及形式，等等。

4）施工条件

施工条件主要介绍“三通一平”的情况，当地的交通运输条件，资源生产及供应情况，施工现场大小及周围环境情况，预制构件生产及供应情况，施工单位机械、设备、劳动力的落实情况，内部承包方式、劳动组织形式及施工管理水平，现场临时设施、供水、供电问题的解决。

5）工程施工特点分析

工程施工特点分析主要介绍拟建工程施工特点和施工中的关键问题和难点所在，以便突出重点、抓住关键，使施工顺利进行，提高施工单位的经济效益和管理水平。

2. 项目总体工作安排

项目总体工作安排主要是对重大的组织问题和技术问题做出规划和决策，其主要内容包括以下几个方面。

1）质量、进度、成本、安全生产、绿色施工与环境管理目标

上述五项控制目标应在已签订的工程承包合同的基础上，从提高项目管理经济效益和施工效率的原则出发，做出更积极的决策，从而对职工提出更高目标的要求以调动其积极性。

2）拟投入的劳动力人数（最高人数和平均人数）（略）

3）劳动力、材料、机械设备供应计划（略）

4）分包计划

该项内容在分包合同的基础上，根据综合进度计划进行规划。

5）区段划分与施工程序

区段划分是指为了满足流水施工的需要，应对工程从平面上进行施工段的划分，从立面上进行施工层的划分。

施工程序是指工程中各施工阶段的先后次序及其制约关系，主要是解决时间搭接的问题，以便合理地压缩工期，处理好季节性施工。考虑时应注意以下两点。

(1) 严格执行开工报告制度。

(2) 遵守“先地下后地上”“先土建后设备”“先主体后围护”“先结构后装修”的

原则。

6）项目管理总体安排

(1）根据工程的规模和特点确定项目经理部的组织或规模。

(2）确定组织结构的形式，一般提倡采用矩阵式，也可采用事业部式或直线职能式。

(3）确定职能部门的设置，应突出施工、技术、质量、安全和核算这些与建筑工程直接相关的部门设置。

(4）根据部门责任配备职能人员。

(5）制定项目经理部工作总流程以及对管理过程中控制、协调、总结、考核等工作过程的规定。

3. 组织方案

组织方案应编制出项目的项目结构图、组织结构图、合同结构图、编码结构图、重点工作流程图、任务分工表、智能分工表等，并进行必要的说明。

4. 施工方案

施工方案的选择是建筑工程项目管理实施规划中的重要内容，施工方案选择恰当与否，将直接影响工程的施工效率、进度安排、施工质量、施工安全、工期长短等。因此，必须在若干个初步方案的基础上进行认真的分析比较，力求选出一个最经济、最合理的施工方案。

在选择施工方案时，应着重研究施工流向、施工顺序、施工方法和施工机械的选择等方面的内容。

1）施工流向的确定

施工流向是指施工项目在平面或空间上的流动方向，这主要取决于生产需要、缩短工期和保证质量等要求。施工流向的确定，需要考虑以下因素。

(1）生产工艺或使用要求。

生产工艺或使用要求是确定施工流向的基本因素。一般来讲，生产工艺上影响其他工段试车投产的或生产使用上要求时间紧的工段、部位应先安排施工。例如，在确定工业厂房的施工流向时，需要研究生产工艺流程，即先生产的区段先施工，以尽早交付生产使用，尽快发挥基本建设投资的效益。

(2）施工的繁简程度。

一般来说，技术复杂、施工进度较慢、工期较长的工段或部位，应先施工。

(3）房屋高低层或高低跨。

柱的吊装应从高低跨并列处开始；屋面防水层应按先高后低的方向施工，同一屋面则由檐口向屋脊方向施工。

(4）选用的施工机械。

根据工程条件，挖土机械可选用正铲、反铲、拉铲等，吊装机械可选用履带式起重机、汽车式起重机、塔式起重机等，这些机械的开行路线或布置位置决定了基础挖土方及结构吊装的施工起点和流向。

(5）组织施工的分层分段。

划分施工层、施工段的部位，也是决定施工流向时应考虑的因素。

(6）分部工程或施工阶段的特点。

如基础工程由施工机械和方法决定其平面的施工流向；主体工程从平面上看，无论哪一边先开始都可以，但竖向应自下而上施工；装修工程竖向的施工流向比较复杂，室外装修可采用自上而下的流向，室内装修则可采用自上而下、自下而上两种流向。下面介绍一下室外和室内装修工程施工流向的特点。

① 室外装修工程。

室外装修工程一般采用自上而下的施工流向，即在屋面工程全部完工后，室外装修从顶层至底层逐层向下进行。采用这种施工流向的优点是：可以使房屋在主体结构完成后，有足够的沉降和收缩期，从而保证装修工程的质量，同时便于脚手架及时拆除。

② 室内装修工程。

a. 室内装修工程采用自上而下的施工流向是指屋面防水层完工后，装修从顶层至底层逐层向下进行，又可分为水平向下和垂直向下两种，如图 8.1 所示，通常采用水平向下的施工流向。室内装修工程采用自上而下的施工流向的优点是：房屋主体结构完成后，建筑物有足够的沉降和收缩期，这样可保证室内装修质量；可以减少或避免各工种操作互相交叉，便于组织施工，有利于施工安全，而且自上而下的楼层清理也很方便。其缺点是：不能与主体结构施工搭接，故总工期相对较长。

b. 室内装修工程采用自下而上的施工流向是指主体结构施工到三层及三层以上时(有两层楼板，以确保底层施工安全)，装修从底层开始逐层向上进行，与主体结构平行搭接施工，也可分为水平向上和垂直向上两种形式，如图 8.2 所示，通常采用水平向上的施工流向。为了防止雨水或施工用水从上层楼板渗漏，应先做好上层楼板的面层，再进行本层顶棚、墙面、楼地面的饰面。室内装修工程采用自下而上施工流向的优点是：可以与主体结构平行搭接施工，从而缩短工期。其缺点是：工种操作相互交叉，需要增加安全措施；资源供应集中，现场施工组织和管理比较复杂。因此，只有当工期紧迫时，室内装修工程才考虑采取自下而上的施工流向。

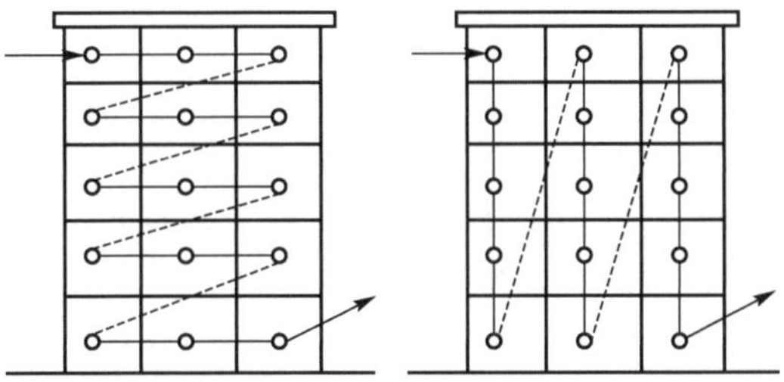

(a) 水平向下　　(b) 垂直向下

图 8.1　自上而下的施工流向

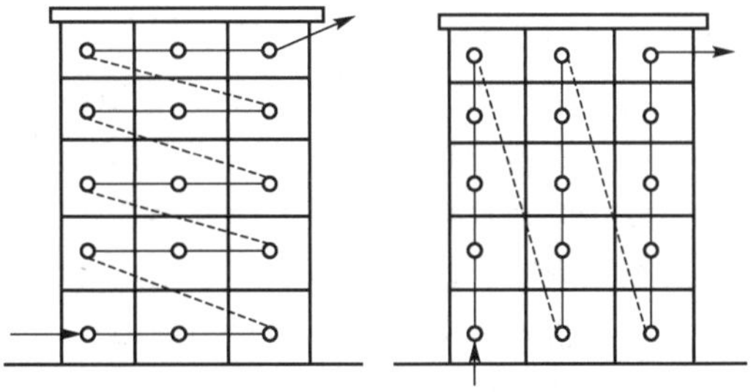

(a) 水平向上　　(b) 垂直向上

图 8.2　自下而上的施工流向

2）施工顺序的确定

施工顺序是指工程开工后各分部分项工程施工的先后次序。确定施工顺序既是为了按照客观的施工规律组织施工，也是为了解决工种之间的合理搭接，在保证工程质量和施工安全的前提下，充分利用空间，以达到缩短工期的目的。

在实际工程施工中，施工顺序可以有多种。不仅不同类型建筑物的建造过程有着不同的施工顺序，而且在同一类型的建筑工程施工中，甚至同一幢房屋的施工中，也会有不同的施工顺序。因此，应该在众多的施工顺序中，选择既符合客观规律又经济合理的施工顺序。

(1) 多层砌体结构房屋的施工阶段与施工顺序。

多层砌体结构房屋的施工，按照房屋结构各部位不同的施工特点，可分为基础工程，主体工程，屋面、装修及设备安装工程等施工阶段，下面介绍各阶段的施工顺序。

① 基础工程阶段的施工顺序。

基础工程是指室内地坪以下的工程。其施工顺序一般是：挖土方→做垫层→砌基础→回填土。具体内容视工程设计而定。如有地下障碍物、坟穴、防空洞、软弱地基等，需先进行处理；如有桩基础，应先进行桩基础施工；如有地下室，则其施工顺序一般是：挖土方→做垫层→施工地下室底板→施工地下室墙、柱结构→施工地下室顶板→做防水层及保护层→回填土，但由于地下室结构、构造不同，有些施工内容可能有一定的配合和交叉。

需要注意的是，为了避免基槽(坑)浸水或受冻害，挖土方与做垫层这两道工序在施工安排上要紧凑，时间间隔不宜太长。各种管沟的挖土、铺设等施工过程，应尽可能与基础工程施工配合，采取平行搭接施工。回填土一般在基础工程完工后一次性分层、对称夯填，以避免基础受到浸泡，并为后续工程创造良好的工作条件。当回填土工程量较大且工期较紧时，也可将回填土分段施工并与主体结构搭接进行。室内回填土(房心回填土)最好与基槽(坑)回填土同时进行，也可安排在室内装修施工前进行。

② 主体工程阶段的施工顺序。

主体工程是指基础工程以上，屋面板以下的所有工程。这一施工阶段的施工过程主要包括：安装起重垂直运输机械设备，搭设脚手架，砌筑墙体，现浇柱、梁、板、雨篷、阳台、楼梯等施工内容。其施工顺序一般为：绑扎柱筋→砌墙→支柱模→浇筑柱混凝土→支梁、板、楼梯等模板→绑扎梁、板、楼梯等钢筋→浇筑梁、板、楼梯等混凝土。

砌墙和现浇楼板是主体工程施工阶段的主导过程，应以它们为主组织流水施工，使它们在施工中保持均衡、连续、有节奏地进行，而其他施工过程则应配合砌墙和现浇楼板组织流水施工，搭接进行。如脚手架搭设应配合砌墙和现浇楼板逐段、逐层进行；要及时做好模板、钢筋的加工制作工作，以免影响后续工程的按期投入。

③ 屋面、装修及设备安装工程阶段的施工顺序。

这一施工阶段的特点是：施工内容多、繁、杂；有的工程量大而集中，有的工程量小而分散；劳动消耗大，手工作业多，工期较长。因此，妥善安排屋面、装修及设备安装工程的施工顺序，组织立体交叉流水作业，对加快工程进度有着特别重要的意义。

柔性防水屋面按照找平层→保温层→找平层→柔性防水层→隔热层的施工顺序依次进行。刚性防水屋面按照找平层→保温层→找平层→刚性防水层→隔热层的施工顺序依次进行。防水层施工应在主体工程完成后开始并尽快完成，为顺利进行室内装修创造条件。屋面工程施工在一般情况下不划分流水段，它可以和装修工程搭接或平行施工。

装修工程的施工可分为室外装修(檐沟、女儿墙、外墙、勒脚、散水、台阶、明沟、雨水管等)和室内装修(顶棚、墙面、楼面、地面、踢脚线、楼梯、门窗、五金、油漆及玻璃等)两个方面的内容。其中内外墙及楼地面的饰面是整个装修工程施工的主导过程。

在同一楼层内，顶棚、墙面、楼地面之间的施工顺序一般有两种：楼地面→顶棚→墙面；顶棚→墙面→楼地面。这两种施工顺序各有利弊。前者便于清理地面基层，楼地面质量易保证，而且便于收集墙面和顶棚的落地灰，从而节约材料，但要注意楼地面成品保护，否则后一道工序不能及时进行。后者则在楼地面施工之前，必须将落地灰清扫干净，否则会影响面层与结构层之间的黏结，引起楼地面起壳。底层地面施工通常在最后进行。

楼梯间和楼梯踏步在施工期间易受损坏，为了保证装修工程质量，楼梯间和踏步的装修往往安排在其他室内装修完工之后，自上而下统一进行。

门窗的安装可在抹灰之前或之后进行，主要视气候和施工条件而定，通常是安排在抹灰之后进行，但若是在冬季施工，为防止抹灰层冻结，加速其干燥，门窗扇均应在抹灰前安装完毕。油漆和安装玻璃的顺序是应先油漆门窗扇，后安装玻璃，以免油漆时弄脏玻璃。

在装修施工阶段，还需考虑室内装修与室外装修的先后顺序，这与施工条件和天气变化有关，通常有先内后外、先外后内、内外同时进行三种施工顺序。当室内有水磨石楼地面时，应先做水磨石楼地面，再做室外装修，以免施工时渗漏水影响室外装修质量；当采用单排脚手架砌墙时，由于留有脚手眼需要填补，应先做室外装修，拆除脚手架，再做室内装修；如果为了赶工期，则应采取内外同时的顺序；当装饰工人较少时，则不宜采用内外同时施工的施工顺序。一般来说，采用先外后内的施工顺序较为有利。

水、暖、煤、卫、电等设备安装工程不像土建工程一样可以分成几个明显的施工阶段，而是需要与土建工程中有关的分部分项工程进行交叉施工，紧密配合。例如，基础工程施工阶段，应先将相应的管沟埋设好，再进行回填土；主体工程施工阶段，应在砌墙或现浇楼板的同时，预留电线、水管等的孔洞或预埋件；装修工程阶段，应安装各种管道和附墙暗管、接线盒等；设备安装最好在楼地面和墙面抹灰之前或之后穿插施工；室外管道等的施工可安排在土建工程之前或与土建工程同时进行。

(2) 钢筋混凝土框架结构房屋的施工阶段与施工顺序。

钢筋混凝土框架结构房屋的施工可分为基础工程、主体工程、围护工程、屋面及装修工程四个阶段。

钢筋混凝土框架结构房屋在主体工程施工时与多层砌体结构房屋有所区别，它既可采用框架柱、框架梁、板交替施工，也可采用框架柱、框架梁、板同时施工。

围护工程包括墙体工程、安装门窗框。其中墙体工程包括砌筑用脚手架的搭设，内外墙砌筑等分项工程。围护工程应与主体工程搭接施工。

基础工程、屋面及装修工程的施工顺序与多层砌体结构房屋基本相同。

(3) 装配式单层工业厂房的施工阶段与施工顺序。

装配式单层工业厂房的施工，按照厂房结构各部位不同的施工特点，一般可分为基础工程、预制工程、吊装工程、其他工程四个施工阶段。

在装配式单层工业厂房施工中，当工程规模较大、生产工艺复杂时，厂房应按生产工艺要求分区、分段，施工时要分期、分批进行，分期、分批交付试生产，这是确定其施工顺序的总要求。下面根据中小型装配式单层工业厂房各施工阶段来介绍其施工顺序。

① 基础工程阶段施工顺序。

装配式单层工业厂房的柱基础大多采用钢筋混凝土杯形基础。基础工程施工阶段的施工过程和施工顺序一般是：挖土方→做垫层→施工钢筋混凝土杯形基础(也可分为绑扎钢筋、支模板、浇混凝土、养护、拆模)→回填土。如有桩基础工程，则应另列桩基础工程。

厂房内的设备基础，视具体情况，可采用封闭式和敞开式施工。封闭式施工，是指厂房柱基础先施工，设备基础在结构吊装后施工。它适用于设备基础埋置浅(不超过厂房柱基础埋置深度)、体积小、土质较好、距柱基础较远、对厂房结构稳定性并无影响的情况。封闭式施工的优点是：土建施工工作面大，有利于构件现场预制、吊装和就位，便于选择合适的起重机械和开行路线；设备基础能在室内施工，不受气候影响；有时还可以利用厂房内的桥式吊车为设备基础施工服务。其缺点是：会出现某些重复性工作，如部分柱基础回填土的重复挖填；设备基础施工条件差，场地拥挤，基坑不宜采用机械开挖；若土质不佳，在设备基础基坑开挖过程中，容易造成土体不稳定，需增加加固措施费用。敞开式施工，是指厂房柱基础与设备基础同时施工或设备基础先施工。它的适用范围、优缺点与封闭式施工正好相反。

② 预制工程阶段施工顺序。

目前，装配式单层工业厂房构件一般采用加工厂预制和现场预制相结合的预制方式。这里着重介绍现场预制的施工顺序。对于质量大、批量小或运输不便的构件，一般采用现场预制的方式，如柱子、吊车梁、屋架等。非预应力预制构件制作的施工顺序为：支模板→绑扎钢筋→预埋铁件→浇筑混凝土→养护→拆模。后张法预应力预制构件制作的施工顺序为：支模板→绑扎钢筋→预埋铁件→孔道留设→浇筑混凝土→养护→拆模→预应力钢筋的张拉和锚固→孔道灌浆→养护→拆模。

预制构件的施工顺序取决于吊装方法。当采用分件吊装法时，预制构件的制作有两种方案：若场地狭窄而工期又允许，构件制作可分批进行，可首先制作柱子和吊车梁，待柱子和吊车梁吊装完后再进行屋架制作；若场地宽敞，可考虑柱子和吊车梁等构件在拟建车间内预制，屋架在拟建车间外制作。当采用综合吊装法时，预制构件需一次制作。

③ 吊装工程阶段施工顺序。

吊装工程是装配式单层工业厂房施工中的主导施工过程。其施工内容依次为：柱子、基础梁、吊车梁、连系梁、屋架、天窗架、屋面板等构件的吊装、校正和固定。

吊装的顺序取决于吊装方法。当采用分件吊装法时，其吊装顺序为：第一次开行吊装柱子，随后校正与固定；第二次开行吊装基础梁、吊车梁、连系梁等；第三次开行吊装屋盖构件。有时也可将第二次开行、第三次开行合并为一次开行。当采用综合吊装法时，其吊装顺序为：先吊装四根或六根柱子，迅速校正固定，再吊装基础梁、吊车梁、连系梁及屋盖等构件，如此逐个节间吊装，直至整个厂房吊装完毕。

抗风柱的吊装有两种顺序：一种是在吊装柱子的同时先吊装该跨一端的抗风柱，另一端抗风柱则在屋盖吊装完后进行；另一种是全部抗风柱均在屋盖吊装完毕后进行。

④ 其他工程阶段施工顺序。

其他工程阶段主要包括围护工程、屋面工程、装修工程、设备安装工程等内容。这一阶段总的施工顺序为：围护工程→屋面工程→装修工程→设备安装工程，但有时也可互相交叉或平行搭接施工。

设备安装包括水、暖、煤、卫、电和生产设备安装。水、暖、煤、卫、电安装与前述多层砌体结构房屋基本相同。生产设备安装则由于专业性强、技术要求高等，一般由专业公司分包安装。

上述关于多层砌体结构房屋、钢筋混凝土框架结构房屋和装配式单层工业厂房的施工顺序，仅适用于一般情况。建筑施工顺序的确定既是一个复杂的过程，又是一个发展的过程，它随着科学技术的发展和人们观念的更新在不断变化。因此，针对每一个工程，必须根据其施工特点和具体情况，合理确定施工顺序。

3）施工方法和施工机械的选择

正确选择施工方法和施工机械是制定施工方案的关键。单位工程中各个分部分项工程均可采用各种不同的施工方法和施工机械进行施工，而每一种施工方法和施工机械又都有其优缺点。因此，必须从先进、经济、合理的角度出发，综合考虑工程建筑结构特点、质量要求、工期长短、资源供应条件、现场施工条件、施工单位的技术装备水平和管理水平等因素进行选择，以达到提高工程质量、降低工程成本、提高劳动生产率和加快工程进度的预期效果。

（1）选择施工方法和施工机械的基本要求。

① 应考虑主要分部分项工程的要求。

应从工程施工全局出发，着重考虑影响整个工程施工的主要分部分项工程的施工方法和施工机械的选择。而对于一般的、常见的、工人熟悉的、工程量小的以及对施工全局和工期无多大影响的分部分项工程，只要提出若干注意事项和要求即可。

② 应满足施工技术的要求。

施工方法和施工机械的选择，必须满足施工技术的要求。如预应力张拉方法和机械的选择应满足设计、质量、施工技术的要求，又如吊装机械的类型、型号、数量的选择应满足构件吊装技术和工程进度要求。

③ 应考虑如何符合工厂化、机械化施工的要求。

尽可能实现和提高工厂化、机械化的施工程度，这是建筑施工发展的需要，也是提高工程质量、降低工程成本、提高劳动生产率、加快工程进度和实现文明施工的有效措施。

④ 应符合先进、合理、可行、经济的要求。

选择施工方法和施工机械，除要求先进、合理外，还要考虑其对施工单位是否是可行的、经济的。必要时，要进行分析比较，从施工技术水平和实际情况出发，选择先进、合理、经济、可行的施工方法和施工机械。

⑤ 应满足工期、质量、成本和安全的要求。

所选择的施工方法和施工机械应尽量满足缩短工期、提高工程质量、降低工程成本、确保施工安全的要求。

（2）主要分部分项工程施工方法和施工机械选择的内容。

主要分部分项工程的施工方法和施工机械的选择，在建筑施工技术课程中已详细叙述，这里仅将其要点归纳如下。

① 土方工程。

a. 计算土方开挖量，确定土方开挖方法、工作面宽度、放坡坡度、土壁支撑形式。

b. 进行土方平衡调配，绘制土方平衡表。

c. 选择土方工程施工所需机具的型号和数量。

d. 选择排除地面水、地下水的方法，确定排水沟、集水井或井点布置，选择所需设备的型号和数量。

② 基础工程。

a. 按浅基础施工中垫层、钢筋混凝土、基础墙砌筑的施工要点，选择所需机械的型号和数量。

b. 地下室施工的防水要求，如施工缝的留置和处理等；按大体积混凝土的浇筑要点、模板及支撑要求，选择所需机具型号和数量。

c. 桩基础施工中桩的入土方法、灌注桩的施工方法及所需设备的型号和数量。

③ 砌筑工程。

a. 砌体的砌筑方式、砌筑方法及质量要求。

b. 弹线及皮数杆的控制要求。

c. 选择所需机具型号和数量。

④ 钢筋混凝土工程。

a. 确定模板类型及支模方法，进行模板支撑设计。

b. 确定钢筋的加工、绑扎、焊接方法，选择所需机具型号和数量。

c. 确定混凝土的搅拌、运输、浇筑、振捣、养护方法，施工缝的留置和处理，选择所需机具型号和数量。

d. 确定预应力钢筋混凝土的施工方法，选择所需机具型号和数量。

⑤ 结构吊装工程。

a. 确定构件的预制、运输及堆放要求，选择所需机具型号和数量。

b. 确定构件的吊装方法，选择所需机具型号和数量。

⑥ 屋面工程。

a. 确定屋面材料的运输方式，选择所需机具型号和数量。

b. 确定各个层次的施工方法，选择所需机具型号和数量。

⑦ 装修工程。

a. 确定各种装修工程的做法及施工要点，有时需要做样板间。

b. 确定材料运输方式、堆放位置。

c. 选择所需机具型号和数量。

⑧ 现场垂直运输、水平运输及脚手架等的搭设。

a. 确定垂直运输及水平运输方式、布置位置、开行路线，选择垂直运输及水平运输机具型号和数量。

b. 根据不同建筑类型，确定脚手架所用材料、搭设方法及安全网的挂设方法。

(3) 多层砌体结构房屋施工方法的选择。

这种房屋以砖砌体为竖向承重构件，以混凝土板、梁为水平承重构件。由于通常采用常规的、熟悉的施工方法，只要着重解决垂直运输及脚手架搭设等问题即可。材料吊装所需的机械，一般应根据结构特点、材料质量、数量及现场条件等因素，综合考虑吊装机械的技术性能参数进行选择。为了便于砌墙操作，要从运输、堆放材料及工作面要求等方面选择脚手架工具，一般选择钢管脚手架、木脚手架、竹脚手架、门式脚手架或碗扣式脚手架，也可选用里脚手架砌墙和用吊篮脚手架做外装修。

(4) 钢筋混凝土框架结构房屋施工方法的选择。

根据这种建筑类型的特点，应着重考虑模板及支撑架的设计、钢筋混凝土的施工方法、脚手架及安全网的搭设、垂直运输设备的选择等问题。模板及支撑架应根据工程特点进行选择，一般可选用组合钢模板、大模板、爬模、台模、滑模等。采用组合钢模板时，应尽量先组装后安装，以提高效率。钢筋应采用先组装成骨架再安装的方法，以减少高空作业。混凝土浇筑应采用泵送施工的方式，根据混凝土浇筑量选择输送泵；如采用现场搅拌混凝土，应减少吊次、加快浇筑速度。脚手架和安全网应考虑结合搭设，一般采用全封闭悬挑式钢管脚手架。垂直运输设备一般根据吊次和起重能力选择塔式起重机。此外，还应有外用电梯等，以便施工人员上下及材料运输，一般选用双笼客货两用电梯。

根据建筑节能的要求，还应考虑墙体保温的施工方法。

(5) 装配式单层工业厂房施工方法的选择。

这种厂房的构件预制和结构吊装是主导施工过程。构件预制(柱子、屋架等的现场制作)要与结构吊装一起综合考虑决定。柱子预制位置就是起吊位置，即采用就位预制。屋架也应尽量就位预制，否则应扶直就位后再吊装。为节约场地和模板，还可采用重叠预制。结构吊装应着重考虑机械选择及其开行路线、吊装顺序、构件就位等问题，并拟定几种方法进行比较和选择，要求机械开行路线合理，尽量减少机械的停歇时间，避免吊装机械的二次进场。

5. 各种管理计划

各种管理计划包括进度计划、质量计划、成本计划、安全生产计划、绿色施工与环境管理计划、资源需求与采购计划、信息管理计划、沟通管理计划、风险管理计划、项目收尾计划等。

进度计划、质量计划、成本计划、安全生产计划、绿色施工与环境管理计划分别参照本教材相关章节编写。

项目资源包括人力资源、劳务、工程材料与设备、施工机具与设施、资金等。资源需求与采购计划应包括下列内容：建立资源管理制度，编制资源使用计划、采购计划、供应计划和处置计划，规定控制程序和责任要求。

项目信息管理的对象需包括项目管理机构内部和外部产生的相关信息。信息管理计划应包括下列内容：信息管理范围，信息管理目标，信息需求，信息管理手段和协调机制，信息编码系统，信息渠道和管理流程，信息资源需求计划，信息管理制度与信息变更控制措施。

项目管理机构应将沟通管理纳入日常管理计划，沟通与协调工作包括组织之间和个人之间两个层面，通过沟通需形成人与人、事与事、人与事的和谐统一。沟通管理计划应包括下列内容：沟通范围、对象、内容与目标，沟通方法、手段及人员职责，信息发布时间与方式，项目绩效报告安排及沟通需要的资源，沟通效果检查与沟通管理计划的调整。

风险管理计划用于描述如何安排与实施风险管理活动。风险管理计划应包括下列内容：风险管理目标，风险管理范围，可使用的风险管理方法、措施、工具和数据，风险跟踪的要求，风险管理的责任和权限，必需的资源和费用预算。风险管理计划应根据风险变化进行调整，并经过授权人批准后实施。

项目收尾阶段应是项目管理全过程的最后阶段，包括竣工验收、竣工结算、竣工决算、保修期管理、项目管理总结等方面的管理，项目收尾计划应包括以上内容。

6. 施工现场平面布置图

如果是建设项目或建筑群施工，应编制施工总平面图；如果是单位工程施工，应编制单位工程施工平面图。在该部分内容中，应说明施工现场情况、施工现场平面的特点、施工现场平面布置的原则；确定现场管理的目标、原则、主要措施，施工平面图及其说明；

施工现场平面布置和施工现场管理规划，必须符合环境保护法、劳动保护法、城市管理规定、工程施工规范、文明现场标准等。

1）施工平面图设计的概念

施工平面图设计是指结合拟建工程的施工特点和施工现场条件，按照一定的设计原则，对施工机械、施工道路、材料构件堆场、临时设施、水电管线等，进行平面的规划和布置，并将布置方案绘制成图。

2）施工平面图设计的意义

施工平面图是安排和布置施工现场的基本依据，是实现有组织、有计划和顺利进行施工的重要条件，也是施工现场文明施工的重要保证。因此，合理地、科学地规划施工平面图，并严格贯彻执行，加强督促和管理，不仅可以顺利地完成施工任务，而且能提高施工效率和效益。

3）施工平面图设计的原则

(1) 在确保施工安全以及使现场施工比较顺利进行的条件下，要布置紧凑，少占或不占农田，尽可能减少施工占地面积。

(2) 最大限度地缩短场内运距，尽可能减少二次搬运。

(3) 在满足需要的前提下，减少临时设施的搭设。为了降低临时设施的费用，应尽量利用已有的或拟建的各种设施为施工服务；各种临时设施的布置，应便于生产和生活。

(4) 各项布置内容，应符合劳动保护、技术安全、防火和防洪的要求。为此，机械设备的钢丝绳、缆风绳以及电缆、电线与管道等不要妨碍交通，应保证道路畅通；各种易燃库、棚(如木工、油毡、油料等)及沥青灶、化灰池应布置在下风向，并远离生活区；炸药、雷管要严格控制并由专人保管；根据工程具体情况，考虑各种劳保、安全、消防设施；在山区雨期施工时，应考虑防洪、排涝等措施，做到有备无患。

根据上述原则及施工现场的实际情况，尽可能进行多方案施工平面图设计，从中选择合理、安全、经济、可行的布置方案。

4）施工平面图设计的主要依据

施工平面图设计的主要依据有：建筑总平面图、施工图纸、现场地形图、水源和电源情况、施工场地情况、可利用的房屋及设施情况、自然条件和技术经济条件的调查资料、建筑工程项目管理规划大纲、施工方案、施工进度计划和资源需求计划。

5）施工平面图设计的内容

首先应该注意的是：建筑工程施工是一个复杂多变的过程，它随着工程施工的不断展开，需要规划和布置的内容也在发生变化。因此，在整个工程的不同施工阶段，施工现场布置的内容也各有侧重且在不断变化。所以，工程规模较大、结构复杂、工期较长的工程，应当按不同的施工阶段设计施工平面图，但要统筹兼顾。

规模不大的砌体结构和框架结构工程，由于工期不长，施工也不复杂，这些工程往往只考虑主要施工阶段，即主体结构施工阶段的施工平面布置，实际上也要兼顾其他施工阶段的需要。

以单位工程为例，其施工平面图一般包括以下内容。

(1) 单位工程施工区域范围内，已建的和拟建的地上的、地下的建筑物及构筑物的平面尺寸、位置，河流、湖泊等的位置和尺寸，以及指北针、风向玫瑰图等。

(2) 拟建工程所需的起重机械、垂直运输设备、搅拌机械及其他机械的布置位置，起重机械开行的线路及方向等。

(3) 施工道路的布置、现场出入口位置等。

(4) 各种预制构件堆放及预制场地所需的面积和位置，大宗材料堆场的面积和位置，仓库的面积和位置。

(5) 临时设施的名称、面积、位置。

(6) 临时供电、供水、供热等管线的布置；水源、电源、变压器的位置；现场排水沟渠及排水方向的考虑。

(7) 土方工程的弃土及取土地点等有关说明。

(8) 劳动保护、安全、防火及防洪设施布置以及其他需要布置的内容。

6) 施工平面图的设计步骤

下面以单位工程为例，说明施工平面图的设计步骤。

(1) 确定起重机械的位置。

起重机械的位置直接影响仓库、材料堆场、砂浆和混凝土搅拌站、道路、水电线路的布置，因此，应首先予以考虑。

固定式垂直运输设备，如井架、龙门架、施工电梯等，其布置应充分发挥起重机械的能力并使地面和楼面上的水平运距最小，应根据机械性能、建筑物的平面形状和大小、施工段的划分、房屋的高低分界、材料进场方向和道路情况而定。一般说来，固定式垂直运输设备应布置在靠现场较宽的一面，以便在固定式垂直运输设备附近堆放材料和构件。当建筑物各部位的高度相同时，固定式垂直运输设备应布置在施工段的分界线附近；当建筑物各部位的高度不同时，固定式垂直运输设备应布置在高低分界线处。这样布置的优点是楼面上各施工段水平运输互不干扰。若有可能，固定式垂直运输设备应尽量选择布置在建筑的窗洞口处为宜，以避免砌墙留槎和减少井架拆除后的修补工作。固定式垂直运输设备中卷扬机的位置不应距离起重机过近，以便司机能够看到起重机的整个升降过程。

塔式起重机的布置除了应注意安全上的问题外，还应着重解决布置的位置问题。塔式起重机的安装位置，主要取决于建筑物的平面布置、形状、高度和吊装方法等。建筑物的平面应尽可能处于吊臂回转半径之内，以便直接将材料和构件运至任何施工地点，尽量避免出现“死角”，如图8.3所示。塔式起重机离建筑物的距离(B)应考虑脚手架的宽度、建筑物悬挑部位的宽度、安全距离和回转半径(R)等内容。

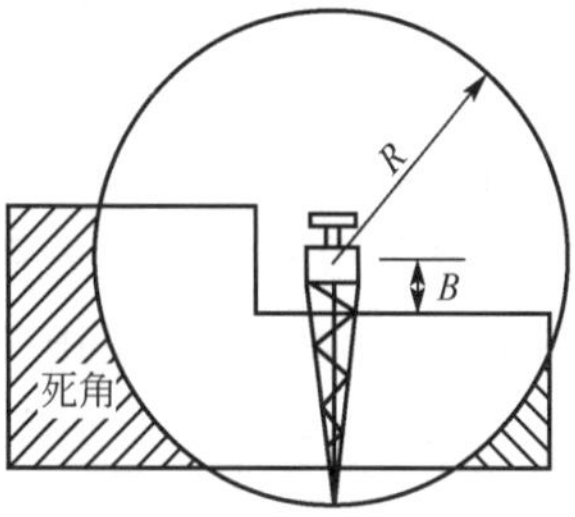

图8.3 塔式起重机布置方案

(2) 确定搅拌站、加工棚、仓库和材料、构件堆场的位置。

确定搅拌站、加工棚、仓库和材料、构件堆场的位置，总的要求是：既要使它们尽量靠近使用地点或将它们布置在起重机服务范围内，又要便于运输、装卸。

① 建筑物基础和第一施工层所用的材料，应该布置在建筑物的四周，但应与基槽(坑)边缘保持一定的安全距离，以免造成基槽(坑)土壁的塌方事故。

② 搅拌站、仓库和材料、构件堆场的布置位置，当采用固定式垂直运输设备时，应尽量靠近固定式垂直运输设备布置，以缩短运距或减少二次搬运；当采用塔式起重机进行

垂直运输时，应布置在塔式起重机的有效起重半径内；当采用无轨自行式起重机进行水平和垂直运输时，应沿无轨自行式起重机开行路线布置，且其位置应在起重臂的最大外伸长度范围内。

③ 预制构件的堆放位置还要考虑吊装顺序。先吊的放在上面，后吊的放在下面，预制构件的进场时间应与吊装就位密切配合，力求直接卸到其就位位置，避免二次搬运。

④ 砂、石堆场及水泥仓库应布置在搅拌站附近，同时搅拌站的位置还应考虑到这些大宗材料运输和装卸的方便。

⑤ 当多种材料同时布置时，对大宗的、重的和先期使用的材料，应尽量布置在起重机附近；少量的、轻的和后期使用的材料，则可布置得稍远一些。

⑥ 加工棚的位置可考虑布置在建筑物四周稍远的地方，但应有一定的场地堆放木材、钢筋和成品。石灰仓库和淋灰池的位置要接近砂浆搅拌站，并布置在下风向；沥青堆场及熬制锅的位置要远离易燃仓库或堆场，并布置在下风向。

(3) 现场运输道路的布置。

现场运输道路的布置主要解决运输和消防两个问题。现场主要道路应尽可能利用永久性道路的路面或路基，以节约费用。现场道路布置时要保证行驶畅通，使运输工具有回转的可能性。因此，现场运输道路最好绕建筑物布置成环形道路，且道路宽度应大于3.5m。

(4) 临时设施的布置。

施工现场的临时设施可分为生产性与非生产性两大类。布置临时设施时，应遵循使用方便、有利于施工、尽量合并搭建、符合防火安全的原则；同时结合现场地形和条件、施工道路的规划等因素分析考虑它们的布置。各种临时设施均不能布置在拟建工程(或后续开工工程)、拟建地下管沟、取土、弃土等地点。

各种临时设施尽可能采用活动式、装拆式结构或就地取材。警卫传达室应设在现场出入口处。办公室应靠近施工现场。生产性与非生产性设施应有所区分，不要互相干扰。

(5) 水、电管网的布置。

施工用临时给水管，一般由建设单位的干管或施工用干管接到用水地点，有枝状、环状和混合状等布置方式，应根据工程实际情况，从经济和保证供水两个方面考虑其布置方式。管径的大小、龙头数目根据工程规模由计算确定。管道既可埋置于地下，也可铺设于地面，视气温情况和使用期限而定。工地内要设消防栓，消防栓距离建筑物应不小于5m，也不应大于25m，距离路边不大于2m。条件允许时，可利用城市或建设单位的永久消防设施。有时，为了防止供水的意外中断，可在建筑物附近设置简易蓄水池，储存一定数量的生产和消防用水。水压不足时，尚应设置高压水泵。

施工中的临时供电，应在施工总平面图中一并考虑。只有在独立的单位工程施工时，才根据计算出的现场用电量选用变压器或由建设单位原有变压器供电。变压器的位置应布置在现场边缘高压线接入处，离地应大于3m，四周设有防护栏，并设有明显的标志，注意不要把变压器布置在交通要道出入口处。现场导线宜采用绝缘线架空或埋地电缆布置。

7. 项目目标控制措施

项目目标控制措施应针对目标需要进行制定，具体包括下列内容：保证进度目标的措施、保证质量目标的措施、保证成本目标的措施、保证安全生产目标的措施、保证绿色施工与环境管理的措施、保证季节施工的措施等。各项措施应包括技术措施、组织措施、经济措施及合同措施。

8. 技术经济指标

技术经济指标应根据项目的特点选定有代表性的指标，且应突出实施难点和对策，以满足分析评价和持续改进的需要。技术经济指标的计算与分析应包括以下内容。

1）规划的技术经济指标

技术经济指标至少应包括以下几项。

（1）进度方面的指标：总工期。

（2）质量方面的指标：工程整体质量标准、分部分项工程质量标准。

（3）成本方面的指标：工程总造价或总成本、单位工程量成本、成本降低率。

（4）资源消耗方面的指标：总用工量、单位工程用工量、平均劳动力投入量、高峰人数、劳动力不均衡系数、主要材料消耗量及节约量、主要大型机械使用数量及台班量。

（5）其他指标：施工机械化水平等。

2）规划指标水平高低的分析与评价

根据建筑工程项目管理实施规划列出的规划指标，对各项指标的水平高低做出分析与评价。

3）实施难点的对策（略）

任务单元8.3　建筑施工组织设计

《建设工程项目管理规范》（GB/T 50326—2017）中提出，一般情况下，施工单位的项目施工组织设计等同于建筑工程项目管理实施规划。《建筑施工组织设计规范》（GB/T 50502—2009）总结了近几十年来施工组织设计在我国建筑工程施工领域应用的主要经验，内容和作用与项目管理规划具有一定的共性。下面对建筑施工组织设计做简要介绍。

《建筑施工组织设计规范》

8.3.1 施工组织设计的概念和分类

施工组织设计按编制对象，可分为施工组织总设计、单位工程施工组织设计和施工方案。

1. 施工组织总设计

施工组织总设计是以若干单位工程组成的群体工程或特大型项目为主要对象编制的施工组织设计，对整个项目的施工过程起统筹规划、重点控制的作用。

2. 单位工程施工组织设计

单位工程施工组织设计是以单位(子单位)工程为主要对象编制的施工组织设计，对单位(子单位)工程的施工过程起指导和制约作用。

3. 施工方案

施工方案是指以分部(分项)工程或专项工程为主要对象编制的施工技术与组织方案，用以具体指导施工过程。

8.3.2 施工组织设计的编制依据和基本内容

1. 施工组织设计的编制依据

(1) 与工程建设有关的法律、法规和文件。

(2) 国家现行有关标准和技术经济指标。

(3) 工程所在地区行政主管部门的批准文件，建设单位对施工的要求。

(4) 工程施工合同或招标投标文件。

(5) 工程设计文件。

(6) 工程施工范围内的现场条件，工程地质及水文地质、气象等自然条件。

(7) 与工程有关的资源供应情况。

(8) 施工企业的生产能力、机具设备状况、技术水平等。

2. 施工组织设计的基本内容

施工组织设计，应包括编制依据、工程概况、施工部署、施工进度计划、施工准备与资源配置计划、主要施工方法、施工现场平面布置及主要施工管理计划(质量管理计划、安全管理计划、环境管理计划、成本管理计划、其他管理计划)等基本内容。

8.3.3 施工组织设计的编制、审批和管理

1. 施工组织设计的编制和审批

(1) 施工组织设计应由项目负责人主持编制，可根据需要分阶段编制和审批。

(2) 施工组织总设计应由总承包单位技术负责人审批；单位工程施工组织设计应由施工单位技术负责人或技术负责人授权的技术人员审批，施工方案应由项目技术负责人审批；重点、难点分部(分项)工程和专项工程的施工方案应由施工单位技术部门组织相关专家评审，由施工单位技术负责人批准。

(3) 由专业承包单位施工的分部(分项)工程或专项工程的施工方案，应由专业承包单位技术负责人或技术负责人授权的技术人员审批；有总承包单位时，应由总承包单位项目技术负责人核准备案。

(4) 规模较大的分部(分项)工程和专项工程的施工方案，应按单位工程施工组织设计进行编制和审批。

2. 施工组织设计的管理

施工组织设计应实行动态管理，并符合下列规定。

(1) 项目施工过程中，发生以下情况之一时，施工组织设计应及时进行修改或补充：工程设计有重大修改；有关法律、法规、规范和标准实施、修订和废止；主要施工方法有重大调整；主要施工资源配置有重大调整；施工环境有重大改变。

(2) 经修改或补充的施工组织设计应重新审批后实施。

(3) 项目施工前，应进行施工组织设计逐级交底；项目施工过程中，应对施工组织设计的执行情况进行检查、分析，并适时调整。

(4) 施工组织设计应在工程竣工验收后归档。

任务单元8.4 ××实验楼工程项目管理实施规划案例

8.4.1 主要编制依据

（1）施工合同：××实验楼建设工程施工合同。

（2）施工图：封面及设计组成、总平面布置图、建筑施工图、结构施工图、给排水施工图、暖通施工图、电气施工图。

（3）有关法律、法规：相关规范、规程，相关图集，相关标准。

8.4.2 项目概况

1. 工程建设概况

工程相关单位及合同情况见表8-2。

表8-2 工程相关单位及合同情况

工程名称	××实验楼	地理位置	××市××路××号
建设单位	××制造厂	设计单位	××工程设计研究总院
勘察单位	××工程公司	监理单位	××监理有限公司
监督单位	××市建设工程质量监督总站		
施工总承包单位	××建设工程有限公司		
施工外分包单位	××电梯有限公司等		
合同范围	施工图中全部	投资性质	自筹
合同质量目标	优良	合同性质	中标价加增减概算
合同工期	总工期为630日历天；开工日期为2000年2月28日；竣工日期为2001年11月18日		

2. 建筑设计概况

建筑设计概况见表8-3。

表8-3 建筑设计概况

总建筑面积		29052m²	地下部分面积	3773m²	用地面积	7949m²
			地上部分面积	25279m²	基地面积	1716m²
层数	地上部分	共16层	±0.00标高	+51.70m	基础埋深	-10.75m
	地下部分	共2层	设计室外地坪	-0.30m	檐口高度	59.65m

续表

建筑防水设计	地下室	(1) 结构混凝土自防水抗渗等级为P8； (2) 弹性体SBS改性沥青防水卷材(Ⅱ+Ⅲ型复合胎基)
	屋面	弹性体SBS改性沥青防水卷材(Ⅲ+Ⅲ型复合胎基)
	卫生间、开水间	1.5mm厚非焦油聚氨酯涂膜防水层
建筑人防设计	(1) 本工程设六级人防物资库，设有人防专用通道，地面设防倒塌棚架； (2) 钢筋混凝土防护密闭门，密闭门与外界隔开，扩散室进、排风道直通地面	
外装修	以米黄色面砖及芝麻红花岗石为主基调，银灰色单反射镀膜中空玻璃铝合金窗，中间镶嵌银灰色铝板，芝麻红花岗石小饰件点缀	
内装修	(1) 大厅、展览厅、电梯厅、公共走道、卫生间、楼梯间地面均为磨光花岗石，开水间、垃圾间等地面铺贴防滑地砖，科研试验区为初装水泥地面上铺地毯； (2) 大厅、电梯厅、公共走道为花岗石墙面，卫生间、开水间墙面镶贴釉面砖，其他为耐擦洗涂料墙面； (3) 大厅采用金属吊顶板装饰，电梯厅为石膏板吊顶，公共走道、科研试验区、展览厅、垃圾间等采用硅钙石膏板吊顶，其他均为耐擦洗涂料顶棚	
屋面	(1) 3层、16层上人屋面铺贴100mm×100mm玻化通体方块砖； (2) 不上人屋面为防水卷材上涂银灰色着色剂保护层	

3. 结构设计概况

结构设计概况见表8-4。

表8-4　结构设计概况

地下室结构	结构参数	混凝土强度等级	备注
垫层	厚度：100mm	C15	结构混凝土属Ⅱ类工程
基础	平板筏基，底板厚度：1500mm	C35，抗渗等级为P8	
外墙	厚度：350mm	C40，抗渗等级为P8	
内墙	厚度：250mm、300mm、350mm、500mm	C40	
梁板	井字梁结构，框架梁：800mm×800mm、800mm×700mm 非框架梁：300mm×700mm、250mm×600mm 板厚：250mm、200mm	C35，其中地下二层顶板、梁抗渗等级为P8	
柱	1100mm×1100mm、800mm×800mm	C40，边柱抗渗同外墙	

续表

地下室结构	结构参数		混凝土强度等级	备注
框架柱	1～3层	1100mm×1100mm、1000mm×1000mm、800mm×800mm	C40	结构混凝土属Ⅰ类工程
	4～8层	1000mm×1000mm、800mm×800mm	C35	
	9～12层	900mm×900mm、700mm×700mm	C30	
	13层以上	900mm×900mm、700mm×700mm	C25	
梁、板	1～3层	框架梁：800mm×600mm 井字梁：250mm×500mm 板厚：90mm（标准层）、100mm、120mm、150mm	C35	
	4～8层		C30	
	9层以上		C25	
筒体墙	200mm、250mm、300mm、350mm		同框架柱	

注：剪力墙一级抗震、框架二级抗震。

4. 专业设计概况(略)

8.4.3 施工部署

1. 工程施工目标

工程施工目标见表8-5。

表8-5 工程施工目标

序号	项目	目标或指标
1	工期	开工日期为2000年2月28日；竣工日期为2001年11月18日
2	质量	创结构“优质工程”，竣工创“市优”，争创国家优质工程“鲁班奖”
3	成本	成本降低率不低于1.85%
4	安全	不发生重大伤亡事故，重伤事故率控制在0.5‰以内，工伤事故率不超过10‰
5	文明施工	确保市级文明安全施工现场

2. 施工组织

1）组织机构

项目经理部领导班子由项目经理、书记、主任工程师及3名副经理组成，主管技术、质量、生产、安全、经营、成本和行政管理工作，并负责工程的领导、指挥、协调、决策等重大事宜。施工现场组织机构框图如图8.4所示。

项目经理对公司负责，其余人员对项目经理负责，项目经理部下设六个职能部门。

2）质量保证体系及分工

(1) 施工质量保证体系框图如图8.5所示。

(2) 质量管理领导小组。为了确保工程质量目标的实现，现场成立了质量管理领导小组，其组长由项目经理兼任，设副组长2人(生产副经理与主任工程师)，成员6人。

(3) 施工质量管理系统框图如图8.6所示。

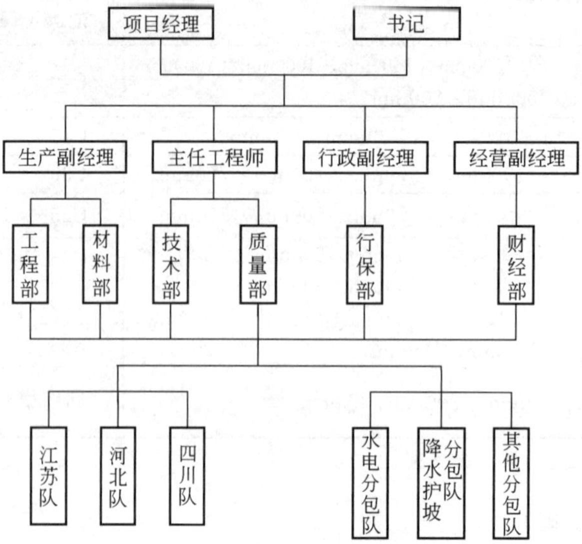

图 8.4　施工现场组织机构框图

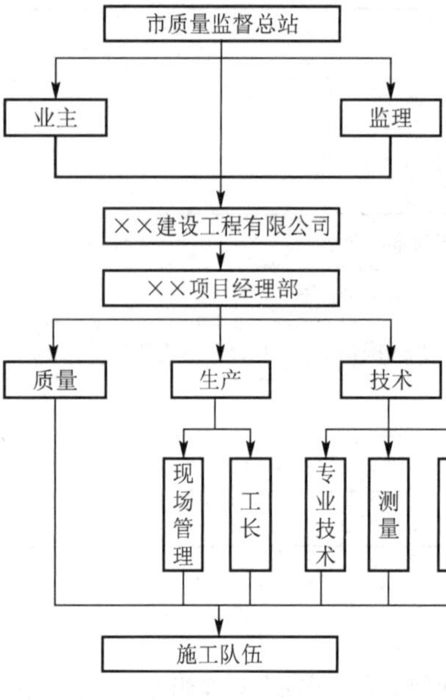

图 8.5　施工质量保证体系框图

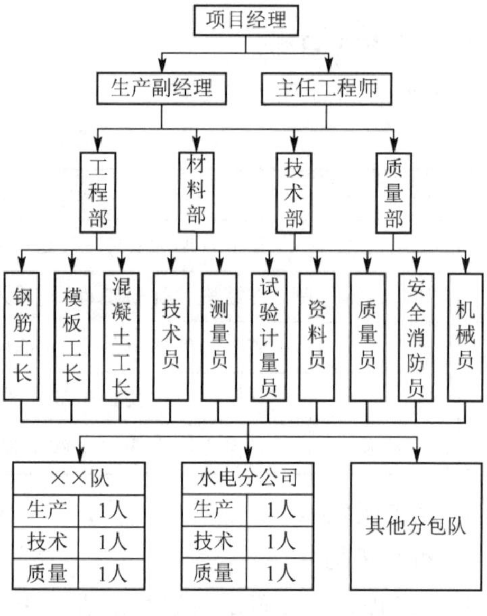

图 8.6　施工质量管理系统框图

3. 任务划分

该工程由项目经理部组织总包管理和施工，承包范围为结构、装修、给排水、采暖、通风、电气等，项目部按专业进行分包，分包项目见表 8-6。

4. 总包、分包协调

(1) 每周二上午召开监理例会，由建设单位、监理单位及××项目经理部共同协调该工程的有关事宜。

(2) 项目部根据施工合同制定年度、月度及周进度计划，并转发给各分包单位，每日下午4：30组织各分包单位召开碰头会，总结当日及前一段时期进度、质量等方面的情况，并提出次日及下一步的进度和质量要求。

表8-6　总包单位组织分包单位施工项目一览表

序号	分包单位	分包项目	分包类型	要　求
1	××市地质基础工程公司	降水护坡工程	包工包料	各分包单位按照总包单位的施工进度计划和各项管理要求组织施工，服从总包单位的统一协调，完成合同各项指标
2	××防水有限公司	防水工程	包工包料	
3	××第二建筑工程公司	结构施工	劳务分包	
4	××建筑装饰工程公司	砌筑及装修	劳务分包	
5	××公司水电分公司	设备安装工程	包工包料	
6	××消防保安技术有限公司	消防工程	包工包料	
7	××安防公司	弱电工程	包工包料	
8	××公司人防经理部	人防工程	包工包料	
9	××电梯厂	电梯工程	包工包料	

5. 劳动力组织

(1) 集结精干的施工队伍，组织好劳动力进场。根据结构特点、建设单位工期要求及项目部承诺条件，结合地区施工情况，合理组织一支强有力的施工队伍进场。要求该队伍自身管理水平高，施工能力强，雨季不回家，既有利于施工生产的连续，又可保证工程的工期及施工质量。

(2) 做好职工的入场教育，搞好全员的各项交底工作。职工进场后利用一段时间进行入场教育，对职工大力宣传国家的法律、法规和××市的各项规定以及我公司的各项规章制度，教育职工学习相关文明公约，让职工做文明市民。

(3) 加强职工的职业健康安全教育，树立安全第一的意识，由安全员给职工上安全课，使全体职工能把安全工作当作头等大事来抓。

(4) 落实各级人员的岗位责任制。对职工进行项目管理实施规划及各分部分项方案的集体交底工作，使全体职工都能掌握技术及质量标准；对关键部位除做详细交底外，还应做现场示范，保证操作工人理解“企业在我心中，质量在我手中”及“百年大计，质量第一”的内涵。

(5) 结构施工期间、装修施工期间劳动力计划见表8-7。

表8-7　结构施工期间、装修施工期间劳动力计划

序号	结构施工期间劳动力计划			装修施工期间劳动力计划			备　注
	工　种	计划人数	进场时间	工　种	计划人数	进场时间	
1	壮　工	100	2000.1	抹灰工	100	2000.6	劳动力根据工程量大小具体安排进场
2	钢筋工	60	2000.1	油漆工	60	2000.6	
3	木　工	80	2000.1	木　工	90	2000.6	
4	混凝土工	40	2000.1	防水工	10	2000.6	

续表

序号	结构施工期间劳动力计划			装修施工期间劳动力计划			备注
	工种	计划人数	进场时间	工种	计划人数	进场时间	
5	架子工	15	2000.3	电工	25	2000.6	劳动力根据工程量大小具体安排进场
6	防水工	15	2000.2	水暖工	40	2000.6	
7	塔式起重机司机	3	2000.2	电梯工	4	2000.6	
8	信号工	2	2000.2				
9	瓦工	40	2000.1				
10	电气焊工	3	2000.1				

(6) 劳动力分布动态曲线如图 8.7 所示。

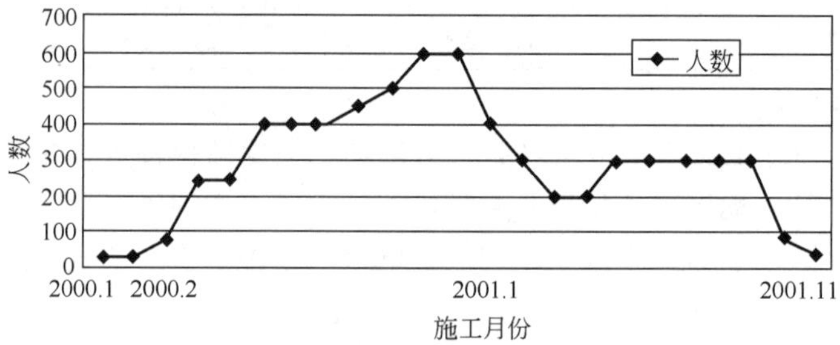

图 8.7 劳动力分布动态曲线

6. 主要项目工程量

为确保工程按计划正常有序地施工，根据进度计划，计算出主要项目的工程量，具体见表 8-8。

表 8-8 主要项目工程量一览表

项目		单位	数量	项目			单位	数量
土方工程	开挖土方量	m^3	24000	砌体工程		红机砖	块	315210
	回填土方量	m^3	2500			陶粒混凝土砌块	m^3	1983
防水工程	地下室	m^2	4300	精装修工程	内装修	花岗石	m^2	14485
	屋面	m^2	1850			吊顶	m^2	25636
	卫生间、开水间	m^2	457			瓷砖	m^2	7980
混凝土工程	地下室	m^3	4500(抗渗)/1550			涂料	m^2	64407
	地上部分	m^3	9830		外装修	花岗石	m^2	1823
钢筋工程	地下室	t	1130			玻化砖	m^2	10087
	地上部分	t	1835			铝合金窗	m^2	3308

7. 主要材料计划(略)

8. 主要机械计划

根据进度计划制定机械需用计划，及时组织好施工机械的进场就位，并检查保养一遍，使设备完好率达到90%以上。

9. 施工程序及验收安排

(1) 结构工程本着先地下、后地上的原则组织施工。结构施工分三次进行验收，分别为：基础结构及主体结构第1层至第3层验收为第一次；主体结构第4层至第10层验收为第二次；第11层(含)以上验收为第三次。

(2) 每次结构验收合格后及时插入二次结构、初装修及专业干管安装等施工，精装修工程提前插入。单位工程竣工验收日期为2001年11月18日。

8.4.4 施工方案

1. 流水段划分

流水段划分既要考虑现浇混凝土工程的模板配置数量、周转次数及每日混凝土的浇筑量，也要考虑流水段材料和工程量的均衡程度、塔式起重机每台班的效率，具体流水段划分规则如下。

(1) 底板整体一次性施工，不分流水段。

(2) 地下室竖向分为五个流水段，其中筒体为一个单独流水段；水平分为两个流水段。

(3) 主体结构竖向分为三个流水段，其中筒体为一个单独流水段；水平分为两个流水段。

地下室、首层、第16层及地上筒体段结构施工，先施工墙、柱分项，后施工梁、板分项；主体结构其余层除筒体段外结构施工墙、柱与梁、板混凝土一次性浇筑，其中筒体段先施工。

流水段划分及施工缝位置如图8.8所示。

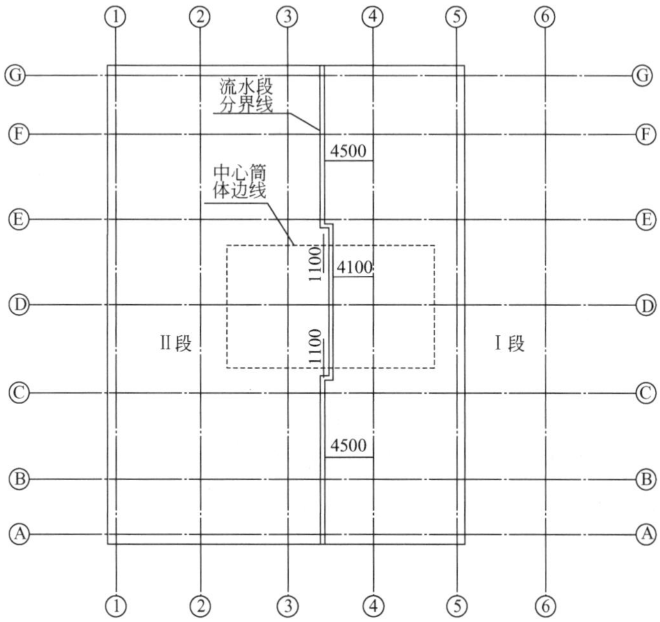

图8.8 水平结构施工流水段划分

2. 施工顺序

1）基础工程

基础工程施工顺序为：测量放线→基坑降水及支护→土方开挖及护坡→钎探及验槽→混凝土垫层→防水保护墙砌筑→底板防水及保护层→底板钢筋绑扎→墙、柱插筋→底板导墙模板→底板混凝土→墙、柱放线→墙、柱钢筋→水电预留或预埋→墙、柱模板→墙、柱混凝土→拆模养护→标高放线→梁、板模板→梁、板钢筋→水电预留或预埋→梁、板混凝土→养护→外墙防水→防水保护层→基础土方回填。

2）主体工程

主体工程施工顺序为：测量放线→墙、柱钢筋→水电预留或预埋→墙、柱模板→墙、柱混凝土→拆模养护→标高放线→梁、板模板→梁、板钢筋→水电预留或预埋→梁、板混凝土→养护。

3）装修工程

装修工程施工顺序为：测量放线→二次结构砌筑及屋面防水→立门窗口→内墙抹灰→楼地面→设备安装→门窗扇安装→墙面踢脚→吊顶→涂料→地面面层→油漆。

3. 主要项目施工方法

1）测量放线(略)

2）降水和护坡工程

(1) 降水工程。

根据勘测报告，该工程采用自渗砂井体系降水，井径为 ϕ400，井深为 18m、25m(每隔 2 个 18m 深孔设一个 25m 深孔)，每隔 5 个孔设一个 ϕ600 观测孔，下入 ϕ400 无砂混凝土管，以备降水效果不理想时抽水引渗，井距为 5.0m。

(2) 护坡工程。

根据场地周围情况，该工程东侧热力管沟距结构外墙 1.6m，西侧水泵房距结构外墙 1.8m。考虑现场场地情况，该工程在建筑物东、南、西三侧采用护坡桩支护，肥槽按 45cm 考虑。主楼北侧采用土钉墙(1∶0.3 放坡)围护。汽车坡道处施工采用土钉墙护坡，坡度为1∶0.15～1∶0.3。

护坡桩桩径为 ϕ600，桩长为 12.55m，桩距为 1.3m，连梁顶标高为－1.20m(连梁尺寸为 600mm × 400mm)，设一道预应力锚杆，位于－4.00m 处，两桩一锚，倾斜角为 15°。连梁以上砌 240mm 砖墙(75°倾角)，每隔 3m 设 370mm 砖垛，内回填土密实，砖墙上返 300mm。

土钉墙按 1∶0.3 放坡，土钉直径为 ϕ110，倾角为 10°，面层为 8～10cm 厚 C20 混凝土，配筋 Φ20、Φ22，Φ6.5@200mm × 200mm(面层)，注浆水灰比为 0.5，压力为 0.3～0.5MPa。

地下室降水可能引起地面沉降和支护位移，故在变形影响范围之外设观测基准点，在护坡桩连梁上每侧设 3 个点，按“一稳定，三固定”的原则定期进行观测，发现问题及时上报，以便采取有效措施，观测至地下室施工完毕为止。

具体详见基坑降水支护方案。

3）土方工程

(1) 土方开挖。

本工程土方开挖分两次，主楼部分为第一次，汽车坡道处为第二次(待主楼结构完成以后)。主楼拟采用一台1.6m^3日本小松反铲挖土机进行土方开挖，开挖分三步进行：第一步保证帽梁施工，第二步至锚杆下1.5m，第三步至−10.45m。剩余30cm由人工清槽，桩间土采用人工清理，然后喷射混凝土护壁。

土方开挖必须在地下水位已降至基底标高0.5m以下进行，机械施工严禁撞击桩体与锚头，土方外运配10～15辆自卸卡车。

第二次开挖采用机械配合人工，按弧形车道底板标高由深至浅依次进行，对于超挖部分回填与垫层相同的混凝土至设计标高。

钎探采用测绘局指定的标准穿心锤，钎探点以梅花形布置，钎探深度1.5m，随钎探随覆盖，并做好记录，请建设单位、监理单位、设计单位、勘察单位、监督站等有关单位联合验槽，遇有持力层与勘察不符的应及时与有关方面制定地基处理方案，进行地基处理，经检查合格后方可进行下道工序。

(2) 土方回填。

本工程建筑物北侧肥槽距结构外表面800(底)～1300mm(顶)范围内用2∶8灰土回填，其余部分用素土回填；东、南、西三面全部采用2∶8灰土回填。

回填土采用黏土或粉质黏土，过15mm孔径筛，白灰用充分熟透的石灰并过5mm孔径筛。

灰土、素土在筛拌时应严格控制含水率，达到手握成团、落地开花的程度，回填分层厚度为200～250mm，采用蛙夯机夯实，每层夯打四遍，蛙夯不能夯打的边角由人力夯实。

回填土密实度应达到规范要求的93%，环刀取样部位在该层厚度的2/3处。

4) 垫层混凝土(略)

5) 防水工程

(1) 本工程地下室防水为结构自防水混凝土(C40，P8)及SBS(Ⅱ＋Ⅲ型复合胎基)改性沥青防水卷材双重设防，东、南、西三面为内贴法结合外贴法，北侧为外贴法，采用热熔法施工。

搭接宽度短边不小于150mm，长边不小于100mm。第一层与第二层接缝错开不小于1/3幅宽。

东、南、西外墙防水分四步完成：第一步底板及导墙，第二步地下二层外墙，第三步地下一层外墙(内贴法)，第四步地下一层外墙(外贴法)。考虑建筑物沉降第一步立面防水采用点粘，其余为满粘。

(2) 屋面防水采用SBS(Ⅲ＋Ⅲ型复合胎基)改性沥青防水卷材，热熔法施工。

(3) 厕浴间防水采用1.5mm厚聚氨酯涂料，阴阳角处附加层采用粘贴玻璃无纺布，防水层上卷250mm高。

(4) 屋面防水及厕浴间防水施工完成后，需进行48h的蓄水试验。

具体详见防水施工方案。

6) 钢筋工程(略)

7) 模板工程(略)

8）混凝土工程

混凝土工程应在钢筋、模板等施工完毕并经检查验收合格后方可进行。本工程全部采用预拌(商品)混凝土，梁、板、墙体采用泵送，柱采用塔式起重机吊运，盲区搭设溜槽。地下一层墙体分两次浇筑。

墙体除梁、柱接头处外混凝土浇筑高度均高于板底 30mm，浇筑完后应剔除浮浆层。施工缝处理必须保证混凝土强度达到 1.2MPa 后进行。

(1) 选择供应商，考查运距，看能否满足施工需求及混凝土质量；随时抽检搅拌站后台计量、原材料等，确保供应质量；签订供货合同时，由技术部门提供具体供应时间、混凝土强度等级、所需车辆及其间隔时间，特殊要求如抗渗、防冻、入模温度、坍落度、水泥及预防混凝土碱骨料反应所需资料；等等。

按京建科〔1999〕230 号文件，本工程地下室属于Ⅱ类工程，预拌混凝土供应商应编制预防混凝土碱骨料反应的技术措施，必须确保 20 年内不发生混凝土碱骨料反应损害；浇筑每部位混凝土前应预先上报配合比及所选用各种材料的产地、碱活性等级、各项指标检测及混凝土碱含量的评估结果。

(2) 进场后抽验每个台班不少于两次，或对混凝土质量可疑的罐车坍落度做好记录，不满足要求一律予以退场。现场严禁加水，如气温过高与搅拌站协商加入适量减水剂。

(3) 试块制作：常温时制作 28d 标养试块、同条件试块(顶板、墙体均制作一组同条件试块，作为拆模依据)。同条件试块置于现场加锁铁笼中做好标记同条件养护。在冬期施工中除常温试块外，还应增加抗冻临界强度和冬期施工转常温试块，依据测温记录用成熟度法计算混凝土强度增长，随时采取措施控制。抗渗混凝土留置两组试块，一组标准养护，一组同条件养护。

(4) 施工缝留置严格按《混凝土结构工程施工质量验收规范》(GB 50204—2015) 执行，其中楼梯施工缝留置位置在所在楼层休息平台、上跑(去上一层)楼梯踏步及临侧墙宽度范围之内，另一方向为休息平台宽度的 1/3 处。

(5) 柱、墙与板及板与柱、墙交接部分均先浇筑 50～100mm 厚同配合比无石子砂浆，不得遗漏。

(6) 墙、柱混凝土浇筑厚度根据现场使用振捣棒(50 棒或 30 棒)而定，为振捣棒有效长度的 1.25 倍。浇筑厚度采用尺杆配手把灯加以控制。洞口两侧混凝土高度保持一致，必须同时浇筑混凝土、同时振捣，以防止洞口变形，大洞口下部模板应开口补充振捣，封闭洞口应留设透气孔。

(7) 严格控制顶板混凝土浇筑厚度及找平，以便于墙、柱模板支立。混凝土浇筑完毕后及浇筑过程中设专人清理落地灰及粘在成品上的混凝土颗粒。

(8) 底板大体积混凝土施工优选混凝土原材料、配合比、外加剂，分层浇筑，根据气温采用塑料薄膜及阻燃草纤被覆盖，防止温差引起收缩裂缝。

材料选用：水泥选用矿渣硅酸盐水泥，粗骨料选用连续级配好的石子，采用热膨胀系数较低而强度较高未风化的石灰岩石子。砂石含泥量控制在 1%以内，部分不足的选用碎石或卵石，石子中针片状颗粒含量控制在 15%以内。细骨料采用不含有机质的中粗砂。

外加剂具体由预拌混凝土供应商选择，但必须保证混凝土的质量要求。

9）二次结构

(1) 设一部双笼外用电梯，解决垂直运输问题。

(2) 二次结构工程包括框架填充墙、房间内隔墙的陶粒混凝土空心砌块砌筑，砌块强度等级为MU2.0，密度不大于0.8t/m^3，混合砂浆强度等级为M5，构造柱、圈梁、过梁、腰带、抱框混凝土强度等级为C20。

(3) 门窗洞顶设一道混凝土过梁，梁宽同墙宽，配筋为4Φ10，箍筋为Φ6，间距为200mm。墙高每60cm(三层砌块高)设2Φ6钢筋，沿墙通长布置，置于墙体灰缝内，钢筋端部采用膨胀螺栓与柱连接。

(4) 在墙转角处、沿墙长每隔4m、门窗洞两侧设置构造柱，构造柱钢筋上下端通过膨胀螺栓与上下梁、板连接。

(5) 外墙窗台处及窗顶各设一道腰带(连带过梁)，沿外墙全长设置。窗台处腰带断面为60mm×墙厚，内设2Φ10的通长筋，横向设"S"形筋Φ6@200。窗顶过梁断面为120mm×墙厚，内设4Φ12的通长筋，箍筋为Φ6@200。

(6) 砌体灰缝应横平竖直，灰缝饱满，水平灰缝砂浆饱满度不低于90%，竖缝砂浆饱满度不低于80%。填充墙砌至梁、板底附近后，留出一皮砌块高度，待砌体沉实后再用红机砖斜砌法把下部砌体与上部梁、板间用砌块砌紧、顶实。

10) 屋面工程

(1) 施工顺序。

焦渣找坡层→保温层→找平层→SBS→防水层→保护层→镶贴面砖。

(2) 屋面防水层。

① 防水层下各层必须办完隐蔽检查手续，合格后方可进行防水施工。

② 基层处理干净后，涂刷基层处理剂，应涂刷均匀，不得有遗漏或麻点等缺陷。

③ 附加层施工：女儿墙、水落口、管根、阴阳角等细部先做附加层，必须粘接牢固。

④ 大面积施工防水层时，应先弹好标准线，用汽油喷灯将卷材一端固定在基层，喷枪距离交接处30cm，边烤边缓慢地滚铺卷材。

⑤ 卷材搭接长度长边为100mm、短边为150mm，第二层铺贴的卷材与第一层铺贴的卷材错开1/2宽，操作同第一层。

⑥ 防水层黏结牢固，无空鼓、损伤、翘边、起泡、皱折等缺陷，末端黏结封严，防止张嘴翘边，造成渗漏隐患。

⑦ 屋面防水层做好后，做48h蓄水试验检查有无渗漏现象。

11) 脚手架工程

(1) 基础施工阶段：在四周渗水井外侧50cm处设立不低于1.2m的防护栏杆，在基坑东南角搭设临时梯子。

(2) 主体结构及装修施工阶段：沿结构周边距建筑物外边线330mm(1～3层为400mm)搭设双排扣件式$\phi48$钢管脚手架，从地面起36.9m高度内采用双排双立杆形式，其上采用双排单立杆形式。脚手架立杆纵距1.5m，大横杆间距1.2m，小横杆间距0.75m。每5根立杆设置一道剪刀撑，倾角为45°～60°。脚手架与柱刚性连接，采用双杆箍柱式横向拉结，逢柱必抱。在6层和12层两次卸荷。所有立杆金属底座下垫50mm厚通长脚手板，基土夯实密度达到设计要求。脚手架外立杆内侧挂密目安全网封严，架子顶部高出屋面最高处1.2m。在结构的南侧搭设一条人行马道，东北角设置一部外用电梯。装修时也使用此脚手架。

(3) 设计计算书(略)。

12) 门窗工程

(1) 铝合金门窗安装工艺顺序：弹线找规矩→门窗洞口处理→防腐处理及埋设连接铁件→铝合金门窗拆包及检查→门窗框就位和临时固定→检查框位合格→固定门窗框→门窗扇安装→门窗口周边堵缝(嵌填密封膏)→清理→安装五金配件→安装门窗纱扇密封条。

(2) 成品保护：所有门必须在室内湿作业完成10天后方能开始安装，装好后用保护胶带、塑料薄膜贴封遮盖严，以防污染。

13) 装修工程

(1) 进入装修阶段时先编制内外装修方案，经审批后方可遵照方案实施，施工中先制作样板间，以样板引路，然后大面积展开施工。

(2) 为缩短工期，装修与结构采用立体交叉作业，自下而上相继插入隔墙、抹灰、地面、墙面、水电及油漆涂刷。

(3) 内外装修施工(略)。

8.4.5 施工进度计划

本工程定额工期为820日历天，合同工期为630日历天(其中不含降水、护坡时间)，开工日期为2000年2月28日，地下室工程120日历天，主体工程180日历天，装修工程330日历天，2001年11月18日竣工交付使用。设备安装工程的管线预留、预埋、安装等穿插在土建施工中。施工中，土建专业要安排月、周进度计划，其他专业要随其安排相应的计划。施工进度网络计划图如图8.9所示。

8.4.6 施工准备工作计划

1. 技术准备

1) 熟悉和审查施工图纸，组织图纸会审

(1) 合同签订后，由技术部门向建设单位领取各专业图纸，由资料员负责施工图纸的收发，并建立管理台账。

(2) 由主任工程师组织工程技术人员认真审图，做好图纸会审的前期工作，针对有关施工技术和图纸存在的疑点做好记录。

(3) 工程开工前及时与业主、设计单位联系，做好设计交底及图纸会审工作。

2) 准备与本工程有关的规范、规程及有关图集

根据施工图纸，准备与本工程相关的规范、规程及有关图集，并分发给项目经理部相关人员。

3) 测量准备工作

测量人员根据建设单位提供的水准点高程及坐标位置，做好工程控制网桩的测量定位，同时做好定位桩的闭合复测工作，并做好标记加以保护。

4) 了解地下管网及周围环境

工程技术人员认真了解地下管网及周围环境情况，明确其具体位置和深(高)度。

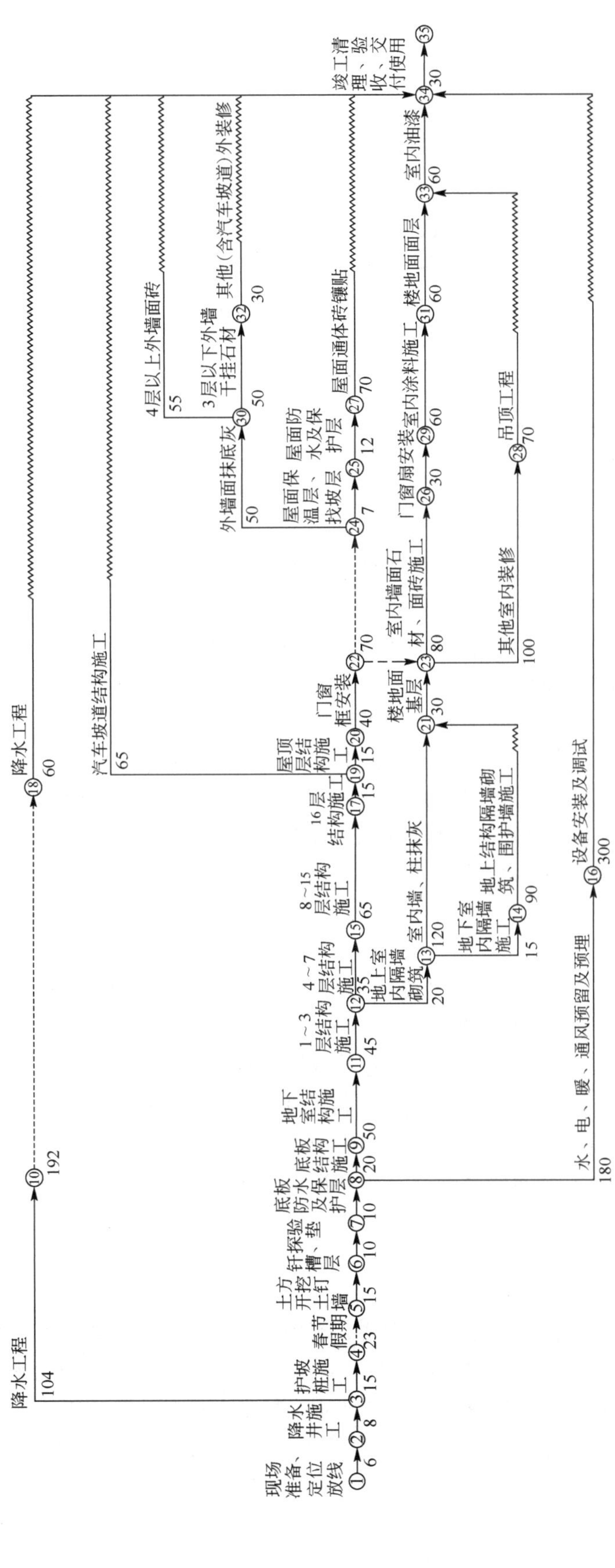

图8.9 施工进度网络计划图

5）器具配置

根据需要配置测量器具和试验器具。

6）技术工作计划

（1）技术工作计划内容。

根据工程特点，经过详细的技术论证，按期编制缜密、合理的项目管理实施规划及各分项工程施工方案，要求项目管理实施规划和施工方案必须经审批后实施，技术交底及时准确并有针对性。编制内容包括：项目管理实施规划、项目质量计划、钢筋工程方案、模板设计方案、混凝土施工方案、基坑降水支护方案、土方施工方案、防水施工方案、临时用水施工方案、临时用电施工方案、塔式起重机方案、测量方案、试验方案、计量器具选用方案、脚手架及防护体系施工方案、技术资料目标设计、成品保护方案、现场文明施工方案、环境管理方案、现场消防保卫方案、水电工程施工方案、雨期施工方案、冬期施工方案和装饰装修施工方案。

（2）试验工作计划。

根据工程情况，及时计算各种原材料、成品及半成品的用量，按有关的规范、标准进行试验工作。主要试验项目有混凝土、钢筋、钢筋连接、防水等。

（3）样板工序、样板间计划。

钢筋加工先做样板，验收合格后方可大批量加工；钢筋绑扎及模板支立设定样板墙与样板段，内装修设定样板间。

（4）新技术、新材料、新工艺推广应用计划。

根据工程的情况，结合市场的调查和研究，积极推广和应用“三新”项目达 20 类、25 项，严格执行集团科技示范工程的标准，并达到降低工程成本的目的。

7）提前做好模板设计详图及钢筋放样工作(略)

8）做好各种材料进场计划(略)

2. 现场准备

1）施工道路及场地

（1）做好现场的“三通一平”，按集团公司 CIS（企业形象设计）战略设置围墙，并进行美化装饰，做好邻近建筑物、道路等的安全防护工作。

（2）根据临水、临电设计方案，做好施工现场临时用水、用电管线敷设工作；修建并硬化场地临时道路，搭设办公、生活、生产临时设施，做好工程通信工作。

（3）建筑物南侧在路基上铺 8cm 厚碎石压实，面层做 10cm 厚 C10 混凝土，面层顶标高－0.45m，做好排水；建筑物北侧利用现场路面平整找坡，上铺 10cm 厚碎石压实，同样采用 10cm 厚 C10 混凝土硬化面层。

2）施工现场临时用水

（1）水源。

采用施工、生活和消防合一的供水方式，利用建筑物西侧建设单位原有蓄水池，出口处设高压水泵，通过 $DN100$ 的镀锌钢管提供临时用水水源。蓄水池的储水容积为 $30m^3$，原有蓄水池内已设 $DN100$ 的浮球阀，用来自动控制储水高度，高压水泵的控制采用手动控制系统。水管连接采用焊接方法，钢管的埋设深度为 800mm，水泵及管线布置如图 8.10所示。

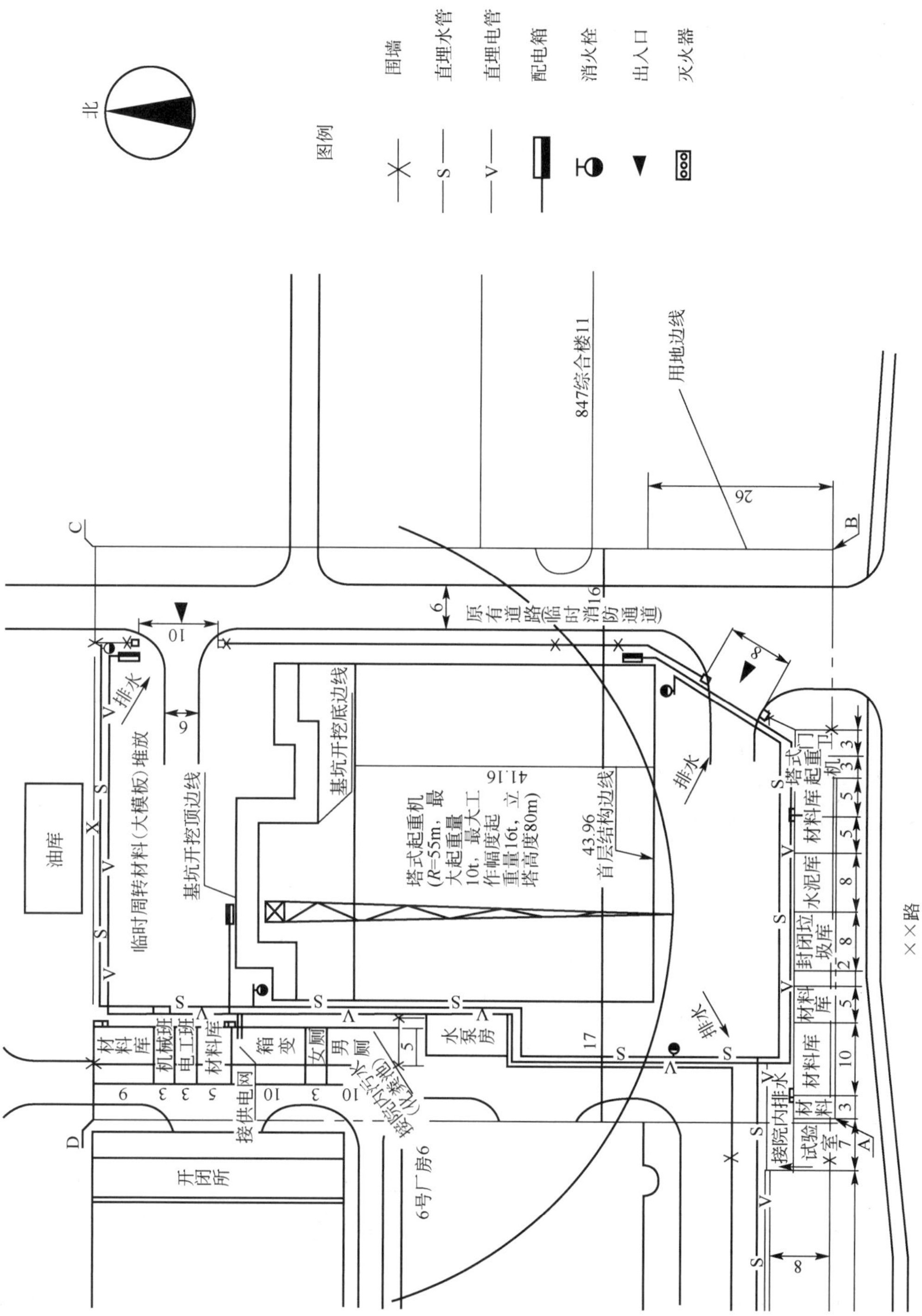

图8.10 结构施工平面布置图

(2) 用水量的计算(略)。

(3) 消火栓的布置。

在给水系统立管上焊接口径为65mm消火栓，并保证消防半径不大于60m。消火栓股数为2股，水枪喷嘴口径为19mm，选用65mm口径的帆布水龙带3节(每节20m)。

现场周围布置有5处地下消火栓，已能满足消防要求，所以地下室至地上第3层均不设消火栓口，第4层至第16层每隔一层设置消火栓口，以满足消火栓保护面积的要求，并适当减少灭火器的配置。消火栓栓口的距地高度为120cm，栓口向外，出水方向垂直于墙面呈90°。

3) 施工现场临时用电

在施工现场西北侧设450kV·A配电室，由建设单位的开闭所引入两路电缆，干线全部采用地埋方式，埋入深度700mm，采用三相五线制，现场共设10个分配电箱，以满足各部位机械及照明需要。

3. 协调场外工作以创造良好环境

(1) 制约和影响施工生产的因素很多，内部和外部的因素都有，特别是场外协调工作十分重要，项目工程部设专人联系，协调对外工作。

(2) 走访当地街道和居民委员会，并根据本市和建委的有关规定，征求街道和居民委员会的意见，合理调整和安排现场的施工计划，确保施工不扰民。

(3) 与消防保卫部门、环保部门、当地派出所取得联系，做好现场所需证件的办理工作，使施工纳入法制化、合理化轨道。

(4) 积极协调好建设单位、设计单位、监理单位及质量监督部门的关系，及时解决工程中出现的各种问题。

4. 施工过程通信联络(略)

5. 大型机械设施准备

(1) 反铲挖土机：用于基础土方开挖，2000年2月28日进场，3月10日退场。

(2) 主体工程施工选用一台SIMMA GT187C2.5塔式起重机，设置于建筑物北侧偏西位置，塔式起重机底部标高与建筑物基底标高相同，在基础垫层施工时浇筑，待强度达到要求后即立塔。

(3) 二次结构及装修施工时垂直运输采用一台SCD200/200型双笼电梯，设置于建筑物北侧⑤轴处，计划于结构施工至第12层时开始支立。

6. 岗位培训(略)

7. 试验室准备

(1) 根据本工程结构情况及设计要求，建立一座试验室，内分3室，分别为标准养护室、放置试验器具及成型试件的操作间、供试验人员办公的值班室，健全试验管理制度。

(2) 标准养护室购置安装温度及湿度自控仪，降温及加湿采用淋水，升温采取加热器加热，以确保养护温度和湿度。试验室完全封闭，做好保温隔热处理，确保室内温度在(20±3)℃范围内，湿度不小于90%。标准养护室的试件必须上架，试验人员办公室必须配备桌椅、资料柜、资料盒、办公用具等。要保持仪器设备摆放整齐、房间整洁。

8.4.7 施工现场平面布置图

(1) 现场的围挡按集团公司CIS战略设置，临时道路硬化，办公、生活、生产临时设施布置紧凑。

(2) 主体工程施工时布置一台SIMMA GT187C2.5塔式起重机，设置于建筑物北侧偏西位置，臂长55m，塔式起重机大臂端部距离建筑物南侧110kV高压电缆不小于2m，在基坑土方挖运完毕即开始立塔，保证地下室施工使用。装修施工时垂直运输采用一台双笼电梯，型号为SCD200/200，单笼载重量为1000kg，设置于建筑物北侧⑤轴处，计划于结构施工至第12层时开始支立。

(3) 现场东南角、东侧偏北处各设一个施工大门，由于建筑物离东侧、西侧围墙较近（约3m)，故施工现场消防通道自身不能形成环路。现考虑利用东侧围墙外原有道路和西侧围墙外建设单位院内道路作为临时消防通道，并与现场建筑物北侧形成消防回转道路。施工场地消防道路最窄处保证3.5m宽，总长约300m。现场消防通道设置指示牌，确保消防车昼夜通行。在施工现场较狭小的情况下，各种施工材料禁止占用消防通道。

(4) 施工现场建筑物南侧设置木工棚、钢筋加工棚、钢筋和木料堆场；在结构施工期间，北侧地下汽车坡道暂缓施工，作为大模板堆放区域。

(5) 除以上主要设施外，施工现场还设置职工食堂、项目经理部会议室、办公用房、材料库房、机械库房及其他必备的配套临时设施。

(6) 根据以上要求编制三个阶段施工平面布置图，其主体结构施工平面布置如图8.10所示。

8.4.8 项目目标控制措施

1. 技术管理措施

1) 测量管理措施、试验管理措施、资料管理措施及目标设计(略)

2) 技术节约措施

(1) 钢筋模板加工前坚持放样制度，减少返工。

(2) 钢筋现场加工充分利用下脚料。

(3) 拌灰砂浆中掺加粉煤灰以节约水泥。

(4) 合理划分流水段，加快施工进度，减少各项费用支出。

(5) 结构工程提高模板设计及施工质量，确保墙体顶板不进行抹灰，减少材料用量及抹灰用工，确保结构混凝土清水化，减少剔凿用工及由此产生的材料浪费。

(6) 建筑垃圾粉碎后二次利用，减少材料浪费。

3) 其他技术管理措施

(1) 技术人员要熟悉图纸及施工规范，采取按工种定人、定岗、定质量的“三定”措施，掌握建筑物的各细部做法。

(2) 做好技术交底，并把交底内容传达到班组，现场跟班检查，使之贯彻执行。

(3) 按图纸编制材料使用计划，组织加工订货翻样小组，统一管理加工订货事项，执行加工订货验收工作。

(4) 采用网络计划控制施工，全面贯彻执行 ISO 9002 标准和质量保证模式，并按文件实施，实行栋号管理，达到优质工程。

(5) 加强计量工作的管理。计量员根据计量器具检测期限，及时做好其检测工作，并在计量器具上做好标记，建立各种计量台账，保证各种计量设备有效运行。

(6) 大量采用住房和城乡建设部推广的十项新技术，由专人负责，并设奖励基金。本工程预计采用 25 项新技术。

2. 质量管理措施

1) 质量方针和目标

(1) 质量方针。

质量为本，让顾客永远满意；精心施工，创建名牌产品；科学管理，赢得最佳信誉。

(2) 质量目标。

① 分项工程质量一次合格率 100%，优良率 90%以上。

② 单位工程质量一次交验合格率 100%。

③ 观感评分达到 90 分以上。

确保结构为“优质工程”，竣工创“市优”，争创国家优质工程“鲁班奖”。搞好规范服务，做到“三坚持”：坚持管理制度化、坚持现场标准化、坚持服务规范化。建设精品工程，为用户提供优质服务。

2) 质量管理控制措施

(1) 成立质量控制体系，由主任工程师、质量部长、技术部长、工长、施工班组的专职质检员组成，质量控制体系对工程分项工序有否决权。

(2) 加强人的控制，发挥“人的因素第一”的主导作用，把人的控制作为全过程控制的重点。项目管理人员，根据职责分工，必须尽职尽责，做好本职工作，同时搞好团结协作，对不称职的管理人员及时调整；对外埠施工队伍严格进行施工资质审查，并进行考核上岗施工。在编制施工计划时，全面考虑各种因素对工程质量的影响和人与任务的平衡，防止发生人为事故。

(3) 加强施工生产和进度安排的控制。会同技术人员合理安排施工进度，在进度和质量发生矛盾时，进度服从于质量；合理安排劳动力，科学地进行施工调度，加强施工机具和设备管理，保证施工生产的需要。

(4) 加强材料和构配件的质量控制。原材料、成品、半成品的采购必须认真执行采购工作程序，建立合格供应商名册，并对供应商进行评价。凡采购到现场的物资，材料人员必须依据采购文件资料中规定的质量和申请计划进行验证，严把质量、数量、品种、规格验收关，必要时请有关技术、质检人员参加。

(5) 严格检查制度，所有施工过程都要按规定认真进行检验，未达到标准要求的必须返工，验收合格后才能转入下道工序。

自检：操作工人在施工中按分项工程质量检验评定标准进行自我检查，并由施工队专职质检员进行复核，合格后填写自检单报质检员，保证本班组完成的分项工程达到质量目标的要求，为下道工序创造良好的条件。

专检：在自检满足要求的基础上，质检员和有关专业技术人员进行复查，合格后报监理工程师验收。检查中要严格执行标准，一切用数据说话，确保分项工程质量。

交接检：各分项工程或上道工序经专检合格满足要求后，组织上、下道工序负责人进行交接验收，并办理交接验收手续。

(6) 坚持样板引路制度。各道工序或各个分项工程在施工前必须做样板，并由有关人员进行监控指导。样板完成后要由质检员和有关专业技术人员共同进行验收，满足要求后才能全面施工。对样板间和主要项目的样板，还必须经公司或上级有关部门检查验收后才能施工。

(7) 加强成品保护，指定专人负责。严格执行成品保护工作程序，采取“护、包、盖、封”的保护措施，并合理安排施工顺序，防止后道工序损坏或污染前道工序。

3. 工期保证措施

(1) 技术人员认真阅读图纸，制定出合理有效的施工方案，保证各道工序在符合设计及施工规范的前提下进行，避免返工、返修现象出现，以免影响工期。

(2) 在每道工序之前，技术人员根据图纸及时上报材料计划，保证在工序施工之前材料提前进场，杜绝因材料原因影响施工正常进行。

(3) 正确进行施工布置，使工序衔接紧凑，劳动力安排合理，避免窝工现象出现。

(4) 制订详细的网络控制计划，分阶段设置控制点，将影响关键线路的各个分部分项工程进行分解，用小节点保大节点，从而保证总体进度计划顺利实现。

(5) 质检人员在工序施工过程中严格认真，细致检查，将一切质量隐患消灭在萌芽状中，防止出现事后返工现象。

(6) ±0.000 以上混凝土浇筑，采用地泵加布料杆的方式，使塔式起重机保证垂直运输的需要。

(7) 采取切实可行的冬雨期施工措施，连续施工，确保进度和质量。

4. 职业健康安全防护措施

(1) 建立健全职业健康安全组织机构并配备合格的安全员，制定各项安全管理措施，确保达到市级安全文明施工现场。

(2) 施工人员进入现场时必须进行三级安全教育，教育率达到 100%。电工、电气焊工、架子工、信号工等特种作业人员必须经过专业培训，取得合格的证件后方允许操作，持证上岗率要求达到 100%。

(3) 土方开挖要探明地下管网，防止发生意外事故，开挖过程中有专人监视基坑边的情况变化，防止发生塌方伤人。四周用钢管围护，立杆间距 3.0m，下埋 500mm，水平杆设 3 道，分别为扫地杆、腰杆、上杆，护栏高 1.2m，刷红、白双色油漆标志，夜间挂红灯示警。栏杆内侧挂密目网封闭，人员及物料上下设两个固定出入口并搭设马道。

(4) 楼层、屋面的孔洞，在 1.5m×1.5m 以下的孔洞，预埋通长钢筋网并加固定盖板；1.5m×1.5m 以上的孔洞，四周设两道护身杆，中间支挂水平安全网；电梯井口加设高度为 1.5m 的开启式金属防护门，井道内首层和首层以上每隔 4 层设一道水平安全网。

(5) 楼梯间搭设固定的钢管防护栏杆，随结构一直搭设到作业面，内设低压照明设备，防止因光线暗发生人身伤害。

(6) 本工程在南侧设置安全出入口，并在出入口搭设长 6m、宽度大于出入口两侧各

1m的防护棚，棚顶满铺50mm厚的脚手板两层，两侧用密目网封严。靠近道路一侧对人或物构成威胁的地方用钢管搭设防护棚，确保人和物的安全。

(7) 脚手架在搭设、使用和拆除过程中的安全措施详见脚手架及防护体系施工方案。

(8) 电梯司机必须身体健康(无心脏病和高血压病)，并经训练合格。定期进行电梯技术检查和润滑，严禁电梯超载。班前、满载和架设时均应进行电机制动效果检查，做好当班记录，发现问题及时报告并查明解决。

5. 现场管理措施

1) 场容管理措施

本工程现场管理目标为市级安全文明工地，为保证这一目标的实现，根据《××市〈建设工程施工现场管理规定〉实施细则》和集团公司《施工现场管理工作实施细则》的规定，场容管理采取以下措施。

(1) 本施工现场采用240mm墙全封闭，墙高2m，围墙按集团公司CIS手册要求进行美化装饰，位于现场东南角的大门采用金属门扇，按CIS手册要求装饰。

(2) 现场大门口内设置集团统一样式的施工标牌，字体规范、内容完整，标牌面积为90cm×70cm，底边距地面1.30m。

(3) 现场大门内设置集团统一样式的一图、两牌、四板，即：施工平面布置图；安全记数牌，施工现场管理体系牌；安全生产管理制度板，消防保卫管理制度板，环境保护管理制度板，文明施工管理制度板。图、牌、板内容详细，针对性强，字迹工整、规范，保持完好。

(4) 施工现场的临时设施按集团公司的要求搭设，材质符合要求，宿舍高度2.5m以上，一律采用上下铺钢架床，厕所设隔板和高位水箱，伙房设储藏间，PVC板吊顶，瓷砖墙裙，配套式燃气灶。根据需要设洗浴间、理发室、图书室、娱乐室，配备相应设备。

(5) 施工区和生活区实行区域分离，建立卫生区管理责任制，挂牌显示，分片包干，责任到人，确保施工区和生活区整洁、文明、有序。

(6) 施工现场的所有料具构件按平面图指定的位置码放整齐，建筑物内外的零散碎料及时清理，悬挑结构不得堆放料具和杂物。施工现场禁止随地大小便。

(7) 施工现场建立和完善成品保护措施，对易损坏部位和成品、半成品采取必要的保护手段，确保成品完好。

(8) 现场的施工道路一律铺设混凝土路面，明沟排水，确保路面畅通，无积水。

(9) 按集团公司的要求建立健全十项内业管理资料，每月组织综合检查3次，发现问题随时纠正。

2) 文明施工管理措施

(1) 在工地四周的围挡、宿舍外墙书写反映集团意识、企业精神、时代风貌的标语。

(2) 现场内设阅报栏、劳动竞赛栏、黑板报，及时反映工地内外各类动态。

(3) 宿舍和活动场所挂贴××市民文明公约，增强职工争当××好市民的意识。

(4) 与工地周边居民搞好团结，开展文明共建活动，做到施工不扰民，争取周围群众的理解和支持。

8.4.9 主要经济技术指标

1. 工期

计划工期630天。

2. 质量目标

分项工程质量合格率100%，优良率90%以上；分部工程质量合格率100%，优良率85%以上。

确保获得××市结构“长城杯”及整体“长城杯”，争创国家优质工程“鲁班奖”。

3. 安全指标

不发生重大伤亡事故，重伤事故率控制在0.5‰以内，工伤事故率不超过10‰。

4. 文明施工目标

现场达标，确保获得××市市级安全文明施工现场。

5. 新技术应用目标

确保赢得集团公司科技示范工程二等奖以上。

6. 总耗工

总耗工8.5工日/m^2。

7. 降低成本率及三材节约指标

降低成本率不低于1.85%。

节约钢材2.0%，节约木材2.5%，节约水泥1.5%。

(注：本案例引自中国建筑工业出版社出版、北京统筹与管理科学学会编著的《建设工程项目管理案例精选》，内容略有改动。)

模块小结

建筑工程项目管理规划包括建筑工程项目管理规划大纲和建筑工程项目管理实施规划两大类。本模块在全面介绍建筑工程项目管理规划的基础上，详细介绍了建筑工程项目管理实施规划，并给出了某工程项目管理实施规划案例。要求学生重点掌握建筑工程项目管理实施规划的编制内容和编制方法。国家标准《建筑施工组织设计规范》(GB/T 50502—2009)规定的施工组织设计的内容和作用与项目管理规划具有一定的共性。

由于学生缺乏实践经验，学习本模块有一定的困难，应注意理论联系实际，结合案例解析，初步掌握理论知识，并不断提高实践动手能力。

思考与练习

一、单选题

1. 建筑工程项目管理规划大纲是由(　　)编制的。

A. 项目管理层　　B. 建设单位　　C. 企业管理层　　D. 监理单位

2. 建筑工程项目管理实施规划的服务范围是(　　)。

A. 投标与签约阶段　　B. 收尾阶段

C. 施工准备至验收阶段　　D. 设计阶段

3. 施工承包单位的计划体系包括投标之前编制的建筑工程项目管理规划大纲和签订合同之后编制的建筑工程项目管理实施规划，其中，建筑工程项目管理实施规划应(　　)。

A. 由企业管理层在投标之前编制

B. 由企业管理层在开工之前编制

C. 由施工项目经理在投标之前编制

D. 由施工项目经理在开工之前主持编制

4. 当工期紧迫时，室内装修应考虑采取(　　)的施工流向。

A. 自上而下　　B. 自左向右　　C. 自下而上　　D. 自右向左

5. 柔性防水屋面的施工顺序正确的是(　　)。

A. 保护隔热层→找平层→保温层→找平层→柔性防水层

B. 柔性防水层→保温层→找平层→保护隔热层

C. 找平层→保温层→找平层→柔性防水层→保护隔热层

D. 找平层→保温层→柔性防水层→保护隔热层

6. 门窗油漆和安装玻璃的次序一般采用(　　)。

A. 二者同时进行　　B. 先油漆门窗扇，后安装玻璃

C. 先安装玻璃，后油漆门窗扇　　D. 无所谓先后

7. 对于厂房内设备基础的施工，采用(　　)施工，是指厂房柱基础与设备基础同时施工或设备基础先施工。

A. 敞开式　　B. 封闭式　　C. 先敞开后封闭　　D. 先封闭后敞开

8. 以下(　　)不属于施工组织设计的基本内容。

A. 项目范围管理规划　　B. 施工部署

C. 施工准备与资源配置计划　　D. 施工现场平面布置

9. 施工组织总设计应由(　　)审批。

A. 项目技术负责人　　B. 施工单位技术负责人

C. 总承包单位技术负责人　　D. 施工单位技术负责人授权的技术人员

二、多选题

1. 以下(　　)属于建筑工程项目管理规划大纲的编制依据。

A. 招标文件及发包人对招标文件的解释

B. 施工合同及相关资料

C. 企业管理层对招标文件的分析研究结果

D. 发包人提供的信息和资料

E. 企业法定代表人的投标决策意见

2. 以下(　　)属于建筑工程项目管理实施规划的编制依据。

A. 招标文件及发包人对招标文件的解释　　B. 施工合同及相关资料

C. 建筑工程项目管理规划大纲　　D. 发包人提供的信息和资料

E. 项目管理目标责任书

3. 以下(　　)属于建筑工程项目管理实施规划的内容。

A. 项目范围管理规划　　B. 工程概况　　C. 施工方案

D. 成本计划　　E. 施工现场平面布置图

4. 以下(　　)属于工程概况的内容。

A. 施工流向的确定　　B. 工程建设概况　　C. 建筑结构设计概况

D. 施工条件　　E. 工程特点分析

5. 项目总体工作安排主要是对重大的组织问题和技术问题做出规划和决策，主要内容包括(　　)。

A. 施工流向的确定

B. 质量、进度、成本、安全生产、绿色施工与环境管理目标

C. 区段划分与施工程序

D. 项目管理总体安排

E. 工程特点分析

6. 以下(　　)属于施工方案的内容。

A. 施工流向的确定　　B. 施工顺序的确定　　C. 施工阶段划分

D. 项目管理总体安排　　E. 施工方法和施工机械的选择

7. 室内装修可采用(　　)等流向。

A. 自上而下　　B. 自左向右　　C. 自下而上

D. 自右向左　　E. 自中间向上，自中间向下

8. 室内装修采用自上而下的流向，具有(　　)等特点。

A. 可以与主体结构平行搭接施工，从而缩短工期

B. 房屋主体结构完成后，建筑物有足够的沉降和收缩期，可保证室内装修质量

C. 可以减少或避免各工种操作互相交叉，有利于施工安全

D. 自上而下的楼层清理也很方便

E. 不能与主体结构施工搭接，总工期相应较长

9. 室内装修采用自下而上的流向，具有(　　)等特点。

A. 可以与主体结构平行搭接施工，从而缩短工期

B. 房屋主体结构完成后，建筑物有足够的沉降和收缩期，可保证室内装修质量

C. 工种操作互相交叉，需要增加安全措施

D. 自下而上地清理楼层也很方便

E. 资源供应集中，现场施工组织和管理比较复杂

10. 同一楼层内装修顺序“楼地面→顶棚→墙面”与“顶棚→墙面→楼地面”相比，具有(　　)的特点。

A. 便于清理地面基层，楼地面质量易保证

B. 便于收集墙面和顶棚的落地灰，节约材料

C. 注意楼地面成品保护，否则后一道工序不能及时进行

D. 在楼地面施工之前，必须将落地灰清扫干净，否则会影响面层与结构层间的黏结，引起楼地面起壳

E. 无须进行楼地面成品保护

11. 对于厂房内设备基础的施工，采用封闭式施工，具有(　　)的特点。
A. 土建施工工作面大，有利于构件现场预制、吊装和就位，便于选择合适的起重机械和开行路线
B. 设备基础能在室内施工，不受气候影响
C. 有时可以利用厂房内的桥式吊车为设备基础施工服务
D. 出现某些重复性工作，如部分柱基回填土的重复挖填
E. 若土质不佳，设备基础基坑开挖过程中，无须增加加固措施
12. 对于厂房内设备基础的施工，封闭式施工适用于(　　)的情况。
A. 设备基础埋置深(超过厂房柱基础埋置深度)、体积大
B. 设备基础埋置浅(不超过厂房柱基础埋置深度)、体积小
C. 土质较好
D. 设备基础距柱基础较近
E. 设备基础距柱基础较远、对厂房结构稳定性无影响
13. 以下(　　)属于施工平面图设计的原则。
A. 要布置紧凑，少占或不占农田，尽可能减少施工占地面积
B. 最大限度缩短场内运距，尽可能减少二次搬运
C. 在满足需要的前提下，减少临时设施的搭设
D. 施工平面图是施工现场文明施工的重要保证
E. 各项布置内容，应符合劳动保护、技术安全、防火和防洪的要求
14. 施工组织设计按编制对象不同可以分为(　　)。
A. 施工组织总设计　　B. 单项工程施工组织设计
C. 单位工程施工组织设计　　D. 施工方案
E. 专项施工组织设计

模块8
在线答题

15. 以下(　　)属于施工组织设计的编制依据。
A. 国家现行有关标准和技术经济指标
B. 施工方案
C. 工程施工合同或招标投标文件
D. 工程施工范围内的现场条件，工程地质及水文地质、气象等自然条件
E. 施工企业的生产能力、机具设备状况、技术水平等

三、简答题

1. 什么是建筑工程项目管理规划大纲和建筑工程项目管理实施规划?
2. 简述建筑工程项目管理规划大纲和建筑工程项目管理实施规划的联系与区别。
3. 建筑工程项目管理规划大纲一般包括哪些内容?
4. 建筑工程项目管理实施规划一般包括哪些内容?
5. 项目概况一般包括哪些内容?
6. 项目总体工作安排一般包括哪些内容?

7. 施工方案一般包括哪些内容?
8. 确定施工流向一般考虑哪些因素?
9. 多层砌体结构房屋的施工顺序应如何确定?
10. 装配式单层工业厂房的施工顺序应如何确定?
11. 单位工程施工平面图一般包括哪些内容?
12. 简述单位工程施工平面图的设计步骤。
13. 建筑施工组织设计包括哪些基本内容?

模块 9 BIM 技术在建筑工程项目管理中的应用

能力目标

通过本模块的学习，学生要能够对 BIM 的基本知识及 BIM 技术在建筑工程项目管理中的应用有一个初步的了解，具有项目信息化管理思维，为后续建筑工程项目信息化管理专项学习打下良好的基础。

知识目标

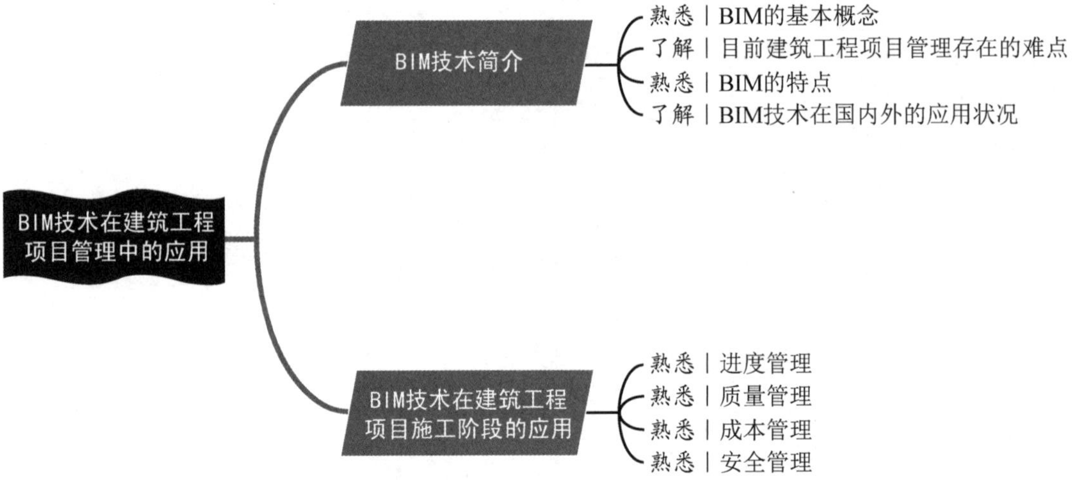

引 例

BIM 技术在港珠澳大桥中的应用

港珠澳大桥是粤港澳三地首次合作共建的超大型跨海通道，全长 55km，于 2018 年 10 月开通运营。该大桥是世界建筑史上里程最长、投资最多、施工难度最大，也是最长的跨海大桥，被誉为“桥梁界的珠穆朗玛峰”，无论是安全性，还是美观性，均为世界翘楚，可以说是中国桥梁史上光辉的一笔。BIM 技术在港珠澳大桥的应用与管理主要有以下几点。

1. 设计阶段

1）路线线形设计

项目组将 Autodesk Revit 软件与中交第二公路勘察设计研究院有限公司自主研发的路线专家系统结合，利用路线专家系统的平面坐标、纵断面高程及坡度计算等功能，生成用于 Autodesk Revit 建模的路线数据，实现隧道路线三维实体的自动创建。

2）BIM 多专业协同设计

拱北隧道 BIM 建模项目由结构专业、交通工程专业、防排水工程专业及路基路面专业等几大专业协同设计完成，项目组建立了企业级 BIM 构件管理系统，为项目组协同管理、快速建立 BIM 模型起到了积极作用。

3）BIM 隧道设计流程

拱北隧道设计可以分为工作井和特殊段建模两类，其 BIM 建模的主要流程有项目模板、标准构件、路线线形、横断面、管幕及附属构造，最后形成 BIM 设计成果。

4）BIM 模型与出图

项目组完成了冻结曲线管幕、暗挖开挖断面 $345m^2$ 拱北隧道 BIM 模型，以及东、西两侧工作井和周边主要建筑物拱北口岸 BIM 模型，并根据模型出图。

2. 施工阶段

1）暗挖段 BIM 施工模型

暗挖段 BIM 施工模型包含初期支护、二次衬砌、三次衬砌，分为先仰拱、侧墙及中板、最后拱部、临时支撑、袖阀管劈裂注浆管，完成暗挖段全部模型后，可用于施工各个管理段。

2）施工进度管理

拱北隧道项目工期要求严格，在总体进度控制框架下，由施工单位编制总体进度计划，利用 Autodesk Navisworks 软件强大的数据整合功能，将总体进度计划与 BIM 施工模型各构件相互关联，采用软件二次开发方式，构建了拱北隧道施工进度管理系统。

3）漫游与工序模拟

拱北隧道工程复杂，主要对复杂工点进行工序模拟，利用游戏引擎强大的展示功能，制作三维施工工序模拟，可以直观浏览、检查和修改方案，有效应对拱北隧道工程项目工序复杂的挑战。

“奇迹”工程背后离不开BIM数字化技术

引 言

上述引例中，BIM 技术的深入应用，是建立在高质量模型基础上的，这个高质量不仅指模型的深度，也包括设计人员在模型创建时体现出的专业知识和施工经验。BIM技术在大型工程中的作用越来越显著，主要体现在节省工期、节约资源、绿色建造、智慧建造等方面，作为满足国情需要的技术，必将在越来越多的项目中彰显其价值。

任务单元9.1 BIM技术简介

9.1.1 BIM的基本概念

BIM的概念起源于美国，是英文Building Information Modeling的缩写，国内较一致的中文翻译为“建筑信息模型”。随着BIM技术的广泛应用，美国制定了BIM标准，在美国国家BIM标准（NBIMS）中BIM是这样定义的：BIM是一个数字化模型，包括建设项目的物理特性和功能特性；BIM是一个共享性模型，建设项目全生命周期的数据信息都可以共享，且在实施建设项目的不同阶段及不同阶段的不同参与方随时可以提取、更新、修改模型中的信息，所以BIM是一个共享性的数字化模型，是一种全新的设计模式。

相对于传统的CAD二维图纸来说，这种基于三维技术的建筑信息模型是质的变化，这种进步对建筑业的发展有着革命性的作用。

9.1.2 目前建筑工程项目管理存在的难点

1. 对项目管理方风险控制能力要求高

建筑工程项目具有投资大、工期长、施工难度大、技术复杂以及工程参与方众多的特征，在这个前提下建设过程必然存在一定的风险，甚至有些风险难以预见，对于这种情况如何有效地防范显得尤为重要。

2. 项目全生命周期中的各阶段相对孤立，信息传递不畅

建筑工程项目的生命周期包括了建筑物从规划、勘测、设计、施工到使用、管理、维护等阶段，时间跨度长达几十年甚至上百年，各阶段彼此互相影响，往往后期运维发现的问题在规划设计阶段就存在，导致这种问题的原因除了组织方式的缺陷，还表现在技术手段的缺失。建筑业中各参与主体（如建设方、设计方、施工方、运维方）间的信息交流主要还是基于纸介质，这种方式在一定程度上造成各专业系统间的信息断层，不仅使信息难以直接再利用，而且其链状的传递难免会造成信息的延误、缺损甚至丢失。例如，在施工阶段，由于传统设计信息表达的缺陷，信息传递手段的落后，使施工单位在投标和施工时无法完全掌握设计信息，在项目交付时无法将信息完全交付给业主；在建筑物运维阶段的信息和经验很少再应用于新工程的设计和施工过程，信息丢失严重，使得建筑工程项目生命周期信息的再利用水平低下。

如何从根本上解决项目在各阶段之间的信息断层，实现建筑工程项目生命周期各阶段的信息共享和充分利用，已成为投资者、规划设计机构、施工承包商、运维方等共同面临的挑战，也是当前我国建设领域信息化亟待解决的问题。

3. 建筑造型复杂庞大，对项目协调能力和把控能力要求高

随着建筑业的不断发展，建筑物除要表达设计师的审美意图外，还受到建筑功能的影响，因而呈现出复杂、综合的特性，这种趋势对设计、施工、运维的水平提出了更高的要求。城市综合体的出现最具代表性。

城市综合体项目的综合性程度与传统的建筑项目相比不可同日而语，归纳起来城市综合体具有四个特征：超大空间尺度、通道树型交通体系、现代城市景观设计、高科技集成设施。由于其复杂程度高、综合性强，对设计施工的项目协调能力和把控能力提出了全新的挑战。

9.1.3 BIM的特点

1. 可视化

可视化简单来说即“所见即所得”的形式。可视化运用在建筑业，作用是非常大的。例如，施工图纸只是各个构件的信息在图纸上运用线条的绘制表达，其真正的构造形式需要建筑业人员自行想象。BIM提供了可视化功能，将以往的线条式的构件形成一种三维的立体实物图形展示在人们面前。在BIM中，由于整个过程都是可视化的，因此可视化的结果不仅可以用作效果图的展示及报表的生成，更重要的是，项目设计、建造、运营过程中的沟通、讨论、决策都能在可视化的状态下进行。

城市综合体的特征

2. 协调性

协调性是建筑业中的重点内容，一旦项目在施工过程中遇到了问题，就要将设计方、建设方等各有关人士组织起来进行协调，找出问题发生的原因，提出解决办法。在设计时，往往由于各专业设计师之间的沟通不到位，而出现各种专业之间的碰撞问题。例如，暖通专业中的管道在进行布置时，可能正好在此处有结构设计的梁等构件妨碍着管线的布置，这就是施工中常遇到的碰撞问题，像这样的碰撞问题的协调解决难道只能在问题出现之后再解决吗？其实不然，BIM的协调性服务就可以处理这种问题。BIM可在建筑物施工前期对各专业的碰撞问题进行协调，生成协调数据，还可以解决设计布置中的一些协调问题。例如，电梯井布置与其他设计布置及净空要求的协调，防火分区与其他设计布置的协调，地下排水布置与其他设计布置的协调，等等。

3. 模拟性

BIM不仅能模拟建筑物模型，还可以模拟不能够在真实世界中进行操作的事物。在设计阶段，BIM可以进行节能模拟、紧急疏散模拟、日照模拟、热能传导模拟等；在招标投标和施工阶段可以根据施工组织设计模拟施工，从而确定合理的施工方案用来指导施工；后期运维阶段可以进行地震人员逃生模拟及消防人员疏散模拟等。

4. 优化性

项目整个设计、施工、运维的过程本身就是一个不断优化的过程，但在BIM的基础上可以做更好的优化。基于BIM的优化有以下两个方面。

（1）项目方案优化。把项目设计和投资回报分析结合起来，设计变化对投资回报的影响可以实时计算出来，这样建设方对设计方案的选择就不会主要停留在对形状的评价上，而更多地是知道哪种设计方案更有利于自身的需求。

(2) 特殊项目的设计优化。例如裙楼、幕墙、屋顶、大空间等，这些内容看起来占整个建筑的比例不大，但是占投资和工作量的比例却往往不小，而且通常施工难度比较大、施工问题比较多，对这些内容的设计施工方案进行优化，可以带来显著的工期和造价效益。

5. 可出图性

BIM 通过对建筑物进行可视化展示、协调、模拟、优化后，可以出综合管线图（经过碰撞检查和设计修改，消除了相应错误）、综合结构留洞图（预埋套管图）等图纸，以及碰撞检查侦错报告和建议改进方案。

6. 一体化性

BIM 技术可以进行从设计到施工再到运维的贯穿项目全生命周期的一体化管理。BIM 技术的核心是一个由计算机三维模型所形成的数据库，它不仅包含了建筑的设计信息，而且可以容纳从设计到建成使用，甚至是使用周期终结的全过程信息。

7. 参数化性

参数化建模指的是通过参数（变量）而不是数字建立和分析模型，简单地改变模型中的参数值就能建立和分析新的模型。BIM 中图元是以构件的形式出现的，这些构件之间的不同是通过参数的调整反映出来的，参数保存了图元作为数字化建筑构件的所有信息。

8. 信息完备性

信息完备性体现在 BIM 技术可对工程对象进行 3D 几何信息和拓扑关系的描述，以及完整的工程信息描述，如对象名称、建筑材料等设计信息，施工工序、进度、成本、质量、人力、材料、机械资源等施工信息，工程安全性能、材料耐久性等维护信息，对象之间的逻辑关系，等等。

9.1.4 BIM 技术在国内外的应用状况

1. BIM 技术在国外的应用状况

BIM 是美国最先提出的，目前看来应用也较为深入广泛一些，欧洲一些国家、日本、韩国等发达国家的发展态势和应用水平也都达到了一定的水平。在这些国家，BIM 技术的应用已初具规模，设计事务所、施工公司和业主纷纷主动在项目中应用 BIM 技术，政府和行业协会也出台了各种 BIM 技术标准。

2. BIM 技术在国内的应用状况

BIM 技术在我国的应用仍属于发展阶段，相关设计企业还远远达不到普及应用的层次，BIM 技术的相关标准、BIM 技术的人才储备、BIM 技术的应用模式在建筑项目的实际应用层面还都存在着许多问题，并且需要不断地更新完善。

我国政府部门积极推动 BIM 技术的普及与发展，并坚定不移地朝着建筑业的信息化发展方向迈进。在政府部门的鼓励与协助下，北京、上海、深圳等经济较为领先的城市率先出台 BIM 技术推广应用的相关政策。在上述发达城市的带动下，我国其他地区的一些技术水平较领先的建筑设计机构和企业也开始投入大量资金进行 BIM 技术的研究与应用，并成立了相关的BIM研究小组，期望BIM技术在我国建筑领域能尽快得到普及。

《2016—2020年建筑业信息化发展纲要》发展目标中指出："十三五"时期，全面提高建筑业信息化水平，着力增强BIM、大数据、智能化、移动通信、云计算、物联网等信息技术集成应用能力。对于建筑领域，工业化和信息化的融合就是要用信息技术把应用标准体系融入建筑的虚拟建造过程中，用信息技术系统地管控建设对象全生命周期的每一个环节。《"十四五"建筑业发展规划》主要任务中指出：加快推进建筑信息模型（BIM）技术在工程全寿命期的集成应用，健全数据交互和安全标准，强化设计、生产、施工各环节数字化协同，推动工程建设全过程数字化成果交付和应用。

任务单元9.2 BIM技术在建筑工程项目施工阶段的应用

随着BIM的不断发展，BIM的概念也有了一定的拓展，包含了更多工程项目的内容，但信息的集成、管理、共享依旧是核心。本节将重点介绍BIM技术在建筑工程施工阶段进度管理、质量管理、成本管理、安全管理四个方面的信息化技术应用。

9.2.1 进度管理

在BIM三维模型信息的基础上，增加一维进度信息，我们将这种基于BIM的管理称为4D管理，从目前看，BIM技术在项目进度管理上有以下三方面的应用。

（1）进行可视化的工程进度安排。建筑工程进度控制的核心技术是网络计划技术，目前该技术在我国的应用效果并不理想。在这一方面BIM有其独特的优势，通过与网络计划技术的集成，BIM可以按月、周、天直观地显示工程进度计划。此外，BIM便于工程管理人员进行不同施工方案的比较，选择符合进度要求的施工方案；同时，也便于工程管理人员发现工程计划进度和实际进度的偏差，并及时进行调整。

（2）通过对施工过程的模拟，优化进度计划。工程施工是一个多工序搭接、多单位参与的过程。工程总进度计划，是由多个专项计划搭接而成的，在传统的进度控制中，由于各单项计划间的逻辑顺序需要技术人员来确定，因此难免出现逻辑错误，造成进度拖延。而通过BIM技术，模拟工程施工过程，项目管理人员更容易发现二维网络计划中难以发现的工序间的逻辑错误，从而优化进度计划。

（3）通过对工程材料和设备供应过程的优化，保证工程进度。当前，项目施工过程越来越复杂，参与单位越来越多，如何安排设备、材料供应计划，在保证进度需要的前提下节约运输和仓储成本，正是精益施工的重要课题。BIM技术为精益施工思想提供了技术手段，通过资源计算、资源优化和信息共享功能，可以达到节约采购成本、提高供应效率和保证工程进度的目的。

因此，基于BIM的进度控制相比传统的进度计划横道图、网络图等进度控制手段更加直观，对整体进度情况的反映也更好。无论采用何种二维图形进度计划控制手段，效率都比三维图形进度计划低，尤其在大量进度任务平行工作时，施工进度模拟的作用尤为显著。

9.2.2 质量管理

BIM技术应用于项目质量管理中，能够发挥独特的优势功能与作用。BIM技术既能从整体上把握工程施工质量，又能深入局部，形成对构件质量的监督，在很大程度上可以提高质量控制效率，满足工程参建方的利益。

一方面，业主是工程的最大受益者，是工程质量的主要决策人，但由于受专业知识局限，业主同设计人员、监理人员、承包商之间的交流存在一定困难，而BIM为业主提供了形象的三维设计，业主可以更明确地表达自己对工程质量的要求，如建筑物的外观、材料、设备要求等，因而有利于各方开展质量控制工作。另一方面，BIM是项目管理人员控制工程质量的有效手段。采用BIM设计的图纸是数字化的，计算机可以在检索、判别、数据整理等方面发挥优势；利用BIM和施工方案进行虚拟环境数据集成，对建筑工程项目的可建设性进行仿真实验，可在事前发现质量问题。

基于BIM的项目质量管理包括产品质量管理及技术质量管理。

（1）产品质量管理。BIM储存了大量的建筑构件、设备信息，通过软件平台，可快速查找所需的材料及构配件信息，包括材质、尺寸要求等，并可根据BIM设计模型，对现场施工作业产品进行追踪、记录、分析，掌握现场施工的不确定性因素，避免不良后果的出现，监控施工质量。

（2）技术质量管理。通过BIM的软件平台动态模拟施工技术流程，再由施工人员按照仿真施工流程施工，可确保施工技术信息的传递不会出现偏差，避免实际做法和计划做法不一样的情况出现，减少不可预见情况的发生。

9.2.3 成本管理

在BIM4D的基础上，加入成本维度所形成的技术，称为BIM5D技术。BIM出现以前，我国的一些造价管理软件公司在CAD平台上已对这一技术进行了深入的研发，在BIM平台上，这一技术得到了更大的发展。BIM技术在项目成本管理中的应用主要表现在以下几个方面。

（1）BIM使工程量计算变更更加容易。在BIM平台上，设计图纸的元素不再是线条，而是带有属性的构件，实现了“三维算量”自动化。

（2）BIM使成本控制更易于落实。运用BIM技术，业主可以便捷准确地得到不同建设方案的投资估算或概算，比较不同方案的技术经济指标，能够降低不可预见比率，提高资金使用率。同样，BIM的出现让相关管理部门可以快速准确地获得工程基础数据，为企业制订精确的“人材机”计划提供有效支撑，大大减少了资源、物流和仓储环节的浪费，为实现限额领料、消耗控制提供了技术支撑。

（3）BIM有利于加快工程结算进程。工程施工期间进度款支付拖延的一个主要原因在于工程变更多，结算数据存在争议，BIM技术有助于解决这个问题。一方面，BIM技术有助于提高设计图纸质量，减少施工阶段的工程变更；另一方面，如果业主和承包商达成协议，基于BIM进行工程结算，结算数据的争议会大幅度减少。

(4) 多算对比，有效管控。项目管理的基础就是工程数据的管理，及时、准确地获取工程数据就是项目管理的核心竞争力，BIM 数据库可以实现任一时点上信息的快速获取，通过合同、计划与实际施工的消耗量、分项单价、分项合价等数据的多算对比，可以有效了解项目运营是盈是亏、消耗量有无超标、单价有无失控等问题，实现对项目成本的有效管控。

9.2.4 安全管理

BIM 具有信息完备性和可视化的特点，在项目安全管理方面的应用主要体现在以下几个方面。

(1) 将 BIM 当作数字化安全培训的数据库，可以达到更好的效果。对施工现场不熟悉的新工人都有遭受伤害的较高风险，BIM 能帮助他们更快更好地了解现场的工作环境。不同于传统的安全培训，利用 BIM 的可视化与实际现场相似度高的特点，可以让工人更直观和更准确地了解现场的状况，从而制定相应的安全工作策略。

(2) 利用 BIM 提供的可视化施工空间进行安全评估。BIM 的可视化是动态的，施工空间随着工程的进展会不断地变化，它将影响工人的工作效率和施工安全。通过可视化模拟工作人员的施工状况，可以形象地看到施工工作面、施工机械位置的情形，并评估施工进展中这些工作空间的可用性、安全性。

(3) 进行安全仿真分析及健康监测。对于复杂工程，施工中如何考虑不利因素对施工状态的影响并进行实时地识别和调整，如何合理、准确地模拟施工中各个阶段结构系统的变化，如何合理地安排施工进度，如何控制施工中结构的应力应变状态处于允许范围内等，都是目前建筑领域迫切需要研究的课题。通过 BIM 相关软件，可以建立结构模型并通过仪器设备将实时数据传回，然后进行仿真分析，追踪结构的受力状态，杜绝安全隐患。

模块小结

本模块属于了解性学习内容。学生通过学习了解 BIM 技术在建筑工程项目管理中能够解决的问题及其应用的重要性，培养项目信息化管理意识，具体掌握 BIM 技术还需要在其他课程中进行专项学习。

思考与练习

一、单选题

按照美国在标准 NBIMS 中对 BIM 的定义，BIM 是一个（　　）模型。

A. 数字化　　　　B. 共享性

C. 共享性的数字化　　　　D. 二维

二、多选题

1. BIM 具有（　　）等特点。

A. 可视化　　　　　B. 模拟性　　　　　C. 二维性
D. 优化性　　　　　E. 参数化性

2. BIM 技术在工程进度管理上有（　）等方面的应用。
A. 进行可视化的工程进度安排
B. 通过对施工过程的模拟，优化进度计划
C. 通过对工程材料和设备供应过程的优化，保证工程进度
D. 提高质量控制效率
E. 进行安全仿真分析及健康监测

3. BIM 技术应用于工程质量管理中，能够发挥（　　）等优势功能与作用。
A. 为业主提供形象的三维设计，业主可以更明确地表达自己对工程质量的要求
B. 是项目管理人员控制工程质量的有效手段
C. 能够高效精准地进行产品质量管理
D. 使成本控制更易于落实
E. 能够高效精准地进行技术质量管理

4. BIM 技术在工程成本管理中的应用主要体现在（　　）。
A. 提高质量控制效率
B. 使工程量计算变更更加容易，实现了“三维算量”自动化
C. 使成本控制更易于落实
D. 有利于加快工程结算进程
E. 便于多算对比，有效管控成本

5. BIM 技术在施工安全管理方面的应用主要体现在（　　）。
A. 将 BIM 当作数字化安全培训的数据库，可以达到更好的效果
B. 有利于加快工程结算进程
C. 提高质量控制效率
D. 利用 BIM 提供的可视化施工空间进行安全评估
E. 利用 BIM 进行安全仿真分析及健康监测

模块9
在线答题

参考文献

丛培经，2017. 工程项目管理［M］. 5版. 北京：中国建筑工业出版社.

黄春蕾，2020. 建设工程项目管理［M］. 北京：中国建筑工业出版社.

刘晓丽，谷莹莹，2022. 建筑工程项目管理［M］. 3版. 北京：北京理工大学出版社.

全国二级建造师执业资格考试用书编写委员会，2023. 建设工程施工管理［M］. 北京：中国建筑工业出版社.

全国一级建造师执业资格考试用书编写委员会，2023. 建设工程项目管理［M］. 北京：中国建筑GB工业出版社.

全国咨询工程师（投资）职业资格考试参考教材编写委员会，2021. 项目决策分析与评价［M］. 北京：中国统计出版社.

王辉，2019. 建设工程项目管理［M］. 3版. 北京：北京大学出版社.

危道军，2019. 工程项目管理［M］. 4版. 武汉：武汉理工大学出版社.

银花，2019. 建设工程项目管理［M］. 北京：中国建筑工业出版社.

中华人民共和国住房和城乡建设部，2017. 建设工程项目管理规范：GB/T 50326—2017［M］. 北京：中国建筑工业出版社.